Neue

Kleine Bibliothek 333

Carol Van Strum

Giftiger Nebel

Agent Orange und sein Einsatz in den USA

Aus dem amerikanischen Englisch von Britta Neumann

Mit Vorworten von Günter Giesenfeld und Norman Paech

PapyRossa Verlag

Herausgeber der deutschen Übersetzung:
Freundschaftsgesellschaft Vietnam
Duisburger Straße 45, 40477 Düsseldorf
Redaktion: Günter Giesenfeld

Titel der Originalausgabe: A Bitter Fog. Herbicides and Human Rights
Jericho Hill Publishing 2021 – Alfred, New York, USA

Die Abschnitte *A Toxic Mist, Safety Last: Tests that Fail the Test* sowie *Chemical Safety Tests: The Doubts Remain* mit Genehmigung von Peter von Stackelberg

PapyRossa Verlags GmbH & Co. KG, Köln
Luxemburger Str. 202, 50937 Köln
Tel.: +49 (0) 221 – 44 85 45
Fax: +49 (0) 221 – 44 43 05
E-Mail: mail@papyrossa.de
Internet: www.papyrossa.de

Umschlag: Verlag, unter Verwendung einer Abbildung © by max5128 | Adobe Stock [551162451]
Druck: Interpress

Die Deutsche Nationalbibliothek verzeichnet diese Publikation in der Deutschen Nationalbibliografie; detaillierte bibliografische Daten sind im Internet über http://dnb.d-nb.de abrufbar

ISBN 978-3-89438-817-1

Inhalt

Vorwort von Günter Giesenfeld

Es beginnt wie ein Kriminalroman: Opfer eines offensichtlichen Verbrechens werden entdeckt: Todesfälle, Fehlgeburten und Behinderungen durch Sprühaktionen der örtlichen Forstbehörde, bei denen das in Vietnam verwendete Agent Orange und weitere giftige Chemikalien eingesetzt werden. Es folgt die Suche nach den »Tätern«. Und es bleibt nicht bei den medizinischen Folgen: Auch die Zerstörung einer ländlichen Idylle haben die Aktionen zur Folge. Kleinbäuerliche Familienbetriebe haben der Natur kleine Anbaugebiete abgerungen, sie liebevoll aufgebaut und pflegen sie intensiv, damit es zum Unterhalt einer Familie reicht.

Diese spannende Geschichte ist aber kein Roman, sondern eine ebenso spannende Reportage über tatsächliche Ereignisse im Bundesstaat Oregon im Nordwesten der USA. Denn die Landbevölkerung fragt sich nicht nur, was da versprüht wird, sondern stößt bei ihren ersten Anfragen an die Behörden auf eine – höflich ausgedrückt – sehr zurückhaltende Reaktion. Ein Landrat weist sie zunächst ab, besinnt sich dann aber und unterstützt sie bei ihren Beschwerden. Die örtlichen und nationalen Umweltbehörden lassen diese aber mit hanebüchenen Begründungen abblitzen, anstatt, wie es eigentlich ihre Aufgabe wäre, die Bauern und Bäuerinnen zu unterstützen.

Ein übergeordnetes Gericht gibt diesen zunächst Recht, aber nun treten diejenigen in Aktion, die mit kriminellen Machenschaften hohe Profite machen: Die mächtigen Chemiekonzerne, die diese Gifte sowohl für den Vietnamkrieg an das US-Militär geliefert haben als auch jetzt im Inland an staatliche Behörden weiterhin verkaufen – trotz eines existierenden Verbots. Sie können sich auf ihre

Kunden (die Umweltbehörde und die Forstverwaltungen) verlassen, aber die Aktivitäten der Landbevölkerung decken auf, dass die vorgeschriebenen Sicherheitsprüfungen entweder unterlassen, an die Hersteller selbst oder an unseriöse, von den Firmen unterhaltene bzw. beauftragte Labore vergeben wurden. Von den Betroffenen zur Verfügung gestellte Proben (tote Tiere) verschwinden, werden angeblich »verwechselt«. Höchstwerte für den Dioxingehalt werden »angepasst«, also erhöht. Die Einsicht in Dokumente wird verweigert, Gesetze werden durch neue Rechtsvorschriften »entschärft«, indem eine bestimmte Zahl von Todesfällen als »vernachlässigbar« eingestuft wird. Melyce, die Bäuerin, deren Geschichte erzählt wird, stirbt am 4. Juli 1989 mit 32 Jahren an einem Gehirntumor, an Lungen- und Brustkrebs.

Beim Lesen wird langsam deutlich: Das Buch, das man gerade liest, spielt in diesem nach und nach aufgedeckten Skandal selbst eine wichtige Rolle. Die Autorin ist eine Betroffene, auch ihre Geschichte wird nun erzählt, wobei sich der Sprachstil ändert: Der Text ist nun kein Roman, sondern liest sich wie eine Aussage vor Gericht. Die Pflanzen in ihrem Garten vertrocknen, Haus- und Nutztiere verenden aus unerklärlichem Grund, die Kinder der Klägerin (Autorin) und sie selbst erkranken, nachdem ihr Anwesen und die nahe Umgebung, z. B. Flussufer und Straßenränder, besprüht worden sind. Carol Van Strum erzählt, wie sie verzweifelt versucht, herauszufinden, inwiefern die versprühten Substanzen solche Wirkungen haben – dass es so ist, war für sie und die anderen Betroffenen von Anfang an klar.

Und nun fängt sie an, selbst zu recherchieren. Auch diesen Prozess beschreibt das Buch und informiert die Leserin und den Leser gleich mit. Ausführlich wird die Vorstellung, Pflanzen mit Gift abzutöten und damit einschneidend in natürliche Abläufe und Zusammenhänge einzugreifen, historisch aufgerollt. Mit aller gebotenen wissenschaftlichen Genauigkeit und anhand zahlreicher nachgewiesener Zitate wird aufgedeckt, dass hier mit immer wirkungsstärkeren Giften sowohl in der Landwirtschaft als auch im Krieg

Ziele verfolgt werden, die eben nicht nur Pflanzen, sondern auch Menschen schaden, teilweise mit tödlichen Folgen. Sie werden in den Dienst immer größerer Profite der Herstellerfirmen und eines Staates gestellt, der mit ihnen schon in der Vergangenheit Kriegsverbrechen begangen hat. In diesen Kapiteln bietet das Buch eine überzeugende wissenschaftsgeschichtliche, historische und politische Argumentation, die trotz des Detailreichtums eine besondere Spannung erzeugt und politisch aufklärerisch wirkt. Das Ganze ist eingebettet in die Schilderung der Vielzahl von Gerichtsverfahren, die durch die Ereignisse in Oregon in Gang gesetzt wurden. Wir erleben als Lesende mit, wie durch das Engagement von Betroffenen und Forschenden Wissenschaft und Menschenrechte bei der Wahrnehmung von Interessen Betroffener eine Einheit bilden, die von großer gesellschaftlicher Bedeutung ist.

Die *Freundschaftsgesellschaft Vietnam* veröffentlicht dieses Buch vor allem deshalb, weil bislang in Europa kaum bekannt war, dass der Einsatz von »Agent Orange«, »Agent White« und »Agent Blue« – wie die Gifte nach der Farbe der Fässer, in denen sie abgefüllt waren, genannt wurden – mit Ende des Vietnamkrieges eben nicht der Vergangenheit angehört. Vielmehr wurden die massenhaft übriggebliebenen Fässer nach Einstellung der Sprühflüge über Südvietnam im Jahre 1971 nicht, wie bisher vermutet, dort gelassen oder auf hoher See verklappt, sondern zu einem großen Teil in die USA zurücktransportiert, sozusagen »zur weiteren Verwendung«. Und sie werden weiterhin produziert. Dabei war das für Vietnam bestimmte Agent Orange in den USA strikt verboten, weil es eine unzulässig hohe Konzentration der Supergiftes Dioxin enthält und insofern eben kein »harmloses Herbizid« ist.

Zu dieser »Vorgeschichte« der Ereignisse in Oregon liefert das Buch ebenfalls neue Informationen, und zwar sowohl darüber, wie die Sprühaktionen in Vietnam durchgeführt wurden, als auch, wie die US-amerikanischen Opfer nach dem Krieg immer noch vergebens versuchen, Hilfe von ihrer Regierung zu erlangen. Carol Van Strum hat Soldaten und Veteranen interviewt, die damals schon und heute immer noch an den Folgen des Kontakts mit den »ungefährlichen Chemikalien« leiden, die sie versprüht haben. Dabei deckt sie auch den Skandal auf, dass die Konzerne sich die Zulassungen ihrer Produkte mitunter durch bewusst verfälschte Untersuchungsergebnisse erschleichen – dabei kam übrigens heraus, dass das auch in Europa am häufigsten verwendete »Pflanzenschutzmittel« *Round Up* (Glyphosat) der Firma Monsanto (inzwischen von Bayer übernommen) teils mittels fragwürdiger »Gutachten« immer wieder eine neue Zulassung erhielt. Auch mehr als 50 Jahre nach Beendigung des Vietnamkriegs behaupten die verantwortlichen Politiker und Institutionen in den USA immer noch, dass Agent Orange und die anderen Gifte nichts mit solchen »unerklärlichen« Krankheiten und Todesursachen zu tun hätten. Staatliche Stellen wie Umweltbehörden oder Forstverwaltungen stellen sich nach wie vor auf die Seite der Giftlieferanten. Die Lage der Veteranen ist dabei besonders fatal: Sie sind in der Regel nicht krankenversichert und auf die Behandlung in speziellen Krankenhäusern für Veteranen angewiesen, weil sie sonst alles selbst bezahlen müssten. Dort aber speist man sie mit ein paar Pillen ab oder überweist sie, wenn sie sich damit nicht zufriedengeben wollen, in psychiatrische Kliniken, offenbar weil man davon ausgeht, dass ihre Klagen die Folge einer spezifischen »Geistesgestörtheit« sind.

Das Buch von Carol Van Strum leistet somit viele neue, bislang nicht beachtete Argumente dafür, dass im US-Vietnamkrieg eine Vielzahl von Kriegsverbrechen verübt wurden. Und macht klar, dass die großflächige Vergiftung von Landstrichen im Frieden ebenfalls ein ungesühntes Verbrechen ist. Und deshalb müssten diese neuen Informationen eigentlich auch in laufenden gerichtlichen Auseinandersetzungen im Zusammenhang mit Agent Orange Berücksichtigung finden, etwa im Prozess der Französin Tran To Nga gegen die Herstellerfirmen, der im französischen Évry nach einem abweisenden Urteil von 2021 in die zweite Instanz geht. Dazu hat der Völkerrechtler Norman Paech für diesen Band Informationen beigesteuert.

Vorwort von Norman Paech
Zu den internationalen Rechtsstreitigkeiten

Eines der größten Kriegsverbrechen der Zeit nach dem Zweiten Weltkrieg, die jahrelange Vergiftung von weiten Landstrichen in Vietnam mit furchtbaren Folgen für die Menschen bis in die Gegenwart, lässt ihren Urheber bis heute nicht zur Ruhe kommen. Das Agent Orange genannte dioxinhaltige Entlaubungsmittel wurde, nachdem bereits US-Präsident John F. Kenndey (1917-63) einer Verwendung zugestimmt hatte, dann ab 1965 gegen die Guerilla-Aktionen des ›Vietkong‹ eingesetzt, um ihnen den Schutz der Wälder auf ihrem Marsch nach Südvietnam zu nehmen. Bis 1971 versprühten Flugzeuge und Helikopter über 45 Millionen Liter und zerstörten damit etwa ein Viertel der Landfläche Vietnams. Nach Angaben der *Vietnamese Association of Victims of Agent Orange* leiden über 3 Millionen Vietnamesinnen und Vietnamesen an den Spätfolgen dieses Giftes, von schweren Organschäden mit grauenhaften Missbildungen bis hin zu Krebs. Auch mehr als fünfzig Jahre nach dem Verbrechen sind die Böden immer noch nicht entgiftet und es wird noch Jahrzehnte dauern, bis die Bewohner ihr Land wieder ohne Gefahr bestellen können.

Es hat jahrzehntelange Bemühungen um eine Entschädigung der Opfer gegeben. Die USA haben sich immer geweigert, ihr Verbrechen einzugestehen und die Opfer zu entschädigen. Es gab etliche Einzelklagen vor US-amerikanischen Gerichten gegen mehrere Lieferfirmen, sie wurden alle abgewiesen wie auch eine Sammelklage im Jahr 2005 vor einem Bundesgericht in Brooklyn/New York und 2008 vor einem Berufungsgericht mit der nicht nur zweifelhaften, sondern falschen Begründung, bei dem Einsatz des

Gifts handele es sich nicht um chemische Kriegsführung, es sei zum Schutz der Soldaten eingesetzt worden und sei daher nicht nach internationalem Recht verboten. Die Firmen behaupteten, die Regierung auf die Gefahren aufmerksam gemacht zu haben, zudem hätten sie die Giftigkeit der Substanz nicht völlig überblickt. Im Februar 2009 lehnte der Supreme Court der USA eine Überprüfung der Urteile ab. Nur den Vietnamveteranen gelang es, 1984 in einem außergerichtlichen Vergleich sieben Firmen zu einer Einzahlung von über 180 Millionen Dollar in einen Fonds für Entschädigungszahlungen zu verpflichten. In den folgenden zehn Jahren wurden insgesamt 197 Millionen Dollar an die Veteranen ausgezahlt.

Im Mai 2009 berief die *International Association of Democratic Lawyers* (IADL) in Paris ein Internationales Tribunal zu Agent Orange (International People's Tribunal of Conscience in support of the Vietnamese victims of Agent Orange) ein. Nach umfangreichen Zeugenaussagen vietnamesischer und US-amerikanischer Opfer entschieden die Richter, dass »*der Gebrauch von Dioxin ein Kriegsverbrechen war, da es eine vergiftete Waffe war, die sowohl durch Völkergewohnheitsrecht als auch in der Haager Konvention von 1907 geächtet ist*« und »*dass der Gebrauch von Dioxin ein Verbrechen gegen die Menschlichkeit war, wie es in Kap. VI der Nürnberger Prinzipien definiert ist.*« Da der Einsatz des Agent Orange »*so viel Schmerz, Leiden und Qual für mindestens 3 bis 4 Millionen Menschen und ihre Familien hervorgerufen hat …, dass die Folgen dieser Verbrechen noch viele Generationen lang zu spüren sein werden …,* sei *die Zeit gekommen …, den vietnamesischen Opfern von Agent Orange und ihren Familien angemessene Hilfe zukommen zu lassen und die Umwelt Vietnams so weit wie möglich wiederherzustellen.*«

Seit 2012 nun beteiligt sich die US-Regierung an der Bodenentgiftung mit 43 Millionen Dollar. Sie konzentriert sich auf den früheren US-Stützpunkt Da Nang, der ein Hauptumschlagsplatz für Agent Orange war. Die US-Behörde für internationale Entwicklung (USAID) der USA schätzte allerdings im Jahr 2016, dass allein für Kontaminationen in der Millionenstadt Bien Hoa eine umfassende Dioxin-Beseitigung 126 bis 600 Millionen US-Dollar kosten würde.

Ein wohl letztes Kapitel im Kampf um Wiedergutmachung und Entschädigung hat nun Tran To Nga aufgeschlagen. Diese Vietnamesin mit französischer Staatsangehörigkeit hatte schon 2014 eine Klage gegen eine Reihe US-amerikanischer Unternehmen wie u. a. Monsanto und Dow Chemical wegen gesundheitlicher und materieller Schäden bei ihr und ihren Kindern vor dem französischen Gericht in Évry eingereicht. Es kam 2016 zur ersten Verhandlung. Die Vertreter der insgesamt 14 Firmen brachten die schon bekannten Einwände gegen die Klage vor und scheuten sich auch nicht, mit zynischen Behauptungen die Klägerin selbst anzugreifen. Ihre Krankheiten und der Tod ihres Kindes, die die Klägerin geltend mache, seien Folgen der Unterernährung und ihres Alters, stammten aber nicht vom Dioxin, welches jeder Mensch im Blut habe.

Am 10. Mai 2021 wies das Gericht die Klage ab. Es hatte einen Weg gefunden, der an den schwierigen und politisch heiklen Fragen des Dioxin-Einsatzes vorbei führte. Es wies die Klage wegen Unzulässigkeit ab. Die Prüfung der Zulässigkeit einer Klage ist generell eine Voraussetzung für die materielle Prüfung, die zunächst geklärt werden muss. Die beklagten Unternehmen hatten sich nämlich auf die Immunität der USA berufen, die sie auch für sich in Anspruch nahmen. Es ist völkerrechtlich anerkannt, dass Staaten für ihr geschäftliches und politisches Handeln vor ausländischen Gerichten Immunität genießen. Dies ist in Art. 5 des Übereinkommens der Vereinten Nationen über die Immunität der Staaten und ihres Vermögens von der Gerichtsbarkeit so festgelegt. Auch Frankreich hat dieses Abkommen 2011 ratifiziert. Der Internationale Gerichtshof (IGH) in Den Haag hat die staatliche Immunität auch für schwere Kriegsverbrechen im Februar 2012 anerkannt. Deshalb hat Frau Tran To Nga auch nicht die USA, sondern nur die Firmen verklagt.

Diese nahmen nun die staatliche Immunität auch für sich in Anspruch, da sie im Auftrag und auf Rechnung der US-Regierung produziert und geliefert hätten. Sie beriefen sich dabei auf den Federal Defense Production Act vom 8. September 1950, in dem es in Abschnitt 101 heißt: »*Der Präsident hat das Recht*

(1) die Erfüllung von Verträgen oder Aufträgen (mit Ausnahme von Arbeitsverträgen) zu verlangen, die er für notwendig oder nützlich für die Steigerung der nationalen Landesverteidigung hält, mit Vorrang vor der Ausführung jedes anderen Auftrags oder anderen Bestellung, und um diesen Vorrang zu gewährleisten, die Annahme und Ausführung solcher Verträge oder Aufträge durch jede Person zu verfügen, die er für fähig hält, mit Vorrang vor anderen Aufträgen oder Bestellungen auszuführen, und

(2) Ressourcen, Dienste und Einrichtungen in der Weise, unter den Bedingungen und in dem Umfang zuzuweisen, wie sie es im Interesse der Landesverteidigung für notwendig oder zweckmäßig hält.«

Die Anweisung, die auf der Grundlage von Abschnitt 101 des Defense Production Act erlassen wurde, zielte also darauf ab, die gesamte inländische Produktion von Agent Orange für militärische Zwecke zu erfassen. Sie war darüberhinaus mit einer Sanktion für die Nichteinhaltung gemäß Abschnitt 103 verbunden. Das Gericht folgerte daraus, dass es sich bei dem Auftrag an die Firmen zur Produktion und Lieferung von Agent Orange um eine »Requirierung« handelte, der sich die beklagten Firmen nicht entziehen konnten, ohne bestraft zu werden. Sie hätten im Rahmen der militärischen Operationen gehandelt, »die der Natur nach konstitutive Akte der öffentlichen Gewalt waren«, wie es in dem Urteil vom 10. Mai 2021 heißt (S. 27). Das Gericht wies die Klage ab.

Frau Tran To Nga hat gegen das Urteil Berufung eingelegt. Ihre Vertreter vor Gericht werden sich vor allem mit zwei Besonderheiten dieser Entscheidung auseinanderzusetzen haben. Zunächst hat das Gericht offensichtlich die Ansicht der US-Regierung ohne Diskussion akzeptiert, dass es sich bei dem Krieg gegen Nordvietnam um einen Verteidigungskrieg handelt, der völkerrechtlich legitimiert ist. 50 Jahre nach dem Ende des Krieges sollte es allerdings auch bei europäischen Gerichten keine Zweifel mehr daran geben, dass nicht der ›Vietkong‹ und Nordvietnam die USA, sondern die USA Nordvietnam überfallen und angegriffen haben. Auch können sich die USA auch nicht auf die Verteidigung Südvietnams berufen, da eine militärische Intervention in einem Bürgerkrieg nach internationalem Recht nicht erlaubt ist.

Sodann entspricht es nicht der Realität der Vergabe öffentlicher Verträge, dass sie mit einem Produktions- und Lieferzwang verbunden werden. Regierungsaufträge, und insbesondere im Rüstungsbereich erfolgen gewöhnlich mit einer Ausschreibung zu einem Angebot und eventuell anschließenden Vertrag. Dieser Vertrag kann durchaus mit zwingenden Produktions- und Lieferbedingungen ausgestattet werden. Wie die Anwälte der Klägerin jedoch ausführlich dargelegt hatten, hatten die beklagten Firmen alle Freiheit, das Angebot zu prüfen und anschließend abzulehnen oder zu akzeptieren. Für die Firmen war es ein großes Geschäft, um dass sie sich gerissen haben.

Die Verhandlungen und Entscheidung des Berufungsgerichts bleiben abzuwarten. Der bisherige Weg vor den Gerichten der USA und jetzt in Frankreich zeigt jedoch, wie schwer, ja vielleicht aussichtslos es ist, für die eindeutigen Schäden eines anerkannt giftigen Herbizids eine Kompensation zu bekommen. Im Falle Vietnams mag es eine Rolle spielen, dass es um die Legitimation einer jahrelangen Kriegsführung und möglicherweise gigantischen Schadensersatzsummen geht. Das sollte allerdings für eine Justiz, die sich zumindest in diesen beiden Staaten ihrer Unabhängigkeit rühmt, kein Argument sein. Die Verurteilungen des VW-Konzerns für ihre Betrugssoftware in Sachen Abgasemissionen geben ein Beispiel für die Möglichkeiten der Justiz, selbst bei Schäden, die nicht entfernt mit den Schäden des Agent Orange zu vergleichen sind.

Die vorliegende Untersuchung der Carol van Strum und ihre zahlreichen Beispiele dokumentieren zunächst nur den sorglosen, ja zynischen Umgang mit einem Gift, dessen katastrophalen Wirkungen bekannt sind. Erklärlich wird das nur mit dem Diktat des Profits. Das nährt aber auch von Anfang an Zweifel, ob die Justiz in den USA diese Fälle vergleichbarer Schäden aber ohne die Hypothek eines Krieges mit staatlichem Auftrag auch ohne die kommerzielle Logik entscheiden kann. Carol van Strum hat dafür die Voraussetzung geliefert, nicht nur um die Öffentlichkeit zu informieren, sondern um die Politik zum Handeln zu verpflichten.

Der Mord an Melyce

Hört unsere Worte; oh, hört, was wir sagen,
Wer und wo auch immer ihr sein möget …
Sofern ihr nicht sterbt wie wir!
Edna St. Vincent Millay
The Murder of Lidice, 1942

Der Coastal Highway verläuft, einem dünnen Faden gleich, entlang der Küste Oregons, eingezwängt zwischen dem Pazifik auf der einen und dichtem Regenwald auf der anderen Seite. Auf ihrer Fahrt entlang der Küste hörte Melyce Connelly im Radio einen Bezirksbeamten sprechen. Seine Worte nagten an ihr. Ihre Wut und Entschlossenheit steigerten sich während der 40 Meilen langen Fahrt zu ihrem Haus in den Bergen der Coast Range – einem Zuhause und Zufluchtsort, an dem sie selbst und ihren beiden kleinen Kinder nun nicht mehr sicher waren. Seit über zehn Jahren waren Leute aus Melyces Freundeskreis und aus ihrer Nachbarschaft nun schon in einen Kampf gegen einige der mächtigsten Weltkonzerne, die US-Regierung und das US-Militär verstrickt. Auf dem Spiel standen dabei ihr eigenes Leben und das ihrer Familien.

In dem gemäßigten Regenwald, der das Haus von Melyce umgibt, schießen auf brach liegenden Rodungsflächen Brombeerranken und Erlenschösslinge praktisch über Nacht aus dem Boden. Verlassene Höfe und aufgegebene Obstwiesen werden in kürzester Zeit von dichter Vegetation überwuchert, und nur einige Narzissen und der ein oder andere Apfelbaum wachsen zwischen Farnen und jungen Bäumen – blühende Vermächtnisse der jahrelangen mühevollen Arbeit von Menschen. Ein unüberschaubares Dickicht aus

Gemäßigter Regenwald entlang des Highway 34 durch die Küstengebirgskette Coastal Range in Oregon (Foto: Peter von Stackelberg)

Büschen und Gestrüpp bedeckt die geschundene Erde der gerodeten Landflächen und alte Holzabfuhrwege. In den 1970er Jahren waren die mit Dioxin verunreinigten Herbizide 2,4,5-T und 2,4-D, die in Agent Orange zum Einsatz gekommen waren, zu unverzichtbaren Hilfsmitteln geworden, um diesen »unerwünschten Bewuchs« durch Pflanzungen junger Douglasien zu ersetzen.

Das Verbot des Herbizids 2,4,5-T durch die US-Umweltschutzbehörde EPA (*Environmental Protection Agency*) sandte Schockwellen durch die gesamte Holz- und chemische Industrie.

Man prophezeite den Verlust von 20.000 Arbeitsplätzen in der Holzindustrie und gab Marihuana-Erzeugern die Schuld an dem Verbot dieses Giftes, das man als vollkommen unbedenklich proklamierte. Im Radio verurteilte der *Commissioner*[1] von Lincoln County, Andy Zedwick, in jeder Nachrichtensendung erneut das Verbot von 2,4,5-T scharf und verwies dabei auf die Marihuana-Erzeuger, die hierdurch ihren illegalen Anbau schützen wollten. Im Wortlaut früherer Propaganda des Chemie-Konzerns Dow Chemical behauptete er, die auf Herbizide zurückgeführten gesundheitli-

1 entspricht in Deutschland etwa dem Amt eines Landrates [A. d. Ü.].

chen Beschwerden würden in Wirklichkeit durch das Rauchen von Marihuana verursacht.

Melyce schäumte vor Wut, als sie ihr Zuhause erreichte – einige wenige Morgen Land, dem Wald mühsam abgetrotzt. Melyce, eine 22-jährige alleinerziehende Mutter, hing sehr an dem Blockhaus, das sie und ihr Ex-Mann mit eigenen Händen am Ufer des Five River gebaut hatten, einem Zufluss des Alsea River, der sich durch die Coast Range schlängelte und schließlich in den Pazifik mündet. Mit nachbarschaftlicher Unterstützung pflügte sie den Boden, brachte ganze Lastwagenladungen voll Gülle aus und rang dem Waldboden so ein kleines Paradies ab. Mit dem Ertrag ihres Knoblauchfelds zahlte sie den Hypothekenkredit ab. Die auf ihren Beeten wachsenden Kräuter – Süßes Basilikum, Zitronenthymian, Rosmarin, Dill, Salbei, Petersilie und Schalotten – verkaufte sie als frische und von Chemikalien unbelastete Erzeugnisse an Restaurants entlang der Küste und stockte damit ihr Einkommen aus den Wintermonaten auf, in denen sie Sportkurse gab.

Für sich selbst pflanzte Melyce Blumen. Von März bis November standen überall im Blockhaus Vasen voller Stockrosen, Malven, Rosen, Lilien, Margeriten, Akelei und Dahlien. Ihre Visitenkarte zeigte sie auf einem Foto, wie sie auf ihrer Terrasse inmitten von einem Meer aus Blumen und Knoblauchzöpfen sitzt, eine riesige Hibiskusblüte im Haar.

An jenem Tag waren die Blumen jedoch kein Trost für sie. Kurz vor der Radiosendung mit Commissioner Zedwick hatte sie erfahren, dass die US-Umweltschutzbehörde EPA Dioxin im Wasserzufluss eines Nachbargrundstücks gefunden hatte, unmittelbar stromaufwärts von ihrem Haus. Ihre Nachbarin hatte zwei Kinder durch eine Fehlgeburt verloren, ein weiteres Kind war mit verschiedenen Geburtsfehlern zur Welt gekommen.

»Man kommt eigentlich nicht umhin sich zu fragen, ob es da nicht doch einen Zusammenhang gibt«, so Melyce.

Nach dem Verbot von 2,4,5-T kündigte die US-Forstverwaltung an, ersatzweise das angeblich unbedenkliche 2,4-D bei ihren für das Jahr geplanten Sprühflügen zu verwenden. In dem betroffenen Gebiet liegt auch der Oberlauf des Ryan Creek, der das Land von Melyce mit Wasser versorgt. Zusammen mit ihren Nachbarinnen und Nachbarn traf sie den zuständigen Ranger, der auf seiner Sprühkarte die Wasserzuflüsse für ihre Grundstücke markierte. Er sagte ihnen zu, diese Bereiche nicht zu sprühen.

Drei Tage später erwachte Melyce durch das Geräusch eines Helikopters, der im Sprühflug über Ryan Creek flog. Innerhalb von wenigen Tagen verendeten alle ihre Junghühner und Küken. Ihr sechs Monate alter Sohn entwickelte anhaltende blutige Durchfälle. Im Tal ringsum kam es im Monat danach bei allen Frauen im ersten Schwangerschaftsdrittel zu Fehlgeburten. Mehrere Kinder kamen mit lebensbedrohlicher spinaler Meningitis ins Krankenhaus. Durch diese Ereignisse alarmiert, begann das Gesundheitsamt von Lincoln County mit einer Untersuchung der Gesundheitsprobleme, die im Anschluss an die Sprühflüge im Wassereinzugsgebiet von Five Rivers aufgetreten waren. Die EPA integrierte die County-Studie jedoch in ihre nationale Alsea-Studie und übernahm deren Leitung. Die öffentliche Aufmerksamkeit im Zusammenhang mit der Studie hatte den County Commissioner zu seinen Aussagen bezüglich der Marihuana-Erzeuger veranlasst.

Auf ihrer Farm hatte Melyce die toten Junghühner und Küken eingesammelt bewahrte sie in ihrer Gefriertruhe in der Hoffnung auf, sie irgendwann analysieren zu lassen. Noch immer wütend über die Bemerkungen des Commissioners Zedwick nahm Melyce die eingefrorenen Junghühner und Küken aus der Gefriertruhe und fuhr zur County-Verwaltung im 50 Meilen entfernten Newport.

Mit ihrem kleinen Sohn auf dem Arm und einer Tüte voll gefrorener Geflügelkadaver marschierte sie unangemeldet in das Büro des County Commissioner und knallte die Tüte auf seinen Schreibtisch.

»Machen Sie sie auf!« forderte sie ihn auf.

Während der verdutzte Beamte die kleinen, gefrorenen Tierkörper aus der Alufolie herausschälte, platzierte Melyce ihren Sohn auf seinen Schreibtisch und nahm ihm die Windel ab.

»Sir« sagte sie, »Sie sind also der Meinung, dass diese Küken eingegangen sind, weil sie zu viel Marihuana geraucht haben? Sie meinen also wirklich, dass diese Junghühner eingegangen sind, weil sie zu viel Marihuana geraucht haben?«

Unter Tränen und mit zitternder Stimme schleuderte sie dem Landrat eine volle, blutverschmierte Windel entgegen.

»Sie wollen mir also sagen, dass dieses Kind Tag für Tag blutige Durchfälle hat, weil es zu viel Marihuana raucht! Sagen Sie es mir von Angesicht zu Angesicht, Mr. Commissioner!«

Am folgenden Tag sprach der County Commissioner erneut im Radio, dieses Mal jedoch entschuldigte er sich öffentlich. Er habe Informationen erhalten, die ihn von der ernsten Gesundheitsgefährdung durch einen Kontakt mit den Herbiziden überzeugt hätten. Während seiner verbleibenden Amtszeit führte Commissioner Zedwick einen unermüdlichen Feldzug gegen das Ausbringen von Herbiziden im Rahmen von Sprühflügen in Lincoln County, trat der Medizinischen Gesellschaft des Countys bei und unterstützte finanziell die Durchführung von Bürgerentscheiden.

Als die EPA die Leitung der County-Gesundheitsstudie in ihrem Tal an sich zog, begleitete Melyce Wissenschaftlerinnen und Wissenschaftler bei der Probennahme. Sie übergab ihnen ebenfalls die Tierkadaver ihrer Junghühner und Küken, und man sagte ihr zu, ihr die Ergebnisse der Analysen auf Dioxin und Herbizide innerhalb von 90 Tagen mitzuteilen.

Vier Jahre lang erkundigte sich Melyce immer und immer wieder bei der EPA, erhielt aber nur die vage Aussage, man würde sie über die Ergebnisse nach Abschluss der Untersuchungen informieren.

* * *

Der langwierige und schwierige Kampf, der der Erfassung der Proben von Melyce durch die US-Umweltschutzbehörde EPA vorausging, ist in der Originalausgabe von *A Bitter Fog* von 1983 dargestellt. Die Geschichte endete damals nicht, sondern setzt sich bis

Ankunft des EPA-Probenahmeteams am Five Rivers Mill Camp Zufluss, 28. August 1984 (Foto: Carol Van Strum)

Das EPA-Team nimmt eine Bodenprobe am Five Rivers Mill Camp Zufluss, 28. August 1984 (Foto: Carol Van Strum)

heute fort. Über Jahrzehnte wurden Menschen durch Vertuschung und Verschleierung unter Beteiligung großer Chemiekonzerne und der EPA in Bezug auf die beiden giftigen Chemikalien, denen sie ausgesetzt waren, und deren verheerende gesundheitliche Auswirkungen im Dunkeln gelassen.

Im Februar 1983 schloss die EPA das Verfahren zur Aufhebung der Anwendungserlaubnis im Zusammenhang mit den schwerwiegenden gesundheitlichen Auswirkungen der Herbizide 2,4,5-T und Silvex ab. In einer geheimen Vereinbarung kamen der Chemiekonzern Dow Chemical und die US-Umweltschutzbehörde EPA überein, das Aufhebungsverfahren für die beiden Chemikalien zu beenden und eine neue Marktzulassung zu erteilen. Zu dem Zeitpunkt, als die EPA von Melyce die toten Vögel erhielt, beteiligte sich die Behörde also bereits an den Vertuschungsmaßnahmen, welche die Gesundheit eben derjenigen Menschen gefährdete, die sie eigentlich verpflichtet war zu schützen. Von Anfang an bestand das Ziel der EPA darin, sich vor die giftigen Chemikalien – und die mit ihnen erzielten Profite – zu stellen, obwohl sie als Aufsichtsbehörde eigentlich dafür zuständig war, ihre Anwendung zu kontrollieren.

Wie in diesem Buch dargelegt, war ein Gerichtsverfahren gegen die US-Forstverwaltung, die EPA und das U.S. Bureau of Land Management (BLM)[2] – *Merrell gegen Block* – im Gange, während *A Bitter Fog* geschrieben wurde. Im April 1983, zwei Wochen nach Veröffentlichung von *A Bitter Fog*, verbot ein US-Bundesgericht die Anwendung von Herbiziden durch die Forstverwaltung im Siuslaw National Forest in Oregon.[3] Im Jahr darauf (1984) wurde das Verbot auf alle bundeseigenen Landflächen in der Region Pacific Northwest durch das Neunte Bundesberufungsgericht ausgeweitet. Das Gericht stellte fest, dass Studien zum Nachweis der Unbedenklichkeit dieser Chemikalien fehlten, nicht aussagekräftig oder wissenschaft-

2 Dem US-Innenministerium unterstellte Behörde für die Verwaltung staatseigener Landflächen [A. d. Ü.].

3 Merrell v. Block. 14 ELR 20225, No. 81-6138-E, s.l.: 20 ERC 1620/(D. Or.), 4 18, 1983.

lich unzulässig seien und damit »eine umfassende und vollständige, wissenschaftlich fundierte Bewertung potenzieller Gefahren in Zusammenhang mit der chemischen Verbindung nicht möglich sei.«[4] »Die Daten der EPA sind aufgrund der Skandale rund um die durchgeführten Prüfungen bestenfalls einseitig«, so das Gericht weiter »und schlimmstenfalls fragwürdig. Die Verwendbarkeit der Daten der Chemiekonzerne wird ebenso angezweifelt.«[5]

Neben den nicht ordnungsgemäßen, betrügerischen bzw. gar nicht erst vorliegenden Sicherheitsprüfungen waren die Ergebnisse der unveröffentlichten Alsea-Studie, für die Melyce ihre toten Hühner und Küken zur Verfügung gestellt hatte, Gegenstand des Verfahrens Merrell v. Block. Die EPA hatte sich geweigert, die Ergebnisse vorzulegen; tatsächlich behauptete die Behörde, es gebe keinerlei Unterlagen zu dieser Studie. Während sich Mike Axline, der Rechtsanwalt von Paul Merrell, Bonnie und Tony Hill und weiterer Bewohner und Bewohnerinnen des Gebietes, um das es in der Alsea-Studie ging, im Nachgang des Rechtsstreits Merrell gegen Block auf die Berufungsverhandlungen und die Verhandlungen zur Festsetzung der Anwaltshonorare vorbereitete, gewann die Alsea-Studie eine ganz neue Bedeutung. Axline bemühte sich erneut um die Ergebnisse der Studie. Und erneut teilte die EPA mit, es lägen keine Daten zu dieser Studie vor.

Axline, verwundert und irritiert angesichts des Verschwindens von Proben, die in der wissenschaftlichen Fachzeitschrift *Science* als »rauchende Colts« bezeichnet wurden, die unausweichlich ein endgültiges Verbot von 2,4,5-T zur Folge haben müssten, machte sich auf die Suche nach Antworten. Er rief Dr. Michael Gross am Labor der Universität Nebraska an, das mit der Untersuchung der von der US-Umweltschutzbehörde bereitgestellten Proben auf Dioxin beauftragt worden war.

---

4 Berufungsgericht, 11. Juni 2014. – http://openjurist.org/747/f2d/1240.

5 Smith, Jeffrey. EPA Halts Most Use of Herbicide 2,4,5-T. Science. 1979, Vol. 203, 4385, S. 1090-1091.

Axline erkundigte sich, ob die Proben tatsächlich existierten.

Dr. Gross erwiderte, dass die Proben selbstverständlich existierten und er sie persönlich analysiert und die Ergebnisse vor mehr als drei Jahren an die EPA übermittelt habe.

Umgehend schickte Dr. Gross die Ergebnisse seiner Untersuchung mit der Bezeichnung »Tabelle 7« per Fax an Axline. Die Resultate waren erschreckend. Das Dioxin 2,3,7,8-TCDD wurde in Trinkwasserproben, Wildtiergewebe und im Körpergewebe eines Säuglings, der ohne Gehirn geboren worden war, nachgewiesen. Die Dioxinwerte in Sediment- und Schlammproben waren weit höher als die Werte, die zur Evakuierung und letztlich zur Aufgabe der Gemeinde Times Beach im US-Bundesstaat Missouri geführt hatten.[6]

Zu dieser Zeit fand ein weiteres Verfahren zu Herbiziden – *NCAP gegen J. R. Block et al.* – vor dem Bundesgericht gegen die US-Forstverwaltung, das BLM und die US-Umweltschutzbehörde EPA statt. Unter Eid sagten Vertreter/innen dieser Behörden aus, dass in den Proben aus behandelten Staatsforsten keine Dioxine nachgewiesen worden seien. Die Tabelle 7 wurde dem Gericht vorgelegt, um die Zeugenaussagen zu widerlegen.

Am selben Tag erhielt der Kongressabgeordnete Jim Weaver die Tabelle 7 per Fax. In Washington forderte Weaver eine Kongress-Untersuchung der Vertuschung dieser schlagenden Beweise durch die EPA. In Oregon griffen Medien auf lokaler und bundesstaatlicher Ebene das Thema der hohen Dioxinbelastung ausgedehnter bundesstaatlicher Waldflächen auf.

Da die Ergebnisse der Proben aus der Alsea-Studie nun öffentlich waren, wechselte die EPA in den Modus der Schadensbegrenzung. Innerhalb von 24 Stunden lancierte die Behörde eine Kampagne, um ihren Ruf wiederherzustellen. Laut EPA handelte es sich

6 Times Beach war eine US-amerikanische Kleinstadt mit zuletzt 2240 Einwohnern. Sie lag im St. Louis County (Missouri). Wegen eines Dioxin-Skandals wurde die Stadt in den 1980er Jahren evakuiert und abgerissen. (Quelle: Wikipedia) [A. d. Ü.].

um eine »Verwechslung«. Die Proben stammten nicht aus Oregon, so die Behörde, sondern von »irgendwo aus dem Mittleren Westen«.

Am folgenden Tag teilte Donald Barnes, der Dioxin-Beauftragte der EPA, mit, die Ergebnisse aus Tabelle 7 würden zum selben Zeitpunkt ausgewertet.[7] Seine Erklärung warf natürlich die Frage auf, wie man von einer Verwechslung sprechen konnte, noch bevor die Proben überhaupt ausgewertet worden waren.

Von diesem Zeitpunkt an wurde das Narrativ von der Verwechslung zu einem immer dichteren Geflecht aus Täuschungsmanövern und Widersprüchen. Die als nächstes folgende Erklärung der EPA, die in Tabelle 7 aufgeführten Proben stammten tatsächlich aus dem Werk von Dow Chemical in Midland, Michigan, überraschte selbst einige Beamte der Umweltschutzbehörde, die Dow Chemical verklagt hatten, weil das Unternehmen der EPA den Zugang zu seinem Werk zum Zweck der Probenahme verwehrt hatte. Anfang 1983 sagten diese Beamten vor dem Kongress aus, dass Dow Chemical den Zutritt weiterhin verweigere. Noch immer unbeantwortet ist die Frage, wie die EPA Proben an einem Unternehmensstandort genommen haben konnte, den die Behörde nicht betreten hatte und dessen Zutritt ihr verweigert worden war.

Zwei lächerliche interne »Untersuchungen« der EPA führten die »Verwechslung« und das Versagen im Hinblick auf die Feststellung dieser Verwechslung darauf zurück, dass im Verwaltungsapparat der EPA schlicht etwas »durch die Maschen gerutscht« sei. Die Frage, wie das Verfahren zur Aufhebung der Anwendungserlaubnis von 2,4,5-T, das jahrelang verschiedene Behörden beschäftigt und mehrere Millionen US-Dollar gekostet hatte, der EPA »durchgerutscht« sein konnte, bleibt ebenfalls weiterhin unbeantwortet.

---

7 Persönliches Gespräch mit Donald Barnes (Carol Van Strum, Persönliches Gespräch mit Donald Barnes am 8. August 1983, in Carol Van Strum, Paul Merrell, et al. v. Lee M. Thomas in his official capacity as Administrator of the United States Environmental Protection Agency, U.S.D.C. Oregon, Civil No. 84-6484). Eidesstattliche Aussage von Carol Van Strum, 14. Mai 1986, S. 5 f.

Die Medien, leichtgläubig und schnell ablenkbar, ließen die Geschichte fallen und widmeten der »Verwechslung« und ihren Ursachen nur noch wenig Aufmerksamkeit. Als die EPA ihre »Untersuchungsberichte« veröffentlichte – auch das fiel den Medien nicht auf –, verkündeten zum einen Dow Chemical die Rücknahme aller 2,4,5-T-Zulassungen durch den Chemiekonzern sowie zum anderen die EPA praktisch zeitgleich die Aufhebung der behördlichen Marktzulassungen.

Innerhalb der nächsten Monate legte Dow Chemical sowohl den Rechtsstreit mit der EPA um den Zugang zu dem Werk in Midland als auch die von Vietnamveteranen angestrengten Verfahren zum Einsatz von Agent Orange bei. Mit diesem Deal schaffte sich der Chemiekonzern einige lästige Gerichtsprozesse vom Hals und entledigte sich einer Chemikalie, für die die Unterstützung im Unternehmen zunehmend schwand.

Nun, da die Beweise über 2,4,5-T und die Toxizität (Giftigkeit) von Dioxin praktischerweise ad acta gelegt worden waren, änderte die EPA ohne viel Aufhebens und von der Öffentlichkeit unbemerkt ihre Strategie im Hinblick auf Dioxine, weg von der Aussage, dass es »keinen Grenzwert für eine unbedenkliche Exposition« gebe und hin zur »Risikobewertung«, eines neuen wissenschaftlichen Verfahrens, das von der Industrie begrüßt und von manchen ironisch als »interessante neue Form der Zahlenmystik« bezeichnet wurde.

Theoretisch wird bei der Risikobewertung die Toxizität einer Substanz in ein Verhältnis zum Grad der Exposition gesetzt, um die Zahl der Opfer zu prognostizieren. Lag die berechnete Anzahl von Sterbefällen unterhalb des festgelegten Grenzwerts, wurde damit in Kauf genommen, dass eine »vernachlässigbare« Anzahl von Menschen durch die Exposition gegenüber einem Stoff bzw. Ereignis zu Tode kam. Der U.S. Supreme Court legte in seiner Weisheit eigenmächtig fest, dass die Zahl der Menschen, die ein beliebiges Gift töten darf, bei einer von einer Million Personen liegt, was laut Oberstem Gerichtshof der USA »vernachlässigbar«, also vertretbar, sei. (Siehe bspw. *Industrial Union Department, AFLCIO v. American*

Petroleum Institute, 448 U.S., 607, 100 S. Ct. 2844, 65 L.Ed.2. 1010 [1980]. Hierdurch wurde ebenfalls (indirekt) anerkannt, dass Werktätige allein an ihrem Arbeitsplatz Tausenden von krebserregenden Stoffen ausgesetzt sind, von denen jeder einzelne ein zusätzliches, legitimes »vernachlässigbares Risiko« darstellt.)

In der Praxis beinhaltet die Risikobewertung das ständige Anpassen aller Zahlenwerte und zugrunde liegenden Annahmen, um die Sterblichkeit bei max. 1:1 Million zu halten. Bei den Risikobewertungen der EPA erzielte man eine zuvor festgelegte zulässige Opferzahl, indem man anstelle realer Daten Annahmen verwendete und die völlig unsinnigen Resultate in unverständlichen algebraischen Formeln versteckte. Derartige Taschenspielertricks ermöglichten den Aufsichtsbehörden zunächst die Feststellung, dass eine bestimmte Anzahl von Todesfällen »vernachlässigbar« sei, um anschließend mit den Daten zur Toxizität und Exposition so lange zu jonglieren, bis ein »vertretbares« Niveau erreicht wurde. (Detaillierte Einblicke in die internen Methoden, mit denen sich die EPA schützend vor Umweltsünder und Giftmischer stellt, finden sich in dem Enthüllungsbericht *Poison Spring: the Secret History of Pollution and the EPA* von E. G. Vallianatos [veröffentlicht 2014]).

Mit ihrer Zahlenakrobatik verwarf die US-Umweltschutzbehörde die in den Gerichtsverfahren zu 2,4,5-T herausgearbeiteten äußerst realen Humandaten und ging von der Annahme aus, dass das »kanzerogene Potenzial« von Dioxin (also seine krebserregende Eigenschaft) gegenüber allen sonstigen Wirkungen im Vordergrund stehe. Obwohl sich Dioxin im Tierversuch als außerordentlich starkes Karzinogen erwiesen hatte, spielte die enorme Formenvielfalt von Krebserkrankungen bei Menschen den für die Risikobewertung Verantwortlichen perfekt in die Hände: Im Gegensatz zu Wirkungen auf die Fortpflanzungsfähigkeit und Geburtsfehlern, die sich bereits nach neun Monaten manifestieren, treten manche Krebserkrankungen beim Menschen erst Jahrzehnte später auf, so dass ein eindeutiger kausaler Zusammenhang mit einem jeweils verursachenden Faktor nur schwer nachweisbar ist. Menschen sind über die Jahre einer Vielzahl anderer schädlicher Substanzen ausgesetzt, Unterlagen gehen verloren, möglicherweise sind Betroffene vor dem Auftreten der Krebserkrankung bereits an etwas anderem verstorben. Dazu kommt noch die haarsträubende Tatsache, dass bei den wenigen Untersuchungen am Menschen, die überhaupt vorliegen, Frauen und Kinder komplett unberücksichtigt bleiben. Dieser Mangel an Humandaten erlaubte es, bei der Risikobewertung weiterhin davon auszugehen, Dioxin wäre als Karzinogen für Menschen weit weniger gefährlich als für alle anderen Tiere.

Über mehrere Jahrzehnte, seit die US-Umweltschutzbehörde einen Grenzwert für die unbedenkliche Exposition 1979 akzeptiert hatte, und in denen sich bekannte Dioxinquellen in immer mehr Produkten, u. a. auch in Chlorerzeugnissen zur kommerziellen Anwendung, fanden, entwickelte die EPA zunehmend obskure Methoden der Risikobewertung, um die fortgesetzte Dioxinbelastung zu rechtfertigen – selbst dann noch, als die Belege für einen Zusammenhang zwischen Dioxin und Krebserkrankungen, Schädigungen der Fortpflanzungsfähigkeit, Geburtsfehlern und schädlichen Wirkungen auf das Hormongleichgewicht immer erdrückender wurden. Das Ergebnis: Seit mehr als einem halben Jahrhundert fehlen bis heute seitens der EPA jegliche regulatorischen Vorgaben für eine chemische Verbindung, die Wissenschaftlerinnen und Wissenschaftler der Behörde hinsichtlich ihrer Toxizität und Persistenz (Langlebigkeit) mit Plutonium vergleichen.

Auch wenn die umfassenden Belege der EPA dafür, dass Dioxin in jeglicher Dosis die Fortpflanzungsfähigkeit »unmittelbar gefährdet«, in die Behördenarchive verbannt und bequemerweise vergessen wurden, ließen einige wenige Menschen in Oregon und in Michigan nicht locker. Vier Jahre lang versuchte ich mit Hilfe von Bürgerrechts- und Umweltschutzanwälten in Michigan und Oregon, die EPA gerichtlich zur Offenlegung der Akten zu zwingen, die belegen, dass die angeblich in Oregon genommenen Proben verwechselt worden waren und tatsächlich aus Michigan stammten. Nach dreijährigem Rechtsstreit und rund 34.000 Seiten ungeordnete, weitgehend unbrauchbare Akten später legte die EPA schließlich »eindeutige« Belege vor: zwei Seiten, vermeintlich aus dem Protokollbuch des EPA-Analyselabors in Missouri, wohin die Proben zunächst geschickt worden waren.

Diese zwei Seiten widersprechen nicht nur einander, sie stehen auch im Widerspruch zu den Unterlagen der Labore, an die die Proben angeblich zur Analyse geschickt worden waren, sowie zu den unter Eid abgelegten Aussagen der Chemikerinnen und Chemiker, die sie ausgewertet haben. Ich habe all dies in einer 42-seitigen eidesstattlichen Erklärung mit Anlagen im Umfang von mehreren Hundert Seiten dokumentiert: Unterlagen über Proben, deren Auswertung zwei Wochen vor ihrem Eingang im Analyselabor stattfand; Aufzeichnungen darüber, dass jede Probe zu 100 % an ein bestimmtes Labor und ein Jahr später zu 100 % an ein anderes Labor geschickt wurde; Proben, die von der EPA in der Anlage von Dow Chemical genommen wurden, während die Behörde gleichzeitig gerichtlich gegen die Weigerung des Chemiekonzerns vorging, der EPA Zugang zu der Anlage zwecks Probenahme zu gewähren; ausgewertete Proben ohne jegliche Angaben zu Herkunft, Probenahme oder Beweismittelkette; Proben, die zwar genommen, deren Eingang in einem Labor aber nie bestätigt wurde, wie etwa die Junghühner und Küken von Melyce und mein vieräugiges Katzenjunges, die einfach spurlos verschwunden waren.

Als nach vier Jahren festgestellt wurde, dass die Umweltschutzbehörde keinerlei Beweise für ihre Verwechslungsgeschichte vorlegen konnte, stellten wir den Rechtsstreit ein. Da 2,4,5-T und Silvex nicht mehr hergestellt oder vertrieben wurden, verschwand das Thema der Dioxinbelastung unserer Wälder und anderer Herbizidprodukte nach und nach aus der öffentlichen Wahrnehmung.

Im Jahr 1984 kamen EPA-Forschungsbeauftragte ins Five Rivers Tal und nahmen an einem einzelnen Standort erneut Proben, nämlich am Wasserzufluss zum Nachbargrundstück von Melyce, wo 1979 Dioxin nachgewiesen worden war. In den fünf Jahren seit dem Verbot von 2,4,5-T und dessen Ersatz durch 2,4-D war die Dioxinbelastung in Sedimenten direkt oberhalb des Hauses von Melyce um das Vierfache angestiegen. Trotz des Anstiegs auf die höchsten Dioxinwerte in Flusssedimenten, die jemals in der Region Pacific Northwest nachgewiesen wurden, teilte die EPA mit, die gemessenen Werte stellten keine »unmittelbare« Gesundheitsgefährdung dar. Zudem sah sich die Behörde in keinster Weise veranlasst, weitere Proben im Tal zu nehmen oder die Fische in Five Rivers zu untersuchen, obwohl der Fluss ein wichtiges Laichhabitat für die stark gefährdeten Lachse darstellt. Die niemals abgeschlossene Alsea-Studie mit all ihren Belegen für die Existenz und Wirkungen dioxinbelasteter Produkte verschwand einfach und wurde nie veröffentlicht. Die beteiligten Wissenschaftskreise erhielten von der Regierung einen Maulkorb verpasst und wurden daran gehindert, die gewonnenen Erkenntnisse zu diskutieren oder zu veröffentlichen.

Ein Jahrzehnt später, dreizehn Jahre nach Einführung der Auflage für Hersteller, Produkte auf 2,4-D-Basis auf Dioxin zu testen, enthüllten durchgesickerte Informationen aus EPA-Dokumenten, dass das 2,4-D, das über dem Wasserzufluss von Melyces Farm versprüht worden war und Zusicherungen zufolge kein Dioxin enthielt, in Wirklichkeit jedoch mit allen erdenklichen Formen von Dioxin kontaminiert war. Ein Viertel aller Proben wies sogar den giftigsten Typ – 2,3,7,8-TCDD – in gefährlicher Konzentration auf. Als Antwort auf meine Anfrage gemäß *Freedom of Information Act*[8] in Bezug auf die von 2,4-D-Herstellern vorgelegten Dioxinanalysen erhielt ich vier große Kartons mit unbeschriebenem Papier, versehen mit dem Stempel »Geschäftsgeheimnis, Vertrauliche Unternehmensinformationen«. Dr. Anthony Colluci, ein früherer EPA-Beamter, wies darauf hin, dass die EPA bereits Anfang der 1970er Jahre Kenntnis davon gehabt habe, dass 2,4-D TCDD enthielt.

Bis heute wird 2,4-D in der Forstwirtschaft und auf Rasenflächen

8 Das Informationsfreiheitsgesetz gibt allen US-Bürgerinnen und -Bürgern das Recht, Zugang zu Dokumenten von staatlichen Behörden zu verlangen [A. d. Ü.].

in Wohngebieten, an Straßenrändern, auf Golfplätzen, Sportfeldern und Schulhöfen weiter eingesetzt – mit Genehmigung der EPA. Nun hat die US-Umweltschutzbehörde in einer Art erschreckendem Déjà-vu das neue Herbizid von Dow Chemical »Enlist Duo« zugelassen. Die Kombination aus 2,4-D und Glyphosat (Roundup©) dient zur Behandlung von Mais und Sojabohnen, die genetisch so modifiziert sind, dass ihnen beide Unkrautvernichter nicht schaden. Enlist Duo wird die angewendete Menge an 2,4-D exponentiell steigern und sämtliche Produkte, die Soja oder Mais enthalten, sowohl mit Glyphosat als auch mit 2,4-D vergiften – ohne jegliche Untersuchungen auf mögliche synergistische Effekte der beiden Gifte, geschweige denn auf Dioxinverunreinigungen. Der Umstand, dass die Erstzulassung sowohl von 2,4-D als auch von Glyphosat auf der Grundlage von Untersuchen des kommerziellen Vertragslabors Industrial Bio-Test Laboratories (IBT) erfolgte, die nicht ordnungsgemäß bzw. in betrügerischer Absicht durchgeführt worden waren, wird dabei gerne vergessen.

Auch wenn die Forstverwaltung heute nicht mehr ganze Staatsforste mit Giften besprüht, bekämpft die US-Behörde zur Verwaltung staatlicher Landflächen nun nicht mehr Holzschädlinge mit der chemischen Keule, sondern unerwünschte Vegetation. Die Holzindustrie versprüht Herbizide weiterhin hemmungs- und rücksichtslos großflächig über ihren eigenen Wäldern. Auch die für Bundes- und Bezirksstraßen zuständigen US-Verkehrsbehörden versprühen eine Vielzahl dieser Chemikalien entlang der Fahrbahnränder über Tausende von Meilen, und das in weit höheren Konzentrationen als bei Sprühflügen üblich.

Die Ergebnisse sind traurigerweise vorhersehbar. In den letzten Jahren wurden in 100 % der Blutproben von Männern, Frauen und Kindern in der Gegend von Triangle Lake in Oregon 2,4-D und Atrazin nachgewiesen, die von Holzunternehmen in großen Mengen eingesetzt werden. Vor kurzem wurde im südlichen Oregon eine ganze Gemeinde durch Helikopter vergiftet, die bei ihren Sprühflügen für Holzfirmen 2,4-D und Triclopyr ausbrachten.

Ungeachtet solcher Rückschläge gibt es neuerdings jedoch auch Zeichen der Hoffnung und für gesunden Menschenverstand, insbesondere seit das Internet für eine schnelle Kommunikation zwischen Menschen über große Entfernungen hinweg und eine stärkere Sensibilisierung der Öffentlichkeit für das Thema sorgt, als wir 1976 zu träumen wagten. In drei Bezirken in Oregon wurden Initiativen gegründet, die sich für das Recht von Gemeinden auf nachhaltige Nahrungsmittelerzeugung und andere Versorgungssysteme einsetzen. Darüber hinaus kämpft eine wachsende Gemeinderechtebewegung in den US-Bundesstaaten gegen Gesetze, die Holzunternehmen und kommerzielle Landwirtschaftsbetriebe gegen Gerichtsprozesse abschirmen. Diese Prozesse werden von den Gebietsansässigen und angrenzenden Gemeinden angestrengt, die von den Vergiftungen betroffen sind. Sowohl in Colorado als auch in Oregon gibt es in diesem Jahr Bürger/innen-Entscheide über die Einführung einer Kennzeichnungspflicht für Lebensmittel, die genetisch veränderte Inhaltsstoffe enthalten. Landesweit protestieren in den USA immer mehr Menschen gegen *Fracking*, genetisch veränderte Nahrungsmittel, Nanotechnologie, den Transport radioaktiver Abfälle und andere Gefahren, wobei im Mittelpunkt die Geheimhaltungsklauseln stehen, mit deren Hilfe die Industrie ihre Gewinne schützt. Immer wieder sind es dieselben Akteure – als Paradebeispiele seien hier Dow Chemical und Monsanto genannt – die über Jahrzehnte für den Tod von Menschen (selbstverständlich innerhalb vertretbarer Grenzen) verantwortlich sind.

Die Konzerne mit ihren unbegrenzten Finanzmitteln werden diese Bürgerbewegungen mit allen erdenklichen schmutzigen Tricks bekämpfen. Wissenschaftlerinnen und Wissenschaftler wie Tyrone Hayes, der in seinen Forschungsarbeiten die tödliche Wirkung von Pestiziden bestätigt, sehen sich Rufmordkampagnen sowie dem Entzug von Forschungsgeldern und Subventionen ausgesetzt oder – wie die Autorinnen und der Autoren der Alsea-Studie – an der Veröffentlichung ihrer Ergebnisse gehindert. Wer gegen die Vergiftung durch Konzerne kämpft, muss mit übelsten Hetzkampagnen, angedrohtem

Arbeitsplatzverlust, falschen strafrechtlichen Beschuldigungen und anderen Arten von Schikanen, selbst Todesdrohungen, rechnen, während die Konzerne ihre Lügen massiv über die Medien verbreiten und Abgeordnete über ihre Lobbygruppen unablässig zu beeinflussen versuchen.

* * *

Eine besonders effektive Taktik des American Legislative Exchange Council (ALEC)[9] besteht darin, Rechtsvorschriften mit Modellcharakter zugunsten kommerzieller Geldgeber zu erarbeiten, wie etwa die »*Right to Farm*«-Gesetze (das Recht, Landwirtschaft zu betreiben), die in allen 50 US-Bundesstaaten verabschiedet wurden.[10] In der Fassung von Oregon aus dem Jahr 1993 wird Personen, die von Vergiftungen betroffen sind, das Recht abgesprochen, die Verursachenden auf Schadensersatz zu verklagen, zudem werden jegliche Versuche auf Bezirks- oder kommunaler Ebene, die Gebietsansässige gegen das Sprühen von Waldflächen schützen sollen, von vorne herein im Keim erstickt.[11] Als die Wähler und Wählerinnen von Lincoln County 2017 eine Verfügung beschlossen, die Sprühflüge zum Ausbringen von Pestiziden über ihrem Gebiet untersagte, reichten Interessengruppen aus der Holz- und Pestizidindustrie daher postwendend Klagen dagegen mit der Begründung ein, die Verfügung sei aufgrund der *Right-to-Farm*-Gesetze des Bundesstaates rechtswidrig[12]. Das Gericht entschied 2019 zwar gegen das County, aber über zweieinhalb Jahre blieben die Anwohner und Anwohnerinnen dort vollständig von der Vergiftung mittels Sprühflügen

---

9 Die 1973 gegründete Organisation »zählt zu den Frontgruppen der organisierten Klimawandelleugnerszene« (Quelle: Wikipedia). Ihr Hauptziel ist die Erarbeitung und Verbreitung von Gesetzesvorlagen mit rechtsgerichteten bzw. unternehmensfreundlichen Inhalten für US-Bundesstaaten [A. d. Ü.].

10 www.alecexposed.org/wiki/Right_to_Farm_Act_Exposed.

11 https://katu.com/news/local/oregons-right-to-farm-law-questioned-in-pesticide-dispute.

12 https://nationalaglawcenter.org/state-compilations/right-to-farm/.

Der Lorax auf einer abgeholzten Fläche in Oregon (Foto: Andy Hardy)

verschont.[13] Und da die Verfügung außerdem natürlichen Ökosystemen das Recht zusprach, sich vor Gericht zu verteidigen, genoss die Natur selbst in dieser kurzen Zeit das Recht auf Leben und Unversehrtheit.[14]

13 www.earthtimes.org/green-blogs/green-opinions/alec-lets-corporations-craft-environmental-policy- 29.7.2012/.

14 www.oregon.gov/ODA/shared/Documents/Publications/NaturalResources/RightToFarm.pdf.

Die wachsende Bewegung, die das Recht von Gemeinden und natürlichen Lebensräumen auf Selbstverteidigung proklamierte, spiegelt das totale Versagen der Regierung, den Einsatz von Pestiziden gesetzlich ordnungsgemäß zu regeln. Mehr als 60 Jahre sind vergangen, seit Rachel Carson ihre Erkenntnisse über die von DDT ausgehenden Gefahren veröffentlicht hat, und noch immer sind DDT-haltige Pestizide und dioxinverunreinigte Produkte Jahrzehnte nach Bekanntwerden der schrecklichen Auswirkungen von Agent Orange auf dem Markt. Ganze 45 Jahre nach Enthüllung der massiven Betrugsskandale im Zusammenhang mit Analyselaboren stützen sich noch immer Hunderte von Zulassungsverfahren für Pestizide sowie Grenzwertbestimmungen für Nahrungsmittel auf geheime, mangelhafte, betrügerische oder schlicht nicht vorhandene Sicherheitsdaten. Ein solcher Giftstoff, Glyphosat, wird weiterhin bei Sprühflügen über unseren Wäldern und Wasserläufen ausgebracht, und das, obwohl in mehreren tausend Gerichtsprozessen ein Zusammenhang mit dem Non-Hodgkin-Lymphom, einer bestimmten Krebsart, nachgewiesen wurde. Wenn Demokratie noch irgendeine Bedeutung haben soll, sollten Menschen und die Natur selbst das Recht haben, sich gegen eine Vergiftung aus reinem Gewinnstreben aufzulehnen.

Dabei ist die Vorstellung, der Natur das Recht auf Selbstverteidigung zuzusprechen, nicht neu. Vor 56 Jahren schrieb der US-Kinderbuchautor und Filmemacher Dr. Theodore Seuss die Parabel des Lorax[15], der für die Bäume spricht und versucht, sie vor einer unersättlichen Fabrik zu retten, die jeden Baum verschlingt und den Fluss, die Luft und den Boden eines ehemals grünen Waldes vergiftet. Ein Jahr später plädierte William O. Douglas, Richter am Supreme Court, in eindrücklichen Worten dafür, »natürlichen Objekten das Recht zu verleihen, ihre Selbsterhaltung gerichtlich einzuklagen.« Da Unternehmen, Schiffe, Verwaltungsbezirke und andere unbelebte Objekte als juristische Personen klageberechtigt

---

15 Originaltitel: Dr. Seuss' The Lorax (1972) [A. d. Ü.].

seien, drängte Richter Douglas darauf, dieses Recht müsse natürlichen Objekten wie Flüssen und Seen ebenfalls zugestanden werden. »Flüsse beispielsweise sind das lebende Symbol allen Lebens, das sie versorgen oder nähren – Fische, Wasserinsekten, Wasseramseln, Otter, Fischmarder, Rotwild, Elche, Bären und alle anderen Tiere einschließlich des Menschen … Die Stimme der unbelebten Objekte sollte daher nicht zum Verstummen gebracht werden.«[16]

Weder der Lorax noch Richter Douglas fanden Gehör. Zahllose Ökosysteme sind seitdem verloren gegangen, und unzählige Arten, auch unsere eigene, sind vom Aussterben bedroht.

***

Unternehmen Menschenrechte zu verleihen, so der Rechtsanwalt Gerry Spence, sei so, als würde man »einer Ameise und einem Bulldozer das gleiche Recht zubilligen, übereinander her zu laufen bzw. zu rollen.«[17] Es fällt nicht schwer, sich wie eine Ameise zu fühlen, wenn man einem gesichtslosen Industriemonster die Stirn bietet. Sicher, eine einzelne Ameise kann alleine nicht viel ausrichten, abertausende Ameisen können selbst einen Bulldozer bezwingen, indem sie Hydraulik- und Treibstoffschläuche durchbeißen, Kontrollschalter einklemmen und über den unglückseligen Fahrer herfallen. Ebenso kann eine ausreichend große Zahl informierter Menschen der Todesmaschinerie Einhalt gebieten. Es besteht die Hoffnung, dass die aufkeimende Gemeinderechtsbewegung eine solche kollektive Kraft entfalten kann. Eine informierte Gruppe von Menschen könnte auf Geschworenengerichte und Staatsanwaltschaften einwirken, um die Persönlichkeitsrechte, die den Unternehmen vom Obersten US-Gerichtshof zugesprochen wurden, auf die nächste logische Ebene zu heben: Unternehmen als Rechtspersonen, die vor-

16 Übersetzung der Zitate durch die Übersetzerin, sofern nicht anders angegeben [A. d. Ü.].

17 Spence, Gerry. With Justice for None: Destroying an American Myth. New York: Crown, 1989. 0812916964.

sätzlich ein Produkt herstellen oder einsetzen, das einen von einer Million Menschen tötet, wegen Mordes anzuklagen (und die von der Industrie gesteuerten Aufsichtsbehörden wegen Beihilfe zum Mord, da diese die Sterberate als »vernachlässigbar« eingestuft haben).

Ja, es geht um Mord.

»Von dem, was man heutzutage liest und hört«, prophezeite Agatha Christie 1969, »scheint es, dass Mord unter bestimmten Kriterien langsam aber sicher von einem Großteil der Gesellschaft zunehmend akzeptiert wird.«[18] Die Methode der Risikobewertung, die eine bestimmte Zahl von Todesfällen durch Vergiftung als »vernachlässigbar« und somit vertretbar definiert, macht aus Agatha Christies Aussage düstere Realität. Unzählige Todesfälle durch Pestizide, Giftstoffe am Arbeitsplatz, radioaktives Material und allgegenwärtige Umweltschadstoffe gelten mittlerweile als zumutbare öffentliche Nebenkosten von Unternehmensgewinnen – ohne das Wissen oder die Zustimmung der Gesellschaft.

Das Verfahren der Risikobewertung stützt das irreführende Narrativ, das individuelle Risiko, an Krebs zu sterben, liege bei eins zu einer Million, aber das stimmt so nicht, denn bei der Berechnung geht man tatsächlich von einem krebsbedingten Todesfall pro einer Million *exponierter Personen* aus. Wer dem Gift ausgesetzt war und an einer tödlichen Krebserkrankung leidet, hat kein Risiko mehr, nur noch tödliche Gewissheit. Die Person, die einige Flaschen Paracetamol-Tabletten mit Zyanid versetzte und der es dabei völlig gleichgültig war, wer die Opfer sein würden, wurde nach dem Tod einiger Betroffener als Mörder bezeichnet. Mit dem Verfahren der Risikobewertung hingegen wird der Tod genauso vieler[19] nicht identifizierter Menschen nach einer Pestizidexposition in Kauf genommen, solange die Opfer namenlos bleiben und die Giftmischer Profit machen.

18 Christie, Agatha. Hallowe'en Party. New York: Harper, 1969. Das Zitat ist in der deutschen Ausgabe (Scherz Verlag) nicht enthalten. Wahrscheinlich entstammt es einem Vor- oder Nachwort der englischen Ausgabe. [A. d. Ü.].

19 Bei den Ermittlungen 1982 gab es einen Verdächtigen, dem die Straftat jedoch nicht nachgewiesen werden konnte [A. d. Ü.].

Diejenigen, die für Herstellung, Anwendung und Überwachung dieser Gifte verantwortlich sind, gehen ebenso skrupellos wie der Paracetamol-Giftmörder in derselben Gewissheit vor, dass Menschen daran sterben werden. Das macht sie ebenfalls des vorsätzlichen Mordes schuldig. Unternehmen, die mit ihren Erzeugnissen und Abfällen ganze Bevölkerungen über Jahrzehnte vergiften, sind genau genommen Serienmörder, die die grotesken Phantasien eines Ted Bundy oder Jeffrey Dahmer[20] weit hinter sich lassen.

Als juristische Personen können Konzerne wegen Mordes vor Gericht gestellt werden, und auch wenn das Unternehmen an sich nicht zur Verantwortung gezogen und inhaftiert werden kann, so doch das Management. Unternehmen können zerschlagen, ihre Geschäftssatzung für ungültig erklärt und ihre Vermögenswerte beschlagnahmt werden. Dies wird aber erst dann geschehen, wenn die Gesellschaft die laut Risikobewertung »vernachlässigbaren« Todesfälle – also die Ermordung von Menschen – nicht länger hinnimmt.

***

Am 4. Juli 1989, zehn Jahre nach den 2,4-D-Sprühflügen über Ryan Creek, starb Melyce Connelly mit 32 Jahren an Krebs, an einem Hirntumor, einem Lungenkarzinom und an Brustkrebs. Freunde, Freundinnen und die Nachbarschaft von Melyce kamen zum letzten Mal in ihrem Garten zusammen, um ihre Asche zwischen den Blumen und Bäumen zu verstreuen, die sie so sehr geliebt hatte. Kurze Zeit danach planierten die Leute, die ihr Grundstück erworben hatten, die Gärten und Knoblauchfelder, und das Haus, das Melyce und ihr Mann gebaut hatten, ging in Flammen auf. Beerenranken und Erlenschösslinge wachsen nun an der Stelle, an der sich ehemals ihr Haus und die Gärten befanden, und die alten Gehwege erscheinen jedes Frühjahr erneut wie von Geisterhand in Form von Reihen von Osterglocken, deren Blüten sich im Wind wiegen.

---

20 Beide waren in den USA berüchtigte Serienmörder [A. d. Ü].

Für ihre Freundinnen und Freunde, ihre Familie und ihre Kinder, die sie liebten, wird der Tod von Melyce niemals bedeutungslos sein. Eine Gesellschaft, die einen solchen Mord stillschweigend hinnimmt, hat keine Zukunft.

Melyce Connelly um 1982 (Foto: Scott Blackman)

Giftiger Nebel

> *Dann tauchte überall in der Gegend eine seltsame schleichende Seuche auf, und unter ihrem Pesthauch begann sich alles zu verwandeln. Irgendein böser Zauberbann war über die Siedlung verhängt worden: Rätselhafte Krankheiten rafften die Kükenscharen dahin; Rinder und Schafe wurden siech und verendeten. Über allem lag der Schatten des Todes. Die Farmer erzählten von vielen Krankheitsfällen in ihren Familien. In der Stadt standen die Ärzte immer ratloser den neuartigen Leiden gegenüber, die unter ihren Patienten auftraten […]*
>
> *Fast unbemerkt ist ein Schreckgespenst unter uns aufgetaucht und diese Tragödie, vorerst nur rein Phantasiegebilde, könnte leicht raue Wirklichkeit werden, die wir alle erleben.*
>
> Rachel Carson[1]

An einem Frühlingsmorgen 1975, dreizehn Jahre nach der Veröffentlichung von *Silent Spring*, brachen vier Kinder zum Angeln am Fluss auf, an dem ihr Zuhause mitten in der Wildnis an der Küste Oregons lag. Der Fluss war der Mittelpunkt in ihrem jungen Leben. Sie kannten all seine Stimmungslagen und fühlten sich an seinen Ufern und in seinen Tiefen ebenso heimisch wie jedes dort leben-

1 Rachel Carson. Der stumme Frühling [Silent Spring]: Aus dem Amerikanischen von M. Auer. Biederstein, München 1963. Carsons Sachbuch wird häufig als Ausgangspunkt der weltweiten Umweltbewegung und als eines der einflussreichsten Bücher des 20. Jahrhunderts bezeichnet [A. d. Ü.].

de Wildtier. Sie wussten, wo die Nester von Drosseln, Spatzen und Eisvögeln entlang der Ufer zu finden waren, kannten den Tanzplatz der Moorhühner, die Spuren von Bibern, Waschbären, Fischreihern und Bären im Ufersand, die bei den Wasseramseln beliebtesten Felsen. Im Sommer badeten sie in den Flussbecken und feuerten im Winter die Lachse an, die stromaufwärts zu ihren Laichplätzen schwammen. Holztrucks und andere Laster dröhnten auf der Uferstraße, aber die Flusslebewesen hatten sich schon lange an den Lärm angepasst, und auch die Kinder nahmen ihn nicht mehr wahr.

An diesem Morgen kroch jedoch ein schwerer Tanklaster die Straße entlang, und da der Fahrer einen niedrigen Gang eingelegt hatte, war ein heulendes Motorgeräusch zu hören. Zwei Männer, die hinten auf dem Laster hockten, hielten jeweils den Stutzen eines dicken Schlauchs, aus dem eine bittere Flüssigkeit auf Bäume, Büsche, Disteln und Farne am Straßenrand gesprüht wurde. Dort, wo die Straße unmittelbar entlang der Uferböschung auf einer Art Überhang direkt oberhalb des Flusses verlief, richteten die Männer die Schläuche auf die Wasseroberfläche und besprühten dabei unabsichtlich die vier Kinder, die unten am Ufer angelten.

Der Tanklaster fuhr weiter, und die Kinder blieben keuchend in einem feuchten Nebel zurück, der sich auf ihre Haut und Kleidung legte. Mit schmerzender Haut, tränenden Augen sowie Brennen in Mund, Rachen und Nase taumelten sie nach Hause. Bis zum Abend waren alle vier krank.

In dem Garten bei dem Haus, in dem die Kinder wohnten, ging eine Vielzahl von Pflanzen ein, ihre Blätter verwelkten und verdrehten sich dabei in grotesken Formen. In den darauffolgenden Wochen schlüpften auf ihrer Farm missgebildete oder nicht lebensfähige Hühner-, Gänse- und Entenküken, mit deformierten Flügeln, Klumpfüßen oder überkreuztem Schnabel. Der Familienhund entwickelte nässende Wunden, die auf keine Behandlung ansprachen, und eine Lähmung der Hinterläufe.

Binnen eines Monats flogen Hubschrauber der Forstverwaltung entlang der nahe gelegenen Bergkämme und versprühten dabei dieselbe bittere Flüssigkeit, die mit dem vorherrschenden Wind auch über das Anwesen der Familie verweht wurde. Der Albtraum begann von Neuem. Weiter oben im Tal litten dieses Mal andere Familien, fassungs- und hilflos. Pferde verloren ihr Fell, Kinder erkrankten, es kam zu Fehlgeburten bei Frauen und Kühen, Geflügel verendete in Todeskrämpfen. In den Gärten verkümmerten das angebaute Gemüse und die Obstbäume.

Ein düsterer Spuk hatte alles erfasst, und die fiktive Tragödie von Rachel Carson war schreckliche Wirklichkeit geworden, ohne dass irgendjemand etwas dagegen tat.

Es waren meine eigenen vier Kinder, die an diesem Junimorgen 1975 bei einem Einsatz der Straßenverkehrsbehörde mit Gift besprüht worden waren. Der Fluss, an dem sie angelten, war Five Rivers, der an unser Grundstück grenzte. Die Fragen der Menschen aus diesem kleinen, abgelegenen Tal, die sie den Gesetzesvertreterinnen und -vertretern in ihrem County und ihrem Bundesstaat, vor US-Bundesgerichten sowie in behördlichen Anhörungen in Washington, D. C. stellten, sind bis heute weitgehend unbeantwortet. Im Zentrum ihrer Fragen steht der ungelöste Konflikt zwischen dem Recht jedes Einzelnen auf Schutz vor Vergiftung und dem Anrecht von Unternehmen oder Regierungen auf den »Nutzen«, der sich aus dem Vergiften anderer ohne deren Wissen oder Zustimmung ergibt. Dieser Konflikt ist eines der schwerwiegendsten Probleme, mit dem unsere technologiebestimmte Gesellschaft konfrontiert ist.

Das, was in unserem Tal passierte, war kein Einzelfall. Entlang der Landstraßen und Autobahnen verursachen Sprühwagen überall in den USA dasselbe Ausmaß an Zerstörung. Helikopter fliegen über unsere Staatsforste, Nationalparks und Nutzwälder und sprühen bittere Nebelschwaden in den Wind, die alles benetzen. Flugzeuge versprühen ätzende Flüssigkeit auf riesige Weizen-, Reis- und Maisfelder. Wo immer sich diese düsteren Nebelschleier auf die dort lebenden und arbeitenden Menschen oder ihre Tiere legen, werden wieder und wieder dieselben Symptome gemeldet:

Five Rivers in der Küstengebirgskette im US-Bundesstaat Oregon (Foto: Ken Gagne)

in Neuseeland, Schweden und England sowie in den Vereinigten Staaten. Häufig bleibt der Spuk unbemerkt, da die Opfer ihre Beschwerden und Leiden nicht mit den Sprühnebeln in Zusammenhang bringen. Wenn sie es aber bemerken und anfangen Fragen zu stellen, erhalten sie immer wieder dieselbe Antwort: »Die versprühten Substanzen sind vollkommen ungefährlich. Es handelt sich um ein Herbizid, das nur auf Pflanzen wirkt. Für Menschen und Tiere ist es völlig harmlos.«

Vietnamesische Bauern hätten ihnen eine andere Geschichte erzählen können. Als die US-Armee über Vietnam dieselben Gifte versprühte, hatte dies nicht nur verheerende Auswirkungen auf ihre Feldfrüchte, sondern auch auf ihre eigene Gesundheit und die ihrer Tiere. Dies gilt auch für Beschäftigte in der US-amerikanischen Chemieindustrie sowie all jene, die auf Farmen, bei der Baumpflanzung und beim Ausbringen der Chemikalien tätig waren. Wissenschaftlerinnen und Wissenschaftler, die in ihren Labors Tests mit den Giftstoffen durchführten, hätten von denselben Symptomen bei Versuchstieren berichten können.

Bei den Stoffen, mit denen meine Kinder besprüht wurden, und die mit Helikoptern, Sprühflugzeugen und Tanklastern weiterhin auf unseren Nutzpflanzen, Wäldern, Weiden und Straßenrändern ausgebracht werden, handelt es sich um Pflanzengifte, so genannte Herbizide. Es sind dieselben Chemikalien mit ihrer »magischen« Wirkung, die als Zusatz im Rasendünger Löwenzahn und anderen Unkräutern den Garaus machen. Sie werden in Teiche, Bewässerungsgräben, Seen und Wasserläufe eingeleitet, um das Wachstum von Algen einzudämmen, die durch die Düngemittel, Abwässer und andere Umweltgifte besonders gut gedeihen. Als schnelle, kostengünstige und effektive Methode, um unerwünschtes Pflanzenwachstum zu verhindern, haben »Pflanzenschutzmittel« wie die Phenoxyherbizide, 2,4-D und 2,4,5-T die moderne Landwirtschaft revolutioniert.

***

Wir waren 1974, ein Jahr vor den Sprühmaßnahmen, von einer kleinen Farm im Norden Kaliforniens nach Five Rivers gezogen. Bei dem Stück Land, für das wir uns in dem Tal entschieden, handelte es sich um eine alte Farm, die auf drei Seiten vom Siuslaw National Forest umgeben war. Das nächstgelegene Haus war eine halbe Meile entfernt. Mit Ausnahme eines jungen Farmers acht Meilen die Straße hinauf, der uns am Tag unseres Einzugs einen Korb mit Brokkoli und Kartoffeln vorbeibrachte, haben wir im ersten Jahr dort niemanden aus der Nachbarschaft kennengelernt. Als die Kinder die versprühten Gifte abbekommen hatten, gab es niemanden, den wir um Rat oder Hilfe bitten konnten.

An diesem Frühlingstag 1975 gingen die Kinder nicht mehr zum Angeln an den Fluss zurück. Sie waren zu verschreckt, und ihre Augen, Nasen und Münder brannten. Ich brachte sie ins Haus und wusch sie, zog sie um, gab ihnen Limonade, damit sie ihren Mund damit ausspülten – aber der bittere Geschmack und das Brennen ließen nicht nach. Am Abend litten alle an Übelkeit, Erbrechen, Krämpfen, Kopfschmerzen und Durchfällen. Bei einem der Jungen ließ sich das Nasenbluten überhaupt nicht stoppen. Da ich, als ich die Kinder nach Hause brachte, ebenfalls durchs Gebüsch gestreift war, hatte ich das Spritzmittel ebenfalls an mir und litt an denselben Symptomen.

Der Vater der Kinder war am Morgen dem Sprühlaster hinterhergelaufen, um herauszufinden, was dort versprüht wurde. Die Männer auf dem Tankwagen hatten ihn beruhigt, das Spritzmittel sei vollkommen harmlos.

»Das ist nur 2,4,5-T«, erläuterten sie. Es töte nur Pflanzen ab, man könne das Zeug sogar ganz unbedenklich trinken. Es sei für die Kinder ganz und gar ungefährlich.

»Wir kriegen das Spritzmittel überall ab, wenn wir auf Sprüheinsätzen sind, und wir merken davon gar nichts«, so meinten sie. Also sagten wir uns, dass das alles ein Zufall sei, dass wir alle wohl gerade nur an einem grippalen Infekt erkrankt waren. Wir hatten bis dahin noch nie zuvor etwas von 2,4,5-T gehört.

Schlimmer war es mit anzusehen, was mit dem Fluss rein zufällig passierte. Der Fluss war zentraler Bestandteil unseres Lebens, und die Kinder verbrachten dort täglich mehrere Stunden: sie angelten, gingen Baden, erkundeten und beobachteten das Leben an seinen Ufern.

Am Tag, nachdem der Sprühlaster bei uns vorbeigefahren war, gingen wir erneut zum Fluss und bemerkten, dass sich etwas verändert hatte. Das Laub der Erlen und Weiden auf beiden Seiten des Flusses war verwelkt, und die nachwachsenden Blätter waren korkenzieherförmig verdreht. Die Wasseroberfläche war von öligem Schaum bedeckt. Tote Flusskrebse und Forellen trieben im Fluss oder waren am Ufer angeschwemmt worden, ebenso die aufgedunsenen Körper zweier Gänsesägerküken. Köcherfliegenlarven und Schnecken, die gewöhnlich mit ihren Spuren Muster in dem schlammigen Flussgrund hinterließen, waren verendet. Die Nester der Singvögel am Ufer waren verwaist, außer einem, in dem noch eine Einsiedlerdrossel saß – tot.

Als wir so auf das dunkle Flusswasser starrten, wurde uns klar, dass unsere Krankheitssymptome kein Zufall waren. Was im und am Fluss passiert war, war auch in den Körpern unserer Kinder passiert – und setzte sein Werk fort.

Unser erster Gedanke war, dass jemand einen schrecklichen Fehler gemacht hatte. Wir riefen die zuständige Abteilung der Straßenverkehrsbehörde an. Dort versicherte man uns, dass es sich bei dem Gemisch im Tanklaster lediglich um 2,4,5-T gehandelt habe. Das Gemisch könne unmöglich wild lebende Tiere getötet oder uns krank gemacht haben, hieß es. Wir riefen die Fischerei- und Jagdbehörde an, wo man uns genau dasselbe erklärte. Erneut versuchten wir uns damit zu beruhigen, dass alles nur ein Zufall sei – dass die Ursache für die Kopfschmerzen, die Übelkeit und das Nasenbluten der Straßenstaub oder das Wetter oder Stress sei.

In den folgenden Tagen begann auch das Laub an Bäumen und Sträuchern, die weiter von der Straße entfernt standen, zu welken und sich unnatürlich zu verdrehen. Die Blätter der Oregon-Ahornbäume am Ufer änderten die Farbe zu einem Hellgelb. Auf den Blättern der Ahornbäume, die ganz oben an dem steilen Abhang auf der anderen Flussseite standen, erschienen gelbe Flecken. In unserem Garten welkten die Blätter der jungen Tomatenpflanzen, Bohnen und Sonnenblumen, und ihre Stängel entwickelten einen spiralförmigen Wuchs wie Erlenzweige.

Nach ein paar Wochen wurden die Krankheitsepisoden seltener. Wir hatten die toten Pflanzen im Garten ersetzt und hätten den ganzen Vorfall wahrscheinlich bald vergessen. Aber eines Morgens hörten wir das Dröhnen eines Helikopters, der über einem Gebirgskamm in der Nähe hin und her flog. Zunächst glaubten wir, es handele sich um einen Kontrollflug zur Waldbrandfrüherkennung. Doch dann kam der Farmer, mit dem wir Bekanntschaft geschlossen hatten, vorbei und meinte, die Forstverwaltung versprühe etwas über dem Wald. Er war besorgt, das Vieh könnte, durch was auch immer sie dort oben sprühten, vergiftet werden.

Inzwischen hatte der Wind, der jeden Tag durch das Tal wehte, den beißenden Geruch des Spritzmittels bis zu uns getragen. Die

Kinder klagten wieder über ein brennendes Gefühl in Augen und Mund. Wir riefen die Forstverwaltung an und erkundigten uns, was man da versprühte. Man sagte uns, es gebe keinen Anlass zur Sorge, man sprühe 2,4-D, Picloram und 2,4,5-T, um unerwünschte Bäume abzutöten und das Wachstum der Douglasien zu fördern. Es klang alles ganz einfach und vernünftig. Wir erwähnten, dass wir vor kurzem unangenehme Erfahrungen mit 2,4,5-T gemacht hätten, und fragten nach, ob es wirklich unbedenklich sei. Immerhin graste unsere Viehherde auf der Anhöhe, und unsere Kinder wanderten oder ritten und spielten dort oben.

»Nun ja, vielleicht sollten Sie Ihr Vieh so lange näher am Haus halten«, antwortete man uns. »Und lassen Sie die Kinder nicht in dort im Wald spielen, wo er gerade behandelt wird.«

Wir fragten, was ihnen das Spritzmittel denn anhaben könne, wenn es doch ganz unbedenklich sei. Man antwortete uns ausweichend: »Die Chemikalien sind bei der Umweltschutzbehörde registriert. Natürlich sind sie sicher. Sie sollten jedoch vorsichtshalber einen Kontakt vermeiden.«

Wir hielten uns von der Anhöhe fern und ließen die Tiere näher am Haus grasen. Der Sprühnebel des Herbizids unterlag keinen solchen Beschränkungen. Er driftete mit dem Wind davon und legte sich am Abend mit dem Tau auf die gesamte Umgebung. Der Kontakt damit war überhaupt nicht zu vermeiden, und der Geruch war überall wahrzunehmen. Innerhalb von 24 Stunden ging es uns erneut schlecht und wir hatten dieselben Symptome wie beim vorigen Mal. Allerdings kamen dieses Mal noch weitere Beschwerden hinzu: Sowohl bei mir als auch bei meiner Tochter, die zu diesem Zeitpunkt noch nicht ihre Menstruation hatte, kam es zu Blutungen der Gebärmutter. Diese traten, neben dem Nasenbluten und den anderen Symptomen, in unregelmäßigen Abständen über viele Monate immer wieder auf.

Die Pflanzen, die wir in unserem Garten neu gesetzt hatten, erkrankten erneut und gingen ein. In den darauffolgenden Wochen kam es zu einer regelrechten Epidemie von Fehlbildungen bei den

Hühnern, Enten- und Gänseküken, die auf der Farm schlüpften: gekreuzte Schnäbel, verkümmerte oder ganz fehlende Flügel, rückwärts zeigende Zehen oder Füße und Kümmerwuchs. Nur wenige überlebten. Wir versuchten, einige zu operieren. Ein Eingriff bei einem Gänseküken mit Klumpfuß war teilweise erfolgreich. Ein Fuß heilte in einer normalen Position, doch der andere blieb fast um 180 Grad nach hinten verdreht. Der Ganter wurde mehrere Jahre alt. Wir nannten ihn Lord Byron.

Damals wussten wir rein gar nichts über Herbizide. Wir waren jedoch beunruhigt, da wir solche Fehlbildungen in all den Jahren, in denen wir Geflügel gezüchtet hatten, noch nie gesehen hatten.

Über den Sommer, der auf die Sprühbehandlung der Straßenränder und der Waldflächen folgte, entwickelte der Hund, der seit 16 Jahren zur Familie gehörte, eine große, nässende Geschwulst am Rücken. Der Tierarzt konnte sich das nicht erklären. Er entfernte die Geschwulst, aber innerhalb weniger Wochen traten ähnliche Knoten überall am Körper des Hundes auf, insbesondere in der Leistengegend. Seine Hinterläufe waren zunehmend von Lähmungserscheinungen betroffen. Der Tierarzt lehnte es aufgrund des Alters des Hundes ab, die Geschwulste operativ zu entfernen. Außerdem war offensichtlich, dass das Problem immer wieder auftreten würde. Ende des Jahres mussten wir ihn ins Haus hinein und aus dem Haus heraustragen. Eines Nachts versagten seine Nieren. Da er starke Schmerzen hatte, kam ein Transport über 50 Meilen bis zum Tierarzt nicht in Frage. Ihm den Gnadenschuss zu geben, war schrecklich, aber doch das Einzige, was wir noch für ihn tun konnten.

Erst sehr viel später kam uns der Verdacht, dass die seltsame Krankheit des Hundes mit dem Spritzmittel zu tun gehabt haben könnte. Er war bei den Kindern gewesen, als der Tanklaster der Straßenverkehrsbehörde am Fluss das Spritzmittel ausgebracht hatte.

Bei dem Versuch, das Gesundheitsamt, die Fischerei- und Jagdbehörde, die Forstverwaltung und die Umweltschutzbehörde EPA vor dem, was da vor sich ging, zu warnen, trafen wir nur auf einen Menschen, der uns wirklich zuhörte: den Commissioner von Lincoln County, Jack Postle, der ebenfalls Leiter der örtlichen Straßenbehörde war. Als wir ihm davon berichteten, was wir bei unseren Kindern, den Tieren und Pflanzen am Fluss und in unserem Garten nach dem Sprüheinsatz beobachtet hatten, meinte er, sein Vater sage ihm seit Jahren, dass das Spritzmittel für Pflanzen und Tiere giftig sei. Sein ganzes Bienenvolk sei nach einem Einsatz des Sprühlasters auf seiner Fahrbahnseite mysteriöserweise eingegangen.

Kurz nach unserem Gespräch mit Mr. Postle erfuhren wir, dass er Untersuchungen am Alsea River (der in den Five Rivers mündet) anstellte, bei denen er selbst reihenweise tote Flusskrebse und andere Tierkadaver entdeckte. Er wartete nicht ab, bis seine Beobachtungen durch irgendwelche Studien oder offiziellen Dokumente bestätigt wurden, sondern stoppte mit sofortiger Wirkung jegliches Ausbringen von Herbiziden durch die Straßenbehörde. Mr. Postle war der einzige Regierungsbeamte auf County-, Bundesstaat- oder nationaler Ebene, der uns mit unserem Problem ernst nahm. Außer ihm ergriff niemand, von welcher Behörde auch immer, irgendwelche Maßnahmen. Unsere Schreiben an die EPA wurden an das US-Landwirtschaftsministerium (U.S. Department of Agriculture, USDA) weitergeleitet. In keiner einzigen Untersuchung, so die Antwort, sei jemals der Nachweis erbracht worden, dass Herbizide die von uns beschriebenen Wirkungen hätten. Herbizide seien in der Forstwirtschaft unverzichtbar. Wir könnten uns darauf verlassen: es sei völlig undenkbar, dass die Regierung uns durch irgendein Spritzmittel gefährden würde.

Mein Mann Steve verbrachte mehrere Tage in der Bibliothek der Oregon State University und recherchierte dort Studien über 2,4-D und 2,4,5-T, die Phenoxyherbizide. Die Ergebnisse der Untersuchungen, auf die er stieß, stimmten mit den Aussagen des USDA nicht überein, so sehr wir diesen auch Glauben schenken wollten. Die in den zahlreichen Studien und Berichten dokumentierten Effekte der Herbizide waren mit denjenigen vergleichbar, die wir auf unserem Hof und am Fluss festgestellt hatten. Wir schrieben noch mehr Briefe – an Kongressabgeordnete, Senatorinnen und Senatoren, Staatsbeamte, die US-Umweltschutzbehörde EPA –, in denen wir unsere Geschichte erzählten und Kopien der Studien beilegten, die Steve aufgetan hatte. Einige dieser Verantwortlichen leiteten unsere Briefe an das USDA weiter; andere wiederholten die Erklärungen des USDA. Die Sorglosigkeit der offiziellen Stellen irritierte uns. Wir wandten uns an andere Leute, um weitere Informationen zu erhalten, u. a. an einen befreundeten Biologen, der früher für die Forstverwaltung tätig gewesen war. Wir fragten ihn, ob unsere Probleme in Zusammenhang mit dem Versprühen der Herbizide stehen könnten.

»Das können sie doch nicht machen!«, erwiderte er. »Wisst ihr, was das für ein Zeug ist? Es ist ein so genanntes Analogon, ein synthetisch hergestelltes Wachstumshormon, das Zellen schädigt – alle Zellen, pflanzliche und tierische. Es zerstört das Immunsystem. Es greift in Vorgänge auf genetischer Ebene ein, d.h. es kann Krebs und Genmutationen verursachen. Sie mussten die Sprüheinsätze damit in Vietnam stoppen, weil es so schreckliche Wirkungen auf die Menschen dort hatte.«

Wir hatten ihn in der Hoffnung angerufen, er würde uns sagen, dass wir falsch lagen. Stattdessen schickte er uns Fotokopien aller Studien, die er in der Bibliothek der University of California in Berkeley finden konnte, sowie eine Liste mit weiteren Literaturhinweisen.

Mittlerweile war es Herbst geworden. Die Forstverwaltung hatte für ihr Herbizidprogramm für das Jahr 1976 ein neues Umweltverträglichkeitsgutachten veröffentlicht. Wir hatten Mühe, sie davon zu überzeugen, uns eine Kopie zu überlassen. Zunächst teilte man uns mit, wir könnten ja die Kopie, die man an die Bibliothek in Newport geschickt habe – 46 Meilen von uns entfernt – einsehen. Das Gutachten verwies auf keine derjenigen Studien, die uns der befreundete Biologe geschickt hatte.

Etwa zu dieser Zeit schrieben wir einen weiteren Brief, nämlich an Thomas Whiteside vom US-Magazin *The New Yorker*, auf den wir eine unerwartete Antwort erhielten. Wir hatten uns an seine Artikel aus den Jahren 1969 und 1970 über den Einsatz und die Wirkungen von Agent Orange in Vietnam erinnert, die später in Buchform unter dem Titel *Withering Rain* erschienen. Wir konnten uns jedoch nicht vieler Einzelheiten aus dem Buch entsinnen. Da das Buch weder in der Universitätsbibliothek, noch in der öffentlichen Bücherei vorhanden war, schrieben wir eine kurze Mitteilung an Whiteside, in der wir unsere Situation erläuterten und ihn um aktuelle Informationen über Phenoxyherbizide baten. Drei Tage später rief er uns an. Er hörte sich unsere Geschichte interessiert an und beantwortete einen Teil unserer Fragen zum Ausmaß der Anwendung von Herbiziden. Er habe, so sagte er, ganz eindeutig den Eindruck, dass die verantwortlichen Fachleute aus der Wissenschaft die Sicherheit von 2,4,5-T erheblich anzweifelten. Der fortgesetzte Einsatz der chemischen Verbindung ohne wirklich überzeugende Belege für ihre Unbedenklichkeit sei seiner Auffassung nach nicht vertretbar, insbesondere in Programmen, die unter der Ägide einer Bundesbehörde stünden.

Auf unsere Anfrage nach aktuellen Informationen über die Wirkungen von 2,4,5-T wies uns Mr. Whiteside auf verschiedene Fachartikel aus Wissenschaftskreisen hin, die sich, wie er sagte, insbesondere mit Blick auf die potenziellen Gefahren von 2,4,5-T für die öffentliche Gesundheit besorgt geäußert hätten. Als er diese wissenschaftlichen Fachleute kontaktierte, zeigten sich einige von ihnen sehr aufgeschlossen. Sie erläuterten einerseits ihre Arbeit und regten zudem weitere wissenschaftliche Forschungsarbeiten an.

Im Gegensatz zu der Gleichgültigkeit, die uns aus den Ämtern entgegengeschlagen war, teilte eine Vielzahl verantwortungsbewusster Wissenschaftlerinnen und Wissenschaftler unsere Besorgnis hinsichtlich der Gifte, denen wir ausgesetzt worden waren. In der Hoffnung, unsere Stimmen durch die Anderer zu verstärken, schrieben wir an Umweltschutzgruppen und Fachzeitschriften in dem Bereich. Allerdings erhielten wir nur eine Antwort, und das auch nur indirekt. Das Magazin der Audubon Society[2] hatte unser Schreiben

2 Gemeinnützige US-Umweltorganisation [A. d. Ü.].

an Dow Chemical weitergeleitet. Das Unternehmen schickte ein dickes Paket mit Firmenmaterial, u. a. eine Hochglanzbroschüre über Phenoxyherbizide. Die Broschüre war aufwändig illustriert mit Natur-Farbfotografien von Eugene Kenaga, einem Naturwissenschaftler, der mit Dow zusammenarbeitete und außerdem Vorsitzender der Audubon Society in Michigan war.

Das Anschreiben, in dem erläutert wurde, dass man unseren Brief von Audubon an Dow Chemical zur Beantwortung weitergeleitet hatte, war von Dr. Kenaga unterzeichnet. Er lobte uns für unser Engagement und wiederholte, was wir bereits vom US-Landwirtschaftsministerium gehört hatten. Die Herbizide seien sicher. Solange die Anwendungshinweise der EPA befolgt würden, bestünde keinerlei Gefahr.

Diese Reaktion von Audubon/Dow machte unsere Hoffnung, bei irgendwelchen offiziellen Stellen oder in der Öffentlichkeit Bedenken in Bezug auf Herbizide wecken zu können, zunichte. Im Herbst 1975 verfassten wir eine Stellungnahme zum Entwurf des Umweltverträglichkeitsgutachtens der Forstverwaltung und legten dieser die Kopie eines EPA-Memos vom August bei, in dem über Konzentrationen eines hochgiftigen Kontaminationsstoffs in 2,4,5-T, des so genannten TCDD, im Fettgewebe von Rindern berichtet wurde, die auf Herbizid-behandelten Weiden gegrast hatten. Anschließend packten wir unsere gesamten Unterlagen weg, da wir zu diesem Zeitpunkt das Gefühl hatten, nichts mehr weiter tun zu können.

Agent Orange, Agent White und Agent Blue

Die Idee, Pflanzen mit Gift zu töten, hat ihre historischen Wurzeln eher in der Militärgeschichte als in der Geschichte der Landwirtschaft. Hoch dosiertes Salz ist ein klassisches, effektives Mittel zum Abtöten von Pflanzen, vergiftet den Boden auf unbestimmte Zeit und macht so eine zukünftige Nutzung unmöglich. Im Jahr 300 v. Chr. versalzten die Römer die Anbauflächen von Karthago in der Absicht, das Land möge »für alle Zukunft veröden«. Für die gezielte Unkrautbekämpfung benötigt man jedoch selektive Giftstoffe, die lediglich unerwünschte Pflanzen vernichten und Nutzpflanzen verschonen.

Die vor dem Zweiten Weltkrieg gebräuchlichen Methoden zur Unkrautbekämpfung, etwa das Ausbringen von Speisesalz, Natriumnitrat, Eisensulfat, Kupfersalzen und sogar Schwefelsäure, boten nur marginale Verbesserungen gegenüber den Methoden, mit denen die Römer die Getreidefelder Karthagos zerstörten.

Hoch entwickelte, »selektive« Verfahren der Unkrautvernichtung unter Verwendung giftiger Chemikalien stellen eine neuere Entwicklung in der Geschichte der Landwirtschaft dar. Die wirkungsstärksten modernen Herbizide – die so genannten Phenoxyherbizide – sind ein Produkt der Erforschung von Methoden nicht etwa zur Pflanzenvernichtung, sondern zur Stimulierung des Pflanzenwachstums.[1] Wachstumsprozesse bei Pflanzen sind seit jeher ein Myste-

1 Eine Zusammenfassung der Entwicklungsgeschichte von Phenoxyherbiziden findet sich in Peterson, Gale E. The discovery and development of 2,4-D, Agricultural History 41:3, 1967, S. 243-253; siehe auch Davis, Donald E. Herbicides in peace and war, BioScience 29:2, 1979, S. 84, 91-94.

rium. Ohne Gehirn, Nervensystem oder Muskulatur sind Pflanzen in der Lage, ihre Umwelt »wahrzunehmen« und sich entsprechend zu entwickeln. Junge Triebe neigen sich dem Sonnenlicht zu, Blumen erblühen zu festgelegten Zeiten, Weinstöcke und Reben suchen Halt und klettern nach oben. Charles Darwin fand 1880 heraus, dass das Pflanzenwachstum durch einen hormonähnlichen chemischen Stoff reguliert wird, den er Auxin nannte. Im Jahr 1940 gelang der Wissenschaft die Isolierung der Indolessigsäure[2], also desjenigen wachstumsregulierenden Pflanzenhormons oder Auxins, das Darwin 60 Jahre zuvor seiner Hypothese zugrunde gelegt hatte. Versuche, ähnliche chemische Verbindungen, die das Pflanzenwachstum regulieren, künstlich herzustellen, führten zur Entwicklung der Phenoxysäuren 2,4-D und 2,4,5-T. Extrem geringe Mengen dieser synthetischen Pflanzenhormone reichen aus, um Stecklinge wurzeln, Tomaten ohne Samen wachsen und Früchte einheitlich reifen zu lassen.

Nur kurze Zeit später stellte man fest, dass bereits der geringste Überschuss dieser neuartigen chemischen Stoffe ein Absterben der Pflanzen bewirkte, anstatt ihr Wachstum zu stimulieren. Eine Überdosierung der Chemikalien hatte aber vor allem eine selektive Wirkung: einige Pflanzenarten wurden abgetötet, andere aber praktisch nicht beeinträchtigt. Diese selektive tödliche Wirkung der chemischen Verbindungen weckte lebhaftes Interesse in wissenschaftlichen Fachkreisen aus einem anderen Bereich. Noch nicht einmal ein Jahr nach Isolierung der Indolessigsäure führte Dr. E. J. Kraus Untersuchungen zum potenziellen Nutzen synthetischer wachstumsregulierender Hormone für die Pflanzenbekämpfung durch. Er leitete den Fachbereich Botanik an der University of Chicago, die im Auftrag der US-Armee Forschungen zur chemischen Kriegsführung durchführte.

Im Jahr 1943 legte Kraus einem Ausschuss der US-Akademie der Wissenschaften *(National Academy of Sciences)*, der sich mit biologischer Kriegsführung befasste, einen formellen Bericht über

2 Engl. indole-3-acetic acid (IAA) [A. d. Ü.].

das Potenzial synthetischer Pflanzenhormone zur Vernichtung von Nutzpflanzen – u.a. 2,4-D und 2,4,5-T – vor. Im folgenden Jahr, nachdem der Vertrag der US-Armee mit der University of Chicago ausgelaufen war, wechselte Kraus an den Standort Fort Camp Detrick im Bundesstaat Maryland, an dem die US-Armee biologische Waffen entwickelte und testete. Über die nächsten eineinhalb Jahre leitete er das Testprogramm zur Wirkung von mehr als tausend chemischen Wirkstoffen auf Pflanzen. In den Händen des Militärs war aus dem Stoff des Lebens ein Wirkstoff des Todes geworden.

Einige der frühesten Forschungsarbeiten zu den sowohl lebensfördernden als auch todbringenden Eigenschaften von Phenoxy-Verbindungen wurden von zwei früheren Studenten von Kraus am Forschungscampus des US-Landwirtschaftsministeriums in Beltsville, Maryland, in unmittelbarer Nähe von Fort Camp Detrick durchgeführt. In dem Zeitraum, in dem Kraus Tests für das Militär leitete, übergab einer seiner früheren Studenten eine geringe Menge 2,4-D an eine beim US-Golfverband beschäftigte Botanikerin, die mit dem Stoff zur Unkrautbekämpfung auf Golfplätzen experimentierte. Ihre Versuche führten 1945 zur Demonstration der Wirksamkeit von 2,4-D bei der Bekämpfung von Löwenzahn auf dem Rasen der Mall in Washington, D.C.[3] Die erfolgreiche Bekämpfung breitblättriger Unkräuter mittels 2,4-D erregte auf dem Agrochemiemarkt begeistertes kommerzielles Interesse für die neue Technologie. Bis 1980 belief sich die innerhalb der USA vertriebene Menge auf über 70 Millionen Pfund 2,4-D (reinen Wirkstoffs). Im Jahr 1981 waren mehr als 1500 Produkte, die 2,4-D enthielten, bei der EPA für die Anwendung in den USA registriert.[4]

---

3 Der Einsatz von 2,4-D auf der Mall wurde bis 1980 fortgesetzt, als er wegen der möglichen Gesundheitsgefährdung gestoppt wurde. Siehe Omang, Joanne. Park Service to stop 2,4-D weed killer use on all its 325 parks, Washington Post, 15. November 1980, S. A-2.

4 Datenblatt der US-EPA zu 2,4-D (gewöhnlich als EPA-Positionspapier zu 2,4-D bezeichnet), 24. Juli 1981. Aktuelle Zahlen zur Produktion von 2,4,5-T siehe auch Federal Register 43:17118-19, 21. April 1978.

1948 führten die USDA-Forstverwaltung und das Oregon State College erste experimentelle Einsätze mit Phenoxyherbiziden im Forstmanagement auf Landflächen in der Nähe des Five Rivers im Siuslaw National Forest durch. Diese Versuche belegten die großflächige Verwehung der bei Sprühflügen ausgebrachten Herbizide, und beteiligte Forscherinnen und Forscher stellten bei allen Konzentrationen von 2,4-D substanzielle Schäden am Nutzbaumbestand fest.[5] Auch die Herbizidanwendung zu militärischen Zwecken wurde fortgesetzt. Spätestens ab 1955 war das US-Landwirtschaftsministerium aktiv an den Forschungsaktivitäten der US-Armee zur chemischen und biologischen Kriegsführung mit Mitteln zur Vernichtung von Nutzpflanzen beteiligt.[6]

Als 1962 *Silent Spring* von Rachel Carson im Original erschien, flogen Propjet-Flugzeuge der Air Force im Rahmen der »Operation Hades«[7] erste Einsätze in Vietnam. Sie sprühten Herbizide auf Dschungel- und Ackerflächen, um dem Feind die Deckung und Nahrungsmittel zu nehmen[8]. Auch die Umgebung von US-Camps und Straßenränder wurden routinemäßig besprüht, wodurch sowohl US-Soldaten als auch die vietnamesische Bevölkerung den

5 Hawkes, Carl. Planes release tree plantation. Journal of Forestry, May, 1953, S. 345-348.

6 Historical Office, U.S. Army Chemical Corps. Summary of Major Events and Problems, Fiscal Year 1955. 1. Dezember 1956, S. 60. Siehe auch Summary of Major Events and Problems, Fiscal Year 1959 (derselben Autoren), S. 106: Eines der »Ziele des erneut aufgelegten Programms zur Vernichtung von Nutzpflanzen« bestand darin, »engen Kontakt mit dem US-Landwirtschaftsministerium, Universitäten und anderen Einrichtungen im Agrarbereich zu halten, um Informationen von militärischem Wert möglichst entsprechend zu korrelieren.« Die zitierten Dokumente gehören zu denjenigen, die infolge eines Einspruchs des kanadischen Journalisten Peter von Stackelberg vom Edmonton (Alberta) Journal gegenüber dem Verteidigungsministerium gemäß dem Freedom of Information Act freigegeben wurden.

7 später Operation Ranch Hand [A. d. Ü.].

8 Wade, Nicholas. Viets and vets fear herbicide health effects. Science 204:25, S. 817, 25. Mai 1970. Siehe auch Uhl, Michael und Ensign, Tod. GI Guinea Pigs: How the Pentagon Exposed Our Troops to Dangers More Deadly Than War: Agent Orange and Atomic Radiation. Playboy Press, 1980, S. 111.

U.S.-Militärflugzeug versprüht Herbizide über Vietnam (Foto: U.S. Air Force)

Chemikalien immer wieder über die Luft, das Wasser und die Nahrung ausgesetzt waren.[9] Die Herbizide wurden in farblich markierten Fässern transportiert, nach deren Farbe sie benannt wurden. Agent White war eine Kombination aus 2,4-D und Picloram, wobei Letzteres als eines der langlebigsten Herbizide überhaupt gilt und von dem Biologen Dr. Arthur Galston von der Yale University als »Gegenstück zu DDT unter den Herbiziden« bezeichnet wurde.[10] Agent Blue war eine 54-prozentige Arsenlösung der Kakodylsäure, absolut tödlich für jedes Lebewesen. Es wurde zur Vernichtung von Reispflanzen eingesetzt.

9 Unveröffentl. Bericht, U. S. Senate Subcommittee on Oversight and Investigations. 25. September 1980. Unveröffentliches Dokument am National Veterans Law Center, 4900 Massachusetts Avenue NW., Washington, D.C. 20016, USA.

10 Uhl/Einsign 1980, a.a.O. (31 – Nummer der Fußnote) S. 140.

Agent Orange, das am häufigsten verwendete Entlaubungsmittel in Vietnam, war ein 50:50-Gemisch aus 2,4-D und 2,4,5-T. Es war dasselbe Gemisch, das in den USA am häufigsten als Herbizid in der Forstwirtschaft eingesetzt wurde.

Die beiden chemischen Verbindungen, aus denen Agent Orange besteht – 2,4-D und 2,4,5-T – stören die grundlegenden Wachstumsprozesse von Pflanzen und führen so dazu, dass diese absterben. Abgesehen von einem zusätzlichen Chloratom in 2,4,5-T sind die beiden chemischen Verbindungen identisch. Sie unterscheiden sich geringfügig in Bezug auf ihre chemischen und biologischen Eigenschaften, ihre Selektivität (jede der Verbindungen wirkt bevorzugt auf andere Pflanzenarten) sowie die jeweiligen Produktionsverfahren und Kosten. Beide gehören zur Stoffklasse der so genannten Phenoxyherbizide, die bei der Synthese von Chlor und Phenol entstehen. Die Wirkstoffkombination ist in der Lage, ein breites Spektrum breitblättriger Pflanzen abzutöten.

Seit ihrer Entwicklung in den späten 1940er Jahren waren Phenoxyherbizide Gegenstand zahlreicher wissenschaftlicher Untersuchungen, da bei den Beschäftigten, die an ihrer Herstellung und Anwendung beteiligt waren, schwere gesundheitliche Probleme auftraten.[11] Anfänglich ging man davon aus, dass eine in 2,4,5-T nachgewiesene Verunreinigung für die toxische Wirkung auf Mensch und Tier verantwortlich sei. Dieser Kontaminationsstoff wurde 1957 isoliert und als TCDD, eine Form von Dioxin, identifiziert. Auch wenn sich sowohl 2,4-D als auch 2,4,5-T nach Entfernung der Dioxinverunreinigungen[12] als extrem giftig erwiesen hatten, stand die extreme Toxizität von Dioxin – selbst in un-

11 Baughman, Robert. TCDD and industrial accidents. In Whiteside, Thomas. The Pendulum and the Toxic Cloud: The Course of Dioxin Contamination. New Haven: Yale University Press, 1979, S. 145-158. Baughmans Übersichtsarbeit stellt wahrscheinlich den besten öffentlich zugänglichen historischen Überblick über Fälle von TCDD-Expositionen in der Industrie dar.

12 Diese »Dioxinverunreinigungen« wurden bei dem Einsatz von Agent Orange in Vietnam auf Anordnung der US-Regierung aus Kostengründen nicht entfernt [A. d. Ü.].

vorstellbar niedrigen Konzentrationen – im Mittelpunkt der Aufmerksamkeit.

Ende der 1960er Jahre entbrannte eine Kontroverse über die Sicherheit von 2,4-D und 2,4,5-T. Sich häufende Berichte aus Vietnam sowie aus Gegenden der USA, in denen Phenoxyherbizide eingesetzt wurden, legten nahe, dass die Chemikalien mit hoher Wahrscheinlichkeit bei Menschen und Tieren für Geburtsdefekte und andere Erkrankungen verantwortlich waren. Darüber hinaus wurde über eine Langzeitschädigung von Feldfrüchten, Bäumen und ganzen Ökosystemen berichtet.[13] Eine Untersuchung der *Bionetics Research Laboratories* zu den gesundheitlichen Auswirkungen von Phenoxyherbiziden, die 1963 begonnen, aber erst 1969 veröffentlicht wurde, wies nach, dass 2,4-D und 2,4,5-T Geburtsdefekte in Dosierungen verursachen können, die unterhalb der letalen Konzentrationen liegen.[14] Diese Ereignisse waren ein Weckruf für Gesetzgeber und

13 Siehe bspw. Meselson, Matthew, Westing, A. H. und Constable, J. D. Relevantes Hintergrundmaterial zu Vorträgen bei der Jahrestagung der A.A.A.S. 1970, Herbicide Assessment Commission Report to the American Association for the Advancement of Science, Dezember 1970, überarbeitet Januar 1971. In Hearings before the Subcommittee to Investigate Problems Connected with Refugees and Escapees: U.S. Senate Judiciary Committee, 92nd Congress, 1st Session, 21. April 1971. Part I: Vietnam. S. a. Baughman, a. a. O., Shoecraft, Billee. Sue the Bastards! Phoenix: Franklin Press, 1971; Nielands, J. B., et al. Harvest of Death: Chemical Warfare in Vietnam and Cambodia. New York: The Free Press, 1972; Whiteside a. a. O.

14 Bionetics Research Laboratories, Inc. 1969. Evaluation of the carcinogenic, teratogenic, and mutagenic activity of selected pesticides and industrial chemicals. Vol. III. Evaluation of the teratogenic activity of selected pesticides and industrial chemicals in mice and rats. Vorgelegt gemäß den Verträgen PH 43-64-57 und PH 43-67-735 mit dem National Cancer Institute (Nationales US-Krebsforschungsinstitut). Eine ausführliche Bewertung der Bionetics-Rohdaten findet sich in Mrak, Emil et al. Report of the Secretary's Commission on Pesticides and their Relationships to Environmental Health, U.S. Dept. of Health, Education and Welfare, Dezember 1969. Gemäß Einstufung durch die Mrak-Kommission müsse für 2,4-D »die Anwendung unverzüglich beschränkt werden, um dem Risiko einer Exposition von Menschen vorzubeugen« (S. 285). Nachfolgende Untersuchungen des National Institute of Environmental Health Sciences, des USDA, des Canadian Food and Drug Directorate und des Unternehmens Dow Chemical »ergaben für 2,4-D, seine

Aufsichtsbehörden und führten ihnen die schwerwiegenden Auswirkungen einer chronischen Langzeitexposition durch Chemikalien auf die Umwelt vor Augen.

Ausgelöst durch die Artikel von Whiteside im Magazin *The New Yorker*, fanden im April 1970 vor dem Unterausschuss für Energie, natürliche Ressourcen und Umwelt des US-Senats unter dem Vorsitz von Senator Philip Hart Anhörungen zu den Wirkungen von 2,4,5-T auf Mensch und Umwelt statt.[15] Diese führten im weiteren Verlauf des Jahres zur Einstellung des militärischen Einsatzes von Agent Orange in Vietnam. Das Problem der Anwendung innerhalb der USA wurde durch die Anhörungen jedoch nicht gelöst. Obwohl sowohl die medizinischen Berichte als auch die Studien der Bionetics Forschungslabors nachgewiesen hatten, dass 2,4-D zumindest ebenso gefährlich wie 2,4,5-T ist, wurde 2,4-D durch die extreme Toxizität des Dioxins in 2,4,5-T deutlich in den Hintergrund gedrängt.[16] Am 15. April 1970 gaben das Landwirtschaftsministerium, das Innenministerium sowie das Ministerium für Gesundheit, Bildung und Soziales die Aussetzung der Zulassung von 2,4,5-T für die Anwendung in Gewässern, Privathaushalten und im Freizeitbereich bekannt.[17] Zwei Wochen später wurde die Aufhebung der

---

verschiedenen Formulierungen und ein Abbauprodukt teratogene (fruchtschädigende) Wirkungen bei Mäusen, Ratten und Hamstern. Am häufigsten traten folgende Anomalien auf: Kieferspalte, Klumpfuß, Fehlen der Augen, Fehlen des Unterkiefers, deformierte, fehlende oder zusätzliche Rippen, ungeformtes Brustbein, Fehlanordnungen des Gehirns, Schädelvergrößerung sowie verschiedenartige Hämorrhagien.« The Other Face of 2,4-D, A Citizens' Report. South Okanagan Environmental Coalition. Penticton, B.C., 1978, 1979. Die letztgenannte Arbeit gibt einen guten Überblick über die durch 2,4-D verursachten Probleme.

15 U.S. Senate Hearings before the Subcommittee on Energy, Natural Resources, and the Environment, Commerce Committee, 1970. Effects of 2,4,5-T on man and in the environment. 91. Cong., 2. Sess., 7. und 15 April 1970. Serial 91-60.

16 Die Frage, ob die Regierung die Pharmakonzerne »gezwungen« hat, Agent Orange in der gefährlicheren Form herzustellen, spielt in dem aktuellen Prozess in Evry (Frankreich) von Tran To Nga eine entscheidende Rolle. [A. d. Ü.]

17 Die folgende historische Darstellung der regulatorischen Entwicklung basiert auf Citizens Against Toxic Sprays, et al. v. Bergland, et al. (U.S.D.C. Oregon),

Zulassung von 2,4,5-T für sämtliche Formen der Anwendung auf Nutzpflanzen, die für den menschlichen Verzehr vorgesehen sind, bekannt gegeben. (Die Aussetzung einer Zulassung ist ohne Vorankündigung gegenüber dem Registranten oder Hersteller gültig; eine Aufhebung wird erst nach einer Frist von 30 Tagen vorbehaltlich eines Antrags des Registranten auf eine öffentliche Anhörung oder auf Überweisung an einen beratenden Ausschuss rechtswirksam.)

Dow Chemical und andere Hersteller von 2,4,5-T legten Widerspruch gegen die Aufhebung der Anwendung bei Reis, eine der am häufigsten mit 2,4,5-T behandelten Nahrungspflanzen, ein und beantragten die Überweisung an einen Beratungsausschuss. Während der Ausschussberatungen wurde die aufsichtsbehördliche Kontrolle von Pestiziden durch Präsidialerlass vom US-Landwirtschaftsministerium (USDA) auf die neu gegründete Umweltschutzbehörde (EPA) übertragen. Ein Jahr nach Verfügung der Aufhebung legte der neunköpfige Beratungsausschuss dem Verwaltungsleiter der EPA, Administrator William Ruckelshaus, seinen Bericht vor und kam darin zu dem Schluss, dass 2,4,5-T wahrscheinlich keine Gefahr für die menschliche Gesundheit darstelle. Ein Mitglied des Ausschusses, Dr. Theodore Sterling, stimmte in einer überzeugenden und wortgewandten Mindermeinung gegen die Schlussfolgerungen des Ausschusses.

Trotz der Mehrheitsmeinung des beratenden Ausschusses verfügte Ruckelshaus drei Monate später, die Aufhebung der Anwendung von 2,4,5-T bis zum Abschluss der öffentlichen Anhörung weiter voranzutreiben. Als Dow Chemical erneut Widerspruch einlegte, erließ der Verwaltungsleiter eine weitere Verfügung, in der er seine Entscheidung, gestützt auf eine 10-Punkte-Erklärung, mit Fakten bekräftigte, die in weiten Teilen auf Sterlings Mindermeinung basierten. Danach legte das Unternehmen gegen die Entscheidung der EPA vor einem Bezirksgericht im Osten Arkansas (eines

---

Civil No. 76-438, Gutachten vom 7. März 1977, S. 6-13; 428 F. Supp. 908, 914-18 (1977).

US-Bundesstaats, in dem Reis angebaut wird) erfolgreich Widerspruch ein.

»Seltsam ist in meinen Augen Folgendes«, so Dr. Sterling. »Nach dem, was ich über FIFRA (*Federal Insecticide, Fungicide and Rodenticide Act*[18]) weiß, hätte Ruckelshaus öffentliche Anhörungen ansetzen müssen, als er die Zulassung von 2,4,5-T aufhob. Warum in der Welt würde ein gewiefter Jurist wie Ruckelshaus dies versäumen? Dadurch wurde Dow Chemical in die Lage versetzt, die Aufhebung zu kippen, da er die gesetzlich festgelegten Verfahren nicht befolgt hatte. Ich gehe davon aus, dass Ruckelshaus mit Absicht so gehandelt hat. Er wusste: Wenn er die Zulassung von 2,4,5-T aufhöbe, wäre ihm der Beifall der Umweltschutzorganisationen sicher, aber gleichzeitig auch der Dank der Chemiekonzerne, da diese die Gerichte zwingen würden, seine Entscheidung aufzuheben.«[19]

Nachdem das Achte Bezirksgericht die Entscheidung des erstinstanzlichen Gerichts gekippt hatte, setzte die EPA behördliche Verfahren gegen 2,4,5-T in Gang. Diese Anhörungen wurden über die nächsten acht Jahre wiederholt mit der Begründung verschoben, man benötige noch weitere Informationen über den chemischen Stoff.

Endergebnis dieser verwirrenden Abfolge von Ereignissen war, dass Dow Chemical während dieses jahrelangen Tauziehens der Behörden imstande war, auf dem US-Markt eine Chemikalie zu vertreiben und zu bewerben, deren militärische Anwendung in Vietnam seit 1970 offiziell verboten war.[20] Während Dow und die Chemieindustrie die Maßnahmen der EPA gegen 2,4,5-T mit Erfolg verzögerten, hatte die Auseinandersetzung bei den Anhörungen im Senat 1970 die gesetzgebenden Organe auf den Plan gerufen. 1972

18 US-Bundesgesetz über Insektizide, Fungizide und Rodentizide (Gifte gegen Insekten, Pilze und Nagetiere) [A. d. Ü.].

19 Dr. Theodore Sterling im Gespräch mit der Autorin, Dezember 1980.

20 Auch wenn der Einsatz in Vietnam offiziell verboten war, wurde die Anwendung von Herbiziden in Vietnam inoffiziell auch nach 1970 noch fortgesetzt. Unveröffentlichter Bericht a. a. O. (28).

beschloss der Kongress wesentliche Änderungen[21] zum Bundesgesetz über Insektizide, Fungizide und Rodentizide, durch die die EPA die Amtsbefugnis erhalten sollte, die Sicherheit von Pestiziden zu gewährleisten. Ursprünglich war im FIFRA-Gesetz nur die Kennzeichnung der Chemikalien geregelt. Die neuen Regelungen erforderten eine Überprüfung und Neuzulassung aller Pestizide nach Feststellung ihrer Wirksamkeit und Sicherheit durch die EPA.[22]

Die Gesetzesänderungen brachten jedoch nur scheinbare Sicherheit. Der Kongress hatte die Änderungen verabschiedet, aber die Kongressaufsicht verblieb in den Händen der Agrarausschüsse von Repräsentantenhaus und Senat, die bekanntermaßen auf Seiten derjenigen stehen, die den Chemieeinsatz in der Landwirtschaft befürworten. In Anbetracht der Herausforderung, mehr als 35.000 zugelassene Pestizide evaluieren zu müssen, wurde offensichtlich, dass die EPA für eine so gewaltige Aufgabe personell unzureichend ausgestattet und unterfinanziert war. In den darauffolgenden Jahren verlängerte die EPA die Fristen für die Neuzulassung zweimal und war nicht imstande, die erneute Zulassung auch nur eines einzigen chemischen Stoffs abzuschließen. Derweil wurden Pestizide weiterhin gemäß ihren alten Zulassungen verkauft, was einem Versagen der EPA bezüglich der Gewährleistung ihrer Sicherheit gleichkam.

Die US-Umweltschutzbehörde ergriff bis 1979 keinerlei weitere Maßnahmen gegen 2,4,5-T. In jenem Jahr ordnete die Behörde eine sofortige Aussetzung der forstwirtschaftlichen Anwendung von 2,4,5-T an, nachdem in der Gegend, wo wir wohnten, eine Studie zu Fehlgeburten (die Alsea-Studie) durchgeführt worden war.[23] Anhö-

21 Federal Environmental Pesticide Control Act, Pub. L. 92-516, 21. Oktober 1972, 7 U.S.C. § 135.

22 Ein guter rechtsgeschichtlicher Überblick über die frühe Regulierung von Pestiziden findet sich in: Staff Report to the Subcommittee on Administrative Practice and Procedure, Judiciary Committee, U.S. Senate. The Environmental Protection Agency and the regulation of pesticides. Dezember 1976.

23 Costle, Douglas M., Administrator, U.S. EPA Decision and emergency order suspending registrations for the forest, rights-of-way, and pasture uses of 2,4,5-Trichlorophenoxyacetic acid (2,4,5-T). 28. Februar 1979.

rungen zur Neuzulassung von 2,4,5-T begannen schließlich 1980[24], wurden jedoch ein Jahr später unterbrochen, als Dow Chemical und die EPA geheime Verhandlungen aufnahmen, um einen Vergleich in der Sache zu erzielen.

Obgleich die gefährlichen Eigenschaften von 2,4,5-T bereits lange vor Gründung der US-Umweltschutzbehörde EPA im Jahr 1970 allgemein bekannt waren, trug effektiv die Behörde die Beweislast, welche rechtlich betrachtet eigentlich in der Verantwortung des Herstellers hätte liegen müssen. Darüber hinaus sah sich die EPA gezwungen, ihre Ressourcen auf ein einzelnes Herbizid und dessen Verunreinigung mit Dioxin zu verwenden, während andere, ebenso gefährliche Chemikalien (wie etwa 2,4-D) weiterhin vermarktet werden durften und in weit höheren Mengen eingesetzt wurden.[25]

Mitte der 1970er Jahre wurden die Auswirkungen der Warnungen von Rachel Carson in Bezug auf Insektizide spürbar. Einige der Insektizide mit stärkerer tödlicher Wirkung waren vom Markt genommen und die Herstellung anderer war erheblich zurückgefahren worden. Während der Anteil der Insektizide am Pestizidmarkt insgesamt rückläufig war, erlebte die Herbizidindustrie eine wahre Blüte,[26] und ihre Produkte entgingen im Allgemeinen der kritischen Kontrolle, da sie bei Pflanzen, und nicht bei Tieren angewendet wurden. Auch wenn einige Insektizide in den Jahren seit Erscheinen von *Silent Spring* verboten oder ihre Anwendung stark eingeschränkt worden war, galt dies nicht für ein einziges der wichtigsten

---

24 US-EPA FIFRA Konsolidierter Gerichtsterminkalender 415, et al. In Sachen: Die Dow Chemical Company, et al.

25 EPA-Positionspapier a. a. O.

26 Nach Schätzungen des Unternehmens Dow Chemical war 1964 der US-Markt für Pestizide folgendermaßen aufgeteilt: Herbizide 61,1 %, Insektizide 28,3 %, Fungizide 6,7 %, Bodenbegasungsmittel 1,2 %, Planzenwachstumsregler 1,7 % sowie Entlaubungs- und Trocknungsmittel 1,0 %. Aussage von John Donalds, General Manager, Agricultural Products Dept., Dow Chemical, in Extension of Federal Insecticide, Fungicide and Rodenticide Act Hearings. 8./9. Juni 1977. U.S. Senate Subcommittee on Agricultural Research and General Legislation, Committee on Agriculture, Nutrition and Forestry.

Herbizide. Die Aussicht auf ein Verbot von 2,4,5-T hatte die Branche wahrhaftig aufgeschreckt, weil ein solches im Sinne der »Dominotheorie« weitere Verbote anderer Herbizide erwarten ließ.[27]

Durch ihr Vorgehen gegen jegliche Vorschriften mit auch noch so schwacher marktregulierender Wirkung verstricken Chemiekonzerne die Aufsichtsbehörden in Anhörungen und Rechtsstreitigkeiten, so dass deren Ressourcen und Augenmerk damit effektiv auf eine oder einige wenige Chemikalien gleichzeitig konzentriert sind. Im Falle der gesetzlichen Regelungen zur Gesundheit und Sicherheit führen die langwierigen Auseinandersetzungen dazu, dass Fragen der Produkthaftung und Belastung am Arbeitsplatz immer wieder aufgeschoben werden. Insbesondere bei Rechtsvorschriften in Bezug auf chemische Verbindungen – mit Ausnahme der äußerst seltenen Maßnahme einer sofortigen Aussetzung (1979 erstmals angeordnet im Falle der forstwirtschaftlichen Nutzung von 2,4,5-T)[28] – darf ein chemischer Stoff weiter hergestellt, vertrieben und angewendet werden, bis das aufsichtsbehördliche Verfahren abgeschlossen ist, was in der Regel mehrere Jahre dauert. Die Industrie schützt ihre Profite, in dem sie dieses Verfahren so lange wie möglich hinauszögert und nach jedem behördlichen Schritt Widerspruch einlegt. Die vom Kongress festgelegten Regulierungsverfahren begünstigen derartige Praktiken sogar noch.[29]

---

27 Robert Charlton, PR-Manager des Unternehmensbereichs Agrarprodukte bei Dow Chemical, drückte es so aus: »Hier geht es um ein wissenschaftliches Prinzip … Falls die Anwendung von [2,4,5-T] tatsächlich beschränkt werden sollte … welche anderen bedeutenden chemischen Werkzeuge werden dann womöglich ebenfalls in ihrer Anwendung unnötigerweise begrenzt?« In Epstein, Aaron Human guinea pigs: dioxin tested at Holmesburg. Philadelphia Enquirer, 11. Januar 1981.

28 Es handelt sich um die erste sofortige Aussetzung einer Pestizidzulassung aufgrund von gesundheitlichen Auswirkungen auf den Menschen. Frühere Aussetzungen waren aufgrund von Umwelteinwirkungen erfolgt. Siehe bspw. Aussetzung der Marktzulassung von Giften gegen Kojoten im Rahmen der Rs. Wyoming v. Hathaway, 525 F.2d 66 (10th Cir., 1975).

29 Die langwierigen administrativen Prozesse im Rahmen der Anhörungen und juristischen Prüfungen im Vorfeld der Aufhebung der Marktzulassung schei-

Während der Jahre, die das Verfahren zur erneuten Beurteilung einer chemischen Verbindung – etwa im Hinblick auf schwerwiegende Gesundheitsrisiken – womöglich dauert, kann der Hersteller diesen Stoff nicht nur weiter vertreiben, sondern zudem diesen noch mit Sicherheitsdaten bewerben, die durch die Aufsichtsbehörde bereits in Zweifel gezogen worden sind. Vier Monate nach der sofortigen Aussetzung der Marktzulassung von 2,4,5-T durch die EPA 1979 kam eine »Konferenz zur Streitbeilegung zu 2,4,5- T«[30], finanziert von der *American Farm Bureau Federation* zu dem Schluss, dass »über einen Zeitraum von 30 Jahren keine bekannten biologischen Wirkungen im Zusammenhang mit der Routineanwendung von 2,4,5-T dokumentiert worden sind.«[31] Sechs Monate später, als die EPA ihre Beweisführung für die Anhörungen zur erneuten Marktzulassung von 2,4,5-T vorbereitete, schrieb Dow Chemical an einen besorgten Aktionär: »Zu keinem der von uns hergestellten Produkte liegen uns mehr toxikologische und gesundheitsbezogene Daten vor als zu 2,4,5-T, und wir stufen es als äußerst sicher ein.«[32]

Zum Zeitpunkt dieser beiden Aussagen hatte Dow Chemical bereits eine einstweilige Verfügung gegen die Veröffentlichung der Gesundheits- und Sicherheitsdaten erwirkt, die das Unternehmen der EPA zum Zwecke der erneuten Zulassung vorgelegt hatte.[33] Nur wer den Konflikt um 2,4,5-T über 20 Jahre genau verfolgt hatte, hätte erkannt, wie haltlos solche Aussagen waren. Bei solchen Behauptungen machen sich die Konzerne die grundsätzlichen Schwierigkeiten im Zusammenhang mit der aufsichtsbehördlichen Kontrolle

nen nur schwerlich vereinbar mit dem Gedanken, dass das Pestizidgesetz zum Schutz der öffentlichen Gesundheit erlassen wurde.

30 Tschirley, Fred, et al. Dispute Resolution Conference on 2,4,5-T. Arlington.

31 American Farm Bureau Federation, 1979.

32 Barnes, Earle B., Board Chairman, the Dow Chemical Company. Schreiben vom 1. November 1979 an Rev. Robert E. Roos, Chancellor, Roman Catholic Diocese of Albany, N.Y. In Minneapolis (Minn.) Northern Sun News, März 1980, S. 10.

33 Dow Chemical Co. v. Douglas M. Costle (U.S.D.C., E.D. Mich.), Civil No. 76-10087. Memorandum, Gutachten und Anordnung vom 4. April 1978.

von Giften zunutze, deren verheerende Wirkungen unter Umständen erst viele Jahre später in Form von Krebserkrankungen, Geburtsdefekten oder Genmutationen zutage treten und deren kurzfristige Wirkungen ein breites Spektrum von Symptomen (Übelkeit, Kopfschmerzen, Hautausschlag, Schwindel, psychische Störungen, Fruchtbarkeitsprobleme, Gewichtsverlust, Blutungen) umfassen, die leicht auch durch andere Ursachen bedingt sein können.[34] Der zweifelsfreie Nachweis einer Ursache-Wirkungs-Beziehung zwischen der Exposition und den Symptomen ist so gut wie unmöglich, insbesondere, wenn Symptome mit zeitlicher Verzögerung erst viele Jahre später auftreten.

Bedauerlicherweise bedient sich die Chemieindustrie zur Durchsetzung ihrer Interessen erfolgreich einer wissenschaftlichen Tradition, die im Rahmen ihrer experimentellen Methoden eindeutige Belege für Ursache und Wirkung erfordert. In Laboruntersuchungen, die die Grundlage für wissenschaftliche Schlussfolgerungen bilden, lassen sich die Bedingungen, unter denen Menschen und Tiere in der Praxis einem chemischen Stoff ausgesetzt sind, unmöglich reproduzieren. Die Empfindlichkeit von üblichen Versuchstieren gegenüber bestimmten Chemikalien weist oftmals signifikante Unterschiede auf. Aufgrund ethischer und rechtlicher Beschränkungen für wissenschaftliche Versuche am Menschen stützt sich die aufsichtsbehördliche Kontrolle chemischer Verbindungen auf Laboruntersuchungen, die häufig auf die Situation von Menschen oder Umweltbedingungen nicht übertragbar sind. Tatsächliche Auswirkungen auf die menschliche Gesundheit in der Praxis werden, eben weil sie so schwer nachzuweisen bzw. zu dokumentieren sind, daher als »Einzelfälle« oder »Indizienbeweise« abgetan. Ungeachtet der Tatsache, dass die Industrie eindeutige Belege für schädigende Wirkungen fordert, legen die Konzerne selbst

34 Eine Übersicht der gesundheitlichen Auswirkungen von 2,4,5-T findet sich in U.S. EPA. Rebuttable presumption against registration and continued registration of pesticides containing 2,4,5-T. Federal Register 43:17143, 21. April 1978. Siehe auch Anhang A.

weit weniger strenge Kriterien für den Nachweis der Sicherheit von Chemikalien an.

In den USA sind Untersuchungen zur Wirkung von Pestiziden am Menschen ohne deren Aufklärung und Zustimmung (*Informed Consent*) illegal.[35] Laborratten wird ein solcher gesetzlich verbriefter Schutz nicht zuteil. Ratten können, anders als Menschen, nicht sprechen. Aber da man Menschen nicht in Laborvorrichtungen festhalten kann, um ihre Körpergewebe zu homogenisieren und zu analysieren, verlässt sich die Pestizidkontrolle auf das stumme Zeugnis von Ratten und ignoriert die deutlich wahrnehmbaren Stimmen der Menschen.

Wissenschaft, Aufsichtsbehörden und Chemiekonzerne bedienen sich Versuchstieren und Statistiken für Täuschungsmanöver, während Menschen wie die Gebietsansässigen von Five Rivers und Alsea Phenoxyherbiziden ausgesetzt sind und darunter leiden. Weder ihre Exposition, noch ihr Leiden lässt sich messen oder in Grafiken aufzeigen. Ihre Erfahrungen gelten in offiziellen Beurteilungen zur Sicherheit von Herbiziden lediglich als Einzelbefunde oder »Indizienbeweise«.

Indizienbeweise können niemals eindeutig, aber erdrückend sein. Nur ein Mensch kann die Wirkungen von Chemikalien auf Menschen bezeugen. Es sind die Eltern, die als erste bemerken, wenn mit ihrem Kind etwas nicht stimmt. Nur jemand, der im Wald lebt und ihn in- und auswendig kennt, kann Aussagen über ungewöhnliche Veränderungen machen. Laborversuche unter kontrollierten Bedingungen können niemals eine sorgfältige Beobachtung ersetzen.

Noch nie wurde beispielsweise in Labortests »nachgewiesen«, dass Thalidomid (»Contergan«) oder das Rötelvirus beim Menschen Geburtsdefekte verursacht[36] oder Rauchen Lungenkrebs. Noch ist

35 Gemäß FIFRA § 12(a)(2)(P), 7 U.S.C. § 136j sind Pestizidtests an Menschen ohne deren Einwilligung nach Aufklärung untersagt.

36 Epstein, Samuel. Environment and teratogenesis. In Pathobiology of Development. The American Association of Pathobiologists and Bacteriologists, 1973, S. 105.

bis heute wissenschaftlich belegt, dass bestimmte Erreger bestimmte Erkrankungen verursachen. Dennoch ist »der Zusammenhang manchmal so offensichtlich, dass man es akzeptieren muss«, sagt der Mikrobiologe Patrick Schlievert. »Wenn Sie irgendjemanden nach dem Typhuserreger fragen, werden Sie die Antwort erhalten, dass es *Salmonella typhi* ist, obwohl der Kausalzusammenhang bis heute nicht nachgewiesen worden ist.«[37]

Die Pestizidindustrie hat jedoch stets mit Erfolg einen wissenschaftlichen »Nachweis« der gesundheitsschädlichen Wirkungen beim Menschen durch einen zugelassenen chemischen Stoff als Voraussetzung für eine Aufhebung von dessen Marktzulassung gefordert. Im Jahr 1978 änderte der Kongress das Pestizidgesetz dahingehend, dass weder fehlerhafte Labortests, noch »vereinzelte Indizienbeweise« für eine Schädigung der menschlichen Gesundheit ein Aufhebungsverfahren der Marktzulassung gegen ein Pestizid rechtfertigen könnten.[38]

Nachdem unsere Kinder 1975 mit 2,4,5-T besprüht worden waren, mussten wir lernen, dass Ratten in einem Laborkäfig offiziell mehr Respekt entgegengebracht wird als das, was Menschen am eigenen Leib erfahren. Laut Gesetz kann die EPA erst dann rechtliche Schritte gegen eine chemische Verbindung ergreifen, nachdem sie deren gesundheitsschädliche Wirkungen beim Menschen zweifelsfrei nachgewiesen hat.

---

37 Rotbart, Dean. Track of a toxin. The Wall Street Journal, 8. Dezember 1981, S. 125.

38 Senate Report 95-1188, Federal Pesticide Act of 1978 Conference Report, S. 35-36, § 12. Seltsamerweise wurde die offensive Wortwahl des Gesetzes von 1978 zum überwiegenden Teil im Bericht des Konferenzausschusses kaschiert, anstatt den Gesetzestext selbst umzuformulieren; in der Regel verlassen sich die Gerichte bei Kontroversen bezüglich der sprachlichen Interpretation gesetzlicher Bestimmungen jedoch auf die legislative Vorgeschichte eines Gesetzes.

Unzulässige Beweismittel

Die Longyear-Farm, die die Familie aufgeben musste, nachdem Helikopter über dem Wassereinzugsgebiet der Farm Herbizide versprüht hatten, liegt so fernab aller Zivilisation, wie es in Oregon nur möglich ist. Sie ist nur über abenteuerlich anmutende Feld- und Schotterwege erreichbar, die sich durch die Küstengebirgskette des Siuslaw National Forest zwischen Corvallis und der Küste winden. Weder Durchgangsstraßen oder öffentliche Campingplätze, noch Motels oder Geschäfte am Wegesrand locken Reisende in die Gegend. Reisende werden durch gestrichelte Linien auf Karten abgeschreckt, mit denen Feldwege markiert werden. Die Holzindustrie, die den Großteil des Landes hier bewirtschaftet, konnte daher weitgehend unbehelligt von staatlichen Kontrollen schalten und walten.

Die Landschaft ist eine Art Flickenteppich aus lebendiger und toter Vegetation. Gelegentliche abgestorbene Bäume und massive, verkohlte Baumstümpfe sind die einzigen Überbleibsel des riesigen Primärwaldes, der die Grundlage für die wirtschaftliche Entwicklung der Region Pacific Northwest war. Dort, wo die Straße zwischen nachgewachsenen Tannen aufwärtsführt, beginnt man allmählich zu begreifen, wie es früher gewesen sein muss, wenn man sich die Bäume in etwa hundert Jahren vorstellt.

Oben auf den Bergkämmen erkennt man jedoch, dass dieser nachgewachsene Baumbestand in alle Richtungen abgeholzt wird – hunderte Morgen von Bäumen, wie Soldaten in ihren besten Jahren gefallen. Auf diesen gerodeten Flächen steht nichts mehr. Was verkäuflich war, wurde dem Boden entrissen. Alles andere ließ man verrotten oder brannte es nieder, um das Land für Neuanpflanzun-

Wassereinzugsgebiet des Siletz River, Oregon (Foto: Rio Davidson)

Kahlschlag und Erdrutsch (unten rechts) an der North Fork – Siletz River (Foto: Rio Davidson)

gen urbar zu machen. Auf den älteren Kahlschlägen sind die Wege erodiert, auf denen sich die riesigen Maschinen die steilen Berghänge hinaufgearbeitet haben, und tiefe Rinnen und Hohlwege haben sich gebildet. Da der Boden nicht mehr durch Baumwurzeln gehalten wird, sind ganze Berghänge abgerutscht, die nun den Flussgrund verschlammen und damit die Laichgründe von Lachsforellen, Regenbogenforellen und Lachsen zerstören.

Kahlschläge jüngeren Datums sind übersät mit verkohlten Baumstümpfen, abgestorbenen und unverkäuflichen Bäumen, Schnitt- und Bruchstücken, die alle dort liegen geblieben sind, wohin sie fielen. Die riesigen Rodungsflächen sind sogar vom Weltraum aus zu erkennen und bezeugen gegenüber dem Universum die menschliche Geringschätzung der bedeutendsten nachwachsenden Ressource, die uns die Erde so großzügig zur Verfügung stellt.

Und dennoch ist das Land, trotz all der Zerstörung, wunderschön. Es besitzt die zarte, aber beherzte Schönheit eines Lebewesens, das sich von einer schweren Wunde oder Krankheit erholt und zurück ins Leben kämpft. Außer auf den diesjährigen Kahlschlägen hat sich auf die Rodungsflächen auf wundersame Weise eine Decke von Grün gelegt. Dieses Wunder hat seinen Ursprung im Erdboden und der Krautschicht, die ihn wiederum nährt. Das Erdreich – Mutter der Gärten, Mutter der Wälder – ist seinerseits ein Kind des Lebens, ein lebendiger Organismus, ebenso komplex und geheimnisvoll wie das menschliche Gehirn. Aber die Erde kann Leben nur so lange erhalten, wie sie ihrerseits durch das Leben genährt wird.

Schutzlos Wind, Regen und Sonne ausgesetzt, stirbt im Erdboden auf Dauer alles Leben ab.

Seines Reichtums an Leben durch den Menschen beraubt, findet er Rettung bei den Feinden des Menschen: Unkraut und Gestrüpp. Ohne dieses »Unkraut« – all jene Pflanzen, die keinen Marktwert besitzen – hätte es von vorneherein keine Waldflächen gegeben, die man hätte roden können. Unkraut und Sträucher sind die wahren, ursprünglichen Pioniere des Waldes. Robust, widerstandsfähig, produktiv und beharrlich klammerten sie sich vor langer Zeit an das bröckelnde Gestein der Bergkämme, hielten es mit ihren Wurzeln fest, entzogen ihm Wasser und Mineralstoffe, gediehen, pflanzten sich fort und vergingen. Dabei bildete jede Generation mit ihren sterblichen Überresten eine neue Bodenschicht. Wie viele Jahrhunderte, wie viele Jahrtausende verrichteten Unkraut und Sträucher wohl hier ihre Arbeit, um ausreichende Schichten Erdreich zu bilden, damit hier ein Baum – oder gar ein ganzer Wald – wachsen konnte?

Es dauerte hingegen nur wenige Wochen, und riesige Waldflächen waren abgeholzt. Die Humusschicht, von der Krautschicht bereits gebildet, bevor der Mensch auf der Erde erschien, liegt schutzlos entblößt, wird im Winter vom Regen ins Meer gespült oder in der Sommersonne ausgetrocknet und hinweg geweht. Sich selbst überlassen kehren die Pflanzen jedoch zurück, um ihresgleichen zu retten. Den Anfang machen Gräser, Moose, Farne und Farnkraut sowie unzählige einjährige Pflanzen, deren Samen und Sporen herangeweht und vom Erdboden bereits erwartet werden. In dieser neuen, spärlichen Vegetation finden am Boden lebende Tiere und Vögel Schutz und Nahrung und bringen Samen von Futterpflanzen aus anderen Gebieten mit: Lachsbeere, Brombeere, Weiße Zimthimbeere, Shallon-Scheinbeere, Heidelbeere.

Schnell wachsende Beerenranken und Sträucher sprießen und gedeihen im Schutz der Pionierpflanzen, die ihrerseits die Sämlinge von Erle, Ahorn, Wildkirsche, Esche und Weide schützen. Ihre Wurzeln geben dem Boden Halt, und Wurzelbakterien liefern Stickstoff. Ihre Blätter speichern Wasser, schirmen den Erdboden gegen Sonne und Wind ab, bieten Wildtieren Nahrung und tragen Jahr für Jahr mit einer Schicht welken Laubs zur Regeneration des Bodens bei. In diesem sich stetig wandelnden Wald mit seiner Vielfalt an Büschen und laubabwerfenden Bäumen finden immergrüne Koniferen (Hemlock- und andere Tannen, Fichten und Zedern) einen geschützten, nährstoffreichen Standort für ihr primäres Wachstum, um schließlich über ihre laubwechselnden »Pflegeeltern« hinauszuwachsen und sie zu überleben.

Seit es Leben auf der Erde gibt, haben krautige Pflanzen und Büsche so das Land von Zerstörungen durch Brände, Überflutungen, Gletschereis und Schädlinge geheilt und erneuert. Und sie würden dies auch nach den Verwüstungen durch den Menschen tun, wenn man ihnen die Chance dazu gäbe. Aber von den zahlreichen Arten, die sich in einem so komplexen System wie einem Wald gegenseitig unterstützen, interessieren den Menschen nur die Bäume, die kurzfristig Gewinne versprechen. In den Wäldern des Nordwestens sieht der Mensch nur Douglasien, wo ehemals die von seinen Vorfahren sehr geschätzten Zedern, Hemlocktannen und Fichten gefällt wurden. Erlen, Weiden und andere einheimische Arten gelten als Gestrüpp. Wie der Farmer, der seine Hühner töten würde, um die Eier einzusammeln, mäht er alles nieder und beutet den Wald aus, um finanzielle Gewinne zu erzielen.

In dem Versuch, den gerodeten Wald, der von verschiedensten Pflanzen über Generationen geschaffen wurde, sofort zu ersetzen, verschlimmert die Forstwirtschaft den desaströsen Kahlschlag noch. Mit Sprengstoffen, Napalm, Feuer und Gift wird die Erde entblößt, um auf gestrüppfreien Flächen gut verkäufliche Tannen zu pflanzen. Man führt einen chemischen Krieg gegen jeglichen anderen Pflanzenwuchs. Der Förster blickt, zufrieden mit seiner Arbeit, über seine Tannenschonungen, wo die Bäume in Reih und Glied gepflanzt sind und an Zuckerrohrplantagen erinnern. Weder respektiert er den Reichtum und die Vielfalt, die die Lebensgrundlage des Waldes bilden, noch fördert er sie. Er wurde nicht ausgebildet, das Leben zu nähren, sondern vernichtet es. In den Arsenalen der modernen Kriegsführung ist er auf eine Waffe gestoßen, die die kühnsten Träume des Exterminators zu verwirklichen verspricht: Herbizide, die im Zweiten Weltkrieg entwickelten chemischen Entlaubungsmittel, die das Land seiner Vegetationsdecke berauben und essenzielle Nutzpflanzen des Feindes zerstören sollten.

Gegen diese Gifte können Pionierpflanzen ihre Aufgaben zur Erneuerung des Waldes kaum erfüllen. Wie Löwenzahn auf einer Rasenfläche werden sie ausgemerzt und von Arten verdrängt, die zwar gegen die Chemikalien resistent, aber für Wild- und Nutztiere ungenießbar oder sogar giftig sind. Eine dieser Arten im Pazifischen Nordwesten ist das Jakobskreuzkraut, ein aus Europa eingeschlepptes giftiges Kraut. Es gedeiht auf abgeholzten Flächen, von wo aus sich seine Samen über die Luft ausbreiten und das Kraut so schnell die ganze Umgebung besiedelt.

In der Forstwirtschaft eingesetzte Chemikalien verschlimmern die reparablen Folgeschäden des Kahlschlags noch. Das Ergebnis ist

Zurückgelassene Tonne mit 2,4-D/2,4,5-T (Agent Orange) auf dem Land der Longyear-Farm (Foto: Carol Van Strum)

an den Berghängen, die die Longyear-Farm umgeben, deutlich erkennbar. Vor kurzem gerodete Flächen sind mit Schnitt- und Bruchstücken von Bäumen übersät, eine Einöde aus Braun und Schwarz und Grau, dazwischen das hoffnungsvolle Grün von jungen Farnen, Farndickicht, Gräsern und Ranken. Auf den älteren Rodungsflächen, die seit dem Kahlschlag sich selbst überlassen wurden, hat sich ein undurchdringlicher Dschungel aus Lachsbeeren, Shallon-Scheinbeeren und Weinahorn gebildet. Auf den ältesten Kahlschlägen wachsen junge Erlen so dicht wie Roggen, ein Paradies für Rehe und Elche, zahllose Vögel und kleine Säugetiere.

Auf den »bewirtschafteten« Flächen, die man besprüht hat, um sie für Neupflanzungen vorzubereiten, ist dieser Dschungel jedoch tot und braun. Verdorrte Pflanzenskelette von Sträuchern, Erlen und Ahorn rascheln im Frühlingswind. Eine einsame Rötelgrundammer scharrt in dem spröden Gestrüpp. Auf kürzlich besprühten Hängen ist das Laub noch grün, aber blass und kraftlos. Die jungen Schösslinge winden sich in grotesken, welken Spiralen. Ein beißender Geruch von verdunstendem Diesel, Chlor und Moder liegt in der Nachmittagssonne. Mehrere hundert Meter davon entfernt zeugen in den angrenzenden, ehemals gesunden Waldstücken ausgebleichte Flecken von den Wirkungen der giftigen Abdrift.

Die wenigen nicht abgeholzten Baumbestände sind eine Wohltat für das Auge. Ein Forwarder[1] dröhnt und heult in einem Waldstück auf dem Bergkamm oberhalb des Longyear-Grundstücks, unterbrochen von dem schrillen Warnsignal der Holzarbeiter, die den Kabelgleithaken bedienen.

Die Farm ist eine Oase aus üppigem Grün, die sich das abschüssige Tal von Rock Creek entlang zieht. Die altehrwürdigen, kräftigen Apfelbäume, teils schon belaubt, teils noch in Blüte stehend, flirren von ganzen Bienenwolken und Scharen von geschäftigen Rotkehlchen und Goldzeisigen. Gut instand gehaltene Zäune und Gatter begrenzen und unterteilen die saftigen Weiden. Seltsamerweise sind weder Rinder oder Schafe noch andere Nutztiere zu sehen. Von einem Baumstumpf oben auf der Anhöhe kommentieren zwei Krähen boshaft das Forstfahrzeug. Der Ort wirkt leblos, wie ein komplett eingerichtetes Haus, das von jetzt auf gleich von seinen Bewohnerinnen und Bewohnern verlassen wurde, die eigentlich zurückkommen wollten, aber niemals zurückgekehrt sind.

Leon und Carrie Longyear kamen im Jahr 1944 mit ihrer jungen Familie hierher, um dem Land irgendwie ihren Lebensunterhalt abzuringen. Damals war das hier eine echte Wildnis. So weit in

1 Ein mit Seilkran ausgestattetes Forstfahrzeug zum Abtransport gefällter Bäume an Abhängen bis zu einer höher gelegenen Stelle, wo sie auf Laster verladen werden können [A. d. Ü.].

die Küstengebirgskette hinein reichten keine Stromleitungen, und die Straßen waren nicht mehr als Feldwege, die häufig unpassierbar waren. Leon and Carrie rodeten ein Stück Land und pflanzten Apfel-, Birnen- und Nussbäume sowie Gemüse an – alles, was das Land hergab. Sie hielten Rinder, Milchkühe und Hühner, um deren Eier und Fleisch zu vermarkten. Sämtliche Erzeugnisse wurden über die gewundenen Straßen bis an die Küste transportiert, um sie dort zu verkaufen.

Es war kein einfaches Leben, und die kleine, abgelegene Farm warf kaum genug für eine Familie ab. Nach den Jahren der Wirtschaftsdepression und des Krieges bedeutete die Sicherheit, die Landbesitz und die Erzeugung eigener Nahrungsmittel mit sich brachten, jedoch mehr als Reichtum oder Komfort. Als die Longyears älter wurden, ihre Kinder erwachsen wurden und heirateten, hielten Stromleitungen Einzug. Die Straßen wurden bis wenige Kilometer vor der Farm befestigt, andere mit Schotter verbessert. Im Jahr 1974, als sie freudig einem einfacheren Leben mit mehr Komfort in ihren 80ern entgegensahen, besprühte die Firma Starker Brothers, der das östlich an ihr Grundstück angrenzende Land gehörte, ihr Wassereinzugsgebiet.

Gemäß den Akten der Oregon Health Division[2] wurde über dem Land der Starker Brothers am 6. März 1974 durch die Western Helicopter Company Dinoxol, ein Produkt der US-Firma *Amchem* mit einem Gehalt von 31,6 Prozent 2,4-D und 30,3 Prozent 2,4,5-T, versprüht.[3] Die Longyears erinnern sich an den Sprühflug. Sie sind allerdings davon überzeugt, dass zu einem späteren Zeitpunkt ein zweiter Sprühflug stattfand, der nicht in den Akten vermerkt ist. Sie erinnern sich, den Helikopter irgendwann im April im Sprühflug über ihrer Quelle gesehen zu haben.

Im April und Mai fanden die Longyears und einer ihrer Nach-

2 Gesundheitsressort des US-Bundesstaats Oregon [A. d. Ü.].

3 Kirk, James, Vector Control Section, State of Oregon Health Division. Memo vom 9. Oktober 1974 an Tom Harrison, Plant Division, Oregon Department of Agriculture.

barn fünf tote Rehe auf einer Wiese in der Nähe sowie weitere tote Tiere nahe ihrer Straße. Am 28. April erkrankte Carrie an »paroxysmalem Lagerungsschwindel und Sehstörungen«. Ihr Zustand verschlechterte sich, und nach einem Zusammenbruch in ihrer Küche wurde sie am 1. Mai im Good Samaritan Hospital in Corvallis aufgenommen. Dort blieb sie zehn Tage lang, unterzog sich verschiedenen Tests und wurde wegen »zentralnervös bedingter Kreislaufprobleme und einer Herz-Kreislauf-Erkrankung mit Bluthochdruck« behandelt.

»Wir wurden darüber informiert, dass die Wasserzuflüsse auf ihrem Grundstück in der Vergangenheit mit 2,4-D und 2,4,5-T kontaminiert wurden«, berichtete ihr Arzt, Dr. James A. Riley, im Januar 1976. »Es stellt sich die Frage, ob ihre Krankheitssymptome durch eine toxische Konzentration dieser Substanzen in ihrem Körper bedingt sein könnten.«

»Ganz ehrlich, ich kann nicht sagen, ob die Substanzen eine toxische Wirkung bei ihr hatten, da die Konzentration im Blut weder bei ihrer Krankenhausaufnahme, noch ein Jahr später, am 17. Februar 1975, gemessen oder angefordert wurde, weil wir damals gar nicht an die Möglichkeit einer toxischen Substanz dachten ... Ich kann nicht eindeutig ausschließen, dass eine Wirkstofftoxizität vorlag, da diese Substanzen akut auf das zentrale Nervensystem wirken können, aber soweit mir bekannt ist, sind Langzeitwirkungen unbekannt.«[4]

Heute leben Leon und Carrie Longyear in einem kleinen Reihenhaus in Corvallis, so nahe zum Good Samaritan Hospital gelegen, wie sie etwas finden konnten. An der Zufahrt zu ihrer Farm steht ein Schild »*FOR SALE*«, und das Land, das sie urbar gemacht und 30 Jahre lang bewirtschaftet haben, wartet auf neue Eigentümer.

Von Anfang an hatte Bob, der Sohn der Longyears, auf den Sprühflug der Starker Brothers mit Beunruhigung und Wut re-

4 Riley, Dr. James A., Corvallis, Oregon. 27. Januar 1976. Schreiben an David Eves, Esquire, Corvallis, Oregon, USA.

agiert. Er begann damit, Wasserproben von der Familienquelle zu nehmen. In Anbetracht all dessen – tote Rehe nach dem Sprühflug 1974, Carries Erkrankung und die Bedenken ihres Sohnes – wuchs bei den Longyears der Verdacht, die von Starker versprühten Herbizide könnten die Ursache ihrer Probleme sein. Sie reichten beim Gesundheitsministerium von Oregon Beschwerde ein und schilderten Senator Bob Packwood ihren Fall in einem Brief.

Laut den bundesstaatlichen Akten entnahmen Mitarbeiter von Starker am 6., 7. und 8. März an der Quelle der Longyears Wasserproben und schickten diese zur Untersuchung an das wissenschaftliche Zentrum für Umweltgesundheit an der Oregon State University (OSU). Gemäß den Analyseergebnissen waren bei einer Nachweisgrenze[5] von weniger als zwei Teilen pro Milliarde (ppb) keine Herbizidrückstände nachweisbar.[6]

Offensichtlich aufgrund der Testergebnisse der OSU kam das Gesundheitsministeriums von Oregon bei seiner Untersuchung zu dem Schluss, dass »die Erkrankung von Mrs. Longyear und der Tod der Rehe nicht im Zusammenhang mit dem Herbizideinsatz auf dem Land der Firma Starker Forest, Inc. standen.« James Kirk, der Untersuchungsleiter des Gesundheitsministeriums, untermauerte seine Schlussfolgerungen durch fünf eher fragwürdige Beobachtungen[7]:

1.) Keine nachweisbaren Rückstände in den nach dem Versprühen entnommenen Wasserproben. (Zu diesem Zeitpunkt lagen Kirk lediglich die Analyseergebnisse der OSU vor, so dass er keine anderen Schlussfolgerungen ziehen konnte.)
2.) Erheblicher zeitlicher Abstand (53 Tage) zwischen dem Ausbringen der Chemikalien und den ersten Symptomen von Mrs. Longyear. (Hierbei bleiben die Abflussmenge, die starke Ausfällung

5 Die Nachweisgrenze bezeichnet in der analytischen Chemie die niedrigste Konzentration eines Stoffes, die in Testverfahren sicher nachgewiesen werden kann [A. d. Ü].

6 Memo Kirk, a. a. O., S. 64.

7 Ebd.

nach dem Versprühen oder die Aussage der Longyears, dass ihr Grundstück und ihre Quelle im April erneut besprüht wurden – der offensichtlich niemals nachgegangen wurde – vollständig unberücksichtigt.)

3.) Die ärztliche Diagnose der Erkrankung von Mrs. Longyear beinhaltet keinerlei Befunde, die im Zusammenhang mit einer Pestizidvergiftung stehen. (Dieser Punkt stützt sich auf eine telefonische Nachricht, die Kirk angeblich von jemandem übermittelt wurde, der/die im Entlassungsbericht von Mrs. Longyear nicht erwähnt wird. Eine tatsächliche Erörterung des Falls mit einem behandelnden Arzt bzw. einer behandelnden Ärztin hat nicht stattgefunden. Offensichtlich unternahm weder James Kirk noch etwa ein von ihm konsultierter Arzt den Versuch, die möglichen Symptome einer Pestizidvergiftung zu recherchieren oder einen Zusammenhang zwischen solchen Forschungsergebnissen und Carrie Longyears Fall herzustellen. Dr. James Riley, ihr behandelnder Arzt, stellte zu einem späteren Zeitpunkt fest, dass Herbizide »akut auf das zentrale Nervensystem wirken können« und dass »ich nicht eindeutig ausschließen kann, dass keine Herbizidtoxizität vorlag.«)

4.) Das Gebiet, über dem der Sprühflug stattfand, weist eine beträchtliche Rotwildpopulation auf. (Diese Feststellung wurde am 1. Oktober getroffen, sieben Monate nach dem Sprühflug und besitzt kaum Relevanz in Bezug auf das Auffinden toter Rehe wenige Tage nach dem Ausbringen der Herbizide. Es ist schwer nachvollziehbar, wie der Bestand lebender Tiere schlüssig belegen soll, dass die sieben Monate zuvor aufgefundenen tote Rehe »in keinem Zusammenhang mit der Herbizidanwendung standen ...«)

5.) Keine ungewöhnliche Fischsterblichkeit im Fischbrutbetrieb (einem Brutbetrieb der staatlichen Fischkommission zur Aufzucht von Coho-Lachsen, der stromabwärts der Longyear-Farm liegt). (Der Kirk-Bericht gibt weder Auskunft darüber, dass der Fischbrutbetrieb ganze fünf Meilen flussabwärts der Quelle der Longyears liegt, noch weist er Schätzungen auf, wie viele andere

Wasserläufe auf diesen fünf Meilen in den Rock Creek münden und so eine etwaige Pestizidbelastung verdünnen würden. Kirk überprüfte die Akten des Brutbetriebs lediglich auf Daten zur Sterblichkeit, nicht auf Daten zu Missbildungen oder Brut-, Entwicklungs- und anderen Problemen.)

Was als eingehender Untersuchungsbericht des Gesundheitsministeriums von Oregon daherkommt, erweist sich als Bericht, der sich ausschließlich auf Beobachtungen (von Bäumen und Rotwild) sieben Monate nach dem betreffenden Vorfall stützt. Die Symptome von Mrs. Longyear werden verharmlost, und es wird angedeutet, dass selbst ihre Familie ihre Erkrankung erst nach der Krankenhauseinweisung mit dem Versprühen des Herbizids in Verbindung gebracht habe. Zum Abschluss seines Berichts beschuldigt Kirk die Longyears, sich mehrere ausgesonderte Fässer mit Herbiziden, die von der Sprühmannschaft an der Landestelle des Hubschraubers zurückgelassen wurden, angeeignet zu haben, darunter auch ein noch teilweise gefülltes Fass. Er versäumte allerdings darauf hinzuweisen, dass eine derartige »Entsorgung« laut Herbizid-Gebrauchsanweisung verboten war. Außerdem vergaß oder verabsäumte er absichtlich den Umstand zu erwähnen, dass das Produkt laut Kennzeichnung auf den zurückgelassenen Fässern nicht demjenigen entsprach, das von der Firma Starker Brothers angegeben worden war.

Bestürzt angesichts der offiziellen Reaktion auf ihre Beschwerde entschlossen sich die Longyears, die Wasserproben, die ihr Sohn an ihrer Quelle genommen hatte, von einer unabhängigen Stelle testen zu lassen. Es gestaltete sich jedoch schwierig, in Oregon ein Labor zu finden, dem sie vertrauten. Im Juli 1975 schickten sie die Proben schließlich an das Unternehmen Morse Laboratories, Inc. im kalifornischen Sacramento. Das Analyselabor ermittelte in dem Wasser eine 2,4-D-Konzentration von 20,9 ppm und eine 2,4,5-T-Konzentration von 4,03 ppm[8] – also Werte, die in Anbetracht der noch

8 Morse Laboratories, Inc., Sacramento, California. «Laborbericht Nr. 95736, Proben von E. M. Longyear« vom 21. August 1975.

niedrigeren Nachweisgrenze der OSU von 2 ppb sehr wohl hätten nachweisbar sein müssen.

Carrie Longyear schickte die Resultate der Analysen an Senator Packwood, der sie an Edwin L. Johnson, den stellvertretenden Verwaltungsleiter für Pestizidprogramme der US-Umweltschutzbehörde (EPA), weiterleitete. In seiner Antwort ging Johnson auf die damalige unfundierte Einschätzung von 2,4,5-T durch die EPA ein. Johnson fügte eine Aktennotiz im Rahmen des Dioxin-Kontrollprogramms der EPA über den Nachweis von TCDD, der tödlichen Kontaminante des Herbizids, im Fleisch von Rindern bei. Diese waren auf Weideflächen gehalten worden, die mit 2,4,5-T behandelt worden waren. Es wurden darin Bedenken im Hinblick auf die Implikationen dieser Befunde für die menschliche Gesundheit geäußert.[9] Johnson gab einen Überblick über die aktuellen und geplanten Maßnahmen der EPA zur Kontrolle von 2,4,5-T, wies jeglichen Verdacht, 2,4-D könne ein Gesundheitsrisiko darstellen, zurück und bedauerte, dass die EPA keine Zuständigkeit über »den Bereich der umweltbezogenen Pestizidkontrolle« hinaus habe.[10]

Dieses informative Schreiben von Edwin Johnson war den Longyears in ihrer damaligen Situation jedoch nicht von Nutzen. Mittlerweile hatte sich der Gesundheitszustand von Carrie und Leon so weit verschlechtert, dass beide praktisch vollständig entkräftet waren. Carrie schaffte kaum noch die alltäglichen Verrichtungen im Haushalt, und Leon litt an einem Dickdarmkarzinom, das operiert werden musste. Darüber hinaus war bei ihm ein akuter Diabetes mit sich ständig verschlechternden Krankheitsphasen aufgetreten, in dessen Folge sein linkes Bein amputiert werden musste.

»Es machte damals keinen Sinn«, sagt Carrie »und tut es immer noch nicht. Die EPA-Leute senden uns all diese Papiere, aber ich bin da nie richtig durchgestiegen, außer dass sie da schon wussten,

9 Diese Aktennotiz spielte in einem späteren Gerichtsverfahren eine wichtige Rolle (s. unten, Kapitel »Zu viele unbeantwortete Fragen«).

10 Johnson, Edwin L., stellvertretender EPA-Verwaltungsleiter für Pestizidprogramme. Schreiben an Carrie Longyear vom 30.1.1976.

was das für ein Teufelszeug ist. Sie wussten, dass es in unserem Wasser war, und es war klar, sie würden einfach rein gar nichts unternehmen. Es gab also nichts, was wir noch hätten tun können – und selbst wenn es etwas gegeben hätte, wir waren zu der Zeit einfach zu krank. Wir konnten uns nicht mehr um die Farm kümmern; all das Vieh war verkauft, da es sich nicht mehr fortpflanzen konnte, und keiner von uns wollte damals so weit entfernt vom Krankenhaus wohnen. Also, ja, wir haben aufgegeben, das könnte man wohl so sagen. Wir gaben auf, packten all die Papiere in eine Kiste und zogen fort.«

Bob, ein Sohn der Longyears, lebt noch immer mit seiner eigenen Familie in einem kleinen Trailer auf der Farm, auf der er aufgewachsen ist. Seit er kürzlich einen Herzinfarkt hatte, ist er arbeitsunfähig und versucht, die Farm so gut es geht für potenzielle Käufer in Schuss zu halten. Er ist mittlerweile in den 40ern und sieht mit seiner kräftigen Statur aus wie jemand, der sich in einem Holzfällerlager oder auf einem Mähdrescher wohlfühlen würde. Stattdessen werkelt er pausenlos an seinem Trailer und im Garten oder an seinem Pickup herum, an dem er gerade jetzt arbeitet.

»Nein, es wird nicht leicht, all das zu verkaufen. Ich weiß nicht, was wir machen sollen. In die Stadt ziehen, nehm' ich an. Ich war allein hier, als ich den Herzinfarkt hatte – als es passierte, saß ich genau hier im Pickup. Niemand sonst war da; ich bin einfach vornüber auf das Lenkrad gefallen und hab' gewartet, bis es vorbei war. Ich musste in der Woche nach Washington fahren. Die Schmerzen waren einfach höllisch, sie sind einfach nicht weggegangen. Trotzdem hab' ich die Fahrt nach Washington durchgezogen und alle paar Stunden eine Aspirin genommen, um irgendwie mit den Schmerzen klarzukommen.«

»Mir war klar, dass das ein Herzinfarkt war, aber – wie das so ist – man will einfach nicht wahrhaben, dass es so übel ist. Also hab' ich es durchgezogen und all das Aspirin genommen. Es hat mir die Gedärme weggeätzt, Sie wissen schon … Mein Inneres war total zerfressen und begann zu bluten, und da bin ich dann ins Krankenhaus gekommen. Erst letzte Woche bin ich entlassen worden. Die Ärzte konnten es sich auch nicht erklären. Ich hatte einfach so 34 Pfund abgenommen, sie hatten auch keine Erklärung dafür – erst der extreme Gewichtsverlust und dann der Herzinfarkt – und bis dahin war ich immer kerngesund gewesen.«

Bob zieht an seinem Gürtel, um die geraffte Taille seiner Hose zu zeigen. Während er spricht, hört man auf der Anhöhe das Kreischen einer Kettensäge, das piepende Tonsignal eines Forwarders. Unwillkürlich fährt er bei dem wohlbekannten Geräusch zusammen, dann zuckt er mit den Schultern.

»Mom und Dad hätten damals keinesfalls hierbleiben können. Ich weiß nicht, wann Dad Diabetes bekam. Es ist in den letzten Jahren einfach immer schlimmer geworden, und dann hat er deswegen sein Bein verloren. Es trat Wundbrand auf, und sie haben alles Erdenkliche versucht, um das Bein zu retten, aber es hat nicht funktioniert. Und Mom hat einfach nicht mehr so viel wie früher geschafft. Nach ihrem Zusammenbruch damals war sie nur noch erschöpft gewesen. Sie ist einfach eingegangen – Sie wissen schon, wie ein Pferd.«

»Das war '74. Ich hab' sie in der Küche gefunden, genau hier, im Türdurchgang. Ich hab' sie selbst ins Krankenhaus gefahren, und wissen Sie, was der Arzt als allererstes zu mir gesagt hat? Gleich in der Notaufnahme hat er sie untersucht und hat mich dann als erstes gefragt: ›Ist sie mit irgendeinem Spritzmittel in Kontakt gekommen?‹«

»Wir haben natürlich Nein gesagt. Wir haben in dem Moment an Mückenspray im Haus oder etwas gedacht, womit wir die Obstbäume besprüht haben, aber so etwas hatten wir nie verwendet. Wir haben an etwas gedacht, mit dem sie direkt in Kontakt gekommen ist, was sie selbst verwendet hat, verstehen Sie? Wir kamen damals einfach gar nicht auf die Idee, dass es etwas im Wasser sein könnte, das sie über Wochen getrunken hatte.«

»Die Firma Starker teilte uns mit, sie würden im März auf dem Bergkamm Spritzmittel ausbringen. Ich erwiderte: ›Keinesfalls! Dieser Bach versorgt uns mit Wasser, die Quelle entspringt dort oben.‹ Ich sagte ihnen, es sei okay, aber nur, wenn sie einen Abstand von 200 Metern zur Quelle einhalten würden. War doch fair, oder? Aber mir war schon klar, dass die sich einen Dreck darum scheren würden. Ich hab' die Leute vom Staatsforst kontaktiert und sie gebeten, das Unternehmen zu stoppen.«

»Also kommen sie mit ihren Notizbüchern hier heraus – die Leute von der Forstverwaltung. Ich zeige ihnen hier vor Ort die Sache mit dem Bach und unserem Wasserzulauf, und sie, sie stehen da und sagen mir, das Zeug – das Spritzmittel – ist sicher. Also frage ich sie geradeheraus, ob sie sich hier in einer Reihe aufstellen würden und einen Schluck von dem Zeug nehmen wollen, aber keiner von denen hat's gemacht. Nicht einer. Aber sie haben nichts getan, um das Ganze zu stoppen.«

Bob hält inne und stützt sich auf die Ladeklappe des Pickups. »Es gab damals einfach niemanden, an den wir uns wenden konnten. Wir haben überall um Hilfe gebeten, und alle haben sie uns dasselbe gesagt: dass alles in den Händen der Forstleute, der Typen von der Landwirtschaftsverwaltung, liegt. Und jetzt frage ich Sie: Auf wessen Seite sind die? Was glauben Sie? Es ist ja gar nicht so, dass ich irgendetwas gegen die Forstwirtschaft, gegen das Holzfällen, habe. Weiß Gott, wir haben hier alle vom Holz gelebt – davon haben wir ja auch all die Krankenhausrechnungen meiner ganzen Familie bezahlt! Ein guter Witz, was?«

»Die Firma Starker macht also Ernst und bringt Spritzmittel aus, direkt über der Quelle. Wir haben ihnen dabei zugesehen. Und danach war das Wasser hier regelrecht milchig. Wenn man einen Eimer voll geschöpft hat, war es wie eine Kanne Milch, mit so `ner öligen Oberfläche, und man konnte den Diesel drin riechen. Sie mischen das Zeug mit Diesel.«

»Und ich will Ihnen noch was anderes sagen. Diese Typen – also, die Leute von Starker meine ich – können Stein und Bein auf einen ganzen Stapel Bibeln schwören, dass sie Wasserproben genommen haben. Damit beweisen sie doch nur, wie wenig Respekt sie wirklich allem entgegenbringen, selbst der Bibel, weil: *wenn* sie Proben genommen haben, dann von woanders. Hundertprozentig haben sie hier keine Wasserproben genommen. Ich hätte sie ja dabei sehen müssen, und ich hatte sie die ganze Zeit im Auge. Wir haben selbst Proben genommen, aber das wissen Sie ja. Wir haben etwas davon an die OSU geschickt.«

»Ha! Als ob man der OSU mehr vertrauen könnte als der verdammten Regierung. Die sind doch alle gleich ... wie General MacArthur ... die sagen alles, was du hören willst, und machen dann einfach verflucht nochmal seelenruhig weiter. Und Sie wissen ja, wer die OSU gegründet hat, oder? Na ja, T. J. Starker, wer sonst? Das war einer der Gründer, und er ist da 30 Jahre lang Leiter des Instituts für Forstwissenschaften gewesen.[11] Es ist also klar, wie weit man dieser Bande vertrauen kann.« Er heftet seinen Blick auf einen Rotschwanzfalken direkt über unseren Köpfen. Oben auf dem Hügelkamm wird das Kreischen der Kettensäge von dem Stakkato berstenden Holzes und dem dumpfen Aufschlagen eines Baumes auf dem Boden unterbrochen.

»Also haben sie gesprüht. Sie haben gesagt, sie hätten nur einmal gesprüht, Anfang März, aber ich weiß es besser. Wir haben sie erneut im April da oben gesehen, den Hubschrauber, auch wieder direkt über der Quelle. Und die Behälter, die mein Nachbar dort oben Ende Mai gefunden hat, waren zu frisch, als dass sie dort schon seit drei Monaten gelegen hätten.«

»Und da ist noch was anderes. Die Etiketten auf den Fässern. In dem Bericht, den Starker den Typen von der Forstverwaltung und dem Gesundheitsministerium übergeben hat, heißt es, dass sie ein Spritzmittel von Amchem versprüht haben, Dinoxol – ja, so steht's da. Aber gucken Sie sich die Etiketten an«, er weist auf ein Herbizid-

---

11 T. J. Starker gehörte 1910 zu den vier ersten Absolventen der Abschlussklasse des neu gegründeten forstwissenschaftlichen Instituts am Oregon State College (damals Oregon Agricultural College). Von 1922 bis 1942 lehrte er am forstwissenschaftlichen Institut der OSU. 50 Years of Forestry. Anniversary Publication, Oregon State College (jetzt University), 1956.

fass neben dem Trailer. »Das ist ein anderes Spritzmittel, Weedone. Reichlich komisch, was? Aber wir haben das damals nicht bemerkt, und direkt danach ist ja auch erstmal nichts passiert.«

»Das Wasser ist wieder sauberer geworden, und uns ging es gut. Als Mom dann ihren Zusammenbruch hatte, haben wir einfach nicht an den Sprühflug da oben gedacht. Als der Arzt uns nach Sprays fragte, hatten wir erstmal nur an das gedacht, was an dem Tag selbst passiert war und am Tag davor. In einem solchen Moment funktioniert man im Kopf einfach nicht so wie sonst. Man hält nicht inne und macht sich klar, dass das Zeug eine gewisse Zeit braucht, bis es wirkt, wie es in dein System kommt und sich dort ansammelt, und wenn es dich dann krankmacht, ist es zu spät, dann kann man nichts mehr machen.«

»All das hab' ich aber gar nicht im Kopf gehabt, als ich sie aufgefordert habe, mit dem Zeug weg vom Wasser zu bleiben. Ich hab' dabei gar nicht wirklich an uns gedacht, daran, dass es für Menschen schädlich sein könnte. Ich hab' einfach gewusst, dass es nicht gut ist. Das ist mir schon lange klar gewesen. Damals in den 40ern haben die Leute, die für eine Verlängerung der Marktzulassung waren, draußen in Toledo demonstriert. Das war noch, bevor das Gericht nach Newport umgezogen ist, damals war es noch in Toledo. Sie haben einen ganzen Eimer von dem Zeug – ein Gemisch aus 2,4-D und 2,4,5-T – genommen und es über eine Brombeerhecke neben dem Gerichtsgebäude geschüttet. Sie haben Fotos gemacht – alles, um zu zeigen, wie wunderbar das Zeug war. Und ein paar Tage später, als ich gesehen hab', wo da, wo sie das Zeug drüber geschüttet hatten, alles abgestorben war, da wusste ich Bescheid.«

»Wissen Sie, wie schwierig es ist, Brombeerbüsche klein zu kriegen? Damit war mir alles klar. Was einen Brombeerbusch abtöten konnte, bedeutete verdammt noch mal nichts Gutes. Und ich sage Ihnen noch was: Die haben es auch gewusst. 1976 haben sie das Zeug wieder versprüht. Und als ich das Wasser gesehen hab' – voll milchig mit diesem öligen Schaum oben drauf … Ein Blick hat mir gereicht. Ich hab' die Fischkommission unten im Brutbetrieb angerufen, die liegt fünf Meilen stromabwärts von hier. Ich hab' ihnen gesagt, sie sollten besser raufkommen und das Wasser testen … Sie kommen also her und gucken sich das an, und dann sagen sie uns, das Wasser sieht ihrer Meinung nach völlig okay aus. Sie meinten, man könne es unbedenklich trinken. Sie werfen einen Blick drauf und sagen einem das. Und wissen Sie was? Innerhalb von 24 Stunden haben sie dann jeden einzelnen verdammten Fisch aus dem Brutbetrieb weggeholt. Und das zu einer Zeit im Jahr, wo sie, soweit ich weiß, noch nie Fische rausgeholt hatten, aber klar: Diese Fische sind viel Geld wert – und was sind *wir* wert?«

Ein Mädchen kommt mit einem Eimer in der Hand aus dem Trailer. Sie ist etwa acht Jahre alt und trägt noch ihre Schuluniform.

»Wenn du den Hühnern Wasser geben willst, ist das der falsche Eimer«, sagt Bob zu ihr. »Du muss den großen nehmen. Und pflück' ihnen auch ein bisschen Grünzeug. Wo sie doch jetzt eingesperrt sind, brauchen sie auch Grünzeug.«

Er hebt einen Schraubenschlüssel vom Boden auf und, an die Ladeklappe gelehnt, öffnet und schließt die Spannbacken. »Aber ich hab' schon lange vorher gewusst, wozu das Zeug in der Lage ist, die meisten Leute aber nicht. Sie sehen keinen Zusammenhang zwischen dem, wie schlecht es ihnen geht, und dem Versprühen der Herbizide. Ein Freund von mir hat mit dem Zeug jahrelang gearbeitet, hat es versprüht. Er weiß es noch immer nicht … Aber gehen Sie zu ihm, sie brauchen ihn nur kurz anzusehen, dann wissen Sie's. Er stirbt, und er weiß es nicht einmal. Es schädigt das Gehirn, Herrgott, da stellt man keine Zusammenhänge mehr her. Vielleicht *will* man es auch gar nicht wissen, weil, wenn man erstmal krank ist, ist eh klar, dass nix mehr zu machen ist.«

»Selbst Mom. Nachdem sie aus dem Krankenhaus raus war, kommt sie eines Tages nach draußen, um uns zu helfen, eines dieser Fässer wegzuschaffen. Der Nachbar hatte sie von oben, von der Hubschrauberlandestelle, wo man sie einfach stehen gelassen hatte, runtergebracht. Und stellen Sie sich vor: sie hat die Fässer noch nicht mal angefasst. Als sie darauf zugegangen ist, kriegte sie so einen heftigen Ausschlag an den Armen, und ihr wurde so extrem schwindelig, dass sie zurück ins Haus musste. In diesem Moment ist ihr klar geworden, was das für ein Teufelszeug ist und wie empfindlich sie darauf reagiert.«

»Im Herbst ’76 – also *fünf Monate* nach dem Sprühflug in dem Jahr – bin ich mit einigen Leuten oben auf einem anderen Stück Land jagen gegangen, wo sie entlang der Straße gesprüht hatten. Wir hatten es auf Elche abgesehen, und es fing an zu regnen. Man konnte das Zeug förmlich riechen, wie es am Straßenrand im Regen verdampfte. Mir ist davon so schlecht geworden, dass ich nur noch absagen konnte und heimkehren musste. Das war das erste und einzige Mal, dass ich eine Elchjagd abbrechen musste.«

»Sie sagen, was uns zugestoßen ist, wär’ alles reiner Zufall. Aber schau’n Sie sich doch mal an, was passiert ist – *alles seit 1974*. Nehmen Sie meinen Vater: Er hat Krebs bekommen, und man musste ihm ein großes Stück seines Darms und – wie heißt das noch? – Dickdarms operativ entfernen. Und dann hat er Diabetes gekriegt und musste sich ein Bein amputieren lassen. Er glaubte nicht daran, dass es mit dem Spritzmittel zu tun hat, weil er nach dem Sprühflug nichts mehr von dem Wasser getrunken hat. Er hat das Wasser aus einer anderen Quelle entnommen. So wie ich das sehe, heißt das nix, weil man weiß ja, dass das Zeug auch in der Luft ist. Es bleibt ja nicht für immer da, wo sie es verspritzt haben.«

»Aber vielleicht war es auch nicht das Spritzmittel. Wenn das alles wär’, nur das, was meinem Dad passiert ist, würde ich mir weiter gar nix dabei denken. Aber dann ist Mom zusammengebrochen, und nach ihrer Entlassung aus dem Krankenhaus hat auch sie das Wasser monatelang nicht mehr benutzt. Dann, im Februar, denkt sie, jetzt muss doch alles okay sein, also trinkt sie wieder von dem Wasser. Und was passiert? Sie hat noch einen Zusammenbruch, von dem sie sich seitdem nie wieder richtig erholt hat.«

»Sie müssen das verstehen: Das war’n ja keine Städter mit all ihren kleinen Wehwehchen. Diese Menschen war’n harte Arbeit gewohnt und führten ein gesundes Leben.«

»Und noch etwas«, fährt Bob nachdenklich fort. »Ich hab' hier seit 1974 kein Rehkitz mehr gesehen, nicht ein einziges. Früher hat man sie ständig gesehen. Ich bin hier aufgewachsen, und ich kenne mich mit dem Wald und den Tieren aus. Man wächst hier mit all diesen Lebewesen auf, alle haben ein hartes Leben, wissen Sie? Ich habe mir damals echt nie Gedanken wegen des Jagens und all dem gemacht. Aber da gibt es ein paar Dinge, auf die man sich einfach freut, wenn Sie wissen, was ich meine, und ich hab' nie die Rehkitze verpasst. Aber seit 1974 hat's einfach keine mehr gegeben.«

»Und dann die Sache mit den Rindern. Nach diesem Jahr hatte nicht eine der Kühe eine Lebendgeburt. Nicht eine einzige. Wir haben sie schließlich alle verkauft. Keine Kälber, keine Herde, so einfach ist das.«

»Und dann ist seit 1974 auf der Farm nur ein Hühnerküken – ein einziges! – geschlüpft. Man legt die Eier in den Brutkasten, und es passiert: gar nichts. Irgendwann schlägt man sie auf, und da ist nichts, einfach verdorben. Seitdem sind hier auch keine Gänse mehr geschlüpft.«

»Und dann ich noch mit meinem Gewichtsverlust, für den die Ärzte keine Erklärung haben, und dann noch der Herzinfarkt. Das alles lässt sich nicht beweisen, aber es summiert sich eben, oder?«

»Sie sagen, es wär' alles Zufall, aber das sind für meinen Geschmack einige Zufälle zu viel.«

Frühwarnung

Vielleicht habt Ihr ja vor, einfach nur in Washington zu sitzen,
Türen, Fenster und Euren Verstand zu verschließen,
und zu hoffen, dass der Sprühnebel
nicht in eure Richtung geweht wird.
Billee Shoecraft[1]

Das exzessive Abholzen von Wäldern ist nur eine Form der Landausbeutung. Im Westen der Vereinigten Staaten wurden große Flächen öffentlichen Weidelandes aufgrund der Überweidung durch Nutztiere zerstört. Lässt man zu viele Tiere zu lange auf zu kleinen Flächen weiden, fressen sie die genießbaren Gräser und andere Futterpflanzen schneller ab, als die Pflanzen nachwachsen können. Schließlich besteht die verbleibende Vegetation aus einer für die Tiere ungenießbaren oder giftigen »Krautschicht«, die sich durch das Fehlen konkurrierender Pflanzen rasch ausbreitet.

In den kargen Bergen Arizonas hat das Land sowohl durch Überweidung als auch durch Abholzung einen hohen Tribut bezahlt. Die US-Forstverwaltung initiierte 1965 im Tonto National Forest ein Herbizidprogramm, um das Unterholz (dornige Strauchеiche, Bärentraube und andere Sträucher, die auf überweideten Flächen gedeihen) zu bekämpfen.

»Oberstes Ziel der Vegetationsveränderung ist die Schaffung und Erhaltung einer mehr oder weniger offenen Halbwüstenlandschaft mit Büschen und Bäumen, die Jagdwild als Schutz dienen, unterbrochen von offenem Grasland, um die Wasserausbeute und

1 Shoecraft, Billee. Sue the Bastards! Phoenix: Franklin Press, 1971, S. 450.

das Futterangebot für einheimische Nutztiere zu steigern«, so der Leiter des Tonto National Forest.[2]

Einer der Investoren in das Programm der Forstverwaltung war das Salt River Wasserkraftprojekt. Theoretisch sollte das Entfernen der Vegetation in den Wassereinzugsgebieten den Wasserabfluss für die Reservoire des Salt River Projekts erhöhen. Im August 1965 schrieb ein Ranger der Forstverwaltung in einer Kolumne der Lokalzeitung von Globe, Arizona:

> Bald, eines schönen Tages, werden Sie hinaufschauen in Richtung des früheren C.C.C. (Civilian Conservation Corps) Geländes und sehen, wie ein Helikopter über dem Buschland nahe der Quelle von Six Shooter Canyon, Kellner Canyon und Russell Gulch kreist. Der Helikopter wird ein Herbizid versprühen.
>
> Wenn Sie ein so neugieriger Mensch sind wie ich, werden Sie wahrscheinlich auch hochfahren und denen vor Ort bei der Arbeit zusehen wollen. Das hoffe ich jedenfalls.[3]

Von 1965 bis 1969 brachte die Forstverwaltung des USDA bei Sprühflügen über Tausenden von Morgen Land in den Pinal Mountains bei Globe 2,4-D, 2,4,5-T und 2,4,5-TP (Silvex) in verschiedenen Kombinationen aus – dieselben Chemikalien, die zu eben dieser Zeit über den Wäldern von Südvietnam versprüht wurden. Mit Ausnahme von drei, vier großen Ranches wurde niemand in den betroffenen Gebieten darüber informiert, weder vor noch nach den Sprühflügen. In den ersten Jahren der Operation wurde den wenigen Anwohnerinnen und Anwohnern, die die Helikopter und Flugzeuge während des Einsatzes sahen – oder die Beschwerden meldeten – seitens der Forstverwaltung versichert, dass das Spritzmittel absolut sicher, für Mensch und Tier vollkommen unschädlich sei.

Die Forstverwaltung wies von sich aus auf keinen derartigen Zusammenhang hin, soweit niemand von den Ortsansässigen irgend-

2 Ebd., S. 60.

3 Kay, Jane. Artikelserie: »Life fades and ›they don't think you notice.‹«, »11 years later, Globe victims still seek truth about spray« vom 21. bzw. 22. September 1980. Tucson, Arizona Daily Star.

welche Probleme mit den Sprühflügen in Verbindung brachte. Billee Shoecraft erkundigte sich 1966 bei einem Ranger, was der Grund für das Absterben der Kiefern an der Bergflanke sei, von der aus man auf ihr Grundstück blicken konnte. Zu diesem Zeitpunkt wusste sie nicht, dass in dem Gebiet Sprühflüge stattgefunden hatten. Der Ranger teilte ihr lediglich mit, dass die Bäume von einer »mysteriösen Krankheit« befallen seien.[4]

In den Jahren, in denen die Sprüheinsätze erfolgten, hatte Familie McKusick, die am Ende des Kellner Canyons lebte, jedes Mal, wenn Sprühflüge in den angrenzenden Canyons stattfanden, beklagt, dass Herbizidspray über ihr Land geweht würde – insbesondere, nachdem ihr eigenes Land 1968 von einem Flugzeug besprüht worden war.[5]

An einem Junimorgen 1969 hörte Charmion McKusick, wie ein Helikopter mehrmals über ihr Haus flog. Sie rannte hinaus, direkt in den beißenden Sprühnebel des Herbizids, der draußen herumwirbelte und auf ihre im Hof spielenden Kinder, auf die Ziegen, die Hühner, die Bäume, den Fischteich und auf die Wäsche auf der Leine herabtropfte. Seit diesem Tag ist das Leben der McKusicks nicht mehr dasselbe.

»Wir reden hier über einen stummen Frühling«, erzählt Charmion, früher Vogelexpertin für den National Park Service. »Es war still. Es war gespenstisch. Alles war tot – noch nicht einmal eine Maus oder ein Eichhörnchen überlebte«.

In den darauffolgenden Monaten entdeckten die McKusicks blinde, zu kleine Kälber, deformierte Krötenechsen, Enten mit missgebildeten Schnäbeln und Flügeln, eine Gans, bei der die lebenswichtigen Organe außerhalb des Körpers lagen, einen gelähmten Pfau, Hühner mit verkrüppelten Beinen und herabhängenden, übergroßen Flügeln sowie Zicklein und Katzenjunge mit Fehl-

---

4 Shoecraft 1971, a. a. O. S. 18.

5 Informationen über die Familien McKusick, McCray und Steinke sowie Jim Beavers und seinen Freundeskreis aus Kay, a. a. O.

bildungen der Wirbelsäule und des Kopfes, die Augen manchmal übereinander. Die Katzen der Familie bluteten ihr Leben lang aus Augen und Ohren.

»Sie können mir doch nicht erzählen, dass das normal ist! Wir leben seit 15 Jahren hier, aber das haben wir bei Tieren noch nie zuvor beobachtet. Und von jetzt auf gleich sind 70 Prozent der Tiere missgebildet oder verendet«, so Bob McKusick. »Aber die [die Leute von der Forstverwaltung] haben ja auf alles eine Antwort. Denen ist das alles doch scheißegal.« Man teilte den McKusicks bei verschiedenen Gelegenheiten mit, die Schädigungen seien durch einen Brand, eine Ölspur, grasende Pferde, Spechte oder aber Insekten bedingt.

Der Grund und Boden der McKusicks ist auch elf Jahre später noch immer kontaminiert.

»Ich kann den Boden immer noch nicht mit bloßen Händen bearbeiten, ohne dass sich an meinen Händen sofort Blasen bilden«, erklärt Charmion. Sobald ihr Mann mit dem Boden in Kontakt komme, habe er Rücken- und Brustschmerzen, Nackensteifigkeit, Kopfschmerzen, Beinschwäche und Hautausschlag. Bei ihr seien ein präkanzeröser[6] Lymphknoten entfernt sowie eine Darmoperation und eine Gebärmutterentfernung durchgeführt worden. Sie huste weiterhin Blut und habe Vaginalblutungen. Bob habe seit Versprühen der Herbizide mehrere Herzinfarkte infolge von Kammerflimmern durchgemacht. Das Knorpelgewebe in seinen Gelenken löse sich allmählich auf und lasse ihn somit kleiner werden.

»An unseren Tieren können wir erkennen, dass wir noch immer Probleme haben«, erläuterte Charmion im August 1980. Sie mussten gerade ihre Lieblingsziege erschießen, die seitlich am Kopf einen faustgroßen Tumor gehabt hatte. »Wir sind davon ausgegangen, dass es uns langsam besser gehen würde, aber wir werden sterben. Wir sind am Ende. Wir sind für nichts mehr gut. Wir werden sterben. Kein Geld der Welt kann uns das zurückgeben, was wir verloren haben.«

---

6 von Krebsvorläuferzellen befallen [A. d. Ü.].

Die McKusicks waren nicht die Einzigen, die an diesem Junimorgen dem Sprühnebel des Helikopters der Forstverwaltung ausgesetzt waren. Bob und Rosalie McCray, die Arbeiten an einem Haus durchführten, das sie an der Kellner Canyon Road bauten, bereiteten gerade das Mittagessen für ihren 5 Monate alten Sohn zu, als der Helikopter mit weit geöffneten Spritzdüsen über das Grundstück flog und dabei sie beide, ihr Baby sowie Nacho Hernandez, der ihnen beim Hausbau half, mit der Sprühflüssigkeit durchtränkte. Hernandez zeigte innerhalb weniger Minuten Krankheitssymptome und wurde ins Krankenhaus eingeliefert. Später entwickelten sich auf seiner Haut großflächig nässende Wunden, die denjenigen ähnelten, wie sie bei Werksarbeitern bei der Herstellung von Phenoxyherbiziden auftreten. In den folgenden vier Jahren ging eigentlich niemand davon aus, dass der Junge der McCrays, Paul, überleben würde. Er litt unter bis zu 13 Krampfanfällen täglich. Die Ärzte und Ärztinnen fanden keine Erklärung oder Behandlung.

Ein anonymer Anrufer, nach eigener Aussage Beschäftigter im öffentlichen Dienst, rettete Paul das Leben. Er wies die McCrays an, ihren Ärzten mitzuteilen, dass die Herbizide Anämie (Blutarmut), eine Verringerung der Zahl der roten Blutzellen sowie einen extrem hohen Anstieg der weißen Blutzellen verursachten, die bei ihrem Kind zu den Krampfanfällen führten. Die behandelnden Kinderärzte und -ärztinnen gingen dementsprechend vor, und Paul überlebte. 1980, im Alter von elf Jahren, ging es ihm gut, obwohl sich bei ihm durch eine Hirnhautschädigung eine Zyste gebildet hatte, die chirurgisch entfernt werden musste.

Die Ziegen der McCrays hatten im ersten Jahr nach dem Sprühflug keine gesunden Nachkommen. Vier Zicklein starben bei der Geburt oder kurz danach. Ein Jungtier, das überlebte (das Muttertier hatte die Geburt nicht überlebt), litt an einem missgebildeten Kiefer. Das Geflügel begann, Eier ohne Schale zu legen und verendete schließlich. Rosalie McCray hat noch immer gesundheitliche Probleme. Zu den merkwürdigsten Zeiten tritt bei ihr – ebenso wie bei Charmion McKusick – Milchfluss auf. Sie fühlt sich schlapp, und ihre Töchter hatten niemals einen normalen Menstruationszyklus.

Bob McCray kam bereits 1968 in Kontakt mit Herbiziden, und zwar in der Autowerkstatt, in der er als KFZ-Meister tätig war. Bei einem seiner Angestellten war ein Krampfanfall aufgetreten, als dieser mit der Dampfreinigung von Herbizidfässern befasst war, die die Forstverwaltung vorbeigebracht hatte. Bob hatte die Reinigung der Fässer abgeschlossen. Seine Augen waren mehrere Tage lang blutunterlaufen und lichtempfindlich, er klagte über Schmerzen in der Brust und ein »Kribbeln« in Händen und Füßen. Sein Mitarbeiter, der den Krampfanfall erlitten hatte, verstarb einige Monate später. Vor drei Jahren musste sich Bob einer Operation unterziehen, bei der ihm ein Fibrosarkom (bösartig verändertes Bindegewebe) in der Schulter entfernt wurde.

Von einem Campingplatz im Kellner Canyon brachen an jenem Junimorgen 1969 drei 16-jährige Jungs zu einer Wanderung in die Berge auf und fanden sich plötzlich inmitten einer Herbizidwolke wieder. Einer der Jungen, Jim Beavers, erinnert sich: »Ein widerlicher, penetranter Geruch, wie Unkrautvernichter.« In seinem Kopf begann es zu hämmern; er musste sich immer wieder erbrechen und ihm war so schwindelig, dass er nicht weitergehen konnte. Auf einer Picknickbank brach er zusammen und wurde von einem Polizeibeamten nach Hause gebracht. Der hämmernde Kopfschmerz hielt sechs Stunden an, und sein Herzschlag begann zu »flattern«. Er dachte, er würde sterben. Kurz nach dem Vorfall brach er die Highschool ab.

»Ich wollte noch einige Dinge tun, bevor ich abkratze … Das ging mir damals durch den Kopf.« Einige Jahre später wurden Jim Beavers und Mark Nowell, einer der anderen Jugendlichen, die bei der Wanderung dabei waren, Väter von Kindern mit Down-Syndrom.

In einem anderen Haus im Kellner Canyon saß Familie Steinke gerade mit Gästen beim Sonntagsfrühstück, als sie den Helikopter im Tiefflug über dem Haus hörten. »Wir rannten nach draußen. Er (der Helikopter) versprühte einen ganz feinen, feuchten Nebel, und auch an der Unterseite des Helikopters sickerten Chemikalien heraus«, erläutert Wilma Steinke. Ihre Tochter und ihr Schwiegersohn sprangen in ihren LKW und folgten dem Helikopter bis zur Landestelle. »Der Sprühnebel wurde überall hin geweht«, so Wilma. »Als meine Tochter zurückkam, war ihr Körper komplett damit benetzt. Alle waren ganz aufgeregt, so etwas hatte noch niemand von uns erlebt.«

Innerhalb von drei Tagen traten bei Wilma und ihren beiden Töchtern Vaginalblutungen auf. »Meine Mom dachte, meine Innereien würden aus mir herausfallen. Ich verlor ganze Gewebeklumpen, rohes Fleisch«, erläutert Betty, die jüngere Tochter. Sie war damals fünfzehn. Ihre ältere Schwester Jean, die mit ihrem Mann dem Helikopter im Auto gefolgt war, erlitt fünf Monate später eine Fehlgeburt mit anschließenden starken Blutungen. Bedingt durch den hohen Blutverlust fiel sie ins Koma. Die Blutungen dauerten drei Monate an. Ein Spezialist, der mit der Behandlung von Frauen, die in Vietnam mit Agent Orange in Kontakt gekommen waren, Erfahrung hatte, wurde von den Krankenhausärztinnen und -ärzten hinzugezogen. Seiner Auffassung nach standen Jeans gesundheitliche Probleme »höchstwahrscheinlich« in Zusammenhang mit der Herbizidexposition.

Die Kuh der Steinkes hatte Schwierigkeiten beim Kalben. Ein weiteres Kalb musste geschlachtet werden, nachdem es Atemprobleme entwickelte und dadurch nicht mehr saugen konnte. Bei ihm wurden eine Herz- und Lebervergrößerung sowie eine verkümmerte Lunge festgestellt. Die Obstbäume der Familie verdorrten, blühten außerhalb der Saison und gingen ein. Andere Bäume auf ihrem Grundstück starben ebenfalls ab. Zudem verendeten innerhalb der ersten drei Tage nach dem Sprüheinsatz insgesamt 18 Legehennen.

Beamte der Forstverwaltung und des US-Landwirtschaftsministeriums (USDA) weigerten sich anzuerkennen, dass die Probleme im Canyon durch Herbizide bedingt waren. Der Leiter des Sprüheinsatzes räumte später ein, es sei ein großer Fehler der Forstverwaltung gewesen, den Sprüheinsatz an einem Sonntag durchzuführen, als alle zuhause gewesen seien. Untersuchungsbeauftragte des USDA führten die Probleme und Schäden im Canyon mal auf Insekten, Erkrankungen, Spechte, Saftlecker, eine geringe Bodenfeuchte, dann wieder auf die Luftverschmutzung durch eine nahegelegene Kupferhütte zurück.

»Sie beleidigen die Intelligenz der Menschen«, äußert sich Wilma Steinke. »Sie denken, wir merken nicht, was da tagtäglich vorgeht.«

Eine Analyse des Brunnenwassers von Familie Steinke ergab 5 ppm 2,4,5-T, und das Gesundheitsministerium von Arizona ermittelte für die städtische Wasserversorgung von Globe 3,4 ppb Silvex. Nichtsdestotrotz seien die einzigen Beschwerden, die laut USDA mit dem Sprüheinsatz unter Umständen in Verbindung stehen könnten, eine »Augenreizung und ein Hautausschlag« des Werkstattmitarbeiters, der bei der Reinigung der Herbizidfässer kollabierte und später verstarb.

Den wahrscheinlich größten Fehler, den die Forstverwaltung mit dem Sprüheinsatz in Globe, Arizona, beging, war jedoch, an einem Sonntagmorgen Billee Shoecraft mit Spritzmittel zu besprühen. Möglicherweise entwickeln Zugezogene eine noch stärkere Verbundenheit mit ihrem Land als Alteingesessene, vielleicht, weil sie dort aus freien Stücken leben und nicht aus Notwendigkeit. Mit Sicherheit hing niemand je mehr an einem Stück Land als Billee Shoecraft an jenen zwanzig Morgen, die sie und ihr Ehemann Willard in den Pinal Mountains gekauft hatten.

An jenem Morgen des 8. Juni 1969 setzte der Helikopter der US-Forstverwaltung Billee Shoecraft dem Spritzmittel aus, als diese in ihrem rosafarbenen Chiffon-Nachthemd vor ihrem selbst gebauten Haus stand. Sie war völlig durchnässt. »Das Ergebnis war verblüffend«, so Dr. Frank E. Egler. Weiter schrieb er:

> Ihre absolute, grenzenlose Liebe zu ihrer Familie, ihren Haustieren, ihrem Garten, ihrem Haus und ihren Bergen wandelte sich angesichts der Bedrohung zu einer solch unbändigen Ener-

gie, die wohl selbst eine erzürnte Grizzly-Mutter in den Schatten stellen würde. Bei Billee vereinte sich diese Stärke mit Intelligenz, der Fähigkeit zum Selbststudium, Zielgerichtetheit, Beharrlichkeit und Glauben – es ist diese Art »Syndrom«, vor dem Normalsterbliche einknicken und ihr eigenes Ego dadurch aufrecht zu erhalten suchen, dass sie es als »Emotionalität« und »Paranoia« abtun.

> [Ihr] Buch schildert, was nach diesem verhängnisvollen Tag im Juni 1969 bis zu dem Zeitpunkt geschah, als sie die US-Forstverwaltung und vier Herbizidhersteller auf 4,5 Millionen Dollar Schadensersatz verklagte. Es ist eine Geschichte von Lachen und Weinen, von unglaublich stümperhafter Bürokratie auf regionaler, bundesstaatlicher und nationaler Ebene und in Unternehmen, von desillusionierten Träumen und von Wut und Geringschätzung, von Verschleierung und Vertuschung, Alibis, Rechtmäßigkeit, doppeltem Spiel, Arroganz, Süffisanz und krasser Ignoranz – und von ein paar wenigen Rittern in glänzender Rüstung.[7]

Billee Shoecrafts Kreuzzug gegen die Vergiftung ihrer Welt entwickelte sich rasch zu einem Kreuzzug gegen die Korruption, Gleichgültigkeit und Ignoranz, die ihr begegneten. Ihr Buch *Sue the Bastards!* markierte den Beginn einer beeindruckenden und wachsenden Bewegung gegen den Einsatz von Herbiziden, deren Blütezeit Billee selbst jedoch nicht mehr erlebte.

In den Wochen nach dem Sprüheinsatz im Juni 1969, als die Pflanzen ihre Blätter verloren, Tiere verendeten und ihre Familie von Krankheiten heimgesucht wurde, erkannte Billee die Ursache für viele unerklärliche Begebenheiten in den vorangegangenen vier Jahren. Sie begann Datumsangaben abzugleichen und stellte fest, dass die seltsame »Krankheit« der Kiefern auf ihrem Berg im zeitlichen Zusammenhang mit einem Sprüheinsatz 1966 stand. Das Auftreten von Todesfällen und Geburtsfehlern

7 Shoecraft 1971, a. a. O. aus der Einleitung von Dr. Frank Egler, S. xxv.

bei den Meerschweinchen ihres Sohnes korrelierte mit anderen Sprüheinsätzen. In den drei Monaten nach dem Sprühflug 1969 vermerkte sie u. a. Folgendes: Drei tote Wölfe, toter Vogel an der Hintertüre, toter Vogel im Pool. Zwei tote Stinktiere, toter Fuchs, am Berghang. Toter Rotluchs nahe der Brücke am Haus; tote Käfer und Wanzen auf dem Boden; vier tote Skorpione im Wohnzimmer; drei tote Tausendfüßler im Bauholzstoß. Viele tote Kartoffelkäfer im Teich. Tote Fische im Pool; verendeter langer rosa Tausendfüßler im Haus. Toter Rotluchs beim Briefkasten und zwei tote Hirsche nahe der Mauer im Innenhof. Die Hunde bellten sie nicht an; junge Meerschweinchen verenden weiterhin.[8]

Bei dem lokalen Radiosender von Globe, der Billees Ehemann Willard gehörte, berichteten Anruferinnen und Anrufer in der Sendung »Open Line« von ähnlichen Vorkommnissen. Alle klagten über einen verschlechterten Gesundheitszustand. Willard Shoecraft, dessen Beine bereits im Kindesalter amputiert worden waren, konnte seine Beinprothesen aufgrund seiner starken Beschwerden überhaupt nicht mehr tragen. Der Sohn der Shoecrafts hatte Rückenschmerzen, Nasenbluten sowie Augenprobleme und entwickelte eine Gehbehinderung. Billee selbst litt an Übelkeit, Erbrechen und einer Erkrankung des Rachenraums mit Sprech- und Schluckstörungen. An ihren Armen traten Schwellungen und offene, nässende Wunden auf, die auf keine Behandlung ansprachen; ihrer Erinnerung nach war dieses Problem bereits im zeitlichen Zusammenhang mit früheren Sprüheinsätzen aufgetreten.

Eintausend Menschen dieses kleinen Berggebiets unterzeichneten eine Petition an den Leiter des Tonto National Forest. Es wurden Kopien an Abgeordnete des Bundesstaates, an die Senatoren Barry Goldwater und Paul Fannin sowie an den Vorsitzenden des Unterausschusses für natürliche Ressourcen des US-Senats geschickt. Bis Mitte Juli erfolgten darauf nur darauf nur wenige, unverbindliche

---

8 Wenn nicht anders angegeben, stammen die Angaben und Zitate von hier bis zum Kapitelende aus Shoecraft, 1971, a. a. O., und aus den Gesprächen der Autorin mit Billee vor deren Tod.

Reaktionen. Die Forderung der Unterzeichnenden nach einer Beendigung des Herbizidprogramms wurde von der Forstverwaltung ignoriert. Auch eine Petition an US-Präsident Nixon, die von mehreren tausend Menschen unterzeichnet wurde, brachte die Forstverwaltung nicht davon ab, das Programm fortzusetzen.

»Die Sprüheinsätze 1969 zerstörten eine Menge Illusionen«, schrieb Billee, »auch bei mir selbst.«

Als die Petitionen keine Reaktionen oder Betroffenheit hervorriefen, vertelefonierte Billee innerhalb eines Monats 500 US-Dollar bei dem Versuch, irgendein Mitglied der Regierung zu finden, das ihr zuhören würde. Sie führte Telefonate mit bundesstaatlichen Behörden, der Forstverwaltung, dem Pionierkorps der US-Armee, dem Bureau of Indian Affairs[9], der US-Aufsichtsbehörde für Nahrungs- und Arzneimittel und dem Ministerium für Gesundheit, Bildung und Soziales in Washington. Sie rief das Bureau of Land Management, das USDA sowie »ein paar von diesen wichtigen Ärzten in Beltsville« an. Sie telefonierte mit dem Generaladjutanten, dem wissenschaftlichen Berater des Präsidenten und sogar mit Präsident Nixon selbst.

»Wir haben wirklich alle angerufen. Und was hat es gebracht? Es interessierte niemanden einen feuchten Dreck!«

Wenn sich irgendjemand gekümmert hätte, als sich eine kleine Gruppe US-Bürgerinnen und Bürger hilfesuchend an die eigene Regierung wandte, wäre die ganze Sache vielleicht im Sande verlaufen. Wenn die US-Forstverwaltung etwa eingeräumt hätte, dass sie womöglich zu viel gesprüht habe oder es durch Verwehungen zu einer versehentlichen Kontaminierung von Privatland gekommen sei, oder wenn sie die Herbizidsprüheinsätze offiziell für beendet erklärt hätte, dann hätte die Bevölkerung von Globe, Arizona, dies womöglich als Reaktion auf ihre Petition verstanden. So aber standen ihre Empörung, Desillusioniertheit, Verachtung und Wut angesichts der

9 etwa »Amt für indianische Angelegenheiten«, eine dem US-Innenministerium unterstellte Behörde, die für die Belange der indigenen US-Bevölkerung und ihre Reservate zuständig ist [A. d. Ü.].

abweisenden Haltung der Regierung ihnen gegenüber in direktem Verhältnis zu ihrem erschütterten Vertrauen in diese Regierung.

Die Gleichgültigkeit der Vertreterinnen und Vertreter von Behörden und Regierungsstellen gegenüber der Lage in Globe war das Eine, ihre Lügen das Andere. Wenn eine Regierungsbehörde bekannt gibt, dass sie Menschen auf den Mond gebracht hat oder abstreitet, ein neutrales Land in Südostasien bombardiert zu haben, kann die Bevölkerung ihren Worten Glauben schenken oder ihnen mit Zynismus und Zweifeln begegnen. Aber wenn auf der eigenen Farm lauter tote Bäume, Vögel und andere Tiere liegen, die eine offizielle Task-Force in ihrem Bericht als »gesund und munter« bezeichnet, ist das Misstrauen nicht zynisch, sondern überaus begründet. Billee Shoecraft hat 1969 zwar den Glauben an ihre Regierung verloren, aber niemals den Glauben an sich selbst. Und sie hat auch den Glauben an die US-amerikanische Demokratie nicht verloren. Angesichts dieses Verfalls der US-Demokratie machte sie sich voller Entrüstung daran, ihr wieder Geltung zu verschaffen.

Billee, die sich von Amtstiteln, ranghohen Militärs, »*Top secret*«-Stempeln und Behördenprotokollen nicht einschüchtern ließ, lancierte eine einzigartige Kampagne, um herauszufinden, was sich hinter all den Lügen, der Geheimhaltung und der Gleichgültigkeit verbarg, auf die die Bürger und Bürgerinnen von Globe trafen.

Sich selbst bezeichnete Billee einmal als »Poetin, Designerin, Architektin, Schriftstellerin, Mutter und Freundin ... vor allem, Amerikanerin und Weltbürgerin.« Sie hatte zwar keine wissenschaftliche oder politische Ausbildung, aber sie konnte lesen und lernte schnell. Unermüdlich – durch Telefonate, Reisen nach Washington, endloses Wälzen von Akten, das Weiterverfolgen jedes einzelnen Anhaltspunkts und Hinweises – trug sie innerhalb weniger Monate mehr Informationen über die in Globe versprühten Herbizide zusammen, als nach Kenntnis der Behörden oder Beamten überhaupt existierten.

Billee, ausgerüstet lediglich mit dem Titel »US-Bürgerin«, bearbeitete unermüdlich Beamte praktisch aller Regierungsabteilungen sowie die von ihnen beauftragten Wissenschaftlerinnen und Wissenschaftler und setzte sie unter Druck. Sie nahm Regierungsverordnungen, Gerichtsakten, wissenschaftliche Studien, Kongressberichte und militärische Dokumente genaustens unter die Lupe und rückte sie in ein neues Licht. Einige der Dokumente, die sie zu Tage förderte, waren der Öffentlichkeit vorenthalten worden, wie z. B. eine Reihe von Untersuchungen zu Phenoxyherbiziden, die von Bionetics Laboratories für das Nationale Krebsforschungszentrum durchgeführt worden waren (s. oben, Kapitel Agent Orange…). Die Studien, deren Ergebnisse nahelegten, dass sowohl 2,4-D als auch 2,4,5-T bereits in niedriger Dosis Geburtsfehler verursachten, waren niemals anderen Behörden gegenüber offengelegt, geschweige denn veröffentlicht worden.

Billees Informationen trafen bei der Regierung, insbesondere bei der Forstverwaltung, dem Bundesstaat Arizona oder dem Salt River Projekt, auf so gut wie keine Resonanz. Zahlreiche von ihr so genannte »Task-F*a*rces«, die von Behörden und Forschungsinstituten eingesetzt wurden, tauchten in Globe auf. Die meisten verließen die Stadt wieder, ohne mehr von dem Sprüheinsatzgebiet wahrgenommen zu haben, als man aus dem Fenster eines Dienstwagens sehen konnte. Sie kamen zu dem Schluss, dass keinerlei Nachweise für eine Herbiziddrift oder herbizidbedingte Schädigungen feststellbar seien. Wissenschaftlerinnen und Wissenschaftler, die in die Gegend kamen, konnten oder wollten die Aussagen »nicht anerkannter« Anwohnerinnen und Anwohner nicht ernstnehmen. Die Politik wollte sich bei einem Programm, das so eng mit dem USDA, der agrochemischen Industrie, der Armee und einem großen Wasserkraftunternehmen verquickt war, nicht einmischen.

Ein Wissenschaftler und ein Politiker nahmen sich schließlich der Hilferufe aus Globe, Arizona, an. Sie hörten nicht nur zu, sondern machten sich vor Ort ein Bild und reagierten auf das, was sie dort vorfanden. Im Februar 1970 erhielt Globe Besuch von dem demokratische Abgeordneten Richard D. McCarthy aus New York und Arthur Galston, einem Biologen der Universität Yale, der mit seinen frühen Forschungsarbeiten zu Wachstumshormonen bei Pflanzen womöglich unbeabsichtigt einen Beitrag zur Entwicklung von Phenoxyherbiziden geleistet hatte.[10] Wenige Wochen danach berichteten sie im Rahmen der Anhörung zu Phenoxyherbiziden vor dem Unterausschuss für Energie, natürliche Ressourcen und Umwelt des US-Senats, dessen Vorsitz Senator Hart innehatte, über ihre Recherchen zu dem Vorfall in Globe.[11]

Die verheerenden Wirkungen von Agent Orange in Vietnam, das Schreckgespenst von *Silent Spring* sowie Fotos im *Life* Magazin von Contergan-geschädigten Kindern ohne Arme und Beine untermauerten die Zeugenaussagen der Betroffenen aus Globe zu Herbiziden vor dem Unterausschuss von Senator Hart. Neben dem Verbot des militärischen Einsatzes von Agent Orange in Vietnam führten die Anhörungen 1972 zu Änderungen des US-Pestizidgesetzes: Für sämtliche zu dieser Zeit zugelassenen Pestizide wurde eine Neuzulassung unter Anwendung neuer Testverfahren erforderlich. Diese umfassten Prüfungen auf Mutagenität (Eigenschaft einer Substanz, Genveränderungen in Zellen zu verursachen), Kanzerogenität (krebserregende Eigenschaften), Teratogenität (Fähigkeit einer Substanz, vorgeburtliche Fehlbildungen hervorzurufen), Langzeitwirkungen, nicht tödliche Wirkungen sowie Wirkungen auf andere als die Zielorganismen. Für neue, noch nicht zugelassene Chemikalien sahen die Gesetzesänderungen sogar noch strengere Prüfungsanforderungen vor, u.a. die Auflage, dass bereits vor der Zulassung Tests durchgeführt werden müssen. Nach den neuen Bestimmungen müssen Pestizide alle fünf Jahre erneut evaluiert werden, um eine Verlängerung der Zulassung zu erhalten. Die aufsichtsbehördliche Zuständigkeit für Pestizide ging vom USDA an die EPA über und – zumindest auf dem Papier – erhielt die EPA umfassende Kompetenzen zur Regulierung und Durchsetzung der Gesetze.

---

10 Galston, Arthur. »On the use and misuse of science.« Yale Review, Spring, 1971, S. 461-462.

11 Unveröffentlichter Bericht des US-Senats, 1980, a.a.O.

Allerdings hatte 1970 selbst Senator Hart keinen Einfluss auf das US-Landwirtschaftsministerium. Die Menschen, die in Globe lebten, verloren die Hoffnung, dass die Regierung ihnen helfen oder irgendetwas unternehmen würde. Ende des Jahres 1970 zogen die Shoecrafts, McKusicks und vier andere Familien gegen das Salt River Projekt, vier Chemiekonzerne und ein Helikopterunternehmen vor Gericht. Die Regierung selbst hätten sie erst dann auf Schadensersatz verklagen können, nachdem sie alle anderen Rechtsmittel ausgeschöpft hätten.[12]

In juristischen Haftungsstreitigkeiten dieser Art – wie bei den berühmt-berüchtigten Prozessen gegen die US-Vertriebsgesellschaft von Thalidomid[13] – strebt die Industrie einen außergerichtlichen Vergleich an, mit dem sie faktisch das Stillschweigen der Klagepartei erkauft, die sich aus finanziellen Gründen nur selten ein langwieriges Gerichtsverfahren leisten kann. Die Familien aus Globe waren jedoch fest entschlossen, ein Gerichtsverfahren durchzusetzen. Im Gegensatz zu einem außergerichtlichen Vergleich würde ein Gerichtsurteil zu ihren Gunsten einen Präzedenzfall für Haftungsansprüche in anderen Fällen schaffen. Elf Jahre hielten die Familien aus Globe den Prozess durch. Während dieses Zeitraums erzielten die Beklagten wiederholt Aufschübe. (1980 war von den ursprünglich sechs Beklagten in dem Prozess nur noch Dow Chemical übrig. Die Ansprüche gegen das Salt River Projekt waren verjährt. Mit mehreren anderen Beklagten waren Vergleiche geschlossen worden, wobei die Familien nach eigenen Angaben niemals eine finanzielle Entschädigung erhalten haben.)[14]

»Dow setzt alle Hebel in Bewegung, damit keiner der Fälle vor Gericht kommt«, erläutert Dorothy Thompson, die als Anwältin 4.000 Vietnamveteranen und Opfer von Agent Orange 1979 in einem landesweiten Prozess vertrat. »Zermürbung ist eine Art,

12 Kay, Jane 1980, a. a. O.

13 in Deutschland Contergan® [A. d. Ü.].

14 Kay, Jane 1980, a. a. O.

einen Prozess zu gewinnen. Man wartet, bis die Kläger einer nach dem anderen sterben. Man wartet, bis die Beweise der Gegenpartei an Aktualität verloren haben.«[15]

Mindestens eine Klägerin war in der Zwischenzeit verstorben. Billee Shoecraft starb 1976 an einer Krebserkrankung, die zwar diagnostiziert und dokumentiert wurde, ihr aber mutmaßlich von einem Arzt, der sie auf Antrag von Dow Chemical mehrere Jahre zuvor untersucht hatte, nicht mitgeteilt worden war.[16] Bob McKusick schätzt, dass knapp 20 Personen in dem versprühten Gebiet von Globe an Erkrankungen im Zusammenhang mit den Herbiziden verstorben sind.[17]

Im März 1981, dem Tag der Prozesseröffnung, ließen sich die zermürbten Familien von Globe auf einen außergerichtlichen Vergleich unter unveröffentlichten Bedingungen ein. Im Rahmen des Vergleichs schloss Dow Chemical jegliche Haftungsansprüche aus.[18]

»Wir werden niemals alt werden, sondern einfach eines nicht allzu fernen Tages sterben!« schrieb Billee 1971. »Ich hatte mir meinen Grabstein schon vor diesem Sprüheinsatz ganz genau ausgemalt. Auf ihm sollte stehen: ›Sie hatte eine tolle Zeit und hat nichts verpasst.‹ Nun habe ich mich für eine andere Inschrift entschieden: ›Seht ihr, ich habe euch ja gesagt, dass ich krank bin!‹«

---

15 Kay, Jane 1980, a. a. O..

16 Billee Shoecraft, persönliches Gespräch mit der Autorin. Ida Honoroff, Herausgeberin des Verbraucherberichts Report to the Consumer, Sherman Oaks (Kalifornien), bestätigt eine ähnliche Mitteilung Shoecrafts. Laut Honoroff besaß Shoecraft eine Audioaufnahme ihrer Untersuchung durch Dr. Charles Heine, einem von Dow Chemical beauftragten Arzt.

17 Kay, Jane 1980, a. a. O.

18 »Dow Chemical settles lawsuits by 5 families over herbicide charges.« The Wall Street Journal, 4. März 1981, S. 19.

Winddrift

Der Indian Creek ist ein Zufluss des Siuslaw-Flusses im südlichen Teil des Siuslaw National Forest. Dieser Teil des Siuslaw bringt Gewinne ein, denn hier wird der Wald noch aktiv bewirtschaftet. Die Täler eignen sich für den Obstanbau, die Heuernte, die Beweidung durch Rinder und als Gemüseanbaugebiet mit guter Anbindung zur Vermarktung in den Städten Eugene und Florence.

Die Wilkinson-Farm liegt in den Hügeln oberhalb des Indian Creek. Sie war – wie für traditionelle Farmen in West-Oregon typisch – nicht zur Gewinnmaximierung, sondern für die autarke Eigenversorgung gedacht. Auf der Farm werden Nahrungsmittel für eine Familie produziert, die wirtschaftlich von der Arbeit des Mannes in der Holzindustrie abhängt. Weiden, Garten und Obstwiese wurden dem Wald abgerungen und ernähren einige wenige Rinder, eine Milchkuh, gelegentlich ein paar Absatzferkel, eine Schar Hühner, ein Pony oder Pferd für die Kinder und vielleicht ein, zwei Ziegen, die die Brombeeren in Schach halten.

Das Haus der Wilkinsons ist funktional und bescheiden. Wie die meisten Häuser, die mit Holz beheizt werden, ist es eher klein und wurde von der Familie entsprechend dem eigenen Bedarf ausgebaut und verändert. Draußen grünen und blühen Rosen, Fliederbüsche und Narzissen im Frühlingsregen. Elchköpfe – Trophäen, die von Jagderfolgen zeugen – dominieren das Innere des Hauses und scheinen wohlwollend über die verschlissenen, gemütlichen Möbel, die gerahmten Kinderfotos und den Fernseher zu schauen.

Von allen Berufen kommt die Holzfällerei dem Lebensstil der ersten weißen Pioniere in diesem Land am nächsten. Der Holzfäller lebt mit seiner Familie in der Regel auf einer Farm wie die der

Wilkinsons. Für seine körperlich äußerst anstrengende, gefährliche Arbeit wird er gut bezahlt und lebt mit dem Risiko, möglicherweise von jetzt auf gleich gefeuert zu werden. Es ist ein hartes Leben im Kampf gegen Wetterunbilden, defekte Maschinen und Geräte sowie die wirtschaftlichen Unwägbarkeiten in der Holzindustrie. Die Familie baut ihr Obst und Gemüse zum Eigenverbrauch selbst an, erzeugt ihr eigenes Fleisch, Eier und Milchprodukte, konserviert ihre Erzeugnisse durch Einmachen und Einfrieren und ergänzt ihren Fleischbedarf durch Jagen und Angeln.

Der Wald liefert Nahrung, ist Lebensgrundlage und außerdem der Ort für vielfältige Freizeitaktivitäten: Jagen, Angeln, Campen, Wandern. In abgelegenen ländlichen Gegenden wie dieser ist auf Annehmlichkeiten wie Elektrizität und Telefon nur eingeschränkt Verlass. Eigenverantwortlichkeit sowie eine starke, traditionelle Familienstruktur sind eine Frage des Überlebens. Während der langen Zeitspannen, in denen der Ehemann nicht zu Hause ist, wird die Frau als Hausfrau und Mutter bei Bedarf schnell einmal zur Schreinerin und Zimmererin, Installateurin, Landwirtin, Viehzüchterin, Lageristin oder Monteurin. Ihre Kinder wachsen in einer Welt auf, in der man eine schnelle Auffassungsgabe, Durchhaltevermögen und die Bereitschaft zu harter Arbeit und Zusammenarbeit mit anderen braucht, um zu überleben. Der Fernsehkonsum und damit die Massenkultur in ihrer Selbstgefälligkeit sowie die stundenlangen Busfahrten der Kinder zu weit entfernten Schulzentren sind für viele Holzfällerfamilien äußerst belastend, vor allem für neu Zugezogene, die hier noch nicht verwurzelt sind. Die Wilkinsons jedoch halten an einem Lebensstil fest, den sie von ihren Vorfahren, die über Generationen in demselben Küstenwald lebten, übernommen haben.

»Mein Mann ist hier geboren«, erklärt Jackie Wilkinson.[1] »Seine Familie lebte gleich dort oben auf dem Hügel. Seine Mutter hat fünf Kinder in einer Blockhütte mit Lehmboden großgezogen. Ich bin in Yachats (an der Küste, auf der anderen Seite der Hügel, genau

1 Wilkinson, Jackie, Gespräch mit der Autorin.

westlich von hier) geboren, wir haben also beide schon unser ganzes Leben hier in der Gegend verbracht.«

»Wir haben 17 Jahre in dem Haus gelebt. In den ersten Jahren brauchte man einen ganzen Tag bis in die Stadt. Damals gab es noch keine befestigten Straßen, zum Wohnort meiner Familie gelangte man nur über Holzabfuhrwege. Jetzt hat man's leichter, Vieles ist jetzt einfacher, wobei sich unser Leben gar nicht so stark verändert hat. Wir bewirtschaften noch immer unseren Garten und halten ein, zwei Kühe und Hühner. Harry jagt seine Elche, hin und wieder ein Reh und angelt Regenbogenforellen.«

In der Küche pfeift ein Kessel. Jackie kommt seinem Befehl nach, setzt Kaffee auf und stellt Tassen, Kaffeesahne und Zucker auf den Tisch.

»Wir sind ganz froh, den Fernseher zu haben. Manchmal läuft etwas Gutes, die ein oder andere gute Sendung, und ich gucke gerne die Nachrichten. Wenn Harry von der Arbeit kommt, gibt es für ihn nur noch Fernsehen. Es interessiert ihn noch nicht einmal, was gerade läuft, es hilft ihm einfach zu entspannen. Ich selbst gucke gar nicht so viel, außer wenn ich nicht schlafen kann. Die Kinder haben früher recht viel ferngesehen, besonders meine Tochter, aber Andy hatte eigentlich immer etwas anderes zu tun – er war beim Angeln oder Jagen, beim Sport, alles Mögliche halt, oder er hat gemalt. Er malte unheimlich gerne, und er konnte es wirklich gut. Er hat den Elch hier auf dem Bild gemalt und diese Karten illustriert.«

Das Bild zeigt einen Elchbullen, der im Halbschatten auf einer Waldlichtung steht. Auf beiden Seiten sind Bäume angedeutet, die Baumstümpfe hinter ihm verlieren sich in einem grünen Schleier. Es ist nicht so sehr das Bild eines Elchs, sondern ein flüchtiger Blick auf Wald und Elch als ein einziges Wesen.

Auf dem Tisch verteilt Jackie eine Sammlung von Grußkarten und Zeichnungen. Dabei zeigt sie stolz auf ihr Lieblingsstück, einen Cartoon mit einem grinsenden Waschbär.

»Tiere hat er am liebsten gemalt. Andy ist diesen Februar gestorben. Zwei Jahre hat sein Leiden gedauert. Die Krankheit und die

Schmerzen waren nicht nur durch den Krebs bedingt, sondern durch all die Behandlungsverfahren, die Chemo- und Strahlentherapie, mit der sie ihn zu heilen versuchten. Ich glaube, niemand außer mir kann wissen, was er in diesen zwei Jahren durchgemacht hat.«

Sie lässt die Zeichnungen auf dem Tisch liegen und sieht sie immer wieder an, während sie mit ruhiger, leiser Stimme weiterspricht. »Alles begann im Mai '77. Er hatte sich das Knie beim Hürdenlauf verletzt – es war nichts gebrochen oder so, er hat es sich nur verdreht, als er eine Hürde nahm. Es wollte einfach nicht heilen, und die Schmerzen kamen immer wieder. Im Februar '78 schließlich hatte er mal wieder so starke Schmerzen, dass wir ihn zum Arzt brachten. Er wurde geröntgt, aber ohne Ergebnis.«

»Im März dann wurden seine Schmerzen unerträglich. Es gab keinen Zweifel mehr daran, dass etwas ganz und gar nicht stimmte. Unser Hausarzt überwies ihn an einen Spezialisten, der erneut eine Röntgenaufnahme machte – nur sechs Wochen nach der ersten Untersuchung. Dieses Mal waren weitreichende Veränderungen zu sehen. Der Knochen, so meinte der Arzt, sehe aus wie von Motten zerfressen. Er ging von irgendeiner Infektion aus, und Andy musste operiert werden.«

»Selbst da vermutete der Arzt noch eine Infektion, aber nach der Gewebeuntersuchung – Sie wissen schon, da werden einige Knochenzellen kultiviert – stand fest, dass es Krebs war. Am Anfang wussten sie nicht, um welche Form von Krebs es sich handelte. Aufgrund der Gewebekultur vermutete man ein so genanntes Non-Hodgkin-Lymphom.«

»Wir brachten ihn also nach Portland, wo er ein weiteres Mal operiert wurde. Zu diesem Zeitpunkt hatte er außerdem am Kopf eine wunde Stelle. Auch nach dieser OP war es schwierig, die Krebsform genau zu bestimmen, und sie schickten eine Gewebeprobe an die Mayo-Klinik[2]. Die Ärzte dort bestätigten die erste Diagnose, Non-Hodgkin-Lymphom an Oberschenkel und Hüfte.«

---

2 Die äußerst renommierte Mayo Clinic wird von einer Non-Profit-Organisation mit Sitz in Rochester, Minnesota betrieben [A. d. Ü.].

»Sie begannen mit Chemotherapie und Bestrahlung. Ich fuhr ihn hierfür jeden Tag nach Eugene – das sind 80 Meilen – und zu Kontrolluntersuchungen nach Portland … Er alberte mit den Ärzten rum, um ihnen die Sache leichter zu machen.«

»Er wusste natürlich die ganze Zeit Bescheid. Die Ärzte waren ihm gegenüber immer offen und ehrlich. Sie fragten uns am Anfang, ob sie es ihm sagen sollten, und wir erwiderten, na klar, es sei ja sein Problem, sein Leiden. Aber er wusste es auch so. Bei dieser ersten Fahrt nach Portland begleitete uns unser Pastor – zur Unterstützung, wissen Sie – und Andy sagte an dem Tag zu ihm: ›Ich weiß Bescheid. Sie können nichts tun, das ist mir klar.‹«

Sie lehnt sich auf dem Sofa zurück und nippt an ihrem Kaffee. »Er war so voller Elan und Lebensfreude. Niemand wollte so gerne leben wie er. Es war frustrierend für ihn, er strengte sich so an und hatte ständig solche Schmerzen. Nach dem ersten Behandlungsjahr schien es, als würden die Therapien anschlagen. Es ging ihm fast gut. Und dann kam der Krebs im Juli '79 zurück. Er hatte ins Knochenmark gestreut, so dass sich auch eine Leukämie entwickelt hatte. Danach hat er auf keine Behandlung mehr angesprochen … Im Februar 1980 ist er gestorben, da war er 13 …«

»Wir haben die Ärzte einmal gefragt, ob sie wüssten, was den Krebs verursacht habe, und sie sagten, sie wüssten es nicht. Wir hatten Nachforschungen über die Sprüheinsätze und die durch sie verursachten Probleme angestellt. Wir fragten, ob dies die Ursache sein könnte, und sie verneinten. Aber wenn sie nicht wussten, was den Krebs verursacht hat, wie konnten sie sich so sicher sein, was ihn *nicht* verursacht hat?«

»Wir leben hier so weit von jeder Art von Schadstoffen entfernt, wir sind immer gesund gewesen, unsere Nahrung und unser Wasser kommen aus dem Wald, und in keiner unserer beiden Familien sind in der Vergangenheit Krebserkrankungen aufgetreten. Die Sprüheinsätze – also, die Herbizide – sind das einzig Außergewöhnliche in unserem Leben hier gewesen, die einzige Form von Umweltbelastung, meine ich. Natürlich haben wir keine Beweise dafür, aber die Sprüheinsätze haben seinen Krebs verursacht. Ich wünsche mir, dass niemals andere Eltern das durchmachen müssen, was wir mit Andy durchgemacht haben – die Krankheit, die Schmerzen und die Kraftlosigkeit, zu wissen, wie es enden würde und dass er es gewusst hat. Wenn er von einem LKW überfahren worden wäre oder so etwas, wäre es einfacher gewesen. Ein Schock, plötzlich alles aus und vorbei. Wir hätten nicht ständig sein Leiden vor Augen. Selbst, wenn auch nur die vage Möglichkeit besteht, dass die Herbizide die Ursache waren … ich hoffe einfach nur, dass niemand anders durch dieselbe Hölle gehen muss.«

»Wenn man hier lebt, kann man es gar nicht verhindern, bei den Sprüheinsätzen etwas abzubekommen, so oder so. Im April 1969 wurden wir sogar direkt besprüht, von der Forstverwaltung. Wir waren mit den Hunden auf Kaninchenjagd und von Deadwood aus den Green Creek hinaufgefahren. Wir parkten den Pickup am Straßenrand, wo sie ein paar Jahre zuvor alle Bäume gefällt hatten. Es war ein gutes Jagdgebiet, mit all dem Gestrüpp und den Erlen, die nachgewachsen waren. Andy – er war damals erst zwei – und seine Schwester waren auch dabei. Sie war vier, zwei Jahre älter als er. Wir waren im offenen Gelände unterwegs, gingen gerade vom Wagen aus den Hügel hoch.«

»Der Hubschrauberpilot muss uns auf jeden Fall gesehen haben. Er kam im Sprühflug den Hügel hinauf. Es ist jetzt schon so lange her, ich könnte es nicht beschwören, aber ich glaube mich zu erinnern, dass er ein zweites Mal über uns hinweg flog und ein weiteres Mal direkt über uns sprühte.«

»Damals wussten wir überhaupt nichts über die Sprüheinsätze. Wir wussten noch nicht einmal, was gesprüht wurde, aber wir waren sehr aufgebracht und wütend. Wir dachten gar nicht mal zuerst direkt an uns, dass es uns krank machen könnte oder so. Es war diese Gedankenlosigkeit, das unüberlegte Verhalten. Er muss uns auf jeden Fall gesehen haben. Eine unserer Hündinnen damals, wir wussten, dass es sie krank machen würde, weil sie keine Art von Sprühnebel vertrug. Es ging ihr dann immer so schlecht, sie hatte

Atemnot. Wir machten uns mehr Gedanken um die Hündin als um uns selbst.«

»Als wir die Leute von der Forstverwaltung darauf ansprachen, ging es uns darum – um ihre Sorglosigkeit. Erst mehrere Jahre später haben wir überhaupt mit ihnen gesprochen, nachdem eine Nachbarin mit ihnen wegen der Sprüheinsätze in der Nähe ihres Hauses Probleme hatte. Sie – die Leute von der Forstverwaltung – kamen zu uns rausgefahren und unterhielten sich mit uns, wobei wir zu dieser Zeit gar keine Ahnung hatten, welche Symptome der Sprühnebel verursachte. Ich glaube, wir konnten keinerlei Krankheitssymptome oder anderen Wirkungen infolge dieses konkreten Ereignissen berichten.«

»Meines Erachtens wollten sie, dass wir mit hundertprozentiger Sicherheit irgendwelche Beschwerden ausschlossen, aber sie dachten dabei nicht an die langfristigen Auswirkungen, oder? Ich kann mich nicht mehr an alles erinnern, was damals besprochen wurde. Erst in diesem Jahr hat die Forstverwaltung uns schließlich mitgeteilt, mit was sie uns besprüht hatten: mit einem Gemisch aus 2,4-D und 2,4,5-T, jeweils ein Pfund jeder Substanz pro Morgen[3]. Sie haben meine Anfrage nach dem Mitschnitt des Gesprächs bis heute nicht beantwortet. Wir wollten nicht, dass es so aussah, als wollten wir die Sache aufbauschen. Es war uns nicht wichtig, wir waren schlicht und einfach nur wütend. Aber eine Sache aus dem Gespräch, an die ich mich erinnere, war, dass mein Mann meinte, wenn es jemals noch mal passieren würde, würde er sie vom Himmel herunterschießen.«

»Ich glaube also, dass wir ihnen bei dieser Befragung nichts über irgendwelche gesundheitlichen Auswirkungen sagen konnten, jedenfalls nicht über Wirkungen, die kurzfristig auftraten. Aber in diesem Jahr, dem Jahr, in dem wir besprüht wurden, ist bei mir etwas Komisches aufgetreten. Ich bekam so eine Art neurologisches Problem, das meinten jedenfalls die Ärzte. Ich war immer müde, hatte Gelenkschmerzen und Hautprobleme, und mir wuchs alles

3 Ein Morgen entspricht etwa 1,2 Hektar bzw. 4048 m^2 [A. d. Ü.].

über den Kopf, sogar die Versorgung der Kinder. Ich musste sie zu meiner Mutter bringen. Die Ärzte sagten, es seien nur die Nerven, aber die Medikamente, die man mir verordnete, machten alles nur noch schlimmer. Daher wurde ich fünf Tage lang im Sacred Heart Hospital behandelt. Sie machten alle möglichen Tests, aber sie fanden keine Ursache. Ich hatte so etwas zuvor noch nie gehabt. Zu der Zeit wussten wir noch gar nichts über die Spritzmittel, so dass wir natürlich keinen Zusammenhang herstellten. Erst rückblickend zählt man eins und eins zusammen.«

»Sie sprühen hier in der Gegend überall. Das gehört hier einfach dazu. Wenn man von Herbiziden keinen blassen Schimmer hat, kommt es einem nicht in den Sinn, darauf zu achten, wann oder was sie sprühen. Wenn man irgendwo mit dem Auto hinfährt, kommt man sowieso jedes Mal durch die Gebiete, in denen gesprüht wurde, und natürlich verschonten sie auch keine Straßenränder. An der Straße nach Yachats, die wir nehmen, wenn wir zu meiner Familie fahren, wird höchstwahrscheinlich jedes Jahr gesprüht. Man kann es riechen. Und alles – alle Gräser und Kräuter, kleine Bäume – ist tot, abgesehen vom Jakobskreuzkraut (einem giftigen Kraut). Das kommt immer wieder, und zwar schlimmer als vorher.«

»Wissen Sie, meine Leute zupften das ganze Jakobskreuzkraut jedes Mal, wenn Sie hierherkamen, an der Straße heraus, den ganzen Weg bis hierher, aber jetzt hat es so überhandgenommen, man muss jeden Kontakt damit vermeiden. Und mir ist noch etwas aufgefallen: Wann immer sie die Straßenränder sprühen, sieht man keine Kleintiere mehr. Erdhörnchen, Kaninchen, Streifenhörnchen – sie alle verschwinden einfach nach dem Sprüheinsatz.«

»Wenn sie über den Wäldern sprühen – mit den Helikoptern – kann man das bis hierhin riechen, auch wenn sie ein ganzes Stück entfernt sind. In einem Jahr sprühten sie dort am Fuße des Hügels, und der Helikopter kam bis hier oben hin, bis er umkehrte. Man konnte sehen, wie der Sprühnebel austrat, als der Helikopter dort drüben über dem Feld abdrehte. In diesem Jahr ist die Obsternte komplett ausgefallen, aber wir haben uns nicht wirklich Gedanken darüber gemacht. Sie machen ja auch nur ihren Job, und man glaubt ihnen ja, wenn sie sagen, dass es so am besten ist. Sie sind doch die Fachleute, oder nicht?«

»Immer heißt es, wir können ihnen vertrauen. Sie sind vom Fach. Sie wissen Bescheid.«

»Aber dann passiert es. Nicht nur eine Sache, sondern eine ganze Menge. Man fängt an nachzudenken und wird stutzig. Sie sagen, es sei unbedenklich, weil sie es an Mäuse verfüttert haben und es sie nicht umgebracht hat. Aber wie lange lebt so eine Maus? Vielleicht zwei Jahre? Wie kann man nachweisen, dass beispielsweise ein Kind nicht in fünf oder zehn oder sogar zwanzig Jahren davon krank wird? Ich hätte Angst, hier in der Gegend einen Säugling zu stillen. Aber wenn die Kühe das Gras fressen, gelangen die Substanzen auch in die Milch – was also soll man tun? Das Zeug ist einfach überall.«

»Denken Sie an den Vulkan St. Helens. Gestern Abend ist er ausgebrochen – wann war das, etwa gegen halb elf? Heute Morgen war die Windschutzscheibe unseres Autos über und über mit Asche bedeckt, und dieser Berg ist 150 Meilen von uns entfernt! Es ist also klar, dass das Zeug, das sie in fünf oder zehn oder mehr Meilen Entfernung versprühen, auch hier runterkommt. Man kann es einfach nicht sehen, nicht wie die Asche. Bei einem Vulkanausbruch – nun, es gibt Vieles, gegen das man machtlos ist, aber die Spritzmittel, die sind ja kein Naturereignis.«

Auf der Wiese draußen trottet eine kleine Fuchsstute durch den Regen, wirft den Kopf hoch, lehnt sich über das Gatter und sieht die Straße hinauf. Jackie steht am Fenster und sieht zu dem Pferd hinüber.

»Sie wartet auf den Schulbus. Wissen Sie, außer den Missernten beim Obst treten bei unseren Tieren seit Jahren seltsame Probleme auf – Dinge, an die sich ältere Leute hier aus der Gegend nicht von früher erinnern. Wie mit unserer Hündin, das wussten wir ja. Sie wurde krank, wenn sie nach einem Sprüheinsatz nur an der Straße entlanglief. Aber das mit den Kühen wussten wir nicht. Da waren sechs oder acht Kälber, im Alter zwischen sechs Wochen und sechs

Monaten, alle kerngesund. Wenn man Kälber verliert, dann gewöhnlich wegen Durchfällen, darauf achtet man immer.«

»Aber hier war es anders. Es waren wunderschöne, gesunde Tiere, und plötzlich verloren sie die Kontrolle über ihre gesamte hintere Körperhälfte. Sie konnten nicht mehr stehen, und zwei Tage später waren sie tot. Wir ließen den Veterinär eine Autopsie durchführen, und er schickte die Tiere an die OSU zur Untersuchung, aber man konnte nichts feststellen.«

»Man teilte uns mit, Ursache sei wahrscheinlich das Jakobskreuzkraut. Das sagen sie immer, wenn ein Tier stirbt und sie nicht wissen, woran. Dann ist es das Jakobskreuzkraut gewesen. Aber ich habe Tiere gesehen, die durch Jakobskreuzkraut krank wurden. Es befällt ihre Leber, und sie leiden wirklich sehr. Die Krankheit zieht sich lange hin und wird immer schlimmer, bis sie daran zugrunde gehen. Aber bei diesen Kälbern war das nicht so. Es ging ihnen gut, sie waren gesund, und zwei Tage später waren sie tot.«

»Unsere Nachbarn kamen mit einem Wildpferd nach Hause, und es passierte genau dasselbe. Sie hatten es etwa sechs Monate, es ging ihm einfach gut, und plötzlich verlor es die Kontrolle über seine hintere Körperhälfte und starb genauso elend wie die Kälber …«

»Man kommt schon ins Grübeln bei der Aussage, all diese Tiere seien durch Jakobskreuzkraut verendet. Ich weiß, dass es giftig ist, und ich habe auch Tiere daran sterben sehen, aber so viele auch wieder nicht. Und die Kühe fressen es überhaupt nicht. Auf der Weide fressen sie immer nur das Gras und lassen dabei sogar die kleinen Blättchen des Jakobskreuzkrauts stehen. Ich bin überzeugt, sie würden es nur fressen, wenn sie am Verhungern wären, und da wuchs auch nichts anderes. Aber wenn jetzt Vieh stirbt, wird es an die OSU zur Untersuchung geschickt und sie sagen, es sei Jakobskreuzkraut gewesen. Also heißt es, dass tausende Tiere jedes Jahr durch Jakobskreuzkraut sterben. Damit jagen sie den Leute dermaßen Angst ein, damit sie dann umso intensiver sprühen können.«

»Einer unserer Nachbarn oben auf dem Hügel hat einen großen Charolais-Stier auf genau dieselbe Weise verloren wie wir unsere

Kälber. Auch ihm hat man gesagt, dass es am Jakobskreuzkraut liegt. Aber bei ihm oben wächst das giftige Kraut gar nicht. Er geht durch ständiges gezieltes Sprühen per Hand dagegen vor. Das macht einen doch schon stutzig, oder?«

»Nachdem die Kälber gestorben waren und niemand uns mit Sicherheit sagen konnte, was mit ihnen passiert war, fragte ich den Tierarzt, ob es möglich sei, dass sie an einer Vergiftung gestorben seien. Er sah mich an, als ob ich paranoid und irre sei, als behauptete ich, ein Feind hätte sich nachts an sie herangeschlichen und ihnen etwas mit einer Injektionsnadel unter die Haut gespritzt. Genauso reagierten die Ärzte, als ich sie fragte, ob Andys Krebserkrankung durch die Spritzmittel verursacht worden sein könnte.«

»Sie sehen einen an, als ob man verrückt wäre, aber in Wahrheit wissen sie es auch nicht. Sie wissen auch nicht mehr als ich darüber, was Andys Krebs verursacht hat, woran die Kälber gestorben sind oder über meine Krankheit. Und sie wissen auch nichts darüber, was die Spritzmittel im menschlichen Körper über die Jahre anrichten.«

Draußen galoppiert die kleine Stute bis ans Ende der Weide, als sie hört, wie sich der Schulbus nähert. Wenige Augenblicke später kommen Jackies Tochter und eine Freundin ins Haus, das Haar nass vom Regen. Sie pfeffern die Schulbücher in die Ecke, stöbern in der Küche nach einem Snack, und schon sind sie wieder raus in den Regen verschwunden und auf dem Weg zum Haus der Freundin.

»Es ist schon irgendwie beängstigend«, meint Jackie. »Sie ist nur zwei Jahre älter als unser Sohn. *Wenn* es das Spritzmittel war – wenn Andy aufgrund seines Alters damals besonders gefährdet war – könnte sie dann zu einem späteren Zeitpunkt ebenfalls Krebs bekommen – oder eine ganz andere Erkrankung?«

»Unsere Kinder waren immer kerngesund, bis auf die üblichen Erkältungen und grippalen Infekte dann und wann, aber jetzt hängt das wie ein Damoklesschwert über ihr. Sie hat es ja eh schon schwer, weil sie und Andy sich sehr nahe waren. Wenn man hier draußen lebt, gibt es nicht viele andere Kinder in der Nähe, und sie hatten nur einander. Jetzt ist er nicht mehr da, und sie muss mit diesem riesigen Fragezeichen leben.«

»Es ist einfach nicht fair. Wir, die Erwachsenen, haben schon viel erlebt, wir haben unser Leben gelebt – anders als die Kinder …«

»Ich würde alles, was ich besitze, dafür geben, damit das niemand anderem passiert. Aber sie sprühen immer weiter.«

* * *

Die Nachbarn der Wilkinsons, Jean Anderson und Ugo Pezzi, leben auf ihrer 1300 Morgen großen Ranch am Indian Creek. Sie sind 1967 dorthin gezogen, um hochpreisige Charolais-Rinder für den Biorindfleisch-Markt zu züchten. Jean arbeitet als Psychologin und hat eine Privatpraxis in Eugene, Ugo ist Geologe. 1971 sprühte die Forstverwaltung mehrere Flächen, die an ihr Land angrenzten. Der Herbizid-Sprühnebel wurde über ihre Weiden geweht, auf denen ihre Kühe grasten. Einige von ihnen sollten bald kalben. In den Jahren, in denen die Forstverwaltung Sprüheinsätze in ihrer Gegend flog, bemerkten Jean und Ugo immer wieder zahlreiche Probleme bei ihrem Vieh: Totgeburten, Kümmerwuchs, Unfruchtbarkeit und Fortpflanzungsprobleme bei Rindern sowie Lähmungen mit Todesfolge aufgrund einer Schädigung des Nervensystems bei einer Quarterhorse-Stute. Zum einen gefährdeten die Sprühflüge der Forstverwaltung ihre Zertifizierung als Produzenten von Bio-Rindfleisch. Zum anderen stellte das geplante Sprühprogramm für 1973 aber auch ein Risiko für ihre persönliche Wasserversorgung dar.

Nach jahrelangen erfolglosen Anfragen bei der Forstverwaltung und langwieriger wissenschaftlicher Kritik an deren Umweltverträglichkeitsgutachten beantragten Jean und Ugo 1973 eine öffentliche Anhörung, um ihre Forschungsarbeiten über Herbizide und ihre Bedenken in Bezug auf die Auswirkungen der Herbizidanwendung zu erörtern. Als der Leiter des Siuslaw Forest die Anhörung ablehnte, reichten sie vor einem Bundesgericht Klage ein und forderten eine Unterlassungsverfügung gegen das Sprühen von Herbiziden in ihrem Wassereinzugsgebiet. Am Ende erklärten sie sich bereit, die Klage ohne Haftung zurückzuziehen. Im Gegenzug erklärte die Forstverwaltung in einer Vereinbarung, über ihrem Wasserzufluss keine Sprüheinsätze mehr durchzuführen. (Durch die Regelung »ohne Haftung« behielten Jean und Ugo das Recht, jederzeit erneut Klage einzureichen, falls die Forstverwaltung sich nicht an die geschlossene Vereinbarung hielt.)

»Die Sprüheinsätze stellten eine erhebliche Bedrohung für unseren gesamten Betrieb dar«, erläutert Ugo[4]. »Unsere Wasserversorgung speist sich aus 193 Zuflüssen. Man hätte dort niemals sprühen können, ohne diese zu kontaminieren. Ausschlaggebend war für mich jedoch, dass es hier um ein grundlegendes Menschenrecht geht. Ich nehme mein Recht auf Privatsphäre sehr ernst. Selbst wenn sie vorgehabt hätten, Rosenblüten über unserem Land und unseren Wasserläufen regnen zu lassen, wäre es dasselbe gewesen: Wenn sie es ohne mein Wissen und meine Zustimmung tun, verletzen sie mein Grundrecht auf Privatsphäre.«

»In Wahrheit geht es aber um mehr als um eine Verletzung der Privatsphäre«, ergänzt Jean.[5] »Es geht um die Frage einer freiwilligen oder unfreiwilligen Exposition. Eines ihrer Lieblingsargumente ist, dass Herbizide nicht giftiger sind als Speisesalz oder Aspirin. Abgesehen davon, dass Speisesalz und Aspirin sich nicht in der Nahrungskette anreichern, nimmt man beides aus freien Stücken zu sich. Jeder entscheidet selbst darüber, sie zu verwenden oder eben nicht. Die Leute jedoch, die den Chemikaliencocktails der US-Forstverwaltung ausgesetzt sind, haben dabei genauso wenig die Wahl oder Kontrolle wie die Kleinbauern in Vietnam.«

* * *

4 Pezzi, Ugo, Gespräch mit der Autorin.

5 Anderson, Jean, Gespräch mit der Autorin.

Als Salty Green und Gisela, seine schöne westdeutsche Ehefrau, 1972 ein altes Gehöft im Alsea-Tal erwarben, bestand ihr Ziel darin, so viel Biofleisch zu produzieren, dass Salty seinen Job als Außendienstmitarbeiter an den Nagel hängen und sich Vollzeit der Farm und seiner Familie würde widmen können.

Mit den Jahren haben sie aus der ursprünglichen 100 Jahre alten Siedlerhütte mit all der Liebe zum Detail, die das Erbe aus der Alten Welt mit sich bringt, die aber diesseits des Atlantiks häufig verloren geht, ein wunderbares, gemütliches Zuhause geschaffen. Das Haus und die insgesamt 90 Morgen Farmland – Weiden, Scheunen, Blumen- und Gemüsegärten, Obstwiese, Zierpflanzen, Feldfrüchte und Waldstücke – spiegeln dieses Erbe wider: das Erschaffen beständiger Schönheit aus dem, was die Erde bietet.

Die beiden Jungs der Greens, zehn und acht Jahre alt, wachsen zweisprachig auf, sind sprachgewandt und intelligent. Sie backen genauso gerne, wie sie Heu machen und die anderen, außerordentlich umfangreichen und vielfältigen Tätigkeiten auf der Farm verrichten. Auf 65 Morgen abgeholzter Flächen haben die Greens 6.000 Bäume neu gepflanzt, mit einer Untersaat an Klee als Futter für Rehe, Konkurrenz für Unkraut und Gestrüpp sowie zur besseren Wasserspeicherung im Boden. Auf dem restlichen Land züchten sie Rinder zur Produktion von Biofleisch, unterhalten 20 Morgen bewässertes Weideland, bauen Gemüse für den Eigenbedarf und zum Verkauf auf dem Markt an, bewirtschaften eine ansehnliche Obstwiese mit Obst- und Nussbäumen sowie Beerensträuchern zu kommerziellen Zwecken und halten Schafe, Gänse, Enten, Hühner, Kaninchen und Schweine.

Nach vier Jahren harter Arbeit waren die Greens 1976 so weit, zertifiziertes Bio-Fleisch und Bio-Fleischerzeugnisse zu vermarkten. Saltys Ziel – die finanzielle Unabhängigkeit – schien zum Greifen nah. Am 3. April 1976 jedoch erwachten die Greens morgens um 7 Uhr durch den Lärm von Tanklastern, die ihre Straße heraufkamen und in das angrenzende Waldareal fuhren, das zu dem großen Gebiet unter Kontrolle des BLM rund um Alsea gehörte. Eineinhalb Stunden später hörten sie, wie ein Helikopter Spritzmittel über dem Wald ausbrachte.

Vier Jahre später verbringt Salty noch immer ganze Monate weitab von der Farm, weil er seinen Job als Außendienstmitarbeiter noch immer nicht aufgeben konnte. Die Bäume ums Haus und im Garten zeigen noch immer Anzeichen der Schäden durch die vom BLM ausgebrachten Herbizide, mit denen ihr Grund und Boden 1976 kontaminiert wurde. Ihr Ziel, sich als Biofleisch-Erzeuger zertifizieren zu lassen, für das sie so lange und hart gearbeitet hatten, wurde so erst einmal zunichte gemacht. Während der langen Abwesenheiten von Salty erledigt Gisela die vielfältigen Arbeiten, die auf der Farm anfallen, ganz alleine. Sie ist noch immer fassungslos und erschüttert über die Sprüheinsätze von vor fast vier Jahren und das Verhalten der verantwortlichen Behörde.

»Beim ersten Mal, als sie kamen, folgte Salty den Tanklastern bis oben zum Hubschrauberlandeplatz. Der Verantwortliche des BLM da oben war sehr nett. Er meinte, sie hätten die Windrichtung kontrolliert, und es sei kein Problem. Er teilte Salty mit, sie würden beim Sprühen beidseitig des Creeks eine Distanz von gut 30 Metern wahren und auf jeden Fall einen Sicherheitsabstand zu unserem Land einhalten. Als Salty dann wieder hier zuhause ankam, wehte es jedoch stark. Die Spitze der hohen Zeder bewegte sich, und mein Haar wehte im Wind. Die Windstärke betrug offensichtlich über 6 Meilen pro Stunde, als der Helikopter seine Ladung versprühte.«

»Bei einem Treffen mit der Forstverwaltung einige Wochen zuvor hatte man uns von Vorschriften berichtet, die einen Sprüheinsatz bei einer Windgeschwindigkeit von über 6 Meilen/h untersagen. Ich rief beim staatlichen Forstamt in Philomath und der Forstverwaltung in Alsea an. Dort teilte man mir jedoch mit, man sei gegenüber dem BLM nicht weisungsbefugt. Noch während ich am Telefon war, flog der Helikopter genau über unser Grundstück. Sie sprühten hier überall und drehten ein paar Runden über meinem Treibhaus. Genau in dem Moment kamen Freunde auf den Hof gefahren, und als wir alle draußen auf der Veranda standen, begann der Helikopter, über meinem Garten hin und her zu fliegen. Ich rief alle ins Haus, weil ich nicht wollte, dass die Kinder und der Hund etwas von den Spritzmitteln abbekamen.«

Ein Helikopter sprüht Herbizide über einer Rodung in Oregon (Foto: Sam Shin)

»Ich bereitete das Frühstück vor, aber ich war sehr aufgebracht. Etwa gegen 10 Uhr standen wir alle an den Fenstern und beobachteten das Ganze, weil der Helikopter erneut sehr dicht herankam und direkt über unserem Feld kreiste. Der Pilot flog tief über die Bäume hinweg über die Straße bis zur Mitte unseres Feldes. Die Sprühdüsen waren komplett geöffnet, und selbst als er die Zufuhr abdrehte, tropfte das Spritzmittel weiter auf der Rückseite der Öffnungen heraus. Man konnte sehen, wie der Wind die Chemikalien überallhin wehte. Die Tiere rannten alle aufgeschreckt herum. Die Hühner und Kühe waren regelrecht panisch.«

»Salty fuhr wieder rauf zum Hubschrauberlandeplatz, er war ziemlich wütend. Er sagte ihnen, dass sie unsere Felder mit besprühten und der Sprühnebel überallhin geweht würde. Er zeigte ihnen auf der Karte unseren Landbesitz auf der anderen Seite der Honey Grove Road. Sie sagten zu, ab jetzt vorsichtiger zu sein, aber nachdem Salty wieder zurück war, kam der Helikopter wieder sehr nahe heran – ich war gerade beim Melken. Ich war völlig außer mir. Es war ganz furchtbar mit anzusehen, wie der Helikopter auf uns zukam und wie sich der Sprühnebel auf unser Feld, den Garten, einfach auf alles legte und nichts dagegen tun zu können. Ich hatte Angst um die Tiere, die auch ganz panisch waren.«[6]

Der Helikopter verursachte mehr als Angst und Schrecken bei den Greens und ihren Tieren. Innerhalb weniger Stunden machte er die harte Arbeit von vier Jahren zunichte. Um die Genehmigung zum Verkauf von Biofleisch oder Bioerzeugnissen zu erhalten, dürfen auf den Landflächen drei Jahre lang keine chemischen Mittel angewendet werden. Nach vierjähriger Vorbereitungszeit hatte Gisela 1976 alle Auflagen erfüllt, um Bioerzeugnisse von ihrer Farm verkaufen zu dürfen. Der Sprühflug warf ihre Vertriebsplanungen um weitere drei Jahre zurück.

»An diesem Abend konnte man nicht vor die Türe gehen, weil es so fürchterlich stank«, erinnert sich Gisela. »Es roch nicht nach Diesel, sondern eindeutig nach Gift. Auch gut eine Woche danach war der Geruch noch wahrnehmbar. Zwei Tage später kam der Leiter des BLM-Sprüheinsatzes zu uns raus. Er meinte, seines Wissens habe der Pilot seine Anweisungen, sich von unserem Land fernzuhalten, befolgt, aber er habe natürlich von der Landestelle aus nicht bis hier heruntersehen können. Auf unser Nachhaken konnte der Einsatzleiter lediglich sagen, dass der Helikopter in die richtige Richtung abgedreht habe.«

»Daraufhin fanden wir immer wieder Ölflecken – von dem Diesel, den sie unter das Spritzmittel mischen – in Pfützen und Wassertrögen überall auf dem Hof um die Farmgebäude und auf den Weiden. Ich rief beim BLM an, und sie schickten Leute raus, um Fotos zu machen und Proben zu nehmen. Die Ölflecken fanden sich überall auf unserem Weideland und sehr weit oben in unserem Wald, fast 250 Meter von den Landflächen des BLM entfernt, die eigentlich gespritzt werden sollten. Wir klapperten die ganze Nachbarschaft ab und fanden dort ebenfalls diese Dieselflecken.«

6 Green, Gisele, Gespräch mit der Autorin.

Dr. Daniel Elam, Freund und Nachbar der Familie Green, begleitete Gisela und die Vertreter des BLM bei der Inspektion der Ölflecken. Dr. Elam, Doktor der Chemie im Ruhestand, der 25 Jahre lang in der Petrochemiebranche tätig gewesen war, lebt am Fuße der Honey Grove Road am Ufer des Alsea River. In seinem kleinen Nutzgarten, auf der Obstwiese und den Blumenrabatten experimentiert er mit ökologischen Gartenbaumethoden. Sein Ruhestand erlaubt es ihm, seinen wissenschaftlichen Interessen aktiver denn je nachzugehen. Die Ereignisse auf dem Farmland der Greens und auf seinem eigenen Land weckten seine wissenschaftliche Neugier und ermöglichten ihm einige wertvolle Beobachtungen in Bezug auf die Verbreitungsmuster durch Winddrift von Chemikalien, die bei Sprühflügen ausgebracht werden.

Auf einem Luftbild des Green-Grundstücks und der umgebenden Landflächen markierte Dr. Elam die Stellen jedes einzelnen Dieselflecks sorgfältig mit einem Rotstift. Seine roten Markierungen zeigen eindeutig, wie weit entfernt von der Zielfläche sich der Herbizid-Sprühnebel verbreitet hatte.

»Zwei Punkte sind in Bezug auf die Ölflecken von Bedeutung«, so Dr. Elam. »Die Menge der Flecken an den jeweiligen Stellen ist nicht weiter wichtig. Was die Flecken jedoch zeigen, ist die Distanz, über die sich die Chemikalien verteilt haben. Der zweite Punkt ist, dass diese Öltröpfchen überall auf dem Gebiet, wo wir sie gefunden haben, niedergegangen sind. Erkennbar waren sie aber nur in den Pfützen.«[7]

Innerhalb eines Monats bemerkten die Greens schwere Schäden an ihren Bäumen, Feldfrüchten und Weidepflanzen. Gisela nahm Proben der welken, eingerollten Blätter und übergab sie der Oregon State University (OSU) und dem Landwirtschaftsministerium in Oregon. Dr. James Witt von der OSU hatte keinen Zweifel daran, dass die Schädigungen der Blätter auf Herbizide zurückzuführen waren, aber Tom Harrison vom Landwirtschaftsministerium vertrat die Auffassung, die Ursache seien Blattläuse und Würmer. Zu-

7 Elam, Daniel, Gespräch mit der Autorin.

dem war es Gisela unmöglich herauszufinden, welche chemischen Verbindungen auf ihrem Land versprüht worden waren. Das BLM behauptete, es gebe keine Unterlagen darüber, welche Substanzen versprüht worden seien, und die Evergreen Helicopter Company machte keinerlei Angaben.

»Es zeigte sich, dass weder das BLM, noch die Firma Evergreen die Verantwortung für die Sprüheinsätze auf unserem Land übernehmen würden«, so Gisela. »Auch wenn die Pflanzenproben, die wir Dr. Witt übergaben, Rückstände von 2,4-D aufwiesen, gelang es uns nicht herauszufinden, was genau versprüht worden war, und jede Seite erzählte eine andere Geschichte. Der Hubschrauberpilot sagte uns gegenüber bei einer Gelegenheit, dass 2,4,5-T versprüht würde. Das BLM teilte uns mit, es sei nur 2,4-D versprüht worden, und forderte die OSU auf, unsere Proben nur darauf zu untersuchen. Als dann das Landwirtschaftsministerium von Oregon Tests durchführte, wurde in dessen Bericht als Spritzmittel ein Gemisch aus 2,4-D und Silvex[8] aufgeführt.«

»Im späteren Frühling, als die Blattentwicklung vollständig abgeschlossen war, wurden bei den meisten Laubbäumen auf unserem Land Schädigungen unterschiedlicher Art offensichtlich. Die Mehrzahl der Bäume war verkümmert und trug nur etwa halb so viele Blätter wie normalerweise. Die Blätter der großen Esche am Ende der Zufahrt waren nur halb so groß wie üblich und vollständig eingerollt. Der Holunderbaum neben der Scheune starb zur Hälfte ab – ebenso wie die Bäume auf den Flächen, die dem Spritzmittel direkt ausgesetzt gewesen waren. Der Birnbaum sah erbärmlich aus, und obwohl die Weinreben und der Maulbeerbaum weiterwuchsen, sahen sie doch sehr traurig aus. Die Früchte waren überwiegend verkümmert, es gab nur wenige normal große Trauben.«

»Das alles ist vier Jahre her. Wir zogen gegen Evergreen Helicopter und das BLM vor Gericht. Zu keinem Zeitpunkt räumten sie ein,

8 Silvex (2-[2,4,5-Trichlorphenoxy]propionsäure), auch bekannt als Fenoprop oder 2,4,5-TP, ist ein Phenoxyherbizid mit der Strukturformel $C_9H_7Cl_3O_3$ [A. d. Ü.].

hier irgendeinen Schaden angerichtet zu haben, und sie hätten das wahrscheinlich auch niemals getan, wenn nicht der Hubschrauberpilot schließlich in seiner eidesstattlichen Aussage angegeben hätte, dass er über die Grenzen zu unserem Grundstück hinweg gesprüht hatte. Selbst nachdem er dies zugegeben hatte, übernahmen sie keine Haftung, sondern boten uns eine außergerichtliche Einigung an. Dieses Angebot haben wir dann angenommen. Klar, wir hätten weiter gegen sie prozessieren und eine große Sache daraus machen können, aber wir hatten schon ein ganzes Jahr unseres Lebens investiert und wollten das Ganze einfach hinter uns lassen.«

»Damals trafen wir mit unserer Haltung einfach nirgendwo auf Verständnis. Alle schienen zu glauben, wir seien entweder vollkommen durchgedreht oder wären vor Gericht nur auf einen Haufen Geld aus. Aber darum ging es uns überhaupt nicht. Es ging uns ums Prinzip: Sollten sie einfach das Recht haben, über unser Land zu fliegen und all diese Schäden anzurichten, ohne dass wir dagegen irgendetwas tun konnten? Und dann sollten sie damit davonkommen, ohne auch nur zuzugeben, was sie getan hatten?«

Tabelle: Auf der Green-Farm geborene Lämmer, 1980[9]

12. Jan.	Drillinge, ein weibliches Lamm mit Missbildungen
13. Jan.	Winnie Fehlgeburt
14. Jan.	Bummie Fehlgeburt
19. Jan.	Blimpys Lamm tot geboren, missgebildete Vorderläufe
24. Jan.	Lamm der schwarzen Ziege tot geboren, missgebildete Vorder- und Hinterläufe
23. Feb.	Ziege Nr. 90 mit roter Markierung: Lamm mit schweren Missbildungen (Fehlbildung der Wirbelsäule, Beine und der Zunge), gestorben 25. Feb., lebte 36 Stunden
26. März	Schwarze einjährige Ziege Fehlgeburt (1 Lamm)
3 Fehlgeburten, 1 Lamm mit Missbildungen, überlebt 2 Totgeburten, 1 Lamm mit Missbildungen, gestorben	
Bei den 13 Ziegen, die gelammt haben, starben 6 Lämmer, ein Lamm mit Missbildungen überlebte, 9 gesunde Lämmer lebten. 7 von 13 Ziegen hatten Probleme mit ihren Lämmern.	

9 Tabelle nach Angaben von Gisele Green.

»Die Schäden waren nicht nur auf das betreffende Jahr begrenzt. Sie nahmen uns für viele künftige Jahre die Möglichkeit, unser Fleisch und unsere Fleischerzeugnisse auf dem Bio-Markt zu verkaufen. Wenn Sie hier und heute nach draußen schauen, sehen Sie, dass unsere Bäume sich nie vollständig erholt haben. Sie zeigen noch immer dieselben Symptome wie vor vier Jahren. Man fragt sich, ob sie das Zeug aufgenommen haben und es dortgeblieben ist oder ob es lediglich ihr Wachstumsmuster auf Dauer beeinträchtigt. Kein Mensch kann das beantworten. Aber es scheint so, als wären die Veränderungen permanent.

Und es sind ja auch noch andere verstörende Dinge passiert. In dem Jahr nach dem Sprüheinsatz hatte unsere Kuh eine Fehlgeburt. Und in diesem Jahr haben wir eine erschreckende Entwicklung festgestellt.«

Sie deutet auf eine Tabelle, in die sie die Probleme eingetragen hat, die bei ihrem Nutzvieh 1980 auftraten.

»Diese Aufstellung zeigt die auf unserer Farm im Januar geborenen Lämmer. Bei insgesamt 15 Geburten wiesen 7 Lämmer Missbildungen auf und sechs starben. Sie können mir glauben: So etwas hat es zuvor noch nie gegeben. Und direkt darunter ist eine Aufstellung der Lämmer, die im Februar auf der Stout-Ranch eine Meile hinter der Honey Grove Road, von uns aus gleich über den Bergkamm, geboren wurden. Ganz schön entmutigend, oder? Mein erster Gedanke war, alle Schafe bei der Auktion zu verkaufen, man macht sich einfach zu viele Sorgen um sie. Aber wie konnte ich es mit meinem Gewissen vereinbaren, diese Probleme einfach auf jemand anderen abzuwälzen? Und außerdem wollte ich schon auch wissen, was im nächsten Jahr passieren würde. Aber es macht mir auch Angst. Könnte sich über die vier Jahre, seitdem sie hier gesprüht haben, irgendetwas im Körper der Mutterschafe angereichert haben?«
Unsere eigene Gesundheit und die unserer Kinder ist nicht beeinträchtigt, aber meines Erachtens heißt das nicht viel. Ich glaube fest daran, dass die körperliche Gesundheit von der Kraft des Geistes abhängt, und wir haben uns stets gegen die Vorstellung gewehrt,

Tabelle: Geburt von Lämmern auf der Farm von Floyd und Mimi Stout, 7.-9. Februar 1980 (die Farm liegt eine Meile südlich der Honey Grove Road, Alsea, Oregon)

7. Feb.	Zwillinge	# 1 Geburt nicht überlebt, Missbildung des Brustkorbs, Vorder- und Hinterläufe verdreht # 2 Geburt nicht überlebt, Missbildung des Brustkorbs, Vorder- und Hinterläufe verdreht
8. Feb.	Drillinge	# 1 Schafböckchen, OK # 2 Schafböckchen, lebend, jetzt OK, »Knöcheln« (»Knuckling over«) der Hinterläufe nach der Geburt # 3 Schafböckchen, zu klein, Geburt nicht überlebt
9. Feb.	Zwillinge	# 1 Geburt nicht überlebt, keine Missbildungen festgestellt, atmete aber nicht # 2 gestorben nach 24 Stunden, verdrehte Vorder- und Hinterläufe, Missbildung des Brustkorbs
9. Feb.	Einzeltier	Geburt nicht überlebt, verdrehte Vorder- und Hinterläufe, Missbildung von Brustkorb und Maul

Ein Mutterschaf gestorben und autopsiert: 3 Föten, alle mit verdrehten Läufen, missgebildetem Brustkorb und Maul. Dasselbe Mutterschaf hatte im letzten Jahr ein Lamm mit verdrehten Vorderläufen geboren, das bei der Geburt starb. Lämmer mit schlagendem Herz geboren, aber keine Atmung.

dass uns die Spritzmittel irgendwie krankmachen könnten. Wir sind immer kerngesund gewesen.

Aber die Sprüheinsätze haben seitdem unser ganzes Leben beeinflusst. Wir waren einfach Farmersleute, deren Ziel es war, gesunde Bio-Nahrungsmittel an einem wunderbaren Ort zu produzieren. Durch die ganze Sache ist mir bewusst geworden, wie wenig das einigen Menschen bedeutet, wie sie die Natur ausbeuten und welche Maßnahmen sie ergreifen, um ihre Taten zu vertuschen, so dass sie einfach so weitermachen können. Ja, ich hätte aktiver werden und mich mehr engagieren und das Ganze stärker in die Öffentlichkeit tragen können, aber die eigenen Ressourcen sind eben begrenzt, weil man ja auch noch ein Leben und eine Familie hat. Meine Familie steht für mich an oberster Stelle, und ich konnte nur soweit dagegen ankämpfen, wie meine Familie nicht darunter litt.

* * *

Etwa zur gleichen Zeit, als die Greens einen Monat nach dem Sprüheinsatz die Schäden an ihren Bäumen und Feldfrüchten bemerkten, wunderte sich Dr. Elam, dass die Blätter der Saatwicken, Weinreben und Apfelbäume in seinem Garten ganz plötzlich welkten und abstarben. Er fragte sich, ob eine Art Seuche über das Land gekommen sei. Er hatte einige Proben zur Nebenstelle der Bezirksverwaltung mitgenommen, wo man sich das Phänomen aber nicht erklären konnte. An der Pflanzenklinik der OSU identifizierte man das Problem sofort als Schädigung durch das Sprühen mit Phenoxyherbiziden.

»Aber die Sprüheinsätze finden doch 2 Meilen entfernt statt!« erinnert sich Dr. Elam. »Ich muss sagen, ich konnte es damals gar nicht wirklich glauben, dass der Sprühnebel bis zu uns gekommen sein sollte und all unsere Pflanzen so stark geschädigt haben konnte.«

Im Juni stellte Dr. Elam erstmals fest, dass sich der Weinahorn rot verfärbte, »leuchtend rot, so wie im Herbst.« An den großen Eschenahornbäumen in der Nähe seines Hauses verfärbten sich die Blätter büschelweise gelb. Er fuhr rauf zu den Greens und stellte dort oben an den Bäumen dieselben Verfärbungen fest.

»An der Pflanzenklinik der OSU konnte man keinen verantwortlichen Krankheitserreger feststellen und führte das Absterben auf einen für Pflanzen giftigen Wirkstoff zurück. Daraufhin begann ich, die Gegend systematisch zu durchkämmen und zu untersuchen, ob sich bei dem Auftreten dieser Krankheit irgendein Muster zeigte. Ich stellte fest, dass die gelben Stellen überall vom oberen Abschnitt der Honey Grove Road bis hinunter zum Highway, vorkamen sowie am Berghang jenseits des Highway gegenüber der Honey Grove Road. Östlich des Highways fanden sie sich bis zur Farm der Stouts und Richtung Westen sogar bis zur Grenze von Alsea, etwa eine drei Viertel Meile von hier entfernt.

»Beim Blick auf eine Karte erkannte ich auf einmal die Zusammenhänge. Der Tag, an dem sie oberhalb der Greens sprühten, endete mit einer warmen Nacht, der Himmel war eher locker bewölkt.

Man muss dazu verstehen, was passiert, wenn das Zeug versprüht wird. Egal, wie exakt man beim eigentlichen Sprüheinsatz vorgeht, es ist unmöglich zu kontrollieren, was mit dem Spritzmittel danach passiert. Es kommt immer zu einer Verdunstung. Also, bei dem Herbizid handelt es sich um ein schweres Molekül. Es verdunstet, aber in der Abendkühle sinkt es auf Bodennähe und wabert dann über dem Boden weiter.«

»Offensichtlich war es hier so gewesen, dass der Sprühnebel vom Land der Greens aus hinunter durch das gesamte Honey Grove Valley strömte. Hier, an der Talsohle, traf er auf den Berghang auf der anderen Seite des Highway und verteilte sich dann seitlich entlang des Highway in östlicher Richtung bis zu den Stouts und westlich bis zur Grenze von Alsea.«

»Wie Sie auf der Karte oder einfach durch Beobachtung des Terrains hier sehen können, sank der Sprühnebel in das Tal hinab wie in einen Trichter. Man konnte den Geruch an jenem Abend eindeutig wahrnehmen. Es war echt heftig. Und offenbar führte die starke Wirkung zu all den Schäden an den Wicken, laubabwerfenden Bäumen und Reben. Wer weiß schon, über welchen Zeitraum das Herbizidspray hier nach und nach abgetrocknet ist? Wahrscheinlich so lange, wie es in dem gesprühten Gebiet allmählich verdunstet ist.«

»Eines macht mir wirklich Kopfzerbrechen, und zwar die missgebildeten Lämmer und Totgeburten bei den Schafen auf den Farmen der Greens und der Stouts. Mimi Stout betrieb ja auch eine Hundezucht, und in der letzten Zeit wurden viele ihrer Welpen ebenfalls mit Missbildungen geboren. Sie führen das nicht auf die Sprühflüge zurück, da sie selbst mit Herbiziden arbeiten. Sie sagen, dass sie sie seit Jahren verwenden und niemals irgendwelche Probleme aufgetreten sind – genau dieses Argument wird häufig von denjenigen ins Feld geführt, die für die Sprüheinsätze verantwortlich sind. Dabei ist ihnen nicht bewusst, dass die Herbizide in diesen Jahren meist per Hand und nur lokal ausgebracht wurden. Der Sprühnebel konnte sich gar nicht durch den Wind großflächig verteilen und derart anreichern, wie es bei Sprühflügen geschieht. Sprüheinsätze per Helikopter gibt es noch nicht allzu lange, und ich denke, den Betroffenen ist gar nicht klar, wie viel größer das Risiko für eine Verwehung und damit für Schädigungen ist.«

Die dauerhaften Schäden an den Bäumen und bei den Tieren der Greens erinnern mahnend an die offenen Fragen in Bezug auf Herbizide, die bis heute nicht beantwortet sind. Das öffentliche Interesse, das seit der Herbizidexposition der Greens 1976 kontinuierlich zugenommen hat, war in Alsea praktisch nicht existent. Salty und Gisela standen in ihrem Kampf im Wesentlichen alleine da, und damals konnten sie auch noch nicht auf das Wissen über gesetzliche Vorschriften, Verwaltungsverfahren und toxikologische Untersuchungen zurückgreifen, das Bürgerrechtsgruppen zusammengetragen haben.

In dem gesellschaftlichen Klima des Jahres 1976 war ihre Klage gegen das BLM und die Helikopterfirma ein außerordentlicher Vorgang. Auch heute besitzen nur wenige Familien die Ressourcen und den Mut, eine Bundesbehörde alleine zu verklagen, und noch weniger können sie sich jahrelange Gerichtsprozesse mit dem ganzen juristischen Geschachere leisten, weil sie eine außergerichtliche Einigung ablehnen. Giselas Engagement endete jedoch nicht mit einer solchen Einigung. Sie flog 1980 mit Dr. Elam nach Washington, um bei der Verhandlung über die Aufhebung der Zulassung von 2,4,5-T und Silvex zugunsten der EPA auszusagen und über ihre Erfahrungen mit den Schäden durch Verwehung zu berichten.

»Ich glaube fest daran, dass die EPA entsprechend handeln wird, um uns in Zukunft vor derartigen Vorfällen zu schützen«, erläutert Dr. Elam. »Bei jeder Zusammenkunft mit den EPA-Leuten und während der gesamten Zusammenarbeit im Rahmen der Verhandlung zur Aufhebung der Zulassung von 2,4,5-T war ich stets beeindruckt, wie engagiert, gewissenhaft und hart die Mitarbeiter und Mitarbeiterinnen der EPA arbeiteten. Wie Sie wissen, hat Dow Chemical versucht, den Eindruck zu erwecken, dass hinter dem Protest gegen den Einsatz von Herbiziden ein Trupp Hippies, Cannabisproduzenten und Radikale steht. Darauf ist die EPA meines Erachtens nicht reingefallen. Sie sind extra zu den Leuten hier herausgekommen und haben die Betroffenen kennengelernt. Ich denke, die lassen sich nicht an der Nase herumführen. Sie sind ganz und gar auf unserer Seite, und ich habe stets gerne mit ihnen zusammengearbeitet.«

Nicht nur Pflanzen

In den vergangenen Jahren wurde wiederholt eine freundliche, großmütterlich anmutende Frau bei verschiedenen Anhörungen und Strafprozessen als Sachverständige zu den gefährlichen Eigenschaften des Herbizids 2,4-D geladen. Ihr Name ist Ruth Shearer, Molekulargenetikerin und Expertin für genetische Toxikologie aus Issaquah, Washington. Häufig wird sie als Sachverständige zur Unterstützung von Klagen auf Schadenersatzansprüche von Personen hinzugezogen, die in Kontakt mit giftigen Chemikalien gekommen sind. Darüber hinaus spricht sie bei öffentlichen Sitzungen und Anhörungen zum Thema Phenoxyherbizide und unterstützte außerdem als Zeugin der Verteidigung vor Gericht einen US-Bürger, der die Einstellung eines Sprühprogramms in der Nähe seines Wohnorts forderte.

Dr. Shearer wird bei solchen Anlässen nicht deshalb hinzugezogen, weil sie ganz bestimmte Interessen vertritt, sondern weil sie als eine der wenigen wissenschaftlichen Expert/innen für die Wirkungen von 2,4-D auf das Erbgut und den Zusammenhang dieser Substanz mit Krebserkrankungen überhaupt gilt. Nach der sofortigen Aussetzung der Zulassung von 2,4,5-T im Jahr 1979 wurde ersatzweise häufig 2,4-D verwendet. Auch nach der Exposition gegenüber 2,4-D traten weiterhin gesundheitliche Probleme bei Betroffenen auf, und besorgte Bürger/innen wiesen darauf hin, dass im Vergleich zu den langjährigen, umfangreichen Untersuchungen, die zu 2,4,5-T durchgeführt worden waren, für 2,4-D nur sehr wenige Forschungsergebnisse vorlagen.

»Bevor ich im Auftrag von Metro, einer staatlichen Einrichtung der Metropolregion Seattle, eine weltweite Literaturrecherche zu vier

Herbiziden, u. a. 2,4-D, durchführte, war ich zehn Jahre lang in der Krebs-Grundlagenforschung tätig gewesen«, erläutert Dr. Shearer. »Das war Anfang 1979. Metro veröffentlichte den Bericht im Januar 1980. Es handelte sich um eine Studie zu den gesundheitlichen Auswirkungen der Herbizide auf Säugetiere sowie um Untersuchungen zur Herbizidexposition von Menschen und den dadurch verursachten Schädigungen.«[1]

Dr. Shearer, gerade auf Besuch an der Küste von Oregon, steht am Fenster des Hauses ihrer Freunde und hält deren zwei Wochen altes Baby im Arm. Der Säugling, der völlig entspannt in ihrem Arm liegt, sieht sie unablässig an, während sie spricht.

»In der gesamten Literatur weltweit finden sich bezüglich 2,4-D lediglich drei Untersuchungen zu Krebserkrankungen, von denen keine den heutigen methodologischen Anforderungen genügt. Zwei der Studien wurden in den USA durchgeführt, beide mit einer zu geringen Zahl an Ratten bzw. Mäusen. Bei der Mausstudie waren die verwendete Dosis zu niedrig und der Beobachtungszeitraum zu kurz für eine fachgerechte Krebsstudie. Dennoch lieferten beide Arbeiten einige statistisch signifikante Ergebnisse.«

»Bei der dritten Studie, die in der Sowjetunion durchgeführt wurde, war die Anzahl der beobachteten Mäuse und Ratten mehr als ausreichend. Angelegt als Studie zur karzinogenen Wirkung insgesamt – also der Fähigkeit einer Substanz, Krebserkrankungen aller Stadien zu verursachen – erbrachte diese Untersuchung keinen Nachweis. In einem ebenfalls durchgeführten Test zur krebsfördernden Wirkung sollte ermittelt werden, inwiefern 2,4-D die Fortentwicklung so genannter prämaligner Zellen, die sich bereits durch Exposition gegenüber einem anderen krebserregenden Stoff gebildet hatten, zu ausgereiften Krebszellen förderte. Dieser Test führte zu einem eindeutig positiven Nachweis.«

»2,4-D weist allerdings eine Verunreinigung auf, d. h. es enthält eine andere chemische Verbindung, 2,4-Dichlorphenol (DCP). Au-

1 Shearer, Dr. Ruth, Gespräch mit der Autorin.

ßerdem wird 2,4-D von Mikroorganismen in der Umwelt in 2,4-Dichlorphenol aufgespalten. 2,4-Dichlorphenol wirkt sogar noch stärker krebsfördernd als 2,4-D und ist darüber hinaus auch schwach karzinogen, also krebserregend.« Das Baby hält mit geschlossenen Augen einen Finger von Dr. Shearer in seiner kleinen Faust. Es lächelt flüchtig im Schlaf, und sie lächelt zurück.

»2,4-D verursacht in tierischen und menschlichen Zellkulturen Mutationen und schädigt die DNA auf ähnliche Art und Weise wie ionisierende Strahlung – Röntgen- oder Gammastrahlen.« Dr. Shearer fährt fort: »Bei einer Exposition trächtiger weiblicher Tiere zeigt es bei deren Nachkommen Entwicklungstoxizität. Bei Ratten führt es bereits in niedriger Dosierung zu Blutungen beim Fötus. Die Wirkungen werden im Zusammenspiel mit dem Abbauprodukt, 2,4-Dichlorphenol, synergieartig verstärkt. Von Synergismus spricht man, wenn die Kombinationswirkung zweier chemischer Stoffe größer ist als die Summe ihrer jeweiligen Wirkungen für sich genommen. Das hat eine sowjetische Studie ergeben. Sie ist übrigens die einzige Untersuchung zu synergistischen Wirkungen auf Föten, die ich gefunden habe. Anders ausgedrückt: Diese Frage hat man in der US-Forschung bislang nicht untersucht. 2,4-D führte im Tierversuch nur bei hohen Dosierungen zu Missbildungen und zum Tod des Fötus, war jedoch bereits in extrem niedriger Dosierung für verschiedene Arten von Fehlfunktionen und Wachstumsverzögerungen verantwortlich.

»Beim Menschen entwickelt sich eine Krebserkrankung im Durchschnitt über 20 Jahre, wobei die Latenzzeit[2] bei den Nachkommen kürzer ist. Je jünger das Tier, desto kürzer die Latenzzeit. Bei Kindern kann sie also recht kurz sein …«

»Eine der gängigen irreführenden Behauptungen, die von der chemischen Industrie immer wieder ins Feld geführt werden, lautet, dass es für krebserregende und krebsfördernde Stoffe eine un-

2 Zeitraum zwischen einer physikalischen, chemischen oder biologischen Schädigung und dem Auftreten von Symptomen [A. d. Ü.].

bedenkliche Dosis gibt – dass also eine kleine Menge nicht schadet«, so Dr. Shearer. »Das stimmt für krebserregende Stoffe (Karzinogene) definitiv nicht. Die von ihnen verursachten Zellveränderungen sind irreversibel und sammeln sich im Laufe des Lebens an. Das Konzept der »unbedenklichen« Dosis eines Karzinogens ist ein Irrglaube.«

***

Anfang der 1960er Jahre begannen die USA mit ihren ersten Entlaubungseinsätzen in Vietnam. Dabei verwendeten sie ein Gemisch aus 2,4-D und 2,4,5-T, genannt Agent Orange[3]. Im Jahr 1964 erhielt man erste Berichte über Erkrankungen und Schädigungen in Südvietnam von dortigen Beobachter/inne/n und medizinischen Fachkräften (diese wurden offiziell als »Propaganda des Vietkong« abgetan). Nach dem Sprühen einer Fläche von ca. 1000 Hektar im Jahr 1964 berichtete ein Arzt in Saigon:

> Anfangs fühlten sich [die Menschen] krank und litten unter Durchfällen, dann bekamen die Betroffenen Atemprobleme und niedrigen Blutdruck. In einigen schwerwiegenden Fällen kam es zu einer Schädigung des Sehnervs und zur Erblindung. Schwangere brachten tot oder zu früh geborene Kinder zur Welt. Schon kurz nach den Sprüheinsätzen starb die Mehrheit der betroffenen Rinder an schweren Durchfällen, und Fische trieben auf dem Rücken liegend an der Wasseroberfläche der Flüsse.[4]

In dem Jahr, in dem der Arzt aus Saigon seinen Bericht verfasste, führte die Firma Bionetics Laboratory (ein Tochterunternehmen von Litton Industries) für das National Cancer Institute Untersuchungen zur Ermittlung des mutagenen, karzinogenen und teratogenen[5] Potenzials häufig angewendeter Pestizide und industrieller

---

3 *GI Guinea Pigs*, op. cit., S. 111-112. Siehe auch Unveröffentlichter Bericht des US-Senats, a. a. O. (28).

4 Uhl/Ensign, a. a. O. (31) S. 140.

5 Fehlbildungen hervorrufend, »fruchtschädigend« [A. d. Ü.].

Chemikalien durch. Die Untersuchungen sollten von einer unabhängigen Expertenkommission ausgewertet werden.

Im Sommer 1965 wiesen die Bionetics-Untersuchungen darauf hin, dass sowohl 2,4,5-T als auch 2,4-D bei Mäusejungen in niedrigen Dosierungen Geburtsfehler verursachten, die für die trächtigen Muttertiere nicht tödlich waren. Ein vorläufiger Bericht über die Studien wurde 1966 fertig gestellt, wobei Beamte der US-Aufsichtsbehörde für Nahrungs- und Arzneimittel (*Food and Drug Administration*, FDA) und anderer Behörden erst im Jahr 1969 davon erfuhren.[6]

Die Frage, wie eine staatlich finanzierte Untersuchung von solcher Tragweite über so viele Jahre zurückgehalten werden konnte, bleibt ein Rätsel. Offensichtlich fürchtete man im Weißen Haus, eine Veröffentlichung des Bionetics-Berichts könnte die internationale Kritik an der chemischen Kriegsführung der USA in Vietnam intensivieren und die zunehmende Anti-Kriegsstimmung im Land verstärken. Auch die Dow Chemical Company, der größte Hersteller von 2,4,5-T und 2,4-D, übte Druck aus, um eine Veröffentlichung des Berichts zu verhindern. Aus politischen und finanziellen Gründen wurden der Öffentlichkeit wesentliche Gesundheits- und Sicherheitsdaten von Chemikalien vorenthalten, die sowohl in den USA als auch in anderen Ländern in großen Mengen eingesetzt wurden. In Vietnam, Oregon, Arizona und andernorts, wo Menschen unter vorhersehbaren Wirkungen von Phenoxyherbiziden litten, wurden die Beschwerden von offiziellen Stellen als Propaganda oder uninformierte Hysterie abgetan, obwohl man wusste bzw. hätten wissen müssen, wie gerechtfertigt diese Klagen waren.

Der Branche selbst waren die Wirkungen ihrer Produkte auf die menschliche Gesundheit zumindest teilweise schon lange bekannt, bevor die Bionetics-Studie in Auftrag gegeben wurde. Im März 1949 wurde in einer 2,4,5-T-Produktionsanlage der Monsanto Chemical Company in Nitro, West Virginia, bei einem Unfall ein unbekann-

6 Uhl/Ensign, a. a. O., S. 147.

tes »chemisches Zwischenprodukt« freigesetzt, das im Rahmen der Produktion von 2,4,5-T eine Rolle spielt. Insgesamt 228 Beschäftigte entwickelten Chlorakne, eine schwere Hauterkrankung, bei der es im Nacken, am Rücken und im Brustbereich zu starkem Hautausschlag in Form von Geschwüren, Akne, Blasen und Pusteln kommt.[7]

Chlorakne wurde von der Chemieindustrie wiederholt als »lediglich leichter Hautausschlag« bezeichnet.[8] Diese euphemistische Beschreibung verharmlost andere, schwerwiegendere Symptome der Erkrankung, wie etwa Störungen des Harntrakts, Leberschäden, Krämpfe in den Beinen, Atemnot, Kälteintoleranz, Gefühlsverlust in den Extremitäten, Demyelinisierung[9] der peripheren Nerven, Erschöpfung, innere Unruhe, Reizbarkeit, Schlaflosigkeit, Libidoverlust und Schwindel. Die Erkrankung kann sich über viele Jahre hinziehen oder episodenartig immer wieder auftreten.[10]

Dabei handelt es sich bei Chlorakne um kein neues Krankheitsbild. Bereits seit 1899 kannte man es aus Fabriken, in denen Chlor mittels Hydrolyse hergestellt wurde. Im Zweiten Weltkrieg trat die Krankheit häufig bei Arbeiter/inne/n in Anlagen zur Produktion chlorierter Naphthaline auf. In Mississippi kam es 1936 bei über 300 Arbeitenden zu schweren Fällen von Chlorakne, nachdem diese Nutzholz zur Konservierung mit einem Tetrachlorphenol-Präparat von Dow Chemical behandelt hatten. In Dows eigenem Werk in Midland, Michigan, erkrankten 1937 insgesamt 21 Beschäftigte an Chlorakne.

Nach der Entwicklung von 2,4,5-T und damit verwandter Phenoxyverbindungen führte die industrielle Massenproduktion weltweit zu Ausbrüchen von Chlorakne an Produktionsstandorten, wobei die Krankheit zweifelsfrei durch mehrere verschiedene

---

7 Baughman a. a. O. (34).

8 Barnes, a. a. O. (55).

9 Zerstörung der Myelinscheiden, die die Nervenfasern umhüllen, mit der Folge von Reizleitungsstörungen [A. d. Ü.].

10 Baughman, a. a. O.

chlorierte Verbindungen verursacht wurde. Als die giftigste dieser Verbindungen wurde 1957 dann 2,3,7,8-Tetrachlordibenzo-para-dioxin (TCDD[11]) identifiziert, ein Nebenprodukt, das unter Einwirkung von Hitze und Druck während des Produktionsprozesses von 2,4,5-T und anderen Phenoxyverbindungen entsteht.

Der Einsatz von Herbiziden zur chemischen Kriegsführung in Vietnam steigerte die Nachfrage nach Phenoxyherbiziden, so dass die Produktionsanlagen auf Hochtouren liefen und es zu mehreren Ausbrüchen von Chlorakne kam. Im Jahr 1964 erkrankten mehr als 70 Beschäftigte im Werk von Dow Chemical in Midland, Michigan.[12]

Deren Management äußerte sich besorgt und machte sich daran zu klären, welcher Dosis TCDD man Menschen aussetzen konnte, ohne dass gesundheitsschädigende Wirkungen auftreten. In dem offensichtlichen Versuch, das Dosis-Wirkungs-Verhältnis zu bestimmen, beauftragte Dow Chemical einen Dermatologen der University of Pennsylvania, Dr. Albert M. Kligman, mit der Durchführung geheimer Experimente mit TCDD an Häftlingen des Holmesburg-Gefängnisses in Philadelphia. (Kligman führte zu dieser Zeit im Auftrag der US-Streitkräfte ähnliche Versuche mit anderen chemischen Verbindungen durch. Ziel dieser Experimente war es, die Höchstdosis chemischer Kampfstoffe zu bestimmen, die erforderlich wäre, um 50 Prozent der Bevölkerung mental und psychisch außer Gefecht zu setzen.)

Zwischen 1965 und 1967 brachte Kligman TCDD in verschiedenen Dosierungen auf die Haut von 70 Häftlingen auf, die über die Art und möglichen Wirkungen des Stoffes nicht informiert worden waren. Bei mindestens acht dieser Männer trat während der Versuche Chlorakne auf; die Wirkungen auf die übrigen »Probanden« sind unbekannt. Bei den Männern wurden in der Folge der TCDD-

---

11 Allgemeinsprachlich vereinfachend als »Dioxin« bezeichnet [A. d. Ü.].

12 Die historischen Daten zu Chlorakne stammen großteils aus Baughman (34), sowie aus dort zitierten Forschungsarbeiten.

Exposition keinerlei Nachuntersuchungen durchgeführt. Über die Identität dieser »freiwillig« an den Studien teilnehmenden Häftlinge liegen keine Aufzeichnungen vor.[13]

(Es ist wichtig darauf hinzuweisen, dass Untersuchungen zu den Wirkungen von TCDD auf den Menschen ausschließlich an Männern durchgeführt wurden und bei der industriellen Produktion offenbar nur männliche Mitarbeiter exponiert wurden. Dass diese extrem toxische chemische Verbindung bei Frauen schwerwiegende Effekte ganz anderer Art verursachen könnte, wurde offenbar nicht in Erwägung gezogen. Dennoch werden Symptome, die bei Frauen aus versprühten Gegenden auftreten, von wissenschaftlichen Fachkräften, die im Auftrag der Industrie arbeiten, stets vorschnell geleugnet.)

Als 1970 die Anhörungen vor dem US-Senat unter Vorsitz von Richter Hart stattfanden, waren die beängstigenden Eigenschaften von TCDD (Dioxin), einem Bestandteil von 2,4,5-T, sowohl den staatlichen Behörden als auch der Industrie sehr wohl bekannt. Darüber hinaus wusste man von den toxischen Wirkungen von 2,4-D, des am häufigsten verwendeten Phenoxyherbizids, das – so die allgemeine Annahme – kein TCDD enthielt. Über all die Jahre, in denen 2,4-D zum Einsatz kam, waren vielfältige gesundheitsschädliche Wirkungen auf Mensch und Tier bekannt und in wissenschaftlichen Studien bestätigt worden: Schwellungen von Augen, Mund und Lippen, Hautausschlag, Störungen des Harntrakts, Nierenschädigung, Erschöpfung, Übelkeit, Erbrechen, Appetitlosigkeit, Durchfälle, Schwellungen der und Schmerzen in den Extremitäten, Lähmungserscheinungen (Paralyse), Kammerflimmern (schwerwiegende Herzrhythmusstörung), Nervenentzündung (Neuritis), Empfindungsstörungen (Parästhesien), Taubheitsgefühl in den Beinen, Fingern und Zehen.[14]

13 Epstein, a. a. O. (59).

14 Siehe Dokumente der U.S. Air Force, Anhang A. S. a. The Other Face a. a. O. (37), das eine gute Zusammenfassung und Literaturübersicht zur Toxizität von 2,4-D enthält.

»Nach dem Versprühen oder Verschütten von 2,4-D oder einer anders gearteten Exposition gegenüber der Substanz«, so berichtet Dr. Shearer, »kommt es bei den betroffenen Personen bzw. Tieren zu Schwäche, Muskelsteifigkeit und rascher Erschöpfung mit Anzeichen für eine Schädigung des Zentralnervensystems. Dazu kommen natürlich noch die üblichen Symptome wie Übelkeit, Erbrechen, Kopfschmerzen, Reizbarkeit, die nur schwer einer bestimmten Ursache zuzuschreiben sind, aber stets nach einer toxischen 2,4-D-Exposition auftreten.«[15]

Dass 2,4-D außerdem angeborene Fehlbildungen verursachen kann, wurde in den Bionetics-Studien nachgewiesen. Die Mrak-Kommission – ein vom US-Ministerium für Gesundheit, Bildung und Soziales eingesetzter unabhängiger Ausschuss zur Untersuchung der Wirkungen von Pestiziden – wertete den Bionetics-Bericht aus und listete 2,4-D, 2,4,5-T sowie fünf weitere Schädlingsbekämpfungsmittel unter der Kategorie »Anwendung sollte umgehend beschränkt werden«.[16]

Ungeachtet dieser Befunde war die Regierung lediglich wegen 2,4,5-T beunruhigt, und die eilig erlassene Anwendungsbeschränkung wurde bereits kurze Zeit später (1970) von Dow Chemical angefochten. Zu dieser Zeit wurde 2,4,5-T nicht großflächig bei Nahrungspflanzen eingesetzt. 2,4-D hingegen wurde und wird zu diesem Zweck eingesetzt. Es überrascht daher nicht, dass die Produktion von 2,4-D um ein Vielfaches höher war und ist als diejenige von 2,4,5-T.[17] Die Chemikalie mit der wirtschaftlich geringsten Bedeutung auf der Ausschuss-Liste der Pestizide, deren Anwendung

---

15 Shearer, Dr. Ruth, Gespräch mit der Autorin.

16 Mrak a.a.O. (37). (Auf der Liste fand sich ebenfalls das Insektizid Carbaryl [Sevin], das derzeit verbreitet zur großflächigen Bekämpfung von Schwammspinnern und Tannen-Knospenwicklern bei Sprühflügen angewendet wird. Carbaryl ist zur Anwendung in den USA weiterhin zugelassen.)

17 Bei Costle, a. a. O. (46) (Anordnung zur sofortigen Aussetzung der Zulassung, S. 6) findet sich bspw. die Angabe von 9,3 Mio. Pfund 2,4,5-T, die jährlich verwendet wurden. Laut EPA-Positionspapier a. a. O. (27) S. 1 beläuft sich die jährlich verwendete Menge von 2,4-D auf über 31.750 Tonnen.

umgehend eingeschränkt werden sollte – 2,4,5-T – enthielt »praktischerweise« eine hochgiftige Kontaminante, nämlich TCDD, die jahrelang im Zentrum von Kontroversen stehen sollte, während deren Schwesterverbindung 2,4-D weiter produziert und uneingeschränkt eingesetzt wurde.

Im Zuge des kontinuierlich wachsenden Herbizidmarktes wurden neue systemische Stoffe zur Anwendung in Kombination mit 2,4-D entwickelt, die ebenfalls von dem schlechten Ruf, der TCDD und 2,4,5-T anhaftete, verschont blieben. Forschungsaktivitäten und regulatorische Maßnahmen konzentrierten sich derweil auf TCDD – man legte eine Art falsche Fährte und lenkte die Aufmerksamkeit der kritischen Öffentlichkeit weg von den bekannten Wirkungen nicht verunreinigter Phenoxyherbizide. Dabei hätte man bereits von ihren chemischen Bestandteilen auf ihre Toxizität schließen können.

Synthetische Hormone, auch als Phenoxyherbizide bezeichnet, sind allesamt chemische Abkömmlinge (sog. Derivate) der Chlorphenole, bestehend aus Chlor und Phenol in unterschiedlichen Kombinationen. Chlor und Phenole wurden in der Medizin als Einzelwirkstoffe bereits seit einem Jahrhundert anwendet, bevor man sie in wissenschaftlichen Versuchen miteinander kombinierte, um Pflanzenwachstumshormone zu synthetisieren. Beide chemischen Verbindungen hatten medizinische Verfahren zur Infektionsprävention revolutioniert. Chlorkalk, der von Ignaz Philipp Semmelweis zur Händedesinfektion für Ärzte und Hebammen eingeführt worden war, bedeutete das Ende des Kindbettfiebers, an dem im 19. Jahrhundert insgesamt 25 Prozent der Mütter in europäischen Krankenhäusern verstorben waren.[18]

Phenol, oder Karbolsäure, wurde erstmals von Joseph Lister, dem Vater der modernen Chirurgie, als Antiseptikum verwendet. Ausgestattet mit dieser neuen Waffe zur Bekämpfung von Infektionen entwickelte Lister Operationstechniken für Harnwegs- und

18 Encyclopaedia Britannica, 1963, Vol. 20, S. 318.

Krebserkrankungen sowie Amputationen, die zuvor in der Medizin undenkbar gewesen waren.[19] Dass sich die bioziden Eigenschaften dieser beiden »Freunde der Medizin« bei einer Kombination gegenseitig verstärkten, überrascht nicht wirklich. Es gibt überzeugende Hinweise darauf, dass sowohl Benzol (die chemische Basis von Phenol) als auch Chlor beim Menschen Krebs verursachen.

Herbert Henry Dow (1866-1930) entwickelte mehrere Verfahren zur Herstellung von synthetischem Phenol aus Brombenzol, die die Grundlage für eine später entwickelte Methode unter Verwendung von Chlorbenzol legten. Seine Erfindungen machten sein Unternehmen zum weltweit größten Hersteller von synthetischem Phenol. (Phenol ist ein Grundbestandteil verschiedener Sprengstoffe sowie von Arzneimitteln und Pestiziden.) Der Dow-Firmensitz befand sich ursprünglich in Midland, Michigan, weil sich in der Gegend Vorkommen bromhaltiger Sole fanden, aus denen man Brom und Chlor förderte.

Das Chlorierungsverfahren zur Herstellung von Phenol führte zur Entwicklung der Chlorphenole, aus denen sich die Phenoxyherbizide (2,4-Dichlorphenoxyessigsäure und 2,4,5-Trichlorphenoxyessigsäure) ableiten. So wurde die Dow Chemical Company zu einem der größten Hersteller dieser Herbizide.[20]

Phenoxyverbindungen verhalten sich genauso wie ihr biologisches Analogon, Indolessigsäure (IAA oder Auxin). Dieses natürliche Hormon steuert Pflanzenwachstum und -stoffwechsel. In Pflanzen reguliert IAA Funktionen wie die Entwicklung von Zweigen und Ästen, die Wachstumsrichtung sowie die Reifung von Früchten. Mit ihrer extrem hohen Wirksamkeit beschleunigen Phenoxyherbizide die IAA-gesteuerten Vorgänge auf ein verhängnisvolles Niveau und zerstören so praktisch jede biologische Aktivität der Pflanze: ihren Wasser-, Mineralstoff-, Vitamin- und

19 Ebd., Vol. 14, S. 202 f.

20 Ebd., Vol. 7, S. 615. Siehe auch Baughman a. a. O. (34)

Ölhaushalt, Photosynthese und Kohlenhydratproduktion, Atmung, Stickstoff- und Phosphorstoffwechsel sowie die Struktur und Aktivität der Enzyme. Durch diese Effekte – einzeln oder in Kombination – geht die Pflanze schließlich zugrunde.[21]

Nach umfassenden Untersuchungen über 40 Jahre ist immer noch nicht abschließend geklärt, wie genau Phenoxyverbindungen diese enormen Wirkungen auf biologische Prozesse ausüben können. Man weiß jedoch, dass Phenoxyherbizide grundlegend in den Nukleinsäurestoffwechsel eingreifen und damit die RNA- und DNA-Synthese stören sowie die Produktion genregulierender Enzyme unterdrücken. (Anders ausgedrückt, beschädigen sie den genetischen Code, der die Zellteilung und Zellfunktion steuert.) Es kommt zu einem ungebremsten Zellwachstum, insbesondere im Stamm oder Stängel, und es bilden sich aufgeblähte, tumoröse Zellklumpen, die den Stoffwechsel und das »Kreislaufsystem« der Pflanze zerstören.[22]

Darüber hinaus bringen Phenoxyherbizide die Produktion von Adenosintriphosphat (ATP) zum Erliegen. Dieses Molekül ist wesentlich für die Speicherung und Freisetzung von Energie im Zellinnern verantwortlich. Ferner zerstören sie die Membran von Wurzelzellen, sodass das Pflanzengewebe aufweicht und schließlich verfault.[23]

Wichtig hinsichtlich all dieser Effekte ist, dass sie auf Mechanismen wirken, die nicht nur für Pflanzen, sondern auch für Tiere von lebenswichtiger Bedeutung sind. Eine intakte Genstruktur, die Steuerung des Energiehaushalts und die Durchlässigkeit der Zellmembran sind für alle Lebewesen von essentieller Bedeutung. Diese Mechanismen entwickelten sich im Pflanzenreich bereits lange, bevor Tiere die Erde bevölkerten und sie von ihren pflanzlichen Vorgängern übernahmen. Auch wenn einige dieser biochemischen

---

21 Ashton, Floyd M. und Crafts, Alden S., Mode of Action of Herbicides. New York: Wiley-Interscience, 1973, S. 276-284.

22 Ebd.

23 Ebd.

Vorgänge bei Tieren ganz andere Funktionen übernahmen als im Pflanzenstoffwechsel,[24] blieben andere in den Zellen sämtlicher Lebewesen – von Bakterien bis hin zum Menschen – weitgehend unverändert. Giftigen Chemikalien oder radioaktiven Elementen, die diese grundlegenden Prozesse schädigen, ist die schwer definierbare Grenze zwischen Pflanzen- und Tierreich völlig gleichgültig.

Von chemischen Verbindungen, die auf genetische Vorgänge wirken, kann man nicht erwarten, dass sie zwischen pflanzlichen und tierischen Zellen unterscheiden. Bei der Vereinigung einer einzelnen, mikroskopisch kleinen Eizelle mit einer ebenso kleinen Samenzelle (bzw. von Pollen im Pollenkorn und dem Embryosack mit Eizelle bei Pflanzen) hängen der Aufbau des neuen Organismus und die Zukunft der Nachkommen von der exakten Anordnung zweier fragiler Chromosomensätze ab, die in einem »Rekombinationstanz« zusammenkommen, dessen Choreografie vor über einer Milliarde Jahren in Blaualgen[25] uraufgeführt wurde. Dabei trennt sich das in jedem Chromosom aufgewickelte doppelsträngige Molekül der Desoxynukleinsäure (DNS, engl. DNA) auf und repliziert sich. In vier chemischen Elementen (Nukleotiden), die entlang der Stränge auf ganz bestimmte Art und Weise angeordnet sind, sind so die Erbinformation und die Anweisungen für die Entwicklung des Lebewesens verschlüsselt. Die befruchtete Eizelle teilt sich und wiederholt dabei immer wieder ein Mysterium, das so alt ist wie der Ursprung des Lebens selbst.

Dieser Prozess und das helixförmige DNA-Molekül sind bei allen Lebewesen ähnlich, egal, ob es sich um Viren, Bakterien, Primeln, Redwood-Bäume, Goldfische, Falken oder Menschen handelt. Alle lebenden Zellen haben durch dieses ursprüngliche Wunder der Reproduktion einen gemeinsamen Ursprung. In der ersten Zelle, die

24 Woolley, D. W. »Probable evolutionary relationship of serotonin and indoleacetic acid, and some practical consequences therefrom.« Nature 180, S. 630-633, 1957.

25 auch Cyanobakterien genannt [A. d. Ü.].

durch die Verschmelzung von Ei- und Samenzelle entsteht, wird durch denselben Prozess festgeschrieben, was aus unseren Kindern wird. Gifte, die diesen Prozess stören, schädigen die biologische und spirituelle Grundlage der Schöpfung und geben Anlass zu ernster Sorge.

In den 1940er Jahren gab es noch keine molekularbiologischen Verfahren zur Untersuchung der Auswirkungen chemischer Verbindungen auf die genetischen Abläufe. In den Sicherheitsstandards für Pestizide dieser Zeit spielten diese Effekte keine Rolle. Die ersten Untersuchungen zur Unbedenklichkeit von 2,4-D ergaben keine unmittelbaren toxischen Wirkungen auf Schafe und Kühe, die auf damit behandelten Weiden grasten. Bei einem Test fütterte man einer Kuh drei Monate lang 2,4-D, und Dr. Kraus selbst, der in Camp Dietrick den Grundstein für die Erforschung des Einsatzpotenzials von 2,4-D als Unkrautvernichtungsmittel legte, nahm – so behauptete er – drei Wochen lang täglich ein halbes Gramm der Substanz »ohne jegliche Auswirkung« zu sich. Auf der Grundlage derartiger »experimenteller Untersuchungen« erteilte das US-Landwirtschaftsministerium 1945 die Zulassung für den chemischen Stoff, was zu einem ungezügelten Anstieg der Produktion und Anwendung von 2,4-D und damit verwandten Verbindungen führte. Die Forschungsanstrengungen zur Entwicklung weiterer systemischer Herbizide für die Anwendung im Agrarsektor wurden intensiviert.[26]

Anfang der 1960er Jahre rüttelten – wie oben beschrieben – die Veröffentlichung von *Silent Spring* und das Auftreten verheerender angeborener Missbildungen in Verbindung mit dem Beruhigungsmittel Thalidomid Gesellschaft und Regierungsbehörden wach und zeigten die Notwendigkeit eingehender Prüfungen von Arzneimitteln und chemischen Stoffen auf.[27] Der Fall Thalidomid machte deutlich, dass chemische Stoffe, die in der Elterngeneration – hier

26 Peterson a. a. O. (24), S. 251-52.

27 Epstein a. a. O. (49).

bei der Mutter – geringfügige oder gar keine Wirkungen entfalteten, erhebliche Auswirkungen auf die Entwicklung eines ungeborenen Kindes haben konnten. Die Wissenschaft erkannte, dass Substanzen, die in der Lage waren, die strukturelle Entwicklung eines Embryos zu beeinträchtigen, möglicherweise einen Wirkmechanismus besitzen, der das genetische Verhalten von Zellen verändert. Wissenschaftler/innen in der Krebs-Grundlagenforschung entdeckten einen Zusammenhang zwischen Wirkstoffen, die Geburtsfehler verursachen, und Stoffen, die zu Krebserkrankungen und Mutationen führen.[28]

Der Schlüssel zum Verständnis dieses Zusammenhangs liegt darin, zu verstehen, was Mutationen sind, nämlich dauerhafte Veränderungen der Chromosomen bzw. ihrer genetischen Bausteine. Solche Veränderungen – Brüche, Verlagerungen (Translokationen), Hinzufügungen (Additionen) oder Löschungen (Deletionen) von genetischem Material – können in jeder Zelle vorkommen. In den Keimzellen, also den Ei- und Samenzellen (oder Zellen, die Ei- und Samenzellen produzieren), wirken sich derartige Veränderungen auf den Aufbau, das Wachstum und den Stoffwechsel des sich entwickelnden Nachwuchses aus. In somatischen (Körper-)Zellen können Mutationen und andere abnorme genetische Veränderungen die Entwicklung und den Stoffwechsel der Zellen beeinflussen. Diese Veränderungen können auf andere Zellen im Organismus übergreifen und so zum Wachstum von Krebszellen führen. Da schon ein einziges Molekül einer erbgutverändernden Substanz in der

---

28 Der Zusammenhang zwischen Karzinogenität, Mutagenität und Teratogenität wird in dem Bericht »Inter-Agency Regulatory Liaison Group work group report on the scientific bases for identification of potential carcinogens and estimation of risks« (Bericht der behördenübergreifenden Kontaktgruppe für Regulierungsfragen über die wissenschaftlichen Grundlagen zur Identifizierung potenzieller Karzinogene und Risikoabschätzung) erläutert; Federal Register 44:39869, 6.7.1979. Der Bericht bietet eine gute Einführung in Bezug auf den [damaligen, A. d. Ü.] Erkenntnisstand über Krebserkrankungen und floss in die nationale Anti-Krebs-Strategie der Carter-Administration am 28.9.1979 ein, wurde jedoch nie von der Abteilung für Pestizidprogramme der EPA angenommen.

Lage ist, die genetischen Prozesse zu beeinflussen, kann es bei der Exposition gegenüber diesen Substanzen kein unbedenkliches Maß geben.[29]

Angeborene Fehlbildungen, Krebserkrankungen und Mutationen stellen ohne Zweifel tragische Ereignisse dar, die man in einer vernunftgeleiteten Gesellschaft mit allen Mitteln verhindern müsste. Chemische Verbindungen, die eine zerstörerische Wirkung auf die grundlegenden biologischen Prozesse von Pflanzen ausüben, könnten jedoch sehr wohl auch andere, weniger offensichtliche Effekte auf Tiere und Menschen haben, die langfristig betrachtet ebenso tragisch sein könnten.

Phenoxyherbizide verursachen Verhaltensveränderungen beim Menschen und anderen Tieren, die diesen Substanzen ausgesetzt sind. Beim Menschen können dies tiefgreifende Veränderungen sein, beispielsweise Gedächtnis- und Konzentrationsstörungen, Libidoverlust und Potenzstörungen, Depressionen, Wutausbrüche, Überempfindlichkeit gegenüber Licht und Geräuschen, Missmut und Reizbarkeit, Angst und Nervosität sowie Rückzugsverhalten. Derartige Effekte halten erfahrungsgemäß über viele Jahre nach der Exposition an.[30]

Darüber hinaus wirken Phenoxyverbindungen auf das zukünftige Verhalten von Tieren, die diesen Stoffen vor der Geburt ausgesetzt waren. Offenbar bewirken diese Chemikalien Veränderungen in der Hirnchemie, die von einer Generation an die nächste weitergegeben werden. Diese Veränderungen äußern sich bei Versuchstie-

---

29 Bericht der behördenübergreifenden Kontaktgruppe für Regulierungsfragen, ebd., S. 39876: »Die selbstreplizierende Eigenschaft von Krebszellen, die Vielzahl der kausalen Faktoren, denen Personen ausgesetzt sein können, die additive und möglicherweise synergistische Wirkung durch sog. Cocktail-Effekten sowie das breite Spektrum der individuellen Anfälligkeit zusammen genommen machen es derzeit unmöglich, einen Schwellenwert, unterhalb dessen die Exposition einer menschlichen Population gegenüber einem Karzinogen keine Auswirkung auf das Krebsrisiko hat, zuverlässig vorherzusagen.«

30 Siehe Dokumente der US Air Force, Anhang A. S. a. Baughman a. a. O. (34).

ren als veränderte Muster im Lernverhalten.[31] Wie genau die Herbizide diese erblichen Verhaltensstörungen bewirken, ist ungeklärt. Chemische Verbindungen, die bestimmte biologische Prozesse in Pflanzen unterbinden, können biochemische Vorgänge im Tierreich auf gänzlich andere, unvorhersagbare Weise stören.[32]

So ist etwa die Indolessigsäure (IAA), die das Pflanzenwachstum reguliert, bei Tieren an einem völlig anderen biochemischen Vorgang beteiligt. Untersuchungen zeigen sowohl bei Tieren, die Phenoxyherbiziden gegenüber exponiert wurden, als auch bei deren Nachkommen veränderte Werte des Neurotransmitters[33] Serotonin.[34] IAA spielt im biochemischen Produktionszyklus von Serotonin eine Rolle, und möglicherweise wirkt auch das Phenoxy-Analogon zu IAA störend auf diesen Zyklus.[35] (Der Serotoninspiegel wird ferner durch Stress beeinflusst, und Veränderungen des Serotoninspiegels können bei Tieren auch durch Stress infolge einer Giftexposition verursacht werden.)

---

31 Siehe Sjöden, P. O./Söderberg, U., »Sex-dependent effects of prenatal 2,4,5-Trichlorophenoxyacetic acid on rats' open-field behavior.« Physiology and Behavior 9(3): 357-360, 1972; Sjöden, P. O./Söderberg, U. »Long lasting effects of prenatal 2,4,5-Trichlorophenoxyacetic acid on open-field behavior in rats: Pre- and post-natal mediation.« Physiological Psychology 3(2): 175-178, 1975; Sjöden, P. O./Sjöderberg, U., »Phenoxyacetic acids: sublethal effects.« In: Chlorinated phenoxyacetic acids and their dioxins. Ecological Bulletin 27:149-164, 1978; Sanderson, C. A./Rogers, L. j., »2,4,5-Trichlorophenoxyacetic acid causes behavioral effects in chickens at environmentally relevant doses.« Science 211: 593-95, 6.2.1981.

32 Woolley, a. a. O. (123)

33 Botenstoff, der in unserem Nervensystem Informationen weiterleitet [A. d. Ü.].

34 Sjöden/Söderberg (1978), a. a. O. S. 161-162: »... bestätigt, ... dass 2,4,5-T ... hinsichtlich der Membranfunktion weitreichende Veränderungen induziert, die im zentralen Nervensystem besonders deutlich ausgeprägt und langanhaltend sind. Außerdem wirkt es auf die Aktivität der Schilddrüse ... Nach Verabreichung einer Einzeldosis 2,4,5-T an trächtige Ratten sind bei deren ausgewachsenen Nachkommen verminderte Serotoninspiegel nachweisbar.«

35 Eine ausführliche Diskussion findet sich z. B. in: Sjöden/Söderberg (1978), a. a. O.; White, A., Handler, P. und Smith, E. L., Principles of Biochemistry. New York: McGraw-Hill, 4. Ausgabe, 1968, S. 589-90; Woolley, a. a. O. (123).

Über welchen Wirkmechanismus auch immer Phenoxyherbizide diese Effekte verursachen – die Folgen sind schwerwiegend. Serotonin hat eine wichtige Funktion für den Wach-Schlaf-Rhythmus und die Regulierung des Verhaltens.[36] Auffällige Serotoninspiegel (sowohl niedrige als auch hohe) werden mit Spontanaborten (Fehlgeburten)[37], Migräne[38], Depressionen[39] und Intelligenzminderung – insbesondere im Zusammenhang mit bestimmten angeborenen Fehlbildungen wie bspw. dem Down-Syndrom (Trisomie 21)[40] – in Verbindung gebracht.

Die neue Fachrichtung der Verhaltensteratologie – die Untersuchung angeborener Verhaltensstörungen – reflektiert die wachsende Sorge in Bezug auf die verhaltensbezogenen und psych(olog)ischen Effekte toxischer Chemikalien.[41] Der Zusammenhang zwischen Herbiziden und veränderten Serotoninspiegeln, insbesondere bei den Nachkommen exponierter Tiere, ist zumindest ein Indikator, ein Alarmzeichen, das auf unbekannte und weitgehend unerforschte Probleme hinweist.

---

36 Sjöden/Söderberg (1978), a. a. O., S. 161.

37 Robson, J. M. und Sullivan, F. M., »Analysis of actions of 5-hydroxytryptamine [serotonin] in pregnancy.« Journal of Physiology 184: 717-32, 1966. S. a. Poulson, E., et al., »Effect of 5-hydroxytryptamine and iproniazid on pregnancy.« Science 131: 1101-02, 1960.

38 Sicuteri, F. et al., »Sex, migraine and serotonin interrelationships« In: Clinical Pharmacology of Serotonin: Monographs in Neural Sciences 3: 94-101. New York: S. Karger, 1976. [insbesondere S. 94-96.] Siehe auch »Relief from migraine.« Newsweek, 10.9.1979, S. 69.

39 Peet, N. et al., »Plasma total and free tryptophan concentration in ›neurotic‹ and ›psychotic‹ depressive patients:« In: Clinical Pharmacology of Serotonin, in: Sicuten a. a. O. (137) S. 33-36.

40 Coleman, M., ed., Serotonin in Down's Syndrome. New York: American Elsevier, 1973, S. 149, 161, 165.

41 Sjöden/Söderberg (1978), a. a. O., S. 150.

Kritische Masse

Am 1. Weihnachtsfeiertag des Jahres, in dem unsere Kinder in der Nähe unseres Hofes im Five Rivers Valley Herbiziden ausgesetzt worden waren, lasen mein Mann und ich eine Nachrichtenmeldung, die in mehreren Zeitungen Oregons gleichzeitig erschienen war. Diese Artikel basierten offenbar allesamt auf derselben Pressemitteilung. Es ging darin um die Anwendung von Herbiziden in der Forstwirtschaft, und mehrere Male wurde Professor Michael Newton zitiert, ein Wissenschaftler an der Oregon State University, der sich als Experte zu dieser Frage ausgab.

Wir kannten Newtons wissenschaftliche Arbeiten bereits aus früheren Zeitungsberichten über die Verwendung von Agent-Orange-Restbeständen der US Air Force auf Privatland in unserer Gegend. Das Projekt war gestoppt worden, und die EPA hatte die restlichen Fässer mit Agent Orange beschlagnahmt.[1]

Der Artikel, der in unserer Lokalzeitung am 25. Dezember 1975 erschien,[2] steht exemplarisch für die anderen Berichte, die in Zeitungen in Portland und Eugene veröffentlicht wurden. Newton, der sich selbst als »Ökologe der Strauch- und Krautschicht des Waldes« bezeichnete, behauptete, die Auswirkungen von Herbiziden bereits seit 1958 zu erforschen. Er erörterte die »Notwendigkeit«, in Wald-

1 Uhrhammer, Jerry. Eugene (Oregon) Register-Guard, Artikelserie 1973 und 1974: »Will publicity doom Agent Orange use?« 3.6.1973; »Agent Orange draws U.S. ban«, 5.6.1973; »Outlawed chemical used on Oregon lands«, 7.6.1973; »Five states involved in Agent Orange tests«, 8.6.1973; »Ban on ›Orange‹ not absolute«, 11.6.1973; »EPA studies data on ›Agent Orange‹«, 12.6.1973; »EPA closes probe on chemical«, 15.6.1973; »Plan drawn up for destroying Agent Orange,« 11.5.1974.

2 Newport (Oregon) News-Times, 25.12.1975.

gebieten unerwünschte Pflanzen (»Unkraut«) wie Erlen und Ahorn zu bekämpfen, um das Wachstum von Nadelbäumen zu fördern und tat jeden Hinweis darauf ab, Herbizide stellten eine Bedrohung für die öffentliche Gesundheit oder Wildtiere dar. Unter Bezugnahme auf seine Beteiligung an einer Untersuchung der US-Akademie der Wissenschaften, die sich mit Berichten über die gesundheitlichen Auswirkungen beim Menschen und die Umweltzerstörung durch den Einsatz von Agent Orange seitens der US-Streitkräfte in Vietnam befasste, erklärte Newton: »Die Wälder im Hochland von Vietnam wurden hauptsächlich durch Brände zerstört, nicht durch 2,4,5-T ... Zudem fehlten die typischen Symptome einer 2,4,5-T- und Dioxinexposition bei Menschen.«

Die Beiträge ließen uns die Verzweiflung, die wir im vorangegangenen Sommer empfunden hatten, wieder spüren. Derartige Aussagen eines »Experten« vermittelten einer gutgläubigen Öffentlichkeit ein unvollständiges, irreführendes Bild von Herbiziden. Wir waren stets eher zurückhaltend gewesen und hatten bis dahin nicht in Erwägung gezogen, einen Leserbrief zu schreiben, aber diese Artikel brachten das Fass endgültig zum Überlaufen. Wir holten unsere Kartons mit archivierten Untersuchungen hervor und verfassten eine Stellungnahme. Nur eine Zeitung – unser lokales Wochenblatt – druckte den Leserbrief ab:

The Newport News-Times, 8. Januar 1976

Leserbrief zum Beitrag von Michael Newton über Herbizide in der Ausgabe vom 25.12.1975

Für Professor Newton, der im Willamette Valley, wo wenig gesprüht wird, in Sicherheit lebt und arbeitet, mag es einfach – und zweifellos profitabel – sein, Herbiziden etwas Gutes abzugewinnen. Vielleicht möchte er ja mit seiner Familie den Sommer im Siuslaw Forest verbringen, wo ca. 6070 Hektar Land in diesem Jahr (1976-77) für die Entlaubungsbehandlung vorgesehen sind. Professor Newton behauptet, »die Wirkungen von Herbiziden seit 1958« zu untersuchen. Falls dem so ist, täte er gut daran, seine Forschungsmethoden zu verbessern. Wir befassen uns seit letztem Frühjahr bzw. Sommer, als Helikopter über den Waldgebieten um unser Tal Sprüheinsätze flogen, mit den Auswirkungen von Herbiziden und haben folgende Beobachtungen gemacht:

1. Zehn Prozent der Hühnerküken, 6 Prozent der Gänseküken und 17 Prozent der Entenküken, die auf unserem Hof schlüpften, wurden mit verschiedenen Anomalien geboren, u. a. mit gekreuzten Schnäbeln, Missbildungen der Beine und Füße, Kleinwuchs und Wachstumsverzögerungen.
2. Unsere Kinder – an sich kerngesund – litten während der Sprüheinsätze und danach unter starken Kopfschmerzen begleitet von Nasenbluten und Übelkeit.
3. Unser selbst angebautes Obst und Gemüse – Tomaten, Bohnen und insbesondere Trauben – wurde in unterschiedlichem Ausmaß geschädigt, und die meisten Tomatenpflanzen verloren wir komplett.
4. Die Sprüheinsätze erfolgten ohne Rücksicht auf die herrschenden Wind- und Wetterbedingungen; in einem Fall erfolgte der Sprühflug kurz vor einem heftigen Regen.

Da unser Interesse an der Sache nun geweckt war, stellten wir an der OSU, an der Professor Newton tätig ist, einige Recherchen an und fanden Folgendes heraus:

1. Die 2,4,5-T-haltigen Präparate sind mit ihrem aktuellen Dioxingehalt in der üblichen Anwendungsmenge hoch giftig. Eine unbedenkliche Dosierung gibt es nicht.
2. 2,4,5-T und seine Dioxinverunreinigungen sind beim Menschen fruchtschädigend (teratogen), d. h. sie können in kleinsten, kaum messbaren Mengen der Größenordnung ppt (Anzahl Teile pro Billion Teile) zu schweren angeborenen Fehlbildungen führen, u. a. zu Gaumenspalte, anormalen Beinstellungen, Nierenanomalien, vermindertem durchschnittlichen Fötusgewicht, Darmblutungen, Nabelschnurbruch und *Spina bifida*. Hinzu kommen die Risiken

eines Gewichtsverlusts der Mutter und von Leberkarzinomen. Diese Wirkungen zeigten sich im Zusammenhang mit »reinem« 2,4,5-T sowie mit 2,4,5-T, das unterschiedlich stark mit Dioxin verunreinigt war.

3. Dioxine reichern sich in der Nahrungskette an und erreichen Konzentrationen, die bis zum 9.000-Fachen der ursprünglichen Dosis bei Stechmückenlarven, einer Hauptnahrungsquelle von Enten und Fischen, insbesondere Lachsen, in Küstengewässern betragen. Dies könnte eine Gefahr für Menschen, insbesondere Schwangere, darstellen, die das Fleisch von Wild- und Nutztieren aus diesen Gegenden verzehren.
4. Laut anderen Mitgliedern der National Academy of Sciences, die Professor Newton nach Vietnam begleiteten, sowie Mitgliedern der Herbicide Assessment Commission[3] der American Association for the Advancement of Science[4] (1970, 1971) stieg die Rate an Totgeburten und Fehlbildungen (insbesondere von Spina bifida und Gaumenspalte) in Vietnam mit der Sprühintensität an. Eine andere Untersuchung aus Nordvietnam dokumentiert ausführlich eine Reihe von Fällen von Kindern mit unterschiedlichen Fehlbildungen, deren Mütter in Gegenden lebten, in denen gesprüht wurde, sowie eine Reihe von Primärkarzinomen der Leber, die auf dieselbe Ursache zurückzuführen sind. Diese Befunde stehen im direkten Widerspruch zur Behauptung von Professor Newton, dass »zudem die typischen Symptome einer 2,4,5-T- und Dioxinexposition bei den Menschen fehlten.«

Wir, die wir in den hiesigen Wäldern leben und arbeiten und unmittelbar unter den Auswirkungen der Sprüheinsätze leiden, erhalten keinerlei finanzielle Unterstützung, um gegen diese Praxis

3 Ausschuss zur Beurteilung von Herbiziden [A. d. Ü.].

4 US-amerikanische Gesellschaft zur Förderung der Naturwissenschaften [A. d. Ü.].

vorzugehen. Tatsächlich werden aus unseren Steuergeldern eben solche Leute wie Professor Newton und die Forstverwaltung finanziert, die uns aus persönlichem Profitstreben als »Versuchskaninchen« in einem Experiment missbrauchen.

Die Leserinnen und Leser Ihrer Zeitung – insbesondere jene, die in den Staatsforsten dieses US-Bundesstaats leben, arbeiten, jagen, angeln oder in diesen Wäldern einfach unterwegs sind – verdienen es zu wissen, was diesen Wäldern im Namen der »Forstökologie« und des »Vegetationsmanagements« angetan wird.

Carol und Steve Van Strum

* * *

Die Veröffentlichung dieses Leserbriefs in *The Newport News-Times* hatte unerwartete Folgen. Überall aus Lincoln County sowie aus den angrenzenden Bezirken Lane und Benton riefen uns Leute an oder schrieben uns: der Fahrer eines Sprühlasters, der auch sechs Jahre, nachdem er seinen Beruf aus gesundheitlichen Gründen aufgegeben hatte, noch immer unter einer Nierenschädigung und Hautproblemen litt; ein Jäger, der beschuldigt worden war, fünf Elche getötet zu haben, dann aber freigesprochen wurde, nachdem eine Autopsie ergeben hatte, dass sie an einer Herbizidvergiftung verendet waren; Landwirte, deren Rinder eingegangen waren und die Pferde erschießen mussten, die lahmten und ihr gesamtes Fell verloren hatten; Forstarbeiter, die nach dem Pflanzen von Baumsetzlingen auf besprühten Arealen erkrankt waren und kurz nach den Sprüheinsätzen eine Vielzahl verendeter Kleintiere vorgefunden hatten.

Mehrere Familien berichteten von Vergiftungen nach dem Verzehr von Beeren, die sie an besprühten Straßenrändern gepflückt hatten. Ein Holzfäller rief an und äußerte sich bestürzt angesichts der Zahl blinder Rehkitze, die ihm in den vergangenen Jahren aufgefallen waren. »Ihre Augen sind total unterentwickelt«, berichtete er, »so als wären ihre Augäpfel und Augenhöhlen einfach nicht gewachsen, und sie laufen ständig irgendwo gegen. Wenn die Ricke

Das Fisher Schoolhouse, in dem die ersten Versammlungen im Kampf gegen die Sprüheinsätze mit Herbiziden stattfanden (Foto: Todd Moore)

sich auch nur etwas zu weit entfernt, ist es um das Kitz geschehen. Sie überleben sowieso nicht sehr lang.« Er fragte, ob die Herbizide die Ursache für die Blindheit sein könnten. Wir hatten keine Ahnung.[5]

Viele derjenigen, die uns anriefen, wollten ihren Namen nicht nennen, weil sie Angst um ihren Arbeitsplatz in der Holzindustrie hatten. Frauen waren von dieser Angst weniger betroffen. Zwei Hausfrauen in Five Rivers, Susan Parker und Susi Gilbert – beide Mütter von Kleinkindern – organisierten ein Treffen im örtlichen, aus zwei Räumen bestehenden Schulgebäude, um sich über den Brief auszutauschen.

Bei dem Treffen war eine bunte Mischung der im Tal ansässigen Menschen vertreten. Es kamen alte Leute, die schon ihr ganzes Le-

5 Mikropthalmus und angeborene Blindheit treten bei Versuchstieren nach 2,4-D-Exposition auf. Siehe z. B. Bionetics- und Mrak-Berichte, a. a. O. (37), Shoecraft a. a. O. (73), und Kay a. a. O. (75).

ben im Tal verbracht hatten, die Jahr für Jahr gesehen hatten, wie die Helikopter über den Hügeln und Wassereinzugsgebieten Sprüheinsätze flogen, ohne dass sie je gewusst oder in Frage gestellt hatten, was ihre Regierung dort tat. Es kamen Farmer, Holzfäller, Fabrikarbeiter sowie mehrere Leute der *Hoedads Reforestation Cooperative*[6], die aus erster Hand über ihre Erfahrungen mit Herbiziden auf den Arealen berichteten, für deren Wiederaufforstung sie angeheuert worden waren. Leute aus Deadwood, einer Ortschaft südlich von Five Rivers, hatten eine Fahrt von 20 Meilen über kaum passierbare Forstwege in Kauf genommen, um hier zu sein. Der Raum war brechend voll.

Auf dem Tisch ausgebreitet lagen fotokopierte Studien und Umweltverträglichkeitsgutachten[7] der Forstverwaltung. Die Menschen, die hier zusammengekommen waren, waren seit zwei Jahren unsere Nachbarn, doch wir kannten praktisch niemanden. Steve erläuterte, was unseren Leserbrief an die Zeitung veranlasst hatte und fasste unsere Recherchen kurz zusammen: die Anfänge der Phenoxyherbizide im Zweiten Weltkrieg, die Berichte über ihre Wirkungen infolge des Einsatzes durch die US-Armee in Vietnam, die Laborversuche mit Tieren, bei denen angeborene Missbildungen nachgewiesen wurden, sowie die Studien, die eine Bioakkumulation von TCDD in der Nahrungskette belegten.

Natürlich gebe es keine Belege, so sagte er, dass das, was im Labor passiert sei, ebenso hier in den Wäldern geschehen könne; es gebe jedoch ebenso wenig Beweise dafür, dass es nicht passieren könnte.

Vielleicht handele es sich bei den Krankheiten der Kinder, den missgebildeten Hühner-, Enten- und Gänseküken sowie den eingegangenen Nutzpflanzen auch um Zufälle. Vielleicht seien die toten Fische und Entenküken im Fluss, die am Ufer angeschwemmten Flusskrebse, die toten Singvögel ebenfalls reiner Zufall. Er habe die

---

6 *hoedad*: Axt. Die Hoedads Reforestation Cooperative war eine im Besitz von Arbeitern befindliche Baumpflanzungs- und Forstarbeitergenossenschaft mit Sitz in Eugene, Oregon, USA. (Quelle: Wikipedia) [A. d. Ü.].

7 engl. Environmental Impact Statement (EIS) [A. d. Ü.].

Bibliothek aufgesucht, um sich zu vergewissern, dass alles reiner Zufall wäre und sei stattdessen auf überzeugende Hinweise darauf gestoßen, dass dem ganz und gar nicht so war.

Die Leute von der Forstverwaltung und der Straßenbehörde und die Mitarbeitenden bei der EPA, die für die Regulierung der Chemikalien zuständig waren, lebten nicht im Waldgebiet, so Steve, im Gegensatz zu uns. Wir arbeiteten, angelten und jagten hier, bauten unsere Nahrungsmittel an und gingen in der Gegend mit unseren Kids wandern. Tag für Tag sahen wir das Rotwild, die Elche, die

Alter Naturwald im Valley of the Giants, nördliche Teil des Siletz River (Foto: Rio Davidson)

Falken und Fische, die Bäume. Wir kannten ihre Gewohnheiten und Lebenszyklen, und wir erkannten besser als irgendwer sonst, wenn etwas schieflief. Wir hatten den Leserbrief geschrieben, weil uns aufgefallen war, dass etwas absolut schieflief.

»Ihr alle lebt hier schon viel länger als wir. Was ist euch aufgefallen?« fragten wir.

Jede Person im Raum hatte etwas zu berichten. Wer Bienen züchtete, hatte die Bienenvölker nach den Sprüheinsätzen verloren. Ein Rancher hatte 23 von 36 Jungkühen verloren, nachdem an der Straße, die durch die Weide verlief, gesprüht worden war. (Später erfuhren wir, dass es unser Weideland war, auf dem die Kühe verendet waren. Wir hatten es dem Farmer in dem Jahr, bevor wir dort hinzogen, verpachtet.) Eine Frau hatte in den Jahren, in denen sie im Tal lebte, 14 Fehlgeburten gehabt. Eine andere Frau berichtete von ihren zwei Fehlgeburten und dass ihr Sohn mit Funktionsstörungen der Lunge und Leber geboren worden sei. Bei der jungen Ehefrau eines Holzfällers hatten in den fünf Jahren, in denen sie mit ihm verheiratet war, sämtliche Schwangerschaften vorzeitig mit Fehlgeburten geendet. Ein älteres Ehepaar erzählte, dass sich ihr Gesundheitszustand jedes Jahr zur Zeit der Sprüheinsätze so eklatant verschlechtert habe, dass sie in diesen Wochen das Tal ganz verließen. Sie sagten, sie seien immer davon ausgegangen, dass sie als einzige dieses Problem hätten.

Leute, die angelten und auf die Jagd gingen, berichteten von Fischen und Rotwild mit Missbildungen. Alle stimmten darin überein, dass die Zahl der Tiere im Fluss drastisch zurückgegangen sei: die Populationen von Flusskrebsen, Süßwassermuscheln, Lachsen, Lachs- und Regenbogenforellen seien nur noch ein Bruchteil so groß wie vor zehn oder zwanzig Jahren.

Fast jede Familie konnte mindestens einen Fall von Darm-, Atemwegs- oder Nervenproblemen, Krebs, Fehlgeburten, Blutungen (häufig resultierend in einer Hysterektomie[8]) bei weiblichen

8 Gebärmutterentfernung [A. d. Ü.].

Angehörigen oder chronischen Erkrankungen der Kinder berichten – und alle lebten in einer entlegenen Gegend, die von industrieller Umweltverschmutzung oder Schadstoffemissionen durch Stadtverkehr kaum betroffen war.

Die eigenen Erfahrungen in den Berichten unserer Nachbar/innen bestätigt zu sehen, war einerseits eine Genugtuung, aber die Implikationen waren für alle angsteinflößend. Falls all diese Probleme durch die Herbizide verursacht wurden, was könnte man dagegen tun? Wer von uns besäße den Mut, sich mit der Regierung in Washington anzulegen?

»Wenn es sich um meinen Nachbarn handeln würde, oder ein Holzunternehmen, das meine Kinder oder meine Rinder krank machen würde«, sagte ein Mann, »verflucht, Mann, sie könnten tausend Mal behaupten, es sei absolut sicher! Diese Helikopter würden niemals starten. Sie sind doch nun wirklich ein leichtes Ziel. Aber wir reden hier von der US-Regierung …«

Noch konkreter als die Bedenken im Hinblick auf staatliche Repressionen und Einschüchterungsversuche war die Angst, den Arbeitsplatz zu verlieren. Die Familien in der Gegend waren allesamt finanziell, direkt oder indirekt, von der Holzindustrie abhängig. Die holzverarbeitenden Unternehmen, für die sie arbeiteten, waren wiederum auf die Verträge mit der Forstverwaltung angewiesen, und niemand hatte den leisesten Zweifel, wie es denjenigen ergehen würde, die es wagten, sich mit der Forstverwaltung anzulegen.

Steve warf in den Raum, dass es unter Umständen gar nicht nötig sei, gegen die Forstbehörde vorzugehen. Vielleicht stecke hinter all dem ja gar keine böse Absicht. Die Forstverwaltung, so sagte er, übernehme aus der agrochemischen Forschung die neuesten und modernsten Mittel für die Forstbewirtschaftung. Die Forstverwaltung wiederum sei von der EPA abhängig, die die Sicherheit der Chemikalien gewährleisten müsse, und die EPA sei ihrerseits auf die Sicherheitsanalysen der Chemiekonzerne angewiesen, die letztlich ihren Aktionären gegenüber verpflichtet seien. Und diese wüssten rein gar nichts über die chemischen Stoffe. Es liege durchaus im Bereich des Möglichen, dass die Forstverwaltung von den Untersuchungen, auf die wir gestoßen waren, oder von dem, was im Tal bei jedem Sprüheinsatz passiere, keine Ahnung habe.

Susan Parker, Vorsitzende der *Five Rivers Organizing Group* (FROG), schlug vor, alle sollten ihre Erfahrungen mit und Ansichten über die Sprüheinsätze – falls gewünscht, anonym – schriftlich festhalten. Dann könne man die Aufzeichnungen zusammentragen und mit einem Schreiben an die Forstverwaltung schicken. Sie verteilte Zettel und Bleistifte. Unter Zusicherung der Anonymität schrieben alle im Raum ausführliche Berichte. Während die Leute schrieben und miteinander sprachen, kam auf Steve ein gewisser John Noell zu, der aus Deadwood zu der Versammlung gekommen war. Er erklärte, er habe beruflich »einen wissenschaftlichen Hintergrund« und bot seine Hilfe im Hinblick auf künftige Nachforschungen an. Wie sich herausstellte, hatte John in Biologie promoviert, war damals aber alles andere als stolz darauf.

John ist ein großgewachsener, lebenslustiger Mann Mitte dreißig, der sich unbändig für alles von Musik über Mechanik bis hin zu Spinnen, Molchen und molekularen Strukturen begeistern kann. Kinder lieben ihn. Er ist stets bereit, Neues zu entdecken oder Antworten auf schwierige Fragen zu recherchieren. Kürzlich half er bei einer Rettungsaktion einem Nachbarn mit dessen Auto, das auf dem hohen »Grenzwall« feststeckte, der die Wasserscheide zwischen Five Rivers und Deadwood Creek markiert. Bei diesem Anlass erinnerte er sich an das Treffen 1976 zurück.

»Ich war neu in der Gegend und kam eigentlich nur aus reiner Neugierde zu dem Treffen. Ich lauschte Steves Ausführungen, und mein Interesse war geweckt – ganz gegen meinen festen Vorsatz, mich aus so was rauszuhalten. Er war richtig gut, die Ruhe selbst. Er war auf keinem Kreuzzug. Er kannte sich mit den Fakten aus und brachte diese weniger ein um zu beweisen, dass er Recht hatte, sondern um Fragen aufzuwerfen. Das hat mir gefallen. Dieser Aspekt fehlte in der Wissenschaft, so wie ich sie kannte.«

»Ich hatte alles hinter mir gelassen und hatte bis zu diesem Treffen keinerlei Interesse daran, mich mit der Vergangenheit zu beschäftigen. Die wissenschaftliche Community erschien mir wie ein Mikrokosmos all dessen, worunter die Welt insgesamt litt – Kleinlichkeit, Ego-Trips, Konkurrenzdenken, Zügellosigkeit, das permanente Unterminieren von Aufrichtigkeit und Integrität. Es war alles nur ein Spiel, bei dem man sich an die Spielregeln halten musste. Ich war gut darin, aber mir wurde allmählich klar, dass das, worin ich gut war, mich zerstörte, mein Leben und meine Familie ruinierte.«

»Also ließ ich alles hinter mir. Wir zogen nach Deadwood, kauften eine kleine Farm, und ich machte mich daran, die Landwirtschaft zu erlernen. Sie kennen die Vision: eine kleine Farm, ein idyllisches Leben, ehrliche, saubere Arbeit, ein wärmendes Feuer am Abend, sehen, wie die eigenen Kinder mit frischer, gesunder Nahrung aufwachsen und gedeihen. Und dann platzt die Blase.«

»Ich meine damit nicht, dass die Vorstellung unrealistisch ist, sie ist lediglich verantwortungslos. Es ist nicht möglich, alles hinter sich zu lassen – nicht, solange man auf diesem Planeten lebt. Helikopter kommen und zerstören deine friedvolle Welt – du willst instinktiv die Flucht ergreifen, ein Fleckchen auf dieser Erde finden, wo solche Dinge nicht geschehen.«

»Aber so einen Ort, an dem man sich verstecken könnte, gibt es nicht mehr, und was würde es auch bringen? Sogar die Möglichkeit zu flüchten ist ein Luxus, über den nicht alle verfügen. Und in Anbetracht von DDT im Organismus von Pinguinen in der Antarktis, PCBs im Gewebe jedes Amerikaners und jeder Amerikanerin und der Verklappung von radioaktiven Abfällen, wo immer man sie loswerden kann – also, es gibt einfach keinen Ort mehr, an den man sich flüchten könnte. Und selbst wenn es den gäbe: Wer könnte es genießen, da zu sitzen und zuzusehen, wie der Rest der Welt in Chaos versinkt?«

»Aber all das beschäftigte mich gar nicht, als ich Steve begegnete, und eines war klar – dass ich keine Ahnung hatte, auf was ich mich da einließ! Das Einzige, was ich damals wusste, war, dass die von ihm beschriebene Bedrohung real war. Ich kannte die chemischen Stoffe aus diesen Studien zu Genüge.«

»Damals hatten wir bereits ein Kind und wollten gerne noch weitere haben. Daran habe ich als erstes gedacht: Ich will nicht, dass meine Kinder – weder das eine, das wir haben, noch unsere Ungeborenen – auch nur im Entferntesten mit dem Zeug in Kontakt kommen. Wenn dein Kind von einem Hund attackiert wird, überlegst du auch nicht lange: Du greifst nach dem Erstbesten, das du zu greifen kriegst und jagst den Hund davon. So ging es mir damals. Ich griff also nach der erstbesten Waffe – meiner naturwissenschaftlichen Ausbildung – und schloss mich dem Kampf an.«

»Was die naturwissenschaftliche Forschung betraf, war ich aufgrund der dort herrschenden Spielregeln völlig desillusioniert. Bei diesem Spiel geht es darum, andere auszustechen, und es gewinnt die Person, die die Glaubwürdigkeit aller anderen zerstören kann. Ich war gut in diesem Spiel gewesen – nichts, worauf ich stolz wäre. Aber wenn der Kampf auf dieser Grundlage geführt wurde, besaß ich die richtige Waffe dafür.«

»Und bedauerlicherweise geht es genau darum. Nicht nur in Bezug auf chemische Verbindungen, sondern auch im Hinblick auf Atomkraft, den Bau von Dämmen, Öltanker, Pipelines, Bomben, einfach alles – die Entscheidungen werden von den Fachleuten getroffen. Schließlich findet man sich in Gerichtssälen voller Expertinnen und Experten wieder, die sich über Detailaspekte von Fragen auseinandersetzen, die, würde man sie in ihrer logischen Konsequenz zu Ende denken, der reinste Wahnsinn sind – jedenfalls aus biologischer Sicht.«

»Letztlich geht es um die Frage, wie viel Leben man für Profite zerstören darf. Das nennt man Nutzen-Risiko-Analyse. Um bei diesem Spiel mitzumachen, entledigt man sich von Anfang an der grundsätzlichen Frage, ob man aus reinem Gewinnstreben *überhaupt* ein Leben opfern darf. Sich mit dieser Frage auseinanderzusetzen, disqualifiziert dich sofort als emotional und unwissenschaftlich. Den Menschen wird beigebracht, solche Fragen den

Expertinnen und Experten zu überlassen – wir sollen ihnen vertrauen, ihnen die ganze Verantwortung übertragen, sie darüber entscheiden lassen, was richtig und falsch, gut oder schlecht ist.«

»Bei der Versammlung hat mich beeindruckt, wie Steve – ehemals Geschäftsmann, jetzt Farmer – die molekularbiologischen und chemischen Zusammenhänge einem Publikum aus Holzfällern und Hausfrauen erklärte und wie ihm alle gebannt zuhörten. Langsam bekamen sie eine Ahnung davon, worum es all diesen so genannten Expertinnen und Experten eigentlich ging!«

»Ich habe viel über diese erste Zusammenkunft und die darauffolgenden Ereignisse bis hin zu den Anhörungen am Bundesgericht nachgedacht. Wir hatten keine Ahnung, worauf wir uns einließen. Es gab keine Präzedenzfälle. Und bei allem ging es uns im Grundsatz nur darum, unsere Familien zu schützen. Wir waren uns mitnichten sicher, was die richtige Vorgehensweise war, und doch haben wir etwas erreicht. Es schien damals nichts Großes, aber es zog immer weitere Kreise, bis heute.«

»Wie es dazu kommen konnte? Eine gemeinsame Bedrohung brachte eine Gruppe einander fremder Menschen mit komplett unterschiedlichen persönlichen Geschichten, Kenntnissen, Persönlichkeiten und Interessen zusammen und setzte dabei eine Art Kritische-Masse-Phänomen in Gang …«

* * *

»Wie eine Menge anderer Leute auch zogen wir hierher, um Ruhe zu finden,« so drückte es ein Imker bei diesem ersten Treffen aus. »Meine Güte, was konnte inmitten eines Staatsforsts schon schiefgehen?«

Das, was die Leute an diesem Abend im Schulhaus auf Zettel schrieben, belegte, dass eine Menge falsch gelaufen war. Susan Parker las die Kommentare laut vor, und wir formulierten ein Schreiben an die Forstbehörde, das alle unterzeichneten. In dem Schreiben führten wir sämtliche Probleme auf, von denen die Menschen berichtet hatten, und forderten die Verantwortlichen des örtlichen

Forstbezirks auf, Vertreter/innen zu einer für den 4. März geplanten Zusammenkunft zu entsenden.

Frank Rasmussen, damals Bezirksranger für den Alsea Ranger District des Siuslaw National Forest, nahm an dem Treffen vom 4. März in Begleitung von Jim Warner, dem Leiter der Sprüheinsätze in dem Bezirk, und Gene Klingler, dem forstwirtschaftlichen Bezirksbeauftragten teil. Die drei Männer räumten zwar ein, die Forstverwaltung habe die Anwohner/innen nicht ausreichend über das Vorhaben informiert, schienen aber die Bedenken der Gruppe nicht wirklich ernst zu nehmen.

Meist führte Klingler das Wort. Er betonte, die Forstverwaltung verlasse sich auf die Sicherheitsvorgaben der EPA, und die Herbizide seien von der EPA zugelassen worden. Ihnen als Angestellten der Forstverwaltung stünde es nicht zu, über die Sicherheit der Sprühmittel zu entscheiden. Auf die direkte Frage, ob er die geplanten Sprüheinsätze im und um das Five Rivers Tal zurückfahren könne, antwortete Rasmussen, dass das nicht seine Entscheidung sei. Der Ranger und seine Begleiter verließen die Zusammenkunft, ohne irgendwelche Zugeständnisse in Bezug auf die geplanten Sprüheinsätze zu machen.

Die Anwesenden waren wie vor den Kopf geschlagen.

»Wir saßen ein paar Minuten einfach nur da und stierten einander an«, erinnert sich ein Farmer und Holzfäller. »Man kann wohl sagen, dass wir ziemlich naiv waren. Das mit dem Treffen, gemeinsam das Schreiben aufzusetzen und mit den Behördenvertretern zusammenzukommen, war für uns eine große Sache. Soweit ich weiß, gab es in der Gegend vorher noch nie eine solche Zusammenkunft wegen irgendetwas!«

Er kratzt sich am Kopf und zieht die Augenbrauen hoch – und erinnert mit dieser Geste flüchtig an Stan Laurel. »Festzustellen, dass alle anderen ebenso über die Sache dachten, war für uns so eine Überraschung gewesen. Wir waren wohl davon ausgegangen, dass wir auch die Forstverwaltung mit unseren Erkenntnissen überzeugen können. Verstehen Sie? Es war ein regelrechter Schock, diese Zusammenkunft mit den öffentlichen Vertretern war so ein großer Schritt für uns, und dann interessierte es die nicht die Bohne, sie hörten uns ja nicht mal richtig zu. Das war wie ein Schlag ins Gesicht und zerstörte unser Vertrauen in sie, wenn Sie wissen, was ich meine. Niemand von uns wusste, was wir als nächstes tun sollten.«

Aber nachdem dieser erste Schritt getan war, dachte die Gruppe nicht daran aufzugeben. Aus den Gemeinden Five Rivers und Deadwood wurden Mitglieder für ein Komitee nominiert, das sich mit den nächsten Schritten befassen sollte. In der Woche danach kam das Komitee in Deadwood zusammen und wählte einen Namen für die Organisation, die die beiden Kommunen in ihren Bemühungen vertreten würde, die Sprüheinsätze der Forstverwaltung über ihren Wassereinzugsgebieten zu stoppen: *Citizens Against Toxic Sprays*[9] (CATS). Das Komitee wählte aus seinen Reihen Handlungsbevollmächtigte der Gruppe, die in den folgenden Wochen mehrere Male nach Eugene fuhren, um einen Anwalt zu finden, der sie rechtlich würde beraten können.

»Niemand von uns hatte eine Ahnung von der Gesetzeslage oder den Verwaltungsverfahren, die uns laut den Vorschriften der Forstverwaltung offenstanden«, erinnert sich Susan Parker. »Hätten wir damals gewusst, was wir jetzt wissen, wäre manches vielleicht anders gelaufen. Zu diesem Zeitpunkt ging es jedoch um die Frage, ob wir nach ihren Regeln vorgehen und legal Widerstand leisten oder ob wir es den Leuten selbst überlassen sollten. Hier draußen heißt das: Waffengewalt. Die eigenen Rechte zu kennen, vermittelt einem die Zuversicht – wenn auch vielleicht fälschlicherweise –, dass man gewinnen kann, sogar vor Gericht. Dabei hatten wir mit Sicherheit nicht den leisesten Schimmer, worauf wir uns einließen!«

Neben ihren Aufgaben als FROG-Vorsitzende und als Bevollmächtigte von CATS stillte Susan noch ihre kleine Tochter und arbeitete mit anderen Familien aus Five Rivers an einem Modell der

9 Deutsch etwa »Bürger und Bürgerinnen gegen giftige Spritzmittel« [A. d. Ü.].

örtlichen überdachten Brücke, das in diesem Juni als Festzugswagen bei der jährlichen »*Beachcomber Days*«-Parade in Waldport mitfahren sollte. Unser Leserbrief hatte ihr Interesse sofort geweckt, da sie sich seit ihrem Umzug hierhin mehreren Operationen zur Entfernung von Krebsknoten aus der Brust hatte unterziehen müssen. Zudem traten bei ihrer Tochter und ihrem Mann, einem Fabrikarbeiter, bei jedem Sprüheinsatz schwerwiegende Atemprobleme auf.

»Einen Anwalt zu finden ist nicht so leicht, wie es sich anhört«, erläutert sie. »Wir stellten fest, dass es nicht viele gibt, die sich mit Umweltrecht auskannten, und noch weniger, die sich jemals mit Chemikalien befasst hatten. Dafür kennen sie sich in Gelddingen aus: die ersten, die wir aufsuchten, waren nur daran interessiert, ob sie aus unserem Fall eine Sammelklage konstruieren können, oder sie verstanden erst gar nicht, was das Problem war.«

Susan, mittlerweile geschieden und alleinerziehende Mutter eines Sohnes und einer Tochter, unterrichtet und praktiziert Massagetherapie an der Küste. Darüber hinaus ist sie die Vorsitzende der Planungskommission von Lincoln County und engagiert sich weiterhin in Bürgerinitiativen gegen den Einsatz von Herbiziden. »Wenn man sich erst einmal darauf eingelassen hat, kommt man nur schwer wieder raus«, meint sie. »Wir waren 1976 derart naiv. Wir waren so entmutigt und hatten die Suche nach einem Anwalt für den Tag praktisch schon aufgegeben, als wir das Büro von Bruce Anderson betraten. Wir wussten nichts über ihn, aber jemand hatte uns erzählt, er habe einen Prozess angestrengt, um eine Stromleitung verlegen zu lassen, weil sie genau auf der Flugroute von Enten verlief oder so ähnlich … Also, dachten wir, versuchen wir's mal. Er hörte sich unsere Ausführungen etwa eine Stunde lang an und meinte dann, wir sollten am kommenden Montag wiederkommen. Er sagte uns zu, den Fall zu übernehmen.«

»Auf unserem Rückweg waren wir bester Dinge, aber auch besorgt. Einen Anwalt zu engagieren bedeutete, dass es nun ernst werden würde, auch finanziell. Das muss man Bruce wirklich zugutehalten: Er zog die Sache durch ohne die geringste Aussicht darauf, kostendeckend zu arbeiten, dabei berechnete er uns nur die Hälfte seines üblichen Honorarsatzes. Und er zollte uns, den Leuten von CATS, Respekt für all das, was wir wussten und uns aneignen konnten. Beide Seiten brachten sich gleichermaßen ein – ihm nutzten unsere wissenschaftlichen Erkenntnisse, uns seine juristischen Kenntnisse. Beide Seiten lernten eine Menge.«

Bruce Anderson erinnert sich gerne an diesen Tag 1976. »Eine Gruppe von Leuten aus Deadwood und Five Rivers suchte mich auf und berichtete von einigen Dingen, dich ich persönlich äußerst beunruhigend fand. Sie hatten schwerwiegende Probleme, und ich dachte mir, dass ich ihnen vielleicht helfen könnte.«

An der Wand gegenüber von Bruces Schreibtisch in seinem Büro in Eugene hängen Fotos von Bruce, seiner Frau und ihren beiden Kindern und von ihrem Hund, aufgenommen beim Wandern, bei einer Rucksacktour, beim Skifahren, Bergsteigen und Angeln. Lächelnd erinnert er sich der mehr als 600 Stunden, die er und sein Assistent, Doug du Priest, an Rechtsanwaltstätigkeiten auf den CATS-Fall verwendet haben.

»Ich hatte an dem Tag nicht die geringste Ahnung, dass das Ganze zu einem derartigen Krieg ausarten würde«, so Bruce später. »Niemand von uns hätte sich damals die Größenordnung vorstellen können. Je mehr ich über die Sache erfuhr, und mit je mehr Leuten ich sprach, die vergiftet worden waren, desto klarer wurde mir, welch immenses Problem die USA mit Chemikalien haben. Mit persönlicher Anteilnahme und persönlichem Engagement war es frustrierend, aber ohne das wäre es wahrscheinlich unmöglich gewesen. Mir wurde klar, wie wenig man als Anwalt einer kleinen, privaten Kanzlei in der Lage ist, ein mehrjähriges Gerichtsverfahren zur Verteidigung von Mensch und Umwelt gegen die gebündelten Ressourcen von Industrie und Regierung zu stemmen.«

Da Deadwood und Teile von Five Rivers zum Lane County gehören, hatten sich Zeitungen in Eugene von Anfang an für das Thema Herbizide interessiert. Die Mitglieder von CATS, die meist aus ländlichen Gegenden kamen, waren überrascht, dass Leute aus der

Stadt sich für ihr Anliegen interessierten und sie unterstützten. Viele von ihnen waren seit Jahren erschüttert in Anbetracht des Einsatzes von Herbiziden an Straßenrändern, in Parks und auf Schulhöfen im ganzen Bezirk und wandten sich an CATS, um sich zu informieren und beraten zu lassen. Sie unterstützten die Initiative auch mit Geldern, die dringend zur Finanzierung von Anwaltskosten und anderen Aufwendungen benötigt wurden. Auch Menschen aus Waldgebieten anderer Regionen traten CATS bei und verteilten in ihrer Nachbarschaft Petitionen.

Am 19. April 1976, zwölf Tage, nachdem Bruce Anderson sich bereit erklärt hatte, den Fall zu übernehmen, unterbreitete er dem Supervisor des Siuslaw National Forest einen Vorschlag. Der Vorschlag war bescheiden genug: Es wurde lediglich darum gebeten, das Versprühen von Herbiziden in den Teilen des Siuslaw National Forest im Umkreis von weniger als eine Meile um die Gemeinden Deadwood und Five Rivers auszusetzen, und es wurden Versuche mit manuellen Alternativmethoden zur Eindämmung des Wildwuchses angeboten. Vier Tage später lehnte die Forstverwaltung den Vorschlag ab.

Jetzt blieb uns nur, uns an ein Bundesgericht zu wenden. Geld war dabei das größte Problem, aber eine mittlerweile doch sensibilisierte Öffentlichkeit reagierte auf die Nachrichten mit Spendengeldern, dem Verkauf selbst gebackener Kuchen und Benefizkonzerten, so dass Anderson genügend finanzielle Mittel zusammen bekam, um weiter zu machen.

Es war Frühling, und es war täglich damit zu rechnen, dass die Helikopter ihre Einsätze wieder aufnahmen.

Am 12. Mai reichte CATS gemeinsam mit dem Umweltrat von Oregon und der Hoedads-Genossenschaft für Wiederaufforstung am Bundesgericht erster Instanz in Eugene Klage ein und forderte eine einstweilige Verfügung gegen das Versprühen von 2,4-D, 2,4,5-T und 2,4,5-TP (Silvex) im gesamten Siuslaw National Forest mit der Begründung, dass das Umweltverträglichkeitsgutachten der Forstverwaltung zum Einsatz von Herbiziden unzureichend sei.

»Eine Menge Leute waren perplex, dass wir die ganze Forstbehörde nur aus dem Grund verklagten, dass ihr umfangreiches Umweltverträglichkeitsgutachten ›unzureichend‹ ist«, erläutert Susan Parker. »*Unzureichend* ist ein so schwammiger Begriff. Was uns wirklich überrascht hat, war zu erfahren, dass man sich auf kein einziges Gesetz berufen kann, um den Staat – bzw. überhaupt irgendjemanden – davon abzuhalten, dich von Kopf bis Fuß mit einer giftigen Substanz zu besprühen. Man kann einzig sagen, dass die Angaben in ihrem Gutachten darüber, welche Auswirkungen das Gift haben würde, unzureichend sind! Und die ganze Angelegenheit war eine so große Sache geworden: Es waren nicht nur ein paar Familien draußen in den Wäldern, die sich mit Forderungen an die Forstbehörde eines einzelnen Bezirks wandte. Die Größenordnung war nun eine ganz andere und involvierte das US-Landwirtschaftsministerium (USDA), Bundesgerichte, Chemiekonzerne und Unternehmen der Holzindustrie. Das war beängstigend. Ich nehme an, genau das lag auch in ihrer Absicht.«

Cathy Noell führte die Bücher für die wachsende CATS-Gruppe. John Noell, Steve Van Strum und Stephen Hager, ein Ozeanograph und Statistiker aus Deadwood, erarbeiteten die wissenschaftlichen Grundlagen für den Prozess und kümmerten sich um Sachverständigengutachten von Wissenschaftler/inne/n aus dem ganzen Land.

Bald schon arbeitete Cathy praktisch Vollzeit für CATS, um die Buchhaltung in Anbetracht der eingehenden Spenden und steigenden Ausgaben auf Stand zu halten.

»Wir waren auf all dies überhaupt nicht vorbereitet«, meint sie und zeigt auf einen großen Küchentisch, auf dem sich zwischen Blechen mit Aprikosen für den Obsttrockner Kontenbücher und Unterlagen stapeln. »Zunächst waren unsere Forderungen so bescheiden: Wir wollten ja nur, dass sie ihre Sprüheinsätze weiter weg von unseren Höfen durchführten. Sie zwangen uns, die Leiter immer und immer höher hinauf zu steigen. Mit jedem Schritt hätten wir uns mit etwas weniger zufrieden gegeben, aber bei jedem Schritt eskalierte die Gegenseite weiter.«

Die Mitglieder von CATS stellten sich auf ein langwieriges Gerichtsverfahren ein und sahen sich gleichzeitig mit dem für jenes Frühjahr geplanten Sprühprogramm konfrontiert. Anfang Mai beantragten sie bei Bundesrichter Otto Skopil eine einstweilige Verfügung um zu erreichen, dass die Sprühoperationen bis nach dem Urteil ausgesetzt würden. Richter Skopil lehnte das Ersuchen mit der Begründung ab, die Forstverwaltung habe bereits Verträge unterzeichnet, deren Nichterfüllung unverhältnismäßig hohe Kosten verursachen würde.

Unverzüglich nahm die Forstverwaltung die Sprüheinsätze im Siuslaw auf. Ein aufgebrachter Farmer aus Five Rivers verfolgte die Einsatzkräfte meilenweit über unwegsame Forststraßen bis zum Hubschrauberlandeplatz, sein geladenes Jagdgewehr gut sichtbar auf dem Armaturenbrett.

»Diese arroganten Scheißkerle! Das war mein Wasserzufluss, über dem sie das Sprühmittel ablassen wollten, und sie wussten es«, sagt er. »Sie wussten, dass ich dieses Schreiben sowie eine eidesstattliche Erklärung für den Richter unterzeichnet hatte. Ich hätte wahrscheinlich nicht auf sie geschossen, aber ich wollte ihnen hundertpro Angst und Schrecken einjagen. Es rüttelte sie zumindest wach. Sie informierten den Hubschrauberpiloten per Funk, und der Helikopter flog los, bevor wir dort eintrafen. Sie haben auf dem Areal nicht gesprüht – zumindest nicht an diesem Tag.«

Die öffentliche Aufmerksamkeit, die der Prozess auf sich zog, führte zu einer breiten Widerstandsbewegung gegen das Sprühen entlang der Kreisstraßen im Siuslaw, insbesondere im County Lane. Der Commissioner von Lincoln County, Jack Postle, der die Anwendung von Herbiziden durch die Bezirksverwaltung eingestellt hatte, nahm an einer öffentlichen Sitzung seiner Kollegen aus Lane County in Eugene teil um sie dazu zu bringen, seinem Beispiel zu folgen. Solange es nur den leisesten Zweifel an der Sicherheit der Herbizide und ihrer Auswirkungen auf die menschliche Gesundheit gebe, so erklärte er, sehe er keine Rechtfertigung, Menschen diesen Substanzen auszusetzen. Entgegen seiner Empfehlung setzte man in Lane County das Programm zum Sprühen der Straßenränder fort.

Kurz nach dieser Sitzung stoppte John Noell einen offiziellen Sprühlaster von Lane County, als dieser die Straße an seinem Wohnhaus und seiner Farm vorbei hinauffuhr und direkt auf den Wasserzufluss für sein Haus und seinen Garten sprühte. John stellte sich dem Laster mit seiner eindrucksvollsten Waffe in den Weg – einer Probenflasche – und wies die Mitarbeiter an, diese mit dem Gemisch aus dem Tankwagen zu befüllen. Dann füllte er eine Reihe von Wasserproben in nummerierte Flaschen. In eine der Flaschen gab er eine nicht zu knappe, messbare Dosis des Sprühgemischs.

»Ich beschwerte mich bei der örtlichen Straßenbehörde und reichte dort meine Proben zur Analyse ein,« so John. »Ich übergab die Proben dem Leiter der Behörde, der sie zur Analyse an das chemische Labor der OSU schickte. Leiter des Labors war ein Dr. James Witt, und wenn ich mich recht erinnere, wurden die eigentlichen Tests von einem Labortechniker namens Marvin Montgomery durchgeführt. Sie sehen also, dass die Flaschen mit den Proben durch einige Hände gingen …«

»In die eine Probe hatte ich ja eine ordentliche Menge von dem Herbizidgemisch gegeben. Daran ist nichts Hinterhältiges, es handelt sich vielmehr um eine übliche Praxis bei der Probenanalyse. Man versetzt eine oder mehr Proben mit einer bestimmten Menge der Substanz und weiß dann somit, dass die Geräte korrekt messen. Aber jetzt kommt der Clou: Laut dem Bericht, den ich erhielt, seien sämtliche Proben negativ gewesen.«

»Das kann man nun so oder so sehen. Entweder der Leiter der Straßenbehörde hat den Inhalt der Flaschen ausgeschüttet und sie neu befüllt, bevor er sie an das Labor der OSU weiterleitete, oder aber jemand im Labor selbst hat sie neu befüllt. Oder, wenn man richtig bösartig sein will, könnte man die Laborangestellten verdächtigen, die Tests niemals durchgeführt und die Testergebnisse einfach erfunden zu haben.«

John hätte die Geschichte vielleicht richtig ausgeschlachtet, wenn Cathy damals nicht gerade schwanger gewesen wäre. Einige Wochen, nachdem über dem Wasserzufluss der Noells gesprüht worden war, kam sie ins Krankenhaus und hatte eine besonders schwere Fehlgeburt.

»Das war sehr, sehr schmerzhaft,« erinnert sich John. »Ich habe mich der Sache einerseits deswegen angeschlossen, weil es um unser Leben auf der Farm ging, andererseits, weil es mich als Wissenschaftler herausforderte – das alte Spiel der Experten eben. Aber wir wollten das Baby unbedingt, und der Verlust änderte alles. Es war kein Spiel mehr. Es ging um Leben oder Tod. Das Ganze war zu schmerzhaft, um es auszuschlachten.«

Die Zeit, um die erforderlichen Zeugenaussagen zusammenzutragen, war knapp. John arbeitete zusammen mit Steve Van Strum und dem Rechtsanwalt Bruce Anderson an der Vorbereitung des Falls für die Anhörungen am Bundesgericht am 23. und 24. Juni. Richter Skopil ließ zu, dass die Zeuginnen und Zeugen ihre Aussagen schriftlich einreichten anstatt persönlich vor Gericht zu erscheinen, wodurch die Sachverständigen, die aus allen Ecken des Kontinents kamen, Zeit und Geld sparten. Nur die Zeuginnen und Zeugen, die ins Kreuzverhör genommen werden sollten, mussten persönlich vor Gericht erscheinen.

Weiterhin am Prozess beteiligt war neben der Forstverwaltung die Industrial Forestry Association (US-Verband der industriellen Forstwirtschaft, IFA). Sie wurde von Anwälten vertreten, die zuvor im Auftrag der Dow Chemical Company verkündet hatten, das Unternehmen beabsichtige in den Prozess einzugreifen.[10]

Die Anspannung bei der Vorbereitung des Prozesses wurde durch kleinere Einschüchterungsversuche noch verstärkt. Dass ein Prozess zu Herbiziden so bedeutend sein könnte, dass man zu solchen Taktiken greifen würde, erschien uns damals völlig absurd, aber die Vorfälle häuften sich.

---

10 Doctor, Ken. »Herbicide proponents reply; case goes to U.S. Court.« Willamette Valley Observer, 11.-24.6.1976, S. 4. Bei der Anwaltssozietät handelte es sich um Davies, Biggs, Strayer, Stoel und Boley aus Portland, Oregon.

Steve und John wurden auf ihrer 80 Meilen weiten Fahrt zu Andersons Kanzlei häufig »verfolgt«. Wo auch immer Steve hinfuhr – sowohl in Eugene als auch an der Küste – schienen dieselben zwei Männer mit Kamera aufzutauchen. Ein Reporter für ein Küsten-Blättchen wurde von Dow-Vertretern kontaktiert, die Informationen und eine Reise nach Midland anboten. Beschäftigte der Forstverwaltung kamen häufig unangekündigt zu uns nach Hause, egal, ob wir dort waren oder nicht (unsere Türen hatten keine Schlösser, worüber wir uns zuvor niemals Sorgen gemacht hatten). Telefone begannen sich merkwürdig zu verhalten, und unabhängig vom Wetter traten immer wieder Störgeräusche, Rauschen oder Netzausfälle auf. FBI-Agenten tauchten in Deadwood und Five Rivers auf und stellten Fragen über CATS-Bevollmächtigte.

Ein Kameramann von Dow Chemical tauchte mit seiner Audio-Video-Ausrüstung bei der Sitzung der Beauftragten von Lane County auf, bei der es um die Sprüheinsätze entlang der Straßenränder ging, und machte Filmaufnahmen von allen Anwesenden. Derselbe Trupp kam kurz vor den Anhörungen am Bundesgericht zusammen mit einem PR-Beauftragten von Dow unangekündigt zu unserem Haus. An der Zufahrt trafen sie sich mit dem Bezirksleiter der Forstverwaltung.

Dieser Vorfall veranlasste Bruce Anderson, sich telefonisch an die Bundesstaatsanwaltschaft zu wenden und zu drohen, die beklagten Behördenvertreter wegen »Prozessführung außerhalb des Gerichts« zu verklagen.

»Man möchte es einfach nicht glauben, man will mit einer solchen Paranoia nicht leben,« meint John Noell. »Aber wer nicht paranoid ist, schaut einfach nur nicht richtig hin, das ist jedenfalls meine Meinung!«

»Zu viele unbeantwortete Fragen«

Am 23. und 24. Juni 1976 fand die Anhörung des CATS-Falls vor Richter Skopil im Rahmen einer Sondersitzung des Bezirksgerichts in Eugene, Oregon, statt.

Jetzt würde sich zeigen, ob sich die wochenlangen, arbeitsintensiven juristischen und wissenschaftlichen Vorbereitungen auszahlten. Von heute auf morgen standen die CATS-Beauftragten vor einem unerwarteten Problem: Niemand besaß angemessene Kleidung für das Erscheinen vor dem ehrwürdigen Bundesgericht. John grub ein altes Cord-Jackett aus, das er in seinen Tagen als »Dr. John« getragen hatte. Als er den Gerichtssaal betrat, umgab ihn der Duft von Mottenkugeln.

Steve rief in seiner Not seinen Vater in Kalifornien an, der in seinem Schrank einen Nadelstreifenanzug von vor 1930 fand, den er ihm mit U.P.S. zuschickte. Der Anzug hing im Wohnzimmer, wo die Kinder ihn erbittert gegen unsere Haustiere verteidigten – Vögel, Hunde und zwei verwaiste Truthähne, die von unseren Edelsittichen adoptiert worden waren. Sie nannten ihn »*Law Suit*«[1].

Der Zuschauerraum des Bezirksgerichts war am 23. Juni restlos besetzt. Hausfrauen, Landwirte und Holzfäller, die sich den Tag freinehmen konnten, waren aus verschiedenen Teilen des *Siuslaw Forest* ebenso angereist wie Unterstützer/innen von CATS aus der Gegend um Eugene. Die Arbeits- und Sonntagskleidung der Leute vom Land stand in scharfem Kontrast zu dem immer gleichen, düsteren Business-Outfit der behördlichen Zeuginnen und Zeugen

1 Wortspiel: »law suit« bedeutet einerseits Rechtsstreit oder Gerichtsverfahren, andererseits aber auch in etwa »Bekleidung für den Auftritt vor Gericht« [A. d. Ü.].

und Beobachter/innen. Steve Van Strum und John Noell saßen mit unserem Anwalt Bruce Anderson und dessen Assistenten, Doug du Priest, an einem Tisch im vorderen Teil des Raums jenseits eines Geländers, das den Zuschauerbereich von dem Gericht abgrenzte und von einem der anwesenden Kinder als »Altarschranke« bezeichnet wurde. An einem weiteren Tisch zu ihrer Rechten saßen der Bundesstaatsanwalt und die Rechtsanwälte der Industrial Forestry Association. Zwischen den beiden Tischen und der Richterbank saß der Gerichtsschreiber, ein blasser Gentleman mit eingefrorenen Gesichtszügen, der während des gesamten Verfahrens bewegungslos dasaß. Lediglich seine Finger huschten geräuschlos über die Tasten seines Stenographen. Die meisten von uns hatten noch niemals zuvor einen Bundesgerichtssaal von innen gesehen und waren überrascht, dass der Richter eine schwarze Robe trug.

CATS hatte dem Richter umfangreiche wissenschaftliche Gutachten zur Toxizität und zum Verbleib von Phenoxyherbiziden (sowohl 2,4-D als auch 2,4,5-T) in der Umwelt von Fachleuten aus allen Teilen der USA eingereicht. Von Bewohner/inne/n des Siuslaw Forest legten wir eidesstattliche Erklärungen über deren gesundheitliche Beeinträchtigungen und die Schäden bei ihren Nutzpflanzen, Nutztieren und Landflächen durch Sprüheinsätze in den Waldgebieten vor.

Andere Zeuginnen und Zeugen machten Aussagen zu den Schäden an den Nutzbäumen (Koniferen), deren Wachstum durch die Chemikalien gefördert werden sollte. Gerry Mackey, Vorsitzender der Hoedads-Genossenschaft, hatte eine ausführliche Machbarkeitsstudie zur manuellen Unkrautvernichtung als Alternative zum Einsatz von Herbiziden verfasst, und andere Waldarbeiter sagten zu den Auswirkungen der Sprüheinsätze über den Waldflächen auf ihre Gesundheit aus. Keine/r der Zeuginnen und Zeugen von CATS war von den Beklagten zum Kreuzverhör einbestellt worden.[2]

---

2 Anders als im deutschen Rechtssystem kann in den USA eine Prozesspartei ohne vorherige richterliche Genehmigung Zeuginnen und Zeugen der Gegenseite zum Kreuzverhör einbestellen [A. d. Ü.].

CATS hatte eine Reihe von Sachverständigen der Forstverwaltung zum Kreuzverhör einbestellt, insbesondere die Wissenschaftler/innen von Dow Chemical, der OSU, der EPA und des Rates für Agrarwissenschaft und -technik (Council for Agricultural Science and Technology), von dem die meisten Daten in dem fraglichen Umweltverträglichkeitsgutachten (engl. *Environmental Impact Statement*, EIS) stammten. In mindestens einem Fall kannte ein Wissenschaftler der OSU weder den Titel noch den Text eines wissenschaftlichen Artikels, der unter seinem Namen publiziert worden war.

In einer hübschen, handgefertigten Aktenbox aus Holz hatte der Ozeanograph Stephen Hager eine vollständige Akte mit Kreuzverweisen aller vorliegenden Referenzen und relevanten Unterlagen zusammengestellt, die die wissenschaftlichen Untersuchungen der staatlichen Stellen stützten oder widerlegten. Im richtigen Moment tauchte Hager – ein stämmiger Mann mit Bart im Arbeitsoverall – aus der letzten Reihe des Publikums mit seiner Box auf und übergab Bruce Anderson ein einschlägiges Dokument mit Anmerkungen in Form von Fragen an den Zeugen. So war CATS in der Lage, zahlreiche Behauptungen der Gegenseite sofort zu entkräften.

Mehrmals legten die Anwälte der Verteidigung Widerspruch dagegen ein, dass Richter Skopil sie fortwährend als »Anwälte von Dow« bezeichnete, was wiederum den Richter zu amüsieren schien.

Lediglich ein Zeuge von CATS erschien für seine Aussage persönlich bei den Anhörungen, und zwar nicht auf Initiative der Beklagten zum Zwecke des Kreuzverhörs, sondern mit Vorladung von CATS: Dr. Patrick O'Keefe, Chemiker im Labor von Dr. Matthew Meselson an der Universität Harvard. Meselson und sein Mitarbeiter Robert Baughman hatten eine Analysemethode für den Nachweis und die Bestimmung von TCDD-Konzentrationen in der Größenordnung »Anzahl Teile je Billion Teile« (*parts per trillion*, ppt) entwickelt.[3] Es handelt sich dabei um kleinste Mengen, aber bei einer so extrem

3 Baughman, Robert und Meselson, Matthew. »Analytical method for detecting TCDD (dioxin): Levels of TCDD in samples from Viet Nam« Environmental Health Perspectives 5:27-35, 1973.

toxischen chemischen Substanz wie Dioxin sind solche Messungen von größter Bedeutung. Dr. O'Keefe hatte die Methode von Meselson und Baughman erfolgreich so weiterentwickelt, dass sie eine noch niedrigere Nachweisgrenze von bis zu 1 ppt ermöglichte.[4]

Meselson und Baughman hatten eine TCDD-Konzentration zwischen 18 und 814 ppt in Fischen und Schalentieren nachgewiesen, die nach den massiven Entlaubungseinsätzen in Vietnam in dortigen Gewässern für den menschlichen Verzehr gefangen worden waren.[5] (Mithilfe von Methoden, die ab 1976 entwickelt wurden, wies man in den Untersuchungen von Dow Chemical generationsübergreifende Auswirkungen von TCDD auf die Fortpflanzung in Konzentrationen von 10 ppt pro Tag in Abhängigkeit vom Körpergewicht nach. Eine Auswertung derselben Untersuchungen durch die EPA ergab derartige Effekte für eine Konzentration von 1 ppt pro Tag.[6])

Der Nachweis von TCDD in der Nahrungskette in Vietnam war von Bedeutung für den CATS-Prozess, da in dem Umweltverträglichkeitsgutachten der Forstbehörde pauschal behauptet wurde, bis dato lägen keinerlei Hinweise vor, die auf eine Bioakkumulation von TCDD in Nahrungsketten schließen ließen.[7] Dr. O'Keefes Zusammenarbeit mit Meselson zur Weiterentwicklung der Analysemethoden für TCDD erfolgte im Auftrag der EPA im Rahmen ihres Dioxin-Monitoringprogramms. CATS stellte Dr. O'Keefe unter anderem die Frage, ob in US-amerikanischen biologischen Proben jemals TCDD nachgewiesen worden sei oder nicht.

Dr. O'Keefe antwortete, dass US-amerikanische Proben in der Tat analysiert worden seien. Einige der Proben, die im Rahmen des

---

4 O'Keefe, Patrick W. et al. »A neutral clean-up procedure for 2,3,7,8 tetrachlorodibenzo-p-dioxin residues in bovine fat and milk«, Journal of the Association of Official Analytical Chemists 61(3):621-26, 1978.

5 Baughman/Meselson, a. a. O. (153).

6 Costle a. a. O. (46), S. 26-27. In einer Fußnote wird eine Anordnung erwähnt (S. 27), dass Dow eine einstweilige Verfügung erreicht hatte, um die Veröffentlichung der Rohdaten dieser und anderer Studien zu verhindern.

7 Davis, Chandler. »Poison accumulation revealed« Salem (Oregon) Capital Journal, 30.6.1976.

Dioxin-Monitoringprogramms untersucht worden waren, stammten aus dem Siuslaw National Forest und enthielten hohe Konzentrationen von TCDD. Die betreffenden Proben seien für die EPA von Dr. Logan Norris von der Pacific Northwest Forest and Range Experiment Station der Forstverwaltung an der OSU genommen worden.[8] In dem EIS fand sich ein Verweis auf Dr. Norris' Arbeit, und er hatte für die Forstverwaltung als Zeuge über seine Studien zu den Auswirkungen von Herbiziden auf Wildtiere im Wald gesprochen. Er hatte die Proben im Siuslaw 1973 genommen und kannte die Berichte über die positiven Nachweise, leitete die Information jedoch nicht an die Forstbehörde weiter, so dass sie sie in das EIS hätte aufnehmen können. Lediglich negative Analyseergebnisse »wurden als aussagekräftig gewertet«, so Norris.

Bei den Tiergewebeproben, die Norris im Wald und von Straßenrändern nach Sprüheinsätzen in Gebieten des Siuslaw gesammelt hatte, handelte es sich überwiegend um kleine Säugetiere und Singvögel. Die höchsten TCDD-Konzentrationen fanden sich bei Zaunkönigen, einem Häher und Hirschmäusen. Darüber hinaus wurde TCDD bei Kleintieren und Vögeln anderer Waldgebiete im Pazifischen Nordwesten nachgewiesen. Einige extrem hohe TCDD-Werte (bis zu 485 ppt) hatte man bei Spitzmäusen an Straßenrändern in Virginia gemessen.[9] All diese Tiere finden sich weit oben in der Nahrungskette – Alles- oder Fleischfresser, in deren Gewebe sich chemische Verbindungen, die über die Nahrung aufgenommen werden, in hohen Konzentrationen anreichern können.

»Es hat mich gewundert, dass kein Jagdwild untersucht wurde«, kommentierte ein weiterer Zeuge von CATS. Hätten die Wissenschaftler/innen nach Belegen dafür geforscht, dass sich TCDD in der Nahrungskette anreichert, hätten sie Jagdwild untersuchen sol-

8 O'Keefe, Patrick. Zeugenaussage im Verfahren CATS vs. Bergland (U.S.D.C., Oregon), Zivilklage Nr. 76-438, Gerichtsprotokoll, 23.6.1976, S. 36.

9 Beweisstück 1 (Tabellen 13 und 14) zur Zeugenaussage von Patrick O'Keefe, ebd., S. 36.

len, dessen Fleisch von Menschen verzehrt wird. Angeblich ist eine Exposition von Menschen doch der primäre Beweggrund für derartige Untersuchungen. Warum die Forschenden keine Moorhühner oder Wachteln untersucht oder – neben den für Analysezwecke gesammelten Salamandern, Spitzmäusen, Rotkehlchen und anderen Tieren – Gewebeproben von Rotwild und Elchen genommen haben, konnte uns niemand erklären.«

Dr. O'Keefes Aussage war hoch brisant. Der einzige Zeuge von CATS, der zu den Anhörungen persönlich erschien, bildete einen eindrucksvollen Kontrast zu den Zeugen und Zeuginnen der Verteidigung. Diese beantworteten Bruces Fragen kategorisch und ausweichend und betonten wieder und wieder die Sicherheit der Herbizide auch in den Fällen, in denen zwingende Beweise für das Gegenteil vorgelegt und sie mit Widersprüchen in ihrer eigenen Arbeit konfrontiert wurden.

Im engeren juristischen Sinne war Dr. O'Keefe von all den Personen, die an diesem Tag den Zeugenstand betraten, der einzige echte Sachverständige. TCDD war für ihn mehr als nur ein Forschungsthema, das Gegenstand unzähliger wissenschaftlicher Arbeiten war. Er hatte TCDD ganz persönlich nachgewiesen, gemessen und beobachtet. Er beantwortete die Fragen ohne Umschweife in dem aufrichtigen Versuch, auch einem Laienpublikum die nahezu mystische Komplexität seiner wissenschaftlichen Geräte und Methoden zur Messung unvorstellbar kleiner Mengen einer chemischen Substanz verständlich zu machen. Er sagte aus, was er wusste und räumte mit derselben Aufrichtigkeit ein, was er nicht wusste. Er zog keine Schlussfolgerungen, ergriff für keine Seite Partei. Das war auch völlig unnötig.

Seine Aussage rüttelte alle wach. Sie erschütterte die Behauptung der Forstbehörde, dass eine Bioakkumulation von TCDD niemals nachgewiesen worden sei. Bei verschiedenen Gelegenheiten hatte die Forstverwaltung erklärt, dass man – sollte sich je herausstellen, dass sich Herbizide oder Dioxine im Tiergewebe anreichern – von deren Anwendung absehen würde. Und jetzt belegte Dr. O'Keefe mit seiner Aussage, dass der Nachweis zwei Jahre zuvor erbracht worden war, und zwar direkt in unserem Waldgebiet.

Dr. O'Keefe erläuterte die Entstehung von Dioxinen durch Verbrennung von 2,4,5-T und bestätigte damit die jahrelange Sorge von Anwohner/inne/n in Waldgebieten, da die besprühte Vegetation anschließend überwiegend verbrannt wird. Darüber hinaus ging er auf EPA-Untersuchungen ein, bei denen nach Sprüheinsätzen über offenem Weideland in Texas Dioxine im Fett der Rinder nachgewiesen wurden, die dort gegrast hatten.

In einem Memo hatte Dr. Ralph T. Ross, der damalige Koordinator des Dioxin-Monitoringprogramms, über die vorläufigen Ergebnisse der Rinderfett-Studien im August 1975 berichtet.[10] Die Konzentration der TCDD-Rückstände in verschiedenen Rinderfettproben betrug bis zu 60 ppt. Wir hatten dieses Memo unserem Antwortschreiben auf das EIS der Forstbehörde beigefügt.[11]

Diese hatte das Schreiben in der endgültigen Fassung des EIS abgedruckt, nicht jedoch das beigefügte Memo zu den Rinderfettdaten mit der Begründung, dieses sei nicht zur Veröffentlichung vorgesehen gewesen.[12] Man führte an, die Ergebnisse der EPA seien nur im Zusammenhang mit »zukunftsweisenden Analysemethoden« von Belang, obwohl der Verfasser in seinem Memo zu dem Schluss kam, dass »Studien, u. a. zu teratogenen und anderen toxischen Wirkungen, darauf hinweisen, dass der oben aufgeführte Rückstandsgehalt [in Rinderfett] unter Anlegung der üblichen Sicherheitsmargen möglicherweise eine Gefahr für die menschliche Gesundheit darstellt.«

Dr. Ross, der Verfasser des Memos, erschien bei den Anhörungen als Zeuge der Verteidigung. In seiner Aussage tat er die Angaben

---

10 Ross, Ralph. 5.8.1975, EPA-Kurzmitteilung an Edwin L. Johnson, den stellvertretenden Verwaltungsleiter für Pestizidprogramme: »Interim results of 2,4,5-T/TCDD residues.« Eine Kopie des Memos hatte Johnson den Longyears zugeschickt.

11 Van Strum, Carol und Stevens, Schreiben, Nachdruck in 1976-77 U.S.D.A.

12 Forest Service Pacific Northwest Region Vegetation Management with Herbicides Final Environmental Statement, S. 5-8.

in dem Memo als nicht schlüssig ab. Er wiederholte die Argumente der Forstverwaltung und ging ausführlich auf den wissenschaftlichen Diskurs über die Methoden zum Nachweis und zur Messung von TCDD ein.

»Für viele von uns kam das überraschend,« meinte Susan Parker. »Wir konnten kaum glauben, dass dies derselbe Mann war, der das Memo geschrieben und vor den gesundheitlichen Gefahren für Menschen gewarnt hatte. Er schien eine komplette Kehrtwende gemacht zu haben. Andererseits hatte er in der Zwischenzeit den Job gewechselt und arbeitete nun für das US-Landwirtschaftsministerium (USDA).«

Neben CATS hatten auch andere Leute generell den Eindruck, dass die EPA in der Kontroverse um Herbizide eher als Gegnerin und nicht als Verbündete auftrat. Mehrere Zeugen der Forstbehörde hatten als Berater der Umweltschutzbehörde fungiert. Die Zeugenaussagen im Prozessverlauf machten deutlich, dass die EPA einerseits zwar beunruhigte Bürgerinnen und Bürger beschwichtigt hatte, gleichzeitig jedoch Informationen über Dioxinnachweise bei Tieren im Siuslaw Staatsforst und in US-amerikanischem Rindfleisch zurückhielt. Die Daten wurden von der EPA zu keinem Zeitpunkt freiwillig veröffentlicht, sondern kamen erst durch Strafandrohung bzw. per Zufall an die Öffentlichkeit. Dabei war sich die EPA der Bedeutung ihrer Daten sehr wohl bewusst. So war die Bevölkerung weiterhin TCDD ausgesetzt, während sich die Fachleute in Haarspaltereien verloren – und zwar nicht darüber, ob TCDD vorhanden war, sondern darüber, wie man es am präzisesten messen könne. Ungeachtet der Rinderfettdaten ist die Anwendung von 2,4,5-T auf offenem Weideland noch immer zulässig.

Die Verhandlung vor dem Bundesgericht fand an zwei Tagen im Juni statt, wobei nicht alle Zeuginnen und Zeugen erschienen. Richter Skopil vertagte den Prozess auf den 10. August 1976. In den Wochen dazwischen unterzog Dr. O'Keefe, dessen Zeugenaussage von der Verteidigung – insbesondere in Bezug auf die Proben aus dem Siuslaw Forest – vehement attackiert worden war, die Proben erneut einem Test unter Anwendung seiner verbesserten Analysemethode und konnte die Nachweise von TCDD bestätigen.[13]

Während seines ersten Aufenthalts in Oregon im Juni hatte Dr. O'Keefe veranlasst, dass Muttermilchproben von Frauen aus dem Siuslaw Forest genommen wurden. Diese analysierte er zusammen mit Muttermilchproben stillender Mütter, die im Rahmen des Dioxin-Monitoringprogramms der EPA aus Gegenden von Herbizid-behandelten Weideflächen in Texas genommen wurden. Bei der Probe einer stillenden Mutter aus dem Siuslaw National Forest ließ sich eine TCDD-Konzentration von ca. 1 ppt nachweisen. Auch diese Angaben wurden von der EPA erst dann herausgegeben, als der Kongressabgeordnete Jim Weaver aus Oregon gemäß Informationsfreiheitsgesetz Zugang zu den Testergebnissen forderte und sie öffentlich bekannt machte.[14]

Die Sachverständigen der Forstbehörde, der OSU, von Dow Chemical und des Industrieverbands der Forstwirtschaft (Industrial Forestry Association, IFA) zogen die Ergebnisse der Muttermilchproben sogar noch stärker in Zweifel als die Daten über die im Wald lebenden Wildtiere. Eine stillende Mutter meinte dazu: »Für meinen Geschmack protestieren die Gentlemen 'n bisschen viel.«

»Sie haben immer gesagt, sie würden mit dem Sprühen aufhören, wenn sich irgendwann herausstellen sollte, dass sich Dioxin in der Nahrungskette anreichert«, erläutert Steve Tedrow, ein Fabrikarbeiter, der in Alsea Rinder züchtet. »Aber das bedeutet gar nichts, wenn sie die Ergebnisse von anderen anzweifeln, die dies tatsächlich nachgewiesen haben. Niemals hört man sie negative Ergebnisse in Zweifel ziehen – auch nicht die negativen Resultate eben derjenigen Wissenschaftler/innen, die die positiven Daten berichten.«

Darüber hinaus behauptete die Verteidigung, die Untersuchung von Fischen und Schalentieren aus vietnamesischen Gewässern und

13 Vegetation Management with Herbicides EIS, ebd., S. 106f.

14 O'Keefe, Patrick. Ergänzende Aussage im Fall CATS v. Bergland, Fußnote 6 in O'Keefe 1976 a. a. O. (158), 9.8.1976.

von Muttermilch aus Vietnam sei für den CATS-Fall nicht relevant und habe aus diesem Grund im EIS nicht erwähnt werden müssen, obwohl Dr. O'Keefe Proben aus Vietnam erneut getestet und hohe Konzentrationen von TCDD bestätigt hatte.[15]

Zwei Zeugen der Behörden sagten aus, dass die Daten aus Vietnam für den Herbizideinsatz in Waldgebieten nicht von Bedeutung seien, weil die Anwendungsraten und die TCDD-Konzentration von Agent Orange in Vietnam sehr viel höher waren als beim Einsatz in den USA. Derweil legte Dr. George Streisinger, Molekularbiologe an der Universität Oregon und Zeuge für CATS, überzeugende Belege dafür vor, dass die Dosierungsunterschiede zwischen dem in Vietnam und dem im Siuslaw Forest eingesetzten Agent Orange sehr viel geringer waren als die Verteidigung behauptete.[16]

Die beiden Zeugen der Verteidigung, die zum Einsatz von Agent Orange in Vietnam aussagten, hatten beide dem Ausschuss der National Academy of Sciences angehört, der die Auswirkungen von Agent Orange in Vietnam untersucht hatte. Einer von ihnen, Dr. Michael Newton, dessen Pressemitteilungen Ende 1975 uns veranlasst hatte, den Leserbrief an die Lokalzeitung zu schreiben, war allen wegen des nicht genehmigten Einsatzes von Agent-Orange-Restbeständen der Air Force auf privaten Nutzwaldflächen im Siuslaw Staatsforst noch gut in Erinnerung.[17]

Dr. Fred H. Tschirley, der andere Zeuge der Verteidigung zu Agent Orange, hatte (in Zusammenarbeit mit Newton und anderen)

---

15 Hayes, John, »Mothers' milk yields a trace of dioxin« Salem (Oregon) Statesman-Journal, S. 1-A, 17.2.1977; »Straub to take close look at controversial spraying« 18.2.1977, S. 1-A. Siehe auch »Hatfield speaks out against 2,4,5-T spraying.« Statesman-Journal, 1.3.1977. Im Dezember 1976, sechs Monate nach dem Nachweis von TCDD in der Muttermilch aus dem Siuslaw, testete Dr. O'Keefe eine zweite Probe derselben Mutter und fand keine nachweisbaren Konzentrationen von TCDD mehr; Ruff, Lorraine »New tests fail to find toxicity in milk sample«, The (Portland) Oregonian, 26.2.1977, S. 4-B.

16 O'Keefe 1976 a. a. O. (158).

17 O'Keefe 1976 a. a. O., Aussage der benennenden Partei von Dr. George Streisinger, S. 2-3.

einen Bericht über Phenoxyherbizide für den Council for Agricultural Science and Technology verfasst, ein von der Industrie finanziertes Gremium, das in den von ihm publizierten »Studien« die Anwendung von Agrochemikalien ausnahmslos befürwortete.[18]

Richter Skopil war nicht davon überzeugt, dass Agent Orange keine Bedeutung zukommt.

»Dass im EIS 1976-77 die Kontroverse über den Einsatz in Vietnam keine Erwähnung findet, ist unangemessen, insbesondere in Anbetracht des Umstandes, dass die Sprühflüge mit 2,4,5-T im Siuslaw National Forest häufig in der Nähe von Häusern und Farmen stattfinden,« schrieb er in seiner Entscheidung. In einer Fußnote ergänzte er: »Mehrere Menschen aus der Gegend haben ausgesagt, dass sie unter körperlichen Symptomen leiden, die mit den in Vietnam berichteten vergleichbar sind.«[19]

Aufgrund der Zeugenaussagen kam der Richter zu folgendem Schluss:

> Das Umweltverträglichkeitsgutachten (EIS) von 1976/77 erkennt weder die extreme Toxizität von TCDD, noch die wissenschaftlichen Gutachten über seine Risiken an, enthält keinerlei Informationen über die administrativen Maßnahmen der EPA gegen 2,4,5-T oder das laufende Monitoring-Programm zu TCDD-Rückständen der EPA, macht keine Angaben über die TCDD-Konzentrationen in Tiergewebeproben aus dem Siuslaw National Forest und geht nicht auf die kontroverse Debatte über die Auswirkungen von Agent Orange in Vietnam ein. Hierbei handelt es sich lediglich um die wichtigsten, aber mitnichten die einzigen Mängel des EIS in Bezug auf die Diskussion der potenziellen Wirkungen von Phenoxyherbiziden auf die Gesundheit von Mensch und Tier.

---

18 Uhrhammer a. a. O. (141).

19 Council for Agricultural Science and Technology, The Phenoxy Herbicides: Bericht Nr. 39, 1975. Ein interessanter Blick auf diese »unabhängige« Organisation findet sich in BioScience: »CAST-Industry tie raises credibility concern.« Januar 1979.

Richter Skopil stützte seine Entscheidung zugunsten einer Unterlassungsverfügung gegen die Anwendung von 2,4,5-T und Silvex (2,4,5-TP) außerdem auf eine unzureichende Erörterung von Alternativen zum Herbizideinsatz in der Forstwirtschaft im Rahmen des EIS. Gerry Mackey, der Vorsitzende von *Hoedads*, hatte auf zahlreiche Unzulänglichkeiten bezüglich der genannten Zahlen im EIS hingewiesen. Die im EIS aufgeführten Kosten des Herbizideinsatzes lagen weit unter denjenigen, die von einem Forstwirtschaftsbeauftragten der Forstverwaltung genannt wurden, und die Kosten für eine manuelle Unkrautvernichtung wurden weit über die tatsächlichen Kosten aufgebläht. Ferner, so merkte der Richter an, beinhalte das EIS:

> ... keine Diskussion der relativen Wirksamkeit von Herbiziden und anderen Methoden der Vegetationskontrolle zur Steigerung der Langzeitproduktivität. Es liefert keine Daten über die Größe der Flächen, die mit den jeweiligen Verfahren behandelt werden. Es geht weder auf Kombinationsmöglichkeiten verschiedener Methoden des Vegetationsmanagements, noch auf mögliche Verfahrensvarianten je nach geographischen oder sonstigen Unterschieden zwischen den einzelnen Staatsforsten ein. Es gibt keine Hinweise darauf, ob andere Herbizide als Ersatz für die empfohlenen Stoffe eingesetzt werden können, noch finden sich Angaben über die Wirksamkeit etwaiger Ersatzstoffe. Zusammengefasst enthält das EIS weder eine gründliche Untersuchung, noch eine objektive Bewertung des vorgeschlagenen Herbizidprogramms und möglicher Alternativen. Aus diesen Gründen erfüllt es weder die Anforderungen derjenigen, die es umsetzen müssen, um Entscheidungen über das Vegetationsmanagement in den Staatsforsten zu treffen, noch derjenigen außerhalb des Entscheidungsprozesses, die eine Beurteilung der Alternativen wünschen.[20]

Nach Ansicht des Richters war aber die unzureichende Erörterung von Alternativen nicht von der ungenügenden Diskussion gesundheitsbezogener Fragen im Zusammenhang mit TCDD-kontami-

20 O'Keefe 1976 a. a. O., Gutachten vom 7.3.1977, S. 43.

nierten Herbiziden zu trennen, da die Erwägung von Alternativen zu Herbiziden vor allem in Anbetracht der TCDD-bedingten Risiken von Bedeutung war. Daher bezog sich seine Entscheidung lediglich auf 2,4,5-T und Silvex, nicht jedoch auf den Einsatz von 2,4-D in Waldgebieten.

Richter Skopil machte sehr deutlich, dass seine Entscheidung durch die eklatante Vernachlässigung der Konsequenzen des Sprühprogramms für die menschliche Gesundheit seitens der Forstbehörde bedingt war. »Keine Fragestellung im Rahmen eines Umweltverträglichkeitsgutachtens kann einen größeren Stellenwert haben als die potenziellen Auswirkungen eines nationalen Programms auf die Gesundheit von Menschen«, schrieb er.

In seinem Urteil ordnete er an, »die Klagepartei habe Anspruch auf eine dauerhafte Verfügung, die den weiteren Einsatz der TCDD-kontaminierten Herbizide 2,4,5-T und Silvex im Siuslaw National Forest untersagte, sofern und solange die Beklagten die Mängel des besagten EIS nicht fachgerecht behoben haben.« Anders ausgedrückt: Die Forstbehörde würde erst nach Erstellung eines neuen Umweltverträglichkeitsgutachtens mit umfassenden Angaben über gesundheitliche Auswirkungen und Anwendungsalternativen, die laut richterlichem Urteil im alten EIS fehlten, die Sprüheinsätze mit 2,4,5-T oder Silvex im Siuslaw Forest fortsetzen können.

In den Jahren, die der CATS-Prozess andauerte, verdeutlichten Berichte aus anderen Ländern über toxische Chemikalien – viele von diesen über Herbizide und Dioxine – die potenziellen Risiken von Giften, die das Leben von Menschen ohne deren Wissen und Zustimmung nachhaltig beeinträchtigten.

- Am Tag vor der zweiten CATS-Anhörung im August 1976 berichteten die Medien über einen Chemieunfall im italienischen Seveso, wo bei einer Explosion in einem Fabrikgebäude eine Dioxinwolke freigesetzt wurde und auf den Ort und seine Umgebung niederging.[21]

21 Whiteside 1979 a. a. O. (174).

- In Neuseeland forderten drei Mütter, die Kinder mit *Spina bifida* geboren hatten, eine Untersuchung von 2,4,5-T sowie ein Anwendungsmoratorium, bis weitere Daten über dessen Wirkungen vorlägen. Medizinerinnen und Mediziner riefen im *New Zealand Medical Journal* die neuseeländische Ärzteschaft auf, mögliche Zusammenhänge zwischen einer Herbizidexposition und Neuralrohrdefekten (u. a. *Spina bifida* und *Anenzephalus*, also ein teilweises oder vollständiges Fehlen von Großhirn und Schädeldach) zu untersuchen.[22]
- Bei Untersuchungen an sechs Krankenhäusern in Schweden wurde eine drastische Häufung schwerer angeborener Fehlbildungen bei Säuglingen festgestellt, deren Mütter bei ihrer Tätigkeit als Krankenhausangestellte Hexachlorophen-Seifen benutzt hatten.[23] (Hexachlorophen leitet sich – ebenso wie 2,4,5-T – von Trichlorphenol ab und enthält Dioxin.[24] In Schweden wurden Neugeborene noch bis vor kurzem routinemäßig mit Hexachlorophen-Seifen wie etwa pHisoHex gewaschen. In wissenschaftlichen Untersuchungen wurde dann jedoch festgestellt, dass die Seifen in Zusammenhang mit schweren Hirnschädigungen bei Kindern stehen, die damit kurz nach der Geburt gewaschen werden.)
- Vietnamesische Wissenschaftskreise berichteten einen Anstieg der Leberkrebsrate um das Fünffache in Gegenden Vietnams, in denen Agent Orange versprüht worden war. Bereits zu einem

---

22 Siehe Lee, Brian. »Herbicide under suspicion in Australia.« New Scientist, 10.10.1978; s. a. »Baby mystery inquiry is reopened«, New Zealand Herald. 4.3.1977; CATS-Newsletter vom Juli 1977, S. 5 und Leserbriefe von Drs. William Sare und Paul Forbes. New Zealand Medical Journal, Januar 1972.

23 Halling, H. »Suspected link between exposure to hexachlorophene and malformed infants.« Vortrag bei der International Conference on Health Effects of Halogenated Aromatic Hydrocarbons (Internationale Konferenz über gesundheitliche Auswirkungen aromatischer Halogenkohlenwasserstoffe) 1978, 21.-30.6.1978 an der New York Academy of Sciences. S. a. »New HCP harm«, The (Portland) Oregonian, 10.8.1978, S. 2.

24 Pintarich, Paul. »Scientists term dioxin 'most toxic chemical«, The (Portland) Oregonian, 9.12.1976. S. a. Whiteside 1979 a. a. O., S. 133-134.

Zeitpunkt, als die US-Armee in Vietnam noch Entlaubungseinsätze durchführte, waren Geburtsfehler wie Down-Syndrom und Schädigungen des Zentralnervensystems berichtet worden.[25]

- Ab 1977 gab es erste Berichte von US-Veteraninnen und -Veteranen des Vietnamkriegs über Symptome ähnlich denen, unter denen die vietnamesische Bevölkerung sowie Personen in den USA litten, die exponiert worden waren.[26]

Als in Alsea (Oregon) Bonnie Hill, eine Lehrerin und Mutter, die von CATS zusammengestellten Informationen las, begann sie sich zu fragen, ob ihre eigenen Fehlgeburten und die anderer Frauen aus der Gegend möglicherweise mit den intensiven Herbizid-Sprüheinsätzen in Zusammenhang stehen könnten, die das Bureau of Land Management 1975 in der Nähe ihres Wohnorts durchgeführt hatte.[27]

***

Am 7. März 1977 verkündete Richter Skopil sein Urteil, welches das Sprühprogramm für dieses Jahr effektiv stoppte. Der regionale Forstdirektor, der für alle Staatsforste in den US-Bundesstaaten Oregon und Washington zuständig war, setzte in Erwartung weiterer Gerichtsverfahren zu anderen Staatsforsten basierend auf diesem Präzedenzfall sämtliche Sprühprogramme für die Staatsforste in der

25 Tung, T. et al., »Le cancer primaire du foie au Viet Nam.« Chirurgie 9:427-436, 1973. In Westing, Arthur H. Ecological considerations regarding massive environmental contamination with 2,3,7,8-tetrachlorodibenzo-para-dioxin. Chlorinated Phenoxy Acids and Their Dioxins: Ramel, C., ed. Ecological Bulletin 27:285-294, 1978. Siehe auch Wade, a. a. O. (31) und Smith, S. »Vietnamese doctor links spray, cancer,« [sic.] Eugene (Oregon) Register-Guard, 28. April 1979, S. 4A.

26 Kurtis, Bill et al. 23.3.1978. »Agent Orange: Vietnam's Deadly Fog«, WBBM-TV. Chicago, Ill. Siehe aucUhl a. a. O. (31) und Artikel derselben Autoren in: The Progressive, Juni 1978. Über die Folgen der Exposition von Vietnamveteranen gegenüber Agent Orange berichtete erstmals WBBM-TV, woraufhin sich die Nachricht rasch international verbreitete.

27 Siehe Kapitel Als künftige Referenz: Die Akte Alsea.

gesamten Region bis auf Weiteres aus. Im ganzen Land ging der Einsatz von 2,4,5-T durch die Forstverwaltung stark zurück.

Unter den CATS-Mitgliedern und Bewohner/inne/n der übrigen Waldgebiete in der Region Pacific Northwest war die Freude groß, wobei den meisten bewusst war, dass die Gefahr nur vorübergehend gebannt war. »Die Forstverwaltung wird für die Sprühsaison im nächsten Jahr einfach ein neues EIS erarbeiten, es mit so vielen wissenschaftlichen Daten spicken, dass der Richter es durchwinkt, und dann so weitermachen wie bisher«, prophezeite Cathy Hankins. »Wir haben ein Jahr gewonnen – ein Frühjahr und einen Sommer ohne Helikopter. Ein Jahr Erleichterung, das uns 24.000 US-Dollar gekostet hat. Wären wir Millionäre, wäre es das wert, aber niemand von uns hat so viel Geld, und dann schulden wir die Hälfte davon noch unserem Anwalt.«[28]

Die Forstbehörde hatte über dem Wassereinzugsgebiet der Familie Hankins sowie über dem Land, das an ihre Weideflächen angrenzte, jahrelang wiederholt Sprüheinsätze geflogen.[29] Cathys Mann Mike hatte im CATS-Prozess eine eidesstattliche Erklärung abgegeben, in der er die Krankheiten und Todesfälle bei seinem Nutzvieh und den Wildtieren nach den Sprüheinsätzen beschrieb.[30]

»Langfristig können wir sie nicht aufhalten, und von alleine werden sie nicht aufhören«, so Cathy. »Sie werden all die Angaben über Dioxin in das neue Umweltverträglichkeitsgutachten aufnehmen – wie giftig es ist und dass es ins Rindfleisch und in die Muttermilch gelangt – und dann das Zeug einfach trotzdem weiter einsetzen. Solange ihr nächstes EIS die rechtlichen Vorgaben erfüllt, liegt die Entscheidung bei ihnen. Niemand kann sie aufhalten. Und sie sind

---

28 »U. S. Forest Service spray program shelved«, Salem (Oregon) Statesman-Journal, 9.3.1977, S. 11A.

29 Hankins, Cathy. Persönliche Mitteilung, 1977.

30 O'Keefe a. a. O. (158), Zeugenaussage von Mike Vernon Hankins. (Ein Großteil der Aussage von Mike Hankins wurde in NCAP News, Herbst 1980, S. 38, unter der Überschrift »Where have you heard this before?« nachgedruckt.)

so verdammt arrogant; sie werden niemals zugeben, dass mit dem Zeug etwas nicht stimmt.«

Im April des darauffolgenden Jahres sollte sich Cathys Vorhersage bestätigen. Nach Prüfung des neuen EIS für das Sprühprogramm 1978 räumte Richter Skopil widerstrebend ein, dass das Gutachten angemessene Angaben über die gesundheitlichen Auswirkungen von Herbiziden sowie eine Erörterung der Alternativen, welche in dem Gutachten des Vorjahres gefehlt hatten, enthalte und damit die rechtlichen Anforderungen erfülle. Nachdem er angemerkt hatte, dass er gezwungen sei, seine Prüfung auf die Aspekte und Mängel zu beschränken, die Gegenstand seiner vorangegangenen Entscheidung waren, relativierte Richter Skopil seine Entscheidung:

> Mein Urteil, dass das neue EIS die Mängel aus dem vorangegangenen EIS in angemessener Weise behoben hat, bedeutet nicht, dass der Informationsgehalt so umfangreich war wie er theoretisch hätte sein können. Die Forstbehörde hat sich entschieden, Untersuchungen, die keine oder nur eine geringe Gefährdung durch diese Herbizide feststellen, stärker zu gewichten. Unerwünschten Ergebnissen wird nicht derselbe Stellenwert beigemessen wie Daten, die eine Anwendung von Phenoxyherbiziden stützen. Die Wortwahl bei der Beschreibung bestimmter Untersuchungen von und Berichte über Erkrankungen und Schädigungen scheint die Bedeutung dieser Ergebnisse herunterzuspielen.
>
> Auch wenn ich in diesem Fall zugunsten der Forstbehörde entschieden habe, sollten sich die Verantwortlichen dort im Klaren sein, dass in ihrem Kern irreführende Aussagen und Schlussfolgerungen für ein EIS ebenso verhängnisvoll sein können wie Auslassungen und falsche Angaben. Außerdem würden sich die öffentlichen Proteste gegen die Anwendung dieser Herbizide vielleicht verringern, wenn die Forstverwaltung im EIS offener mit unerwünschten Ergebnissen umgehen würde.

Richter Skopil ging auf den begrenzten Spielraum des Gerichts ein: Man richte nicht über die Folgen der behördlichen Maßnahmen, sondern lediglich darüber, ob sich die Behörde ausführlich mit diesen Folgen auseinandergesetzt habe. Als Richter konnte Otto Skopil nicht mehr dazu sagen, da die Forstverwaltung die gesetzlichen Vorgaben eingehalten hatte. Als Mensch jedoch, den Erwägungen umtrieben, die über gesetzliche Vorschriften und Verwaltungsverfahren hinaus gingen, ergänzte er seine richterlichen Einlassungen und fügte dem Gerichtsprotokoll seinen persönlichen, leisen, aber dennoch eindringlichen Appell gegenüber der Forstbehörde hinzu, bei der Entscheidungsfindung verantwortungsvoll vorzugehen:

> Das EIS offenbart unbeantwortete Fragen bezüglich der potenziellen Risiken durch einen chemischen Stoff, der übereinstimmend als eine der giftigsten Substanzen überhaupt gilt, den die Menschheit kennt. Wäre ich derjenige, der die Entscheidung zu verantworten hätte, ob Herbizide, die diesen Stoff enthalten, von Helikoptern aus großflächig über unseren Staatsforsten versprüht werden sollten, wäre ich sehr zögerlich dies zu genehmigen. Es gibt einfach zu viele offene Fragen und zu wenige Vorteile gegenüber anderen Methoden des Vegetationsmanagements, die es rechtfertigen, dieses unwägbare Risiko einzugehen ... Ich bin in Bezug auf die Auswirkungen einer Herbizidanwendung auf die menschliche Gesundheit und unsere Umwelt ernsthaft besorgt. Ich hoffe von ganzem Herzen, dass die Forstbehörde sämtliche neuen Informationen prüfen und ihre Entscheidung neu bewerten wird.

Die Forstverwaltung vernahm jedoch einzig und allein, dass die Sprüheinsätze mit Herbiziden nun mit richterlicher Genehmigung fortgesetzt werden konnten, und triumphierend belud man die Helikopter für einen weiteren Angriff auf den Siuslaw Staatsforst.

Ein Soldat wendet sich der Heimat zu

Heimkehr? Der Soldat kommt nach Hause
Erkennt die Heimat nicht mehr wieder, wandelt –
Poeten gleich – ziellos durch den Wald.
Alan Swallow

Aus rund 1200 m Höhe vom Hubschrauber aus betrachtet scheint es, als ziehe der Regenwald an uns vorbei, nicht wir an ihm. Es ist kein Wald aus Bäumen, mit Ästen, Stämmen, Waldboden und Wasser, sondern eine wogende Wolke aus unterschiedlichen Grüntönen. Flüsse und Bäche erscheinen wie glitzernde Bänder schemenhaft hinter Dunstschwaden, die in der frühmorgendlichen Hitze aufsteigen. Vor und über den Rotorblättern türmen sich riesige Gewitterwolken hunderte Meter hoch auf.

Vom Boden aus gesehen wirkt der Hubschrauber wie ein bedrohliches, seltsames Insekt, das mit klickendem Geräusch am Horizont entlang fliegt. Passagiere spüren jedoch nur Lärm, Wind, das unablässige Beben, und sehen lediglich die hoch aufragenden grünen Schemen der Berge, die unten vorbeiziehen. Das lärmende »Wock, wock, wock« der Rotorblätter hämmert unerbittlich auf Trommelfell und Gehirn ein. Jede Umdrehung der Rotoren erschüttert die Maschine und geht allen an Bord durch Mark und Bein.

Heißer Wind weht durch die offenen Ladetüren herein und trocknet die Schicht aus Öl und Sand, die sich beim Abheben des Hubschraubers auf Haut, Haare und Kleidung gelegt hat.

Unten wird das grüne Kronendach des Waldes gelegentlich von großen Flusstälern, Tiefebenen, Dörfern im Puppenhausformat und dem Patchworkmuster der Reisfelder unterbrochen. Laster, Jeeps und Motorräder bewegen sich wie Spielzeuge durch die Landschaft der vietnamesischen Provinz Binh Dinh.

Es ist Ende 1969, und ein junger Mann kauert neben einem 1000-Watt-Trichterlautsprecher, der auf ein Gestell montiert in den Helikopter geladen worden ist. Neben ihm bereitet ein anderer Mann Kisten mit Flugblättern vor, und direkt hinter den beiden postieren sich der Einsatzleiter und der Bordschütze an den Maschinengewehren auf beiden Seiten der Maschine. Der Pilot steuert den Helikopter auf niedriger Flughöhe über ein kleines Dorf, das am Zusammenfluss zweier Flüsse liegt. Ein einzelnes, zweistöckiges Zementgebäude dominiert eine Ansammlung von Lehmhütten mit Strohdächern. Gebäude, Wege, Palmen, Bananenbäume und unbefestigte Straßen sind von Stacheldraht umgeben, der sie von den umgebenden Reisfeldern abgrenzt.

Als der Helikopter über dem Dorf kreist, kippt der junge Soldat die mit Scharnieren versehenen Lautsprecher aus der Ladetür nach außen und macht sich am Bedienfeld eines Cassetten- und Verstärkerdecks zu schaffen. Die Sitzhalterung umklammernd lehnt er sich aus der offenen Frachttüre und wirft die Flugblätter hinaus, die sein Kollege ihm anreicht, während die Lautsprecher ihre Botschaft auf Vietnamesisch in einer solchen Lautstärke hinaus brüllen, dass sie noch in über 7 km Entfernung deutlich zu hören ist.

»Der Vietkong sagt, die Sprüheinsätze machen die Menschen krank und traurig und töten Alte und Kinder – der Vietkong lügt! Denn es ist der Vietkong, der das Wasser vergiftet, damit die Leute seinen Lügen glauben! Der Vietkong ist gegen die Sprüheinsätze, weil man damit sehen kann, wo sich die Soldaten verstecken!«

Bei dem jungen Mann handelt es sich um Paul Merrell, Leiter des *Psychological Operations Combat Loudspeaker Teams*[1]. Zwölf Jahre später erinnert sich Paul auf seiner kleinen Farm in Five Rivers, wo

1 Kampftruppe der US-Armee, die über Lautsprecher verbreitete Botschaften zur psychologischen Kriegsführung einsetzte [A. d. Ü.].

er mit seinem fünfjährigen Sohn und zwei adoptierten Kindern lebt, an die Lautsprecherdurchsage und die 27 Monate und einen Tag, die er in Vietnam war. Wie die meisten Vietnamveteranen fand sich Paul nach seiner Heimkehr aus dem Krieg in einem noch hinterhältigeren und demoralisierenderen Gefecht wieder – dem ständigen Kampf um Gesundheit und Selbstachtung.

»Die ersten drei Jahre habe ich mit Unterbrechungen immer wieder in Spezialkliniken für Veteranen verbracht. Dazwischen versteckte ich mich im Haus meines Vaters. Ich saß im Keller und warf mich beim geringsten Geräusch auf den Boden. Es gab immer wieder lange Phasen, in denen ich nichts essen konnte, ich konnte einfach nichts bei mir behalten außer Cola und Popcorn. Ich habe versucht zu arbeiten, in die Schule zu gehen, aber es ging einfach nicht. Mir wurde schlecht, ich wurde handgreiflich, und ich war so wackelig auf den Beinen, dass ich nicht aufstehen konnte. Ich wollte heiraten, aber auch das ging schief, und dann saß ich da und war alleine für ein Baby verantwortlich. Ein menschliches Wrack, das ein Kind großziehen soll – völlig absurd.«

Im Jahr 1978 stürzte sich Paul eher unbeabsichtigterweise in einen weiteren Krieg, als er sich dem wachsenden Widerstand im eigenen Land gegen den Einsatz derselben Chemikalien anschloss, die ihn in Vietnam seine Gesundheit gekostet hatten. »Das war eine vollkommen andere Art von Kampf, der aus Auseinandersetzungen vor Gericht und bei öffentlichen Versammlungen bestand, aus Recherchen und daraus, anderen Kenntnisse zu vermitteln und sich gleichzeitig selbst Wissen anzueignen. Unsere einzigen effektiven Waffen waren Wissen und Kommunikation.«

»Das hat mir das Leben gerettet. Es gab wieder etwas, das meinem Leben Sinn gab, und dieses Mal bestand kein Zweifel daran, wofür ich kämpfte: für andere Veteranen, die gesundheitlich noch weit schlimmer dran waren als ich, für unser Recht, nicht noch einmal denselben Giften auf Weizenfeldern, an Straßenrändern oder im Wald ausgesetzt zu sein, für meinen Sohn, meine Freunde und für die Orte, die für meine Kindheit standen – die Forellenbäche und die Berge, in denen ich mit meinem Vater immer zum Angeln ging.«

»Es war, als hätte jemand bei mir einen Schalter umgelegt. Sie planten Sprüheinsätze über White Sand Creek …«

Praktisch über Nacht stürzte sich Paul mit der Leidenschaft und Energie eines Derwischs in die Protestbewegung gegen Herbizideinsätze im US-amerikanischen Nordwesten. Er arbeitete sich und andere, die dazu in der Lage waren, mit ihm Schritt zu halten, fieberhaft in die Bereiche Chemie, Politik, Recht und Bürokratie ein. Gemeinsam mit Georgia Hoglund von der Organisation *Citizens Against Toxic Herbicides* (Bürger und Bürgerinnen gegen giftige Herbizide, CATH) in Clarkston im US-Bundesstaat Washington entwickelte er ein landesweites Kommunikationsnetzwerk für den Austausch zwischen Veteranengruppen, Umweltorganisationen und Bürgerinitiativen. Als gelernter Drucker übernahm er Druck und Verbreitung seines »Werkzeugkastens«, eines Handbuchs mit Informationen über wissenschaftliche Arbeiten, staatliche Behörden und Vorschriften, Rechtsprechung, Gesetzeslage, Maßnahmen gemäß Informationsfreiheitsgesetz, organisatorische Vorgehensweisen, öffentliche Reden – kurz gesagt, allem, was er im Kampf gegen das Sprühen seiner geliebten Wälder in Nord-Idaho gelernt hatte.[2]

Als Judge Skopil 1978 seine endgültige Entscheidung zum *Siuslaw Forest* Umweltverträglichkeitsgutachten (EIS) fällte, hatte die Besorgnis über die Sprüheinsätze in Waldgebieten die gesamte Region Pacific Northwest erfasst. Bürgerinitiativen zur Bekämpfung der Vergiftung von Wäldern schossen in Nordkalifornien, im Süden und in der Mitte Oregons sowie in den US-Bundesstaaten Washington und Idaho wie Pilze aus dem Boden. Den Mitgliedern von CATS – erschöpft und durch den Rechtsstreit noch immer hochverschuldet – war es unmöglich, den zunehmenden Anfragen nach wissenschaftlichen, medizinischen und juristischen Information weiterhin

---

2 Merrell, Paul und Savage, Cheryl. Toolkit: Copy it! Edition I1A, April 1979. Citizens for Alternatives to Toxic Herbicides (formerly Citizens Against Toxic Herbicides). Route 4, Box 2-A, Asotin, Washington 99402, USA.

gerecht zu werden. Anfang 1978 nahm die *Northwest Coalition for Alternatives to Pesticides* (Nordwest-Koalition zur Unterstützung von Alternativen zu Pestiziden, NCAP) mit Sitz in Eugene CATS diese Bürde ab. Bis 1982 hatte sich NCAP zu einem Bündnis bestehend aus über hundert lokalen Organisationen entwickelt und verfügte über vier Regionalräte. (1981 hatte sich CATS – die Gruppe, die spontan für ein einzelnes Gerichtsverfahren gegründet worden war – im Stillen, mit weiterhin unbezahlten Schulden, wieder aufgelöst.)

Die Gruppe *Citizens Against Toxic Herbicides* (CATH) die im Osten des US-Bundesstaats Washington und im Norden von Idaho arbeitete, wurde zu einem aktiven und schlagkräftigen Mitglied von NCAP. Als Bindeglied zwischen CATH und anderen Mitgliedsgruppen von NCAP, Veteranen- und Umweltorganisationen bereiste Paul Merrell die gesamten USA. Mehrere anstrengende Jahre verbrachte er ganze Monate im Auto, Stunden am Telefon und an der Schreibmaschine und wurde abwechselnd immer wieder von Krankheitsphasen und Erschöpfung heimgesucht.

1980 zog Paul mit seinem Sohn Zack nach Eugene, um für NCAP als Netzwerkkoordinator zu arbeiten. Five Rivers, 80 Meilen von Eugene entfernt im Küstengebirge gelegen, wurde für beide anfangs zum Zufluchtsort und schließlich zu einem neuen Zuhause. Hier in den bewaldeten Hügeln, umgeben von Tieren sowie Bekannten und Kindern, setzte er seinen Kampf am Telefon und an der Schreibmaschine von einem kaum betretbaren Schlafzimmer aus, vollgepackt mit Aktenordnern, Büchern, Papierstapeln, Rechtsdokumenten, juristischen Fachbüchern und Briefen, fort.

»Five Rivers – die Landschaft, die Menschen – das hat etwas, das ich seit meiner Kindheit nicht mehr erlebt habe. Seit wir, als ich 16 war, Kamiah (Idaho) verlassen hatten, habe ich mich nie mehr so richtig zuhause gefühlt – bis ich hierherkam. Zwischen den Menschen, die hier leben, und auch zu dem Tal, spüre ich eine besondere Verbundenheit. Vielleicht sind es die am Himmel kreisenden Geier, vielleicht auch die Erlen, die sich im Wind wiegen. Vielleicht liegt es auch daran, dass die Leute hier einfach genug von all dem

Scheiß hatten und Mut aufbrachten, die US-Regierung 1976 zu verklagen. Es ist eine engagierte, friedliebende Gemeinschaft, die sich gegen die Gewalt aufgelehnt, die von den Giften ausgeht, und jeden erdenklichen Rechtsweg beschritten hat, um sie zu stoppen, sich gleichzeitig notfalls aber auch mit Waffengewalt wehren würde, um zu verhindern, dass ihre Kinder erneut den Sprühungen ausgesetzt würden …«

Es ist Frühling. Die letzten Kirschblütenblätter fallen zu Boden, Apfelbäume und Azaleen stehen in voller Blüte. Zwei Ponys, ein Pferd und ein Esel galoppieren in einiger Entfernung einen Hügel hinauf, machen dann kehrt und rasen den Hügel in ungestümer Lebensfreude wieder hinunter. Paul sitzt auf der Motorhaube seines Autos und blickt stolz auf ein provisorisches Gehege voller Gänseküken und Junghühner. In seiner zerschlissenen Feldjacke, braun gebrannt, mit Bart und etwas verstrubbelt, umgibt ihn trotz seiner leisen Stimme und der zwei rechten Schlappen, die er auf einem örtlichen Flohmarkt erstanden hat, noch immer die Aura des getriebenen Soldaten im Kampfeinsatz. Vor sich hält er eine .22er Hornet[3], scheinbar nach Krähen im neu angepflanzten Maisfeld Ausschau haltend. Das Zielfernrohr hat er jedoch auf einen Helikopter gerichtet, der in einiger Entfernung über einen Hügelkamm fliegt, und er versucht auszumachen, ob die Maschine Sprühausleger besitzt.

»Alles in Ordnung. Das ist ein Hubschrauber Bell UH 1. Die haben wir dort drüben geflogen. Diese Lautsprecherdurchsagen zu den Sprüheinsätzen gehörten nicht zu unseren Routineaufgaben. Das war in der Provinz Binh Dinh, an der vietnamesischen Küste, etwa auf halbem Weg zwischen Saigon und der entmilitarisierten Zone. Wir, die 173. Luftlandebrigade, hielten damals lediglich die Stellung, flogen keine Angriffe, sondern »schützten« die Leute vermeintlich gegen Angriffe bzw. Kontaktaufnahmen seitens des Vietkong[4]. Die Army hatte zudem private Unternehmen beauftragt, dort

3 Jagdgewehr [A. d. Ü.].

4 Abschätziger US-Ausdruck für die südvietnamesische Befreiungsfront [A. d. Ü.].

staatliche Aufgaben zu übernehmen, wie etwa öffentliche Bauarbeiten, Sanitärversorgung, Straßenbau und Propaganda.«

»Das bedeutete, sie siedelten die Zivilbevölkerung von einem Gebiet in ein anderes um. Das Dorf, über dem wir kreisten, war eines derjenigen, in denen sie die Menschen zusammenzogen, ein so genanntes *Relocation Center* (»Wehrdorf«). Anders ausgedrückt, ein Internierungslager. Tausende von Menschen, ganze Familien, wurden aus ihren Häusern – in der Regel mit Gewalt – vertrieben und in diese Lager gesteckt. Die Menschen in dieser Gegend leben

Carol Van Strum hat auf ihrer Farm in Oregon Schädlinge im Visier (Foto: Niko Merell)

üblicherweise in kleinen Siedlungen oder Dörfern, häufig vom Rest der Welt komplett abgeschnitten, und betreiben in der Umgebung ihre kleinbäuerliche Landwirtschaft. Sie wurden von dort vertrieben, und ihre gesamten Nutzpflanzen wurden durch Herbizide vernichtet, um sie davon abzuhalten zurückzukehren.«

»Die Landschaft dort ist geprägt von engen Tälern, die sich zum Ozean hin öffnen, die umgebenden Hügel sind mit dichtem Dschungel bewaldet. In den breiten Flussniederungen wie An Lao erstreckten sich Reisfelder, dazwischen kleine Siedlungen. Die Hochtäler wurden vom Vietkong und von der Nordvietnamesischen Volksarmee (NVA) kontrolliert. Man konnte sie nicht ausbomben, es waren zu viele Zivilistinnen und Zivilisten dort. Das Befriedungsprogramm, mit dem die USA die Bevölkerung sowohl emotional als auch mental für sich gewinnen wollten, war ein großes militärisches und politisches Experiment. Übersetzt hieß das: Man vertrieb die Menschen aus ihren Dörfern, entlaubte ihr Land, bombardierte und schoss alles in Grund und Boden und flog dann Sprüheinsätze. Die Menschen wurden flussabwärts in die »Wehrdörfer« zwangsumgesiedelt. Diejenigen, die nicht gehen wollten, bekamen die Spritzmittel ab, und das Lager befand sich natürlich flussabwärts der versprühten Gebiete. Viele klagten über Fehlgeburten, Spontanaborte, Kopfschmerzen, Geburtsfehler, Übelkeit, usw. Daher schickten sie uns dorthin, um diese Botschaft zu verbreiten.«

»Die Begründung, man wolle den Vietkong durch das Vernichten der Ernte aushungern, war natürlich nur ein Vorwand. Der wahre Grund für die Vertreibungen bestand darin, die Bevölkerung dem Einflussbereich des Vietkong zu entziehen. An zentralen Orten zusammengetrieben ließen sich die Menschen besser kontrollieren als draußen im Dschungel, wo man ihre Aktivitäten nicht immer im Auge behalten konnte. Es kam mir damals komisch vor, dass wir in unseren Durchsagen nicht den Grund für die Vernichtung der Ernte nannten. Aber ich habe mir darüber nie groß Gedanken gemacht. Diese Aktivitäten hatten so wenig mit unseren sonstigen Aufgaben im Rahmen des Programms *Chieu Hoi* (»Offene Arme«) zu tun,

UH-1 (Huey) Helikopter der US-Armee beim Versprühen von Herbiziden über Vietnam (Foto: U.S. Army)

mit dem man die andere Seite zum Überlaufen bringen wollte. Die Truppe unter meiner Führung, die mit Lautsprechern in den Kampf zog … also, im Normalfall bewegten wir unseren Arsch immer dorthin, wo die Gewehrkugeln durch die Luft flogen. Die Durchsagen zu den Sprüheinsätzen waren für uns wie Urlaub.«

Über dem Hügelkamm tauchen vier oder fünf Krähen auf und kreisen laut krächzend über dem Garten. Dann landen sie in einem Baum am anderen Flussufer. Das Gewehr liegt auf der Motorhaube, aber Paul macht keinerlei Anstalten, es hochzunehmen.

»Die kennen die Spielregeln. Solange sie sich nicht direkt im Garten niederlassen, fällt kein Schuss. Hören Sie sich die Kerle an – sie verspotten uns!« Er verschränkt die Hände hinter dem Kopf und bewundert den gepflegten Garten.

»Wir sind dort über die Landschaft hinweg geflogen und sahen zu, wie der Dschungel, die Täler mit den Reisfeldern und Baumgruppen – Bananen Bambus, Palmen – und die winzigen Dörfer mit den strohgedeckten Hütten, die bewaldeten Bergkämme unter uns hinwegzogen. Der Helikopter flog durch diese gewaltigen Gewitterwolken, durch die die Sonnenstrahlen hindurchbrachen. Wenn man hinuntersah, konnte man erkennen, dass die Menschheit auf diesem Planeten durchaus Positives bewirken kann, dass die Menschen da unten im Einklang mit ihrer Umwelt lebten.«

»Und dann sah man die schwarzen Stellen und klaffenden Wunden im Dschungel, verursacht durch Bomben, Napalm und Artilleriefeuer. Das kranke Gelb-Braun der entlaubten Reiskulturen, ein Chaos aus toten Gräsern, wo einst sorgfältig bestellte Felder waren. Wenn man in eines der Lager – »Wehrdörfer« – kam, waren die Menschen, die in ihrer Umgebung ein so gesundes Leben geführt hatten, dort in Fertighütten mit Blechdach und Wänden aus Gips oder Zement ohne Fenster zusammengepfercht. Die Hütten standen in Reih' und Glied und waren von Stacheldraht und Wachtürmen umgeben, die Bäume ringsum entlaubt, der Untergrund lehmig oder matschig, überall Fliegen, und alle hatten offizielle Ausweise bei sich. Ihre Tiere hatte man getötet oder einfach zurückgelassen. Als Nahrung erhielten die Leute Langkornreis aus Texas und US-amerikanische Lebensmittel. Es gab für sie nichts zu tun, außer herumzusitzen. Frauen, Kinder, alte Männer – alle saßen nur da.«

»Damals machte man sich über diese Dinge keine Gedanken. Wir mussten uns auf die anstehenden Aufgaben konzentrieren. Mein Job bestand darin, die Gegenseite mit Hilfe von Lautsprecherdurchsagen und Flugblättern zum Überlaufen zu bringen, entweder aus der Luft oder vom Boden aus. Wir spielten Aufnahmen ab oder sendeten die Durchsagen live mit Hilfe von Überläufern, Dolmetschern oder Gefangenen. Wir waren also immer mittendrin, wurden in die vom Vietkong oder von der NVA kontrollierten Gebiete geschickt.«

»Die halbe Zeit warteten wir einfach nur darauf, dass irgendwo etwas passierte, dann sprangen wir in den Hubschrauber und flogen dorthin. Und dann war da die Ausrüstung – die Lautsprecher und Bedienelemente gaben ständig ihren Geist auf. Ich habe immer daran herumgebastelt, und *wenn* sie dann mal funktionierten, waren sie so verdammt laut, dass ich mit einem heftigen Hörschaden nach

Hause zurückkam. Bei einer Mission warfen wir fünfzig bis hundert Tausend Flugblätter ab. Einer von uns lehnte sich rechts hinaus und warf die Flugblätter ab, die der andere ihm anreichte, immer weg vom Heckrotor. Sich so durch die Ladetür hinauszulehnen, war immer ein echter Nervenkitzel. Wir standen ständig unter Beschuss. Zweimal mussten wir da drüben notlanden, und eine Mission beendeten wir mit 52 Einschusslöchern im Helikopter.«

»Eine Sache, die meiner Meinung nach die Leute – selbst viele Veteranen – nicht begreifen, ist Folgendes: Ganz egal, wo du in Vietnam warst, wenn man in der Armee war, kam man in Kontakt mit den Herbiziden, insbesondere mit Agent Orange. Es kam überall zum Einsatz – an Straßenrändern, um alle unsere Feldlager herum, entlang der wichtigsten Wegverbindungen, rund um die Flugvorfelder auf Luftwaffenstützpunkten sowie in riesigen Dschungelarealen, um feindliche Aktivitäten besser ausmachen zu können. Der Umkreis um größere Feldlager wurde häufig mit derart großen Mengen Entlaubungsmitteln behandelt, dass dort kein einziger Grashalm mehr wuchs. Auf sämtlichen Militärbasen wurde außerdem, in der Regel einmal pro Woche, von Sprühkanonen auf Lastwagen Malathion oder Carbaryl gegen Moskitos ausgebracht.«

»Und es gibt noch eine andere Sache, die vielen Leuten nicht klar ist – und die von der Veterans' Administration (VA) null thematisiert wurde – nämlich der Aspekt der Verdunstung und Verflüchtigung der Herbizide. Man musste gar nicht direkt unterhalb der Sprühdüsen stehen, um es abzukriegen. Das Zeug verdunstet so lange, wie es sich auf dem Erdboden oder auf den Pflanzen befindet, und je wärmer die Luft ist, desto mehr davon verdunstet auch.[5] Und es war verdammt heiß dort! Das Allererste, was uns wie ein Schlag traf, als wir dort landeten, war diese unfassbare Hitze.«

»Überall, wo wir hinkamen und wo zuvor gesprüht worden war, atmeten wir also das Zeug ein, es legte sich auf unsere Kleidung,

5 Operation Ranch Hand. 1966. »Special Aerial Spray Flight Handout«: »Bei Temperaturen über 26,5 °C legt sich das Entlaubungsmittel nicht wie vorgesehen auf das Blätterdach des Dschungels.«

auf unsere Haut, wir nahmen es mit dem Wasser und der Nahrung auf. Ich denke, man kann mit ziemlicher Sicherheit davon ausgehen, dass alle dort eingesetzten GIs auf die eine oder andere Weise damit in Kontakt kamen. Als ich bei der VA den Antrag auf Anerkennung meiner Erwerbsunfähigkeit infolge der Agent-Orange-Exposition einreichte, war das Erste, was sie haben wollten, ein Nachweis für die Exposition. Das ist das Allererste, was sie von jedem Veteranen, der einen Antrag auf Anerkennung der Invalidität aufgrund von Agent Orange stellt, forderten – den Tag, die genaue Uhrzeit sowie den exakten Ort, an dem die Exposition stattgefunden hat. Als ob man unter Beschuss, Angriffen mit Granatwerfern und Brandbomben, teils aus dem Hinterhalt, seinen Notizblock zückt und sich notiert, dass man Sprühmittel abbekommen hat oder sechs Meilen durch entlaubten Wald gelaufen ist! Dabei muss man bedenken, dass niemand – noch nicht mal die Jungs, die mit dem Zeug hantierten – davor gewarnt wurde, dass es Probleme verursachen könnte. Also kam keiner von uns auf die Idee sich zu merken, wann bzw. wo man mit dem Zeug in Kontakt gekommen war.«

»Bei unseren Einsatzgebieten handelte es sich in erster Linie um Gegenden, die faktisch evakuiert waren. Zwischen Artilleriebeschuss, Napalm- und sonstigen Bombardements und Entlaubungseinsätzen per Helikopter wurden diese Gegenden von Infantrie-Einheiten durchkämmt. Wo auch immer man auf Anzeichen von feindlichen oder anderen menschlichen Aktivitäten stieß, wurde unser »Psywar«[6]-Team hingeschickt. Manchmal hatten wir bis zu fünf oder sechs Einsätze pro Tag, flogen von einem Hotspot gleich zum nächsten. Meist hatten diese Gebiete geballte Ladungen von Tränengas über Sprengstoffe bis hin zu Herbiziden abbekommen.«

»Soviel ich weiß, wurde ich zum ersten Mal im Frühjahr 1969 in Thailand Opfer einer größeren Sprühaktion. Bei einem Flug, der eigentlich diplomatischen Zwecken diente, wurde ich zusammen mit neun weiteren Mitgliedern der 4. Gruppe für Psychologische

6 Kurzform für *psychological warfare* – psychologische Kriegsführung [A. d. Ü.].

Operationen nach Bangkok hineingeschmuggelt. Es handelte sich um eine Geheimmission zur Militärbasis U-tapao, wo die großen B-52-Bomber stationiert waren, die wir für die ersten massiven Luftschläge in Kambodscha mit Flugblattbomben beladen sollten. Dazu muss man wissen, dass die Bombardierungen tatsächlich einige Monate früher begannen als in den Dokumenten des US-Verteidigungsministeriums angegeben.«

»U-tapao war als zentraler Luftwaffenstützpunkt für Einsätze von B-52-Bombern im militärischen Einsatzgebiet in Südostasien ausgelegt. Die zwei Meilen lange Start- und Landebahn wurde auf sumpfigem Gelände am Ozean gebaut, so dass die Bomber beim Start keine Hindernisse überwinden mussten. Diese Scheiß-Düsenjets waren derart schwer beladen … Damit sie überhaupt die notwendige Geschwindigkeit erreichten, um abheben zu können, benötigten sie zusätzliche Düsen, die man am Ende der Startbahn einfach ins Meer fallen ließ. Das Gebiet, auf dem U-tapao errichtet wurde, war so sumpfig, dass Kobras das zweitgrößte »Truppenkontingent« des Stützpunkts darstellten. Sie waren einfach überall.«

»Es gab dort ein riesiges Munitionslager, in dem hunderttausende Tonnen an Bomben gelagert wurden, alle für Kambodscha

B-52-Bomber im Anflug auf den Luftwaffenstützpunkt U-tapao der R.A.F. nach einer Mission über Vietnam 1972 (Foto: U.S. Air Force)

bestimmt. Die Bomben wurden offen zwischen sogenannten Futtermauern U-förmig gelagert, so dass bei einer einzelnen Explosion nicht der ganze Stützpunkt in die Luft flog. Und mittendrin in diesem Bereich befanden wir uns und befüllten Flugblattbomben aus Fiberglas mit Propagandamaterial, um die Botschaft der Sprengbomben zu erklären. Die Flugblattbomben waren mit einem Höhenmesser ausgestattet, so dass sie sich in 500 bis 1000 Metern Höhe öffneten und die Flugblätter freigaben. Sie wurden zusammen mit den Sprengbomben abgeworfen.«

»Das Areal, auf dem die gesamte Munition von U-tapao gelagert wurde, war natürlich komplett entlaubt, ein einziger kahler Fleck inmitten einer tropischen Savanne. Nirgendwo wuchs auch nur ein einziger Grashalm. Die Kobras kamen nachts aus dem Sumpf auf die Fahr- und Landebahnen gekrochen, um sich auf dem Asphalt zu wärmen. Morgens räumten sie das Feld wieder und verteilten sich über den gesamten Stützpunkt. Im Munitionslager sahen wir sie ständig. Viele Schlangen verendeten an Austrocknung, weil sie sich nicht im Untergrund verkriechen konnten. U-tapao war flächenmäßig einer der größten Luftwaffenstützpunkte, die ich je gesehen habe. In einem Umkreis von etwa 300 Metern um den Stützpunkt wuchs nicht ein einziger Strauch. Ich kann mich nicht erinnern, dort außer Möwen irgendwelche Vögel gesehen zu haben. Man hatte die Militärbaracken auf dem nackten Erdboden errichtet, es gab nur Sand. Die Vegetation war so mickrig – und dabei waren wir doch in den Tropen, im Dschungel! Wir wurden buchstäblich gebraten, Schutz vor der Sonne gab es nicht.«

»Die ersten Symptome, die ich bemerkte, waren Bauchschmerzen und verstopfte Nebenhöhlen. Mir war so übel, dass ich Probleme mit dem Gleichgewicht hatte. Die ganze Zeit war mir schwindelig. Ich bekam fürchterliche Durchfälle. Mein Stuhl war vom Blut schwarz gefärbt. Mein Urin nahm eine braune Farbe an, und beim Wasserlassen brannte es höllisch. Ich hatte schreckliche Kopfschmerzen – nicht solche nach dem Motto »Oh Gott, ich nehm' mal besser eine Aspirin«, sondern eher derart, als hätte dir jemand eine

Axt zwischen die Augen gerammt. Meine Beine konnte ich so gut wie gar nicht mehr gebrauchen. Sie versagten mir einfach den Dienst, und ich fand mich auf dem Boden liegend wieder. Meine Hände und Füße wurden taub. Meine Beine waren die ganze Zeit kalt, einfach nur kalt, ich konnte sie gar nicht mehr warm kriegen. Ich bekam hohes Fieber und Schüttelfrost, stechende Schmerzen, die von meinen Zehen ausgingen, durch meinen ganzen Körper schossen und am Scheitel explodierten. Alle meine Gelenke schmerzten nicht nur – ich weiß gar nicht, wie ich es beschreiben soll – es war einfach unerträglich. Um die Augen, an der Nase, den Schläfen, an den Ohren, im Nacken und den Rücken hinunter tauchten überall Pusteln auf. Auf meinen Schultern und auf meinem Rücken begannen dicke schwarze, gelockte Haare zu wachsen, und über mehrere Jahre hatte ich am Rücken fast schon einen Pelz. Diese Haare waren seltsam, alle Haarwurzeln taten weh, und die verdammten Dinger wuchsen ständig wieder in die Haut ein. Meine Haut sah ungesund, blass aus und war rissig. Ich brauchte nur an etwas vorbei zu streifen, schon hatte ich eine offene Wunde. Ich hatte Geschwüre, die ständig nässten und sich häufig entzündeten.«

»Aber am schlimmsten war das, was in meinem Kopf vorging. Ich fiel in ein tiefes Loch. Ich habe noch immer die Briefe, die ich damals geschrieben habe – einen an meinen Bruder zuhause. Ich denke, man kann sagen, dass ich damals suizidgefährdet war. Und dabei hatte ich doch diesen angenehmen Job, keinen Druck, war nicht im Kampfeinsatz. Ich hatte keinen Schimmer, was mit mir los war.«

»Einem der anderen Jungs ging es ganz genauso, und ich selbst meldete mich krank. Man gab mir Hydrocortison-Salbe, Kaopectate[7] und, ich glaube, ein Antibiotikum. Es half alles nicht wirklich. Die restlichen zwei Monate, die ich noch in Thailand war, ging es mir meist sehr schlecht. Ich war einfach wackelig auf den Beinen. Es war mir ein Rätsel. Ich war ja echt jung damals, wie die meisten Kerle in der Armee, körperlich topfit. Ich war vorher noch nie krank

7 Mittel gegen Durchfälle [A. d. Ü.].

gewesen, jedenfalls nicht so. Und niemand konnte mir sagen, was los war. Ich wusste, ich war krank, und mir war auch damals schon klar, dass ich mich deshalb so schlecht fühlte. Wenn man mir eröffnet hätte, dass ich Malaria oder Typhus oder die Pest oder irgendeine andere dieser Krankheiten habe, die dort oft vorkamen, wäre ich überglücklich gewesen. Erst 1978 ging mir ein Licht auf, als mir, nachdem ich die Studien gelesen hatte, schließlich dämmerte, was die wahrscheinliche Ursache war.«

»Der Sonderurlaub, den ich wegen der Verlängerung meiner Stationierung in Vietnam erhielt, war durch den Auftrag in Thailand verschoben worden. Der Job war locker und bot mir die Gelegenheit, Thailand zu besuchen, also hatte ich meine Beziehungen spielen lassen, um den Auftrag zu bekommen. Es erscheint mir noch immer wie eine Ironie des Schicksals, dass ich letztlich meine Beziehungen einsetzte, um mich vergiften zu lassen …«

»Im Sommer 1969 hatte ich Heimaturlaub, aber das war nicht mehr das Zuhause, wie ich es gekannt hatte. Meine Familie und mein Freundeskreis schienen meine Nähe zu meiden, weil sie wussten, dass ich zurückgehen würde. Es war der Höhepunkt der Anti-Kriegs-Bewegung. Noch heute erinnere ich mich daran, dass mich Leute, von denen ich dachte, dass sie mich mögen, fragten, ob es mich stolz mache, Babys zu töten. Und ich erinnere mich, dass ich bei 38 °C draußen fror, todmüde und entkräftet war. Ich verlängerte meinen Urlaub und kehrte dann nach Vietnam zurück. Dort wurde ich einem Propaganda-Team in der Provinz zugeteilt, das von Da Lat aus im zentralen Hochland agierte. Da war es mir einfach zu kalt. Manchmal waren es dort nur ca. 15 °C, und meine Hände und Füße wurden durch die Kälte ganz weiß. Mann, dabei bin ich in Idaho aufgewachsen und hatte mit der Kälte zuvor nie Probleme gehabt!«

»Im Hochland war ich immer wieder krank. Also ließ ich wieder meine Beziehungen spielen und mich in die Provinz Binh Dinh und von dort zur 173. Luftlandebrigade – dem »Rudel« – versetzen. Ich hatte die Nase gestrichen voll von der Kälte und ebenso von der

Zusammenarbeit mit der südvietnamesischen Armee und eingezogenen US-Soldaten. Der sicherste Ort, so dachte ich mir, wäre bei einer draufgängerischen Einheit wie dieser. Bei meiner Rückkehr in die Staaten – so mein Kalkül – würde ich aufgrund meiner Haltung gegenüber den Truppen hinter der Front ansonsten im Militärgefängnis landen. Im »Rudel« war ich über 300 Meilen von meinen Vorgesetzten entfernt. Ich war bereit, meine restliche Zeit in der Army in dieser Einheit zu verbringen.«

»Aber dann kam alles ganz anders. Die Krankheitsphasen kamen und gingen. Sie schienen fast zyklisch aufzutreten, mit einem monatlichen Abstand zwischen den Höhepunkten. Es ging mir echt dreckig, dann erholte ich mich wieder langsam, und dann ging alles wieder von vorne los. Der Standort unseres Hauptquartiers *Landing Zone English*, oder *LZ English*, war ganz typisch: eine staubige Einöde umgeben von üppiger Vegetation. Überall stank es nach Diesel. Die Start- und Landebahn war vollkommen entlaubt – aber zu keinem Zeitpunkt kam ich auf die Idee, dass mein Gesundheitszustand mit all dem irgendetwas zu tun haben könnte.«

»Aber an einen Vorfall erinnere ich mich sehr wohl. Und wie! Es war zu Beginn des Frühjahrs 1970. Das Operationsgebiet des Rudels hatte sich in ein einziges Schlachtfeld verwandelt. Wir waren auf einer Befriedungsmission, hielten lediglich unsere Stellung, aber dann wurden wir von der zweiten NVA-Division angegriffen. Die zweite war eine erstklassige reguläre Einheit der nordvietnamesischen Streitkräfte, sie trug den Namen »Gelber Stern«[8]. Die Situation wurde so brenzlig, dass die 173. von einer Brigade der 4. Infantrie-Division und einem Bataillon der 101. Luftlandedivision – der Eingreiftruppe für die Zweite Militärische Zone – Verstärkung bekam. Wir hatten etwa zwei Monate lang Tag und Nacht Einsätze gehabt, eine Menge Aufklärungsflüge durchgezogen, um

8 Die Flagge der Demokratischen Republik Vietnam (DRV) zur Zeit der Teilung war, wie die der Sozialistischen Republik Vietnam (SRV) nach der Wiedervereinigung 1975, rot mit einem gelben Stern in der Mitte [A. d. Ü.].

Feindbeschuss zu provozieren und die feindlichen Truppen so orten zu können.«

»Bei dieser Gelegenheit machten wir einen Gefangenen, der bereit war, uns zu seinem Stützpunkt zu führen. Man flog uns mit einem Hubschrauber raus, und wir sollten zu einer Infantrie-Kompanie der 4. Division stoßen. Im Rucksack hatten wir Lautsprecher in der Hoffnung, den Stützpunkt einkreisen und die NVA zum Überlaufen bewegen zu können. Hier von Überlaufen zu sprechen, wenn man den Feind eingekreist hat, das ist wirklich vornehm ausgedrückt. Das funktionierte gut beim Vietkong, aber nur selten bei der NVA. Den ganzen Tag liefen wir auf Pfaden durch den Dschungel und gelangten zu einem entlaubten Areal, das auch mit Tränengas angegriffen worden war. Unsere Augen tränten, an der Nase bildeten sich Blasen, und das Tränengas verursachte einen Juckreiz auf der Haut. Bei Einsetzen der Dämmerung erreichten wir in einer Talsenke das Reisfeld einer Volksgruppe in den Bergen, das von entlaubtem Dschungel umgeben war. Das Reisfeld war mit Entlaubungsmitteln besprüht worden, und die Bäume und Sträucher, die das Feld säumten, waren vollkommen kahl. Das Einzige, was noch wuchs, war Elefantengras. Wir beschlossen, auf dem Reisfeld unser Nachtlager aufzuschlagen. Um das Gelände postierten wir Wachen und legten uns schlafen.«

»Die ganze Nacht durch schüttete es wie aus Eimern. Wir waren hundemüde, und als wir aufwachten, stand unser Lager etwa 8 cm tief unter Wasser. Der Gefangene konnte sich nicht mehr erinnern, wo sich das Lager befand, also bliesen wir die Mission ab und forderten per Funk einen Hubschrauber an, der uns auflesen sollte, bevor die Sonne über den Hügel kam. Der Chopper verspätete sich. Als die Sonne aufging und die Temperatur anstieg, fanden wir uns alle auf dem Boden wieder, wo wir uns vor lauter Schmerzen wanden. Es war, als steckten in unserer Haut am ganzen Körper tausende winziger Nadeln, am ganzen Körper. Mit dem Regen war irgendetwas auf dieses Reisfeld gelangt. Unsere gesamte Einheit marschierte zu einem nahe gelegenen Fluss, in dem wir uns alle mit Seife wuschen.

Danach waren die Beschwerden zumindest erträglich. Anschließend wurde mein Team vom Helikopter abgeholt. Ich habe niemals erfahren, wie es den anderen Männern weiter ergangen ist.«

»In den folgenden Tagen kehrten bei mir diese Symptome immer wieder zurück. Ich war mit den Nerven völlig am Ende. Ich habe nicht vergessen, wie ich jemanden kommen hörte, der mich für eine neue Mission zu abholen sollte. Ich erinnere mich dunkel, dass ich auf dem Boden lag oder hinfiel und dass irgendwer versuchte mich wiederzubeleben. Dann lag ich auf einer Trage und wurde auf der Ladefläche eines Jeeps durchgeschüttelt. Erst bei B Med [dem Medizinunternehmen] kam ich wieder zu mir. Man sagte mir, ich sei drei Tage lang bewusstlos gewesen. An meinen Arm war ein Infusionsschlauch angeschlossen. Man sagte mir, meine Leukozytenzahl sei extrem niedrig, gab mir ein Antibiotikum und ein paar Beruhigungsmittel und schickte mich wieder zum Dienst.«

»Ich habe noch eine Mission durchgezogen und wusste, dass es meine letzte sein würde. Ich ging nach Qui Nhon und landete im 67. Feldlazarett. Wieder dieselben Symptome, diesmal noch schlimmer. Ich ließ mich ins Hauptquartier des 8. Bataillons für Psychologische Einsätze in Nha Trang zurückversetzen. Ein paar Tage konnte ich arbeiten, dann musste ich wieder ins Krankenhaus, ins 8. Feldlazarett.«

»Mein Arzt war Major Ream. Sein Vorname fällt mir gerade nicht ein, aber zwischen uns entstand eine recht enge Beziehung. Er nahm mich immer wieder mit zu Strandspaziergängen in Nha Trang und zu langen Besuchen bei einer vietnamesischen Familie, der ich bald sehr nahestand. Ich erinnere mich lebhaft daran, dass Major Ream äußerst besorgt war wegen bestimmter Krebserkrankungen, die damals in der vietnamesischen Zivilbevölkerung zunehmend auftraten. Seine Zeit in der Armee neigte sich dem Ende zu, und er bemühte sich darum, als Zivilist nach Vietnam zurückzukehren, um die Sache eingehender zu untersuchen.«

»Auch meine Zeit in Vietnam war fast zu Ende. Zu diesem Zeitpunkt gehörte ich dem Bataillon länger an als irgendwer sonst. Ich kehrte im August 1970 zurück und meldete mich ein paar Tage später im Krankenhaus meiner Heimatstadt. Nach einer kurzen Untersuchung hatte mich mein Hausarzt in ein Veteranenkrankenhaus überwiesen, weil die Sauerstoffsättigung in meinem Blut extrem niedrig war. Ich litt unter starker Blutarmut und hatte Gelbsucht. Außerdem lag seiner Meinung nach bei mir eine Kriegsneurose vor. Ich fuhr mit dem Bus zum Krankenhaus. Als ich dort ankam, gaben sie mir eine Spritze. Drei Tage später kam ich so weit zu mir um mitzukriegen, dass ich mich auf der geschlossenen Abteilung eines psychiatrischen Krankenhauses befand und man mich bis zur Besinnungslosigkeit mit Medikamenten vollgepumpt hatte.«

»Von den darauffolgenden drei bis vier Jahren verbrachte ich mindestens eineinhalb im Krankenhaus. Ich war die ganze Zeit extrem labil. Die Narben auf meinem Körper veränderten ihre Farbe – von hell zu dunkel. An meinem Körper traten immer mehr große, dunkle Flecken auf, und auf meinem Rücken begannen wie verrückt lange, zottige Haare zu wachsen. Ich bekam Warzen, oder so was ähnliches – keine Ahnung, wie man die Dinger nennt – einfach Beulen, die die ganze Zeit schmerzten. An einem Fuß und in der Leistengegend bekam ich so was wie Fußpilz, das auf keine Behandlung ansprach. Solche Geschwüre waren bei mir schon in Vietnam aufgetreten. Das war bei jedem so – es gibt praktisch keinen Vietnamveteranen, der das nicht hat. Es wird auch ›Dschungelfäule‹ genannt. Man sagte uns drüben, macht euch keine Sorgen, wenn ihr zurückgeht, klingt das wieder ab. Aber es geht nicht weg. Nichts geht weg. Gesundheitlich geht es mir jetzt besser, aber gelegentlich stürzt alles wieder auf mich ein, und dann kommt auch die Depression wieder. Damit komme ich einfach nicht klar, mit der Depression …«

Die Krähen scheinen sich für heute zurückgezogen zu haben. Paul bringt das Gewehr ins Haus und kommt mit einer Axt wieder. Von einem Stapel dicker Erlenbaumscheiben beginnt er Feuerholz zu spalten, das die Kinder dann für den Winter übereinanderstapeln sollen.

»Ich hatte Glück: Noch in Vietnam wurde ich richtig schwer krank, und im ersten Jahr nach meiner Rückkehr ging es mir immer

US-Armeehubschrauber, mit dem in Vietnam Agent Orange versprüht wurde (Foto: U.S. Army)

noch sehr schlecht, so dass sie mich als Kriegsinvaliden anerkannt haben. Damit bin ich besser dran als die der meisten meiner Kameraden. Die Hälfte von ihnen weiß noch nicht einmal, warum es ihnen so dreckig geht. Aber ich kann immer noch keine medizinische Behandlung in Anspruch nehmen. Klar kann ich zu einer Klinik für Veteranen gehen, und das soll auch alles kostenlos sein und so, aber ich kann mir den Arzt nicht aussuchen. Ich kann ihnen nicht sagen: Nein, Sie können mich nicht an ein psychiatrisches Krankenhaus überweisen. So sind die nämlich drauf: Wenn du überzeugt bist, unter Agent-Orange-bedingten Symptomen zu leiden, stecken sie dich in die Psychiatrie. Wegen meiner gesundheitlichen Probleme kann ich mich nicht krankenversichern, also bin ich in dieser unfassbaren, verdammten Zwickmühle gefangen.

Bei der letzten 2,4-D-Sprühaktion wurde ich mit denselben beschissenen Symptomen wie zuvor schon eingeliefert – das war, glaube ich, im Sommer '78. Ich saß da in dem Büro von CATH, während draußen auf zwei Seiten die Weizenfelder gesprüht wurden, und ich

Helikopter des Fabrikats Bell 205, mit dem in Oregon 1988 Waldgebiete besprüht wurden (Foto: USDA Forest Service)

hab' mich nicht vom Acker gemacht ... Ich hätte es besser wissen sollen, konnte es riechen und alles, aber in meinem Hinterkopf waren da immer noch letzte leise Zweifel, also blieb ich ... Dann habe ich Zack bei Freunden abgesetzt und bin um zehn Uhr abends zum Krankenhaus rübergefahren, weil ich nicht wusste, ob ich am nächsten Morgen in der Lage sein würde aufzustehen und mich um den Jungen zu kümmern.

Sie haben mich zur VA-Klinik gebracht, wo sie mich als erstes mit Beruhigungsmitteln vollpumpen und dann ins American Lake (psychiatrisches Krankenhaus) verlegen wollten. Und ich sagte einfach, nein, sorry, aber das mache ich nicht nochmal mit. Ja, genauso ist es: Ich ertrage das nicht noch einmal. Ich kann nicht mehr in ein Veteranenkrankenhaus gehen. Niemals wieder. Ich kann nicht zulassen – ich meine, das ist doch meine Entscheidung –, dass sie mich so behandeln. Aber genauso geht es all diesen echt verdammt kranken Leuten, die in eine Veteranenklinik kommen und sagen: ›Hey, ich möchte, dass ihr euch um mich kümmert, ich glaube, es könnte an Agent Orange liegen.‹ Man verlegt sie in die Psychiatrie, oder aber der Scheck der VA über die Invalidenrente kommt erst dann, wenn sie schließlich an Krebs verreckt sind! Und dann verweigern sie einer Mutter den Scheck einzulösen, weil der Sohn ja mittlerweile verstorben ist – bei Gott, so ist es bei Paul Reutershan gelaufen!«[9]

Es ist sowieso schon echt hart für Vietnamveteranen, das mit Agent Orange und all seinen Folgen zu akzeptieren, das ist eine echt bittere Pille. Man verlangt von ihnen, ein hohes Krebsrisiko, potenziell Erbschäden bei ihren Kindern und möglicherweise nicht mehr beherrschbare emotionale Probleme, die sie lange Zeit verdrängt haben, in Kauf zu nehmen. Man verlangt von ihnen, sich mit wirklich schwerwiegenden körperlichen Beschwerden abzufinden, mit denen sie nicht klarkommen. Das ist wirklich eine bittere Pille, ganz klar. Wirklich, echt bitter …

Die Querwinde, die jeden Nachmittag von den Hügelkämmen herunter durch das Five Rivers Valley fegen, wehen die letzten Blütenblätter von den Kirschbäumen, erst in die eine, dann in die andere Richtung. Pauls Holzstapel ist jetzt so hoch wie der Hackklotz – für heute haben die Kinder genug aufzustapeln.

»Man darf die Hoffnung nicht aufgeben«, meint Paul. »Man muss daran glauben, dass man die Dinge verändern kann, oder man kann sich gleich eine Pistole in den Mund stecken und abdrücken. Ich war wirklich ganz unten, habe ’72 versucht, mir das Leben zu nehmen. Danach habe ich die Scheißtabletten weggeworfen. Meine Invalidenrente wurde bewilligt. Ich versuchte weiterhin zu arbeiten. Bevor ich zum Militär ging, hatte ich jahrelang Vollzeit als Drucker gearbeitet, aber nach meiner Rückkehr ging es einfach nicht mehr. Mein Gesundheitszustand verschlechterte sich stetig, ich schaffte die Plackerei körperlich nicht mehr. Und nach ’75 war ich auch noch alleinerziehend und musste mich um einen Säugling kümmern.«

---

9 Agent Orange Special Supplement to The Veteran, Frühjahr 1980. (Veröffentlichung der Vietnam Veterans Against the War, Chicago, Illinois.) Siehe auch Senatsbericht a. a. O. (28).

»Niemand, der das nicht erlebt hat, kann auch nur annähernd nachvollziehen, was es heißt, körperlich und emotional so am Ende zu sein – auf dieser unfassbaren gesundheitlichen Achterbahnfahrt – und dabei die ganze Zeit die Last der Verantwortung für jemand anderen zu spüren – ein Kind oder eine Familie, die vollkommen von dir abhängig sind. Bei vielen Veteranen ist es immer das Gleiche: sie sind der Belastung einfach nicht gewachsen. Man weiß, dass es einem jeden Moment den Boden unter den Füßen wegziehen kann, wie labil man ist, aber da ist das Kind, das außer dir niemanden hat …«

Er beobachtet Zack, der seine Freunde eifrig in die Kunst des Holzstapelns einführt.

»Ich habe Glück gehabt. Nach der Trennung von meiner Frau war Zack mein ganzer Lebensinhalt. Ein paar Jahre lang schaffte ich es sogar zu arbeiten. Anfang '78 führte ich zusammen mit einem Geschäftspartner ein paar Druckereien in Lewiston. Ein Kunde, der für die Idaho Conservation League[10] tätig war, überredete mich, für ihn Kopien zu einem günstigeren Preis zu machen. Dabei las ich einige Seiten der Texte, die ich für ihn kopierte. Es ging um Herbizide, und der Inhalt beunruhigte mich, aber zu dieser Zeit stellte ich keine Verbindung zu meinen Problemen oder zu Agent Orange und Vietnam her.«

»In dem Material, das ich kopierte, las ich, dass fünf Staatsforste in Nord-Idaho den Entwurf eines Umweltverträglichkeitsgutachtens (EIS) zum Einsatz von Herbiziden auf über 24.000 ha vorgelegt hatten. Es ging um zehn verschiedene Herbizide, meist ein Cocktail aus 2,4-D und 2,4,5-T, der aus der Luft versprüht wurde. Ich sah das EIS und Karten der Flächen, die für die Sprühflüge vorgesehen waren. Es handelte sich um all meine Lieblingsplätze in Clearwater und Nez Perce – all die Wasserläufe, wo ich am liebsten geangelt hatte, sollten mit Gift überschüttet werden. Das war wie ein Schlag in die Magengrube. Es waren die Plätze, an denen ich mit meinem Dad

10 Naturschutzbund im US-Bundesstaat Idaho [A. d. Ü.].

als Kind zum Angeln gewesen war: White Sand Creek, wo ich mich selbst entdeckt und mich nach Vietnam wiedergefunden habe.«

»Der Dreh- und Angelpunkt war, dass laut ihrer Risikobewertung keine nennenswerte Abdrift auftreten würde. Da ich Flugblätter aus Hubschraubern geworfen hatte, war mir klar, dass das totaler Blödsinn war. Wälder sind nicht wie Farmland: Man fliegt den Hubschrauber nicht einfach über ebene Flächen. Die gibt es nicht. Dort sind Hügel, Senken, Bäume; man hat mit Auf- und Seitenwinden sowie steilen Abhängen zu kämpfen. Man wechselt ständig die Richtung, und bei jedem Mal wird die Luft von den Rotoren nach vorne, seitwärts und nach hinten verdrängt. Die Annahme, dass die Herbizide vollständig auf den Boden niedergehen würden, war absoluter Schwachsinn. Selbst bei Windstille erzeugt der Helikopter seinen eigenen Wind.«

»Also war mein Interesse, vorsichtig gesagt, geweckt. Ich engagierte mich bei CATH. Ich las das Informationsmaterial von CATS gebannt durch, und als ich zu den Untersuchungen über Fälle von industrieller Exposition kam, ergab plötzlich alles einen Sinn: Diese Arbeiter litten unter denselben Scheißsymptomen wie ich, und auch andere Männer wie ich, andere Veteranen. Einmal erstellte ich eine Liste ähnlicher Symptome, von denen über sechzig mit meinen übereinstimmten. Das war's. Ich bezahlte meine Schulden mit den Geschäftsanteilen an der Druckerei, kehrte diesem Job den Rücken zu und schloss mich dem »*lunatic fringe*« an.«[11]

11 Der »lunatic fringe« (dt. etwa «extreme Randgruppen«) hat eine interessante Geschichte. Ein Angestellter der Forstbehörde, Roger Sandquist, wurde in der Ausgabe des Daily ldahonian vom 3. März 1978 in Moscow (Idaho) mit der Aussage zitiert, die Opposition gegen den Herbizideinsatz durch die Forstbehörde rekrutiere sich vorwiegend aus dem »lunatic fringe.« Die Organisation CAT reagierte mit einer landesweiten Spendenkampagne, bei der sie Mitgliedszertifikate für den »Orden des Lunatic Fringe« ausstellte. S. a. »A Closer Look at Sandquist,« NCAP News, Herbst 1980, S. 4.

»Diese Chemikalien in Vietnam«

In den Jahren nach ihrem Militäreinsatz in Vietnam litten zahllose Veteranen unter ähnlichen Problemen wie Paul Merrell. Einige sind einer Krebserkrankung erlegen, andere haben Kinder mit schweren Geburtsdefekten gezeugt (von denen eines für die nationale Posterkampagne für den *March of Dimes*[1] ausgewählt wurde).[2] Die Mehrzahl von ihnen hat mit schweren emotionalen Problemen zu kämpfen. Bis 1977/78 stellten nur wenige Veteranen einen Zusammenhang zwischen ihren Gesundheitsbeschwerden und den Chemiewaffen her.

Als die Informationen über die schwerwiegenden gesundheitlichen Folgen von Agent Orange öffentlich gemacht wurden, meldeten zahlreiche Veteranen, u. a. auch Paul, der Veteranenbehörde (VA) ihre Probleme und machten geltend, dass ihre Invalidität durch den Militärdienst bedingt sei. Sowohl die Probleme der Veteranen als auch die Art und Weise, in der die Veteranenbehörde auf diese reagierte, waren entmutigend und in allen Fällen praktisch identisch, wie die Berichte der Kriegsveteranen im Rahmen einer Untersuchung der Organisation *Vietnam Veterans Against the War* über Agent Orange im Dezember 1979 bestätigten.

JOHN LINDQUIST: Seit meiner Rückkehr aus Vietnam leide ich an gesundheitlichen Problemen wie diesem Ausschlag und einem regelmäßig wiederkehrenden Taubheitsgefühl in den Händen. Am

---

1 wörtl. »Pfennigparade«; US-amerikanische Wohltätigkeitsorganisation, die es sich zum Ziel gesetzt hat, die Gesundheitssituation von Neugeborenen zu verbessern (gegründet 1938) [A. d. Ü.].

2 Epstein a. a. O. (49) (nicht paginierter Abbildungsteil).

Anfang war es nicht ganz so schlimm, aber mit fortschreitendem Alter – 31, echt alt! – kann ich nicht mehr auf der Seite oder auf dem Bauch schlafen. Ich kann nur auf dem Rücken schlafen, die Hände auf dem Brustkorb gefaltet oder vom Rumpf weggestreckt, und trotzdem wache ich nachts immer wieder auf. Erst kürzlich hat man mir mitgeteilt, dass meine Leberwerte um das 4-Fache über den Normalwerten liegen …

Sechs von uns haben sich im April '78 einer Untersuchung bei der Veteranenbehörde unterzogen. Wir wurden geröntgt, man nahm Blut- und Urinproben und teilte uns mit, man werde uns in zwei Tagen telefonisch Bescheid geben. Zwei Monate später habe ich erneut angerufen und nachgefragt: »Werden Sie sich noch bei mir melden?« Die Antwort lautete: »Also, wenn Sie bisher keinen Anruf von uns erhalten haben, bedeutet das, dass alles in Ordnung ist.« Da wusste man bei der Behörde allerdings nicht, dass wir uns bei der US-Seuchenschutzbehörde[3] in Atlanta telefonisch erkundigt hatten, ob eine Vergiftung mit Agent Orange überhaupt anhand dieser Untersuchungsmethoden festgestellt werden könne. Man hatte uns dort mitgeteilt, dass wir es schon zum Frühstück hätten essen müssen, damit man es in einer Blutprobe nachweisen könnte! Wir ließen die VA mit ihren vorgetäuschten Tests auffliegen, haben die Presse informiert und Demos organisiert. Schließlich räumte die VA ein, es stünde keine Untersuchungsmethode zur Verfügung …

Weil wir so ein Spektakel wegen der Scheinuntersuchungen veranstalteten, teilte die VA mit, man würde einige Untersuchungen wiederholen. Also haben sie ein paar von uns im Oktober '78 angerufen. Der einzige Unterschied bestand darin, dass wir das »magische« vierseitige Formular ausfüllen sollten: eine Menge Fragen darüber, zu welcher Tageszeit die Exposition stattgefunden hatte, an welchem Tag, an welchem Ort, aus welcher Richtung der Wind geweht, wie man sich gefühlt hatte – ein äußerst skurriler Fragebogen!

Das VA-Krankenhaus ist ein Ausbildungszentrum, Veteranen

3 Centers for Disease Control and Prevention (CDC).

dienen dort im allgemeinen als Versuchskaninchen, und darunter leidet die Effektivität jeglicher Untersuchungen, die die VA durchführen könnte. Ich habe auch Probleme mit meinem Kurzzeitgedächtnis. Das macht mir, neben all den anderen Symptomen, Sorgen. Im Vergleich zu den Beschwerden anderer Kameraden in dieser Runde sind meine eher leicht. Ich weiß, dass es da draußen Tausende anderer Veteranen wie mich gibt und Tausende, denen es schlechter geht als den Leuten hier im Raum. Und Hunderte, wenn nicht gar Tausende von Veteranen sind bereits deswegen verstorben.

FLOYD MOORE: Als nach meiner Heimkehr Probleme auftraten, habe ich Hilfe aufgesucht. Man überwies mich erneut an die Veteranenklinik, wo die Ärzte immer wieder sagten, dass ich ein dyshidrotisches Ekzem[4] hätte, das unter Menschen schwarzer Hautfarbe verbreitet sei, mit einem Ausschlag, sich abschälender Haut und Schwellungen an den Händen, Taubheitsgefühl, extremer Müdigkeit, kurzen Aussetzern: Ich habe von jetzt auf gleich Dinge vergessen, die ich sagen wollte, und konnte sie nicht sagen … Jedes Jahr wird es schlimmer, und man sagt mir immer und immer wieder dasselbe …

Ich nehme ihre Medikamente nicht mehr. Sie geben einem Thorazin und all die anderen Tabletten mit großen Namen, mit denen sie dich vollpumpen. Man kann einfach nichts tun, man kommt nicht gegen sie an.

DENNIS KROLL: Ich wurde in Vietnam verwundet, und es ist eine Nervenschädigung in der linken Hand zurückgeblieben … Das Taubheitsgefühl hat sich ausgebreitet und hauptsächlich auf meine rechte, noch gesunde Hand übergegriffen. Die Gefühllosigkeit hat sich mittlerweile entlang meiner Arme fortgesetzt … Ich hatte Kopfschmerzepisoden, die bis zu zwei Wochen anhielten, Phasen innerer Unruhe, die ich auf keine konkreten belastenden Lebenssituationen zurückführen kann. Ich kann mich dann überhaupt nicht entspan-

4 Kleine, juckende Bläschen [A. d. Ü.].

nen, nicht konzentrieren. Nur selten nehme ich mir was zu Lesen, da ich mich nicht an Zeilen erinnern kann, die ich gerade eben erst gelesen habe.

US-Soldaten in einem entlaubten Gebiet in Vietnam (Foto: US Army)

... Damals, 1972, wurde bei mir so ein elektrischer Test durchgeführt, ich glaube, ein Elektromyokardiogramm (EMG), bei dem an meinen Fingerspitzen Messungen vorgenommen wurden. Die Stromstöße, die sie dabei durch meine Arme geschickt haben, waren jedenfalls so stark, dass mein Körper buchstäblich vom Untersuchungstisch hochgesprungen ist – und sie hatten trotzdem noch Mühe, überhaupt Messwerte zu bekommen! Sie führten den Test an beiden Armen durch, nicht nur an dem verletzten ... Ich habe um eine Kopie des Tests und all meiner medizinischen Unterlagen gebeten und bekam daraufhin zwei Kopien, von denen keine die Ergebnisse dieses Testbefunds von 1972 enthielt ... Nach Beantragung der Anerkennung meiner Invalidität habe ich von dem zuständigen Regionalbüro in Milwaukee lediglich eine zweizeilige Antwort erhalten: »Bitte überprüfen Sie, ob eine Exposition gegenüber giftigen chemischen Verbindungen vorliegt bzw. vorgelegen hat.« Sofern sich nichts in meiner Armee- oder Krankenakte findet, habe ich keine Möglichkeit dies zu überprüfen. So ist es mir ergangen, und so hat man mich bei der VA behandelt.

BILL WARE: Wir waren oben nahe der entmilitarisierten Zone und haben dort mit den *Green Berets*[5] zusammengearbeitet ... Ich habe eine große Zahl Hubschrauber näherkommen gehört, und plötzlich war um uns herum nur noch Nebel. Wir erhielten die Anweisung, unsere Gasmasken aufzusetzen, die wir etwa ein Jahr lang unbenutzt mit uns herumgeschleppt hatten ... Bei den Leuten, die dort waren, trat eine Vielzahl von Problemen auf: tränende Augen, chronischer Husten, innere Unruhe, Hautausschlag, Juckreiz, ... Wir haben Medikamente bekommen. Einige hatten Fieber, und man sagte uns, es sei wahrscheinlich eine leichte Erkältung oder ein Tropengeschwür oder »Fieber ungeklärter Ursache.« Die Mehrzahl derjenigen, die stark betroffen waren, hatten auch weiterhin Beschwerden. Ich hatte eine Reihe von Problemen: eine Erkältung, die nicht abklingen

5 Spezialeinheit der US-Armee [A. d. Ü.].

wollte, entzündete Nasennebenhöhlen und Nasenlaufen, leichten Husten.

Nachdem ich aus der Armee ausgeschieden war, habe ich ein paar Monate bei International Harvester, einer Gießerei in Milwaukee, gearbeitet. Schließlich bin ich mit einer Lungenentzündung ins Krankenhaus gekommen. Seitdem leide ich an zwei bis drei Krankheitsepisoden im Jahr. Ich bin immer wieder im Krankenhaus und in ambulanter Behandlung gewesen. Bei mir wurden eine akute Bronchitis sowie chronisches Asthma, eine Entzündung der Nasennebenhöhlen und der Nasenschleimhaut diagnostiziert, und ich hatte immer wieder heftigen Hautausschlag. Die VA hat bei mir eine paranoide Schizophrenie mit starken psychiatrischen Problemen diagnostiziert.

DAN MOELLER: Ich bin 1972, gegen Kriegsende, mit Agent Orange und anderen, damit verwandten Herbiziden in Kontakt gekommen. Offiziell hatten die USA die Sprüheinsätze eingestellt. Auf meinem Dienstplan in Tan San Nhut und Bien Hoa stand allerdings das Beladen von Lastern, Hubschraubern, Flugzeugen und sogar das Befüllen der Sprüher. Das Zeug befand sich in 200-Liter-Fässern, und als ich fragte, woher dieser widerliche Petroleumgestank kam, sagte der Typ »Keine Sorge, Junge, das ist nur Unkrautvernichter.«

Am Tag nach diesem Dienst bekam ich, so sagte man jedenfalls in Vietnam, »Fieber ungeklärter Ursache« und eine Gastritis. Nach einem Tag war ich wieder auf den Beinen. Rund eine Woche später traten bei mir ein starker Ausschlag am rechten Oberschenkel sowie ein fleckiger Ausschlag an den Handgelenken auf. Der Hautarzt im 3. Feldlazarett meinte: »Hier haben Sie eine Creme und eine Salbe und ein paar Tabletten, und machen Sie sich keine Gedanken. Das ist nur eine dieser seltsamen Sachen, die man sich in Vietnam einfängt.«

Fünf Jahre später bin ich eines Morgens aufgewacht und habe meine linke Hand nicht mehr gespürt. Langsam kam das Gefühl zurück, als hätte ich im Schlaf auf meiner Hand gelegen. Das Ganze wiederholte sich Tag für Tag, und dann ging es auch in meiner rechten Hand los. Seit acht Monaten fallen mir nun auch die Haare an den Handgelenken und am rechten Bein aus …

Im VA-Krankenhaus hat man bei mir ein EMG, eine extrem schmerzhafte Untersuchung der elektrischen Leitfähigkeit der Nervenfasern, durchgeführt. Damit testet man die Nerven und die Muskeln, und es wird ein elektrisches Muster aufgezeichnet. Diese Untersuchung ergab erhebliche Anomalien im Vergleich zu dem vorangegangenen Test im Jahr davor. Praktischerweise gingen die dazu gehörigen Unterlagen im Krankenhaus irgendwo verloren. Bis heute sind die Untersuchungsergebnisse nicht mehr auffindbar … Die VA leugnet beständig, dass bei mir eine Exposition stattgefunden hat.

LESTER HARRIS: In Vietnam bekam ich einen Ausschlag zwischen den Beinen. Ich bin zur Ambulanz gegangen, wo man mir sagte, das sei ein Hitzeausschlag. Ich habe mich damit zufriedengegeben – was hätte ich denn tun sollen? Man händigte mir eine Creme mit dem Hinweis aus: »Das klingt in ein paar Tagen wieder ab.« Also trug ich die Creme auf, aber der Ausschlag ging nicht weg. Also bin ich wieder hingegangen. Sie haben mir mehr Creme gegeben, und das war's. Sie sagten, der Körper würde schon damit fertig. Aber das ist nicht so, denn ich habe diesen Ausschlag bis heute.

Mitunter kam dreimal täglich dieser Hubschrauber mit den verlängerten Rotorblättern und brachte [das Spritzmittel] aus. Es war wie Nebel, der sich niederschlägt. Wir sahen ihn kommen und rannten zum Unterstand. So ging das manchmal mehrere Tagen hintereinander. Und dann habe ich plötzlich Kopfschmerzen bekommen. Ich habe mich wieder an die Sanitäter gewendet, aber sie sagten mir nur, das gehe vorüber …

Dann bin ich zurück in die USA gekommen und habe 1971 geheiratet. Meine Frau wurde schwanger, und wir bekamen ein Kind – ein Mädchen mit nur einer Niere und einem Lungenflügel. Um fünf Uhr morgens kam sie zur Welt und starb noch am selben Abend. Ich habe den Arzt nach der Todesursache gefragt, und er erwiderte: »Sie ist gestorben.« Das hat man mir gesagt. Das war's, sie ist gestorben. Ich habe gefragt: »Woran ist sie gestorben?« Und man sagte mir: »Sie hatte nur eine Niere und einen Lungenflügel.« »Aber aus welchem Grund hatte sie nur eine Niere und einen Lungenflügel?« Die Antwort lautete: »Nun, das weiß der Himmel.«

Noch bevor ich überhaupt wusste, dass sie tot war, haben sie mich im Aufzug gefragt: »Mr. Harris, würden Sie den Körper Ihres Babys der Wissenschaft zur Verfügung stellen?« Ich: »Den Körper meines Babys für die Wissenschaft?« Sie erwiderten: »Nun ja, Ihr Baby ist tot, hat man Ihnen das nicht mitgeteilt?«

MARY A. WACHTENDONK: Jim leidet mittlerweile an zahlreichen Symptomen einer Dioxinvergiftung. Seit seiner Entlassung aus dem Militärdienst 1971 ist er wegen Magen-Darm-Problemen mehrmals stationär behandelt worden … Er leidet an einem Ausschlag im Bauchbereich und an den Beinen, einem Taubheitsgefühl in den Fingern und Händen, an Haarausfall, Kopfschmerzen, schweren depressiven Phasen mit Verfolgungswahn und allgemein an dem Gefühl, ein Außenseiter in dieser Gesellschaft zu sein.

Unsere beiden Kinder, ein Mädchen und ein Junge, haben beide Hirnschädigungen. Unsere Tochter kam mit einem Wasserkopf (Hydrocephalus) auf die Welt und ist im Alter von zwei Wochen am Gehirn operiert worden. Sie nimmt Medikamente, um die epileptischen Anfälle einzudämmen und hat häufig hohes Fieber …

Unser Sohn Zachary schien bei der Geburt vollkommen gesund … Später dann wurde offensichtlich, dass Zack entwicklungsverzögert war. Außerdem stellten wir fest, dass er seinen Blick nicht fokussieren konnte – seine Augen bewegten sich rasend schnell hin und her. Die augenärztliche Diagnose lautete »angeborener Nystagmus.« Sein Sehnerv war nicht richtig entwickelt. Blutuntersuchungen, die kürzlich von seinem Kinderarzt durchgeführt worden sind, weisen auf eine auffällig hohe Zahl an Aminosäuren hin, wie sie in Fällen von geistiger Unterentwicklung wohl häufig vorliegt … Auch mit Hilfe von Gentests konnte die Ursache für diese Geburtsfehler nicht geklärt werden, von beiden Seiten unserer Familie sind keine Anomalien bekannt.

PAUL RAY JENSEN: Erst ab 1975 sind bei mir Symptome infolge meiner Exposition aufgetreten, nachdem ich extrem viel abgenommen hatte. Innerhalb von drei Monaten fiel mein Gewicht von 75 auf rund 57 Kilogramm. Kurz danach habe ich erstmals ein Taubheitsgefühl in den Fingern und Zehen bemerkt. Das waren die ersten körperlichen Anzeichen.

Psychische Symptome waren bereits kurz nach meiner Rückkehr aus Vietnam aufgetreten. Ich habe Unterlagen von meiner Aufnahme in die psychiatrische Abteilung der Battle Creek Veteranenklinik. Sie haben mir eine paranoide Schizophrenie und eine passiv-aggressive Persönlichkeit attestiert. Ich hatte Blackouts, verlor leicht die Fassung und hatte Wutanfälle. Ich konnte meine Stimmung nur schwer kontrollieren und war sehr labil. Wegen bewaffneten Raubüberfalls bin ich deswegen 1975 im Gefängnis gelandet. Zwischen 1971 und 1975 habe ich mich darüber hinaus zweimal scheiden lassen. Das Taubheitsgefühl in meinen Händen wurde von mehreren Privatärzten als Raynaud-Syndrom diagnostiziert, was die VA jedoch nicht anerkennen will![6]

* * *

6 Alle vorangegangenen Zitate in diesem Kapitel stammen aus: Agent Orange Special Supplement zum The Veteran, a. a. O. (28) Siehe auch Bogen, Gilbert. »Symptoms in Vietnam veterans exposed to Agent Orange.« Journal of the American Medical Association 242(22):2391, 30.11.1979: »Eine zehnmonatige Studie mit 78 Vietnamveteranen, die eigenen Angaben zufolge mit Agent Orange in Kontakt gekommen waren, lieferte zahlreiche Ergebnisse. Bei 85% der Männer trat ein Ausschlag auf, der auf keinerlei Behandlung ansprach ... Unter Gelenkschmerzen litten 71%, unter Gelenksteifigkeit 59% und unter Gelenkschwellungen 45%. Übermäßige Schläfrigkeit trat bei 44% der Männer auf, extreme Abgeschlagenheit bei 80% [...] Anhaltende neurologische Beschwerden waren Kribbeln (55%), Taubheitsgefühl (60%), Schwindel (69%), Kopfschmerzen (35%) und autonome Neuropathie (18%). Schwere psychische Symptome waren Depression (73%), Suizidversuche (8%) und heftige Wutausbrüche (45%). Konzentrationsstörungen traten bei 17% und anfallartige Gedächtnislücken [...] bei 21% auf [...] Von Libidoverlust berichteten 47%. Drei Patienten verstarben an Krebs. Weitere 10% wurden wegen Krebserkrankungen behandelt. Gastrointestinale Störungen unter den Studienteilnehmern waren u. a. Appetitlosigkeit (41%), Übelkeit (59%), Erbrechen (13%), Blutauswurf (8%), Durchfälle (51%), Verstopfung (31%) und Bauchschmerzen (24%). Hepatitis wurde von 10%, Gelbsucht von 5% berich-

»Wir waren doch Amerikas Helden, die Besten der Besten,« so Paul Merrell. »Nachdem wir die Grundausbildung hinter uns gebracht hatten, schaffte ich eine Meile mit vollem Rucksack in sechs Minuten und konnte 25 Meilen pro Tag laufen. Sie haben niemanden rübergeschickt, der körperlich nicht in Topform war.«

Wie Paul selbst sagt, hat er Glück gehabt. Erste gesundheitliche Probleme und Symptome traten bei ihm bereits während seiner aktiven Dienstzeit in Vietnam auf. (Die VA stuft gesundheitliche Probleme nur dann als einsatzbedingt ein, wenn diese während der Dauer des Militärdienstes oder höchstens ein Jahr danach auftreten.)

Die VA weigert sich, Agent Orange als mögliche Ursache für seine Probleme anzuerkennen, bescheinigt ihm aber eine Vollinvalidität aufgrund »eines Nervenleidens« und chronischer Colitis.

Andere Veteranen hatten weniger Glück. Die Symptome einer Vergiftung mit Agent Orange sind aus verschiedenen Gründen schwer zu diagnostizieren. Wie Untersuchungen mit Industriearbeitern belegen, die ähnlichen chemischen Verbindungen bei Werksunfällen ausgesetzt waren, tritt eine Vielzahl der am stärksten belastenden Symptome erst viele Jahre nach dem Kontakt auf: mentale und emotionale Störungen, Krebserkrankungen, periphere Neuropathie (Gefühllosigkeit in Fingern, Händen, Zehen und Füßen). Ein Großteil der Symptome einer Vergiftung könnte ebenso gut durch andere Ursachen bedingt sein, z. B. Grippe, Hepatitis, Angst, Stress, Erkältungen, andere Erkrankungen oder aber Medikamente. Häufig sehen die Betroffenen keinen Zusammenhang zwischen den unterschiedlichen Problemen oder führen sie nicht auf eine gemeinsame Ursache zurück.[7] Das vielleicht größte Hindernis für eine Diagnosestellung ist jedoch die Weigerung der VA

---

tet. Insgesamt 19 % der Männer zeugten Kinder mit schwerwiegenden Geburtsfehlern. 13 % der Ehefrauen hatten mindestens eine Fehlgeburt. Weitere häufig berichtete Probleme waren verschwommenes Sehen (54 %), Unfruchtbarkeit, eine niedrige Spermienzahl, Anomalien bei Spermazellen, häufig auftretende Infektionen und Allergien.

7 Weintraub, Pamela. »The Agent Orange mystery.« Omni, August 1982, S. 14, 108.

bzw. des medizinischen Fachpersonals, eine Exposition gegenüber toxischen Substanzen überhaupt als mögliche Ursache in Betracht zu ziehen.

Ein weiteres Hindernis bestand bis vor kurzem darin, dass die Veteranen nichts über die Toxizität wussten – eine Unkenntnis der Sachlage, die von staatlicher Seite aufrechterhalten wurde und darüber hinaus in der Natur des Krieges begründet ist. Neben den Auswirkungen der chemischen Kriegsführung im Vietnamkrieg auf unsere eigenen Truppen wurden die überlebenden Soldaten mit Verwundungen nach Hause geschickt, für die den Ärztinnen und Ärzten keinerlei Mittel zur Diagnose und Behandlung zur Verfügung standen. Kein anderer großer militärischer Konflikt hat bei Veteranen derartige körperliche und seelische Wunden hinterlassen und die menschliche Integrität und das Selbstwertgefühl derart zerstört, wie das bei den US-Soldaten bei ihrer Heimkehr aus Vietnam zu beobachten war. Verständlicherweise haben die Veteranen ihre Nervosität, Schlaflosigkeit, Gedächtnisausfälle, Wutanfälle, Kopfschmerzen, Depressionen und andere Symptome auf die erdrückenden Kriegserfahrungen und die Geringschätzung seitens der Gesellschaft zurückgeführt.

Nur schwer zu akzeptieren ist der Umstand, dass die Veteranenbehörde VA – und damit die US-Regierung – bis heute eher die Überzeugung vertritt, die Entsendung in einen sinnlosen Krieg habe aus den »Besten Amerikas« arbeitsunfähige menschliche Wracks gemacht, als einzuräumen, dass sie diese möglicherweise mit den eigenen chemischen Waffen verseucht hat. Eine Auseinandersetzung mit den Konsequenzen, die ein solches Eingeständnis sowohl für mächtige Industriezweige als auch für das nationale Gewissen bedeuten würde, steht noch aus.

Im Jahr 1977 litt eine zunehmende Zahl der 2,8 Millionen Vietnamveteranen in den USA an Erkrankungen und Störungen, die niemand erklären oder heilen konnte. Sie waren nicht nur aufgrund des Krieges an sich von der Gesellschaft isoliert, sondern hatten aufgrund ihrer Symptome auch keinen Kontakt untereinander. Viele

Betroffene mieden soziale Kontakte insgesamt, einschließlich der Kontakte mit Kameraden – dabei hätten ihnen genau diese zu der Erkenntnis verhelfen können, dass sie mit ihren Problemen nicht alleine sind.

»Ich dachte damals, vielleicht versucht mein Verstand sich gegen alles abzuschotten. Vielleicht konnte ich das alles mental nicht mehr verarbeiten, vielleicht hatte ich ein psychisches Problem. Aber ich weigere mich, das zu glauben,« wird James »Peewee« Fortenbury in *GI Guinea Pigs* von Uhl und Ensign zitiert. »Ich weiß, dass meine Lebererkrankung und meine Milzvergrößerung nicht psychisch bedingt sind … Mir ist klar, dass ich so gut wie nichts über diese Vergiftung mit Agent Orange weiß. Ich habe davon überhaupt erst in der Zeitung erfahren. Ich habe lediglich gewusst, dass ich eine Lebererkrankung habe, und war sehr deprimiert. Natürlich konnte die Depression auch durch die Dinge verursacht worden sein, die mir in Vietnam zugestoßen sind. Aber führen die zu Schlaflosigkeit, Lebererkrankung, Milzvergrößerung und hohem Fieber?«[8]

* * *

Maude de Victor, Sachbearbeiterin bei der VA in Chicago, hatte noch nie von Agent Orange gehört, bis ein sterbenskranker Vietnamveteran 1977 ihr erklärte, seine Krebserkrankung sei auf »diese Chemikalien in Vietnam« zurückzuführen. Nach seinem Tod verweigerte die VA seiner Witwe die Hinterbliebenenrente. Maude führte einige Recherchen über »diese Chemikalien« durch, und in den Veteranenakten, die über ihren Schreibtisch gingen, fielen ihr bestimmte Symptommuster auf. Sie begann, ihre Kunden zu fragen: »Sie waren in Vietnam? Haben Sie irgendeine Form von Ausschlag? Kinder mit Geburtsfehlern?« Häufig bekam sie als Antwort: ›Ja, woher wissen Sie das?‹«[9]

---

8 Uhl a. a. O. (49), a. a. O. (53).

9 Uhl 1978, a. a. O. (200).

Innerhalb weniger Monate hatte Maude 27 Fälle dieser »neuen Form der Invalidität« und 30 weitere im VA-Krankenhaus entdeckt, allesamt aus der Region Chicago. Als sie von ihren Vorgesetzten angewiesen wurde, ihre Recherchen einzustellen, wandte sich Maude an Bill Kurtis, einen Nachrichtensprecher bei WBBM TV.[10] Am 23. März 1978 berichtete der Chicagoer Lokalsender im Rahmen einer einstündigen Fernsehdokumentation über die Vergiftung von Vietnamveteranen mit Agent Orange. Die Sendung beinhaltete Interviews mit Veteranen, mit Menschen, die Opfer der häuslichen Anwendung von Herbiziden geworden waren, mit Wissenschaftlern wie Dr. Matthew Meselson von der Harvard University, mit dem Umweltschützer Barry Commoner sowie mit dem Captain der Air Force Alvin Young, von dem die Informationen zur Dioxintoxizität stammten, die ursprünglich das Interesse von Maude geweckt hatten. (Vor der Kamera sagte Captain Young jedoch, es gebe kaum Belege dafür, dass Agent Orange die Symptome der Veteranen verursacht haben könnte.)[11]

Die Veteranen, die in der Sendung zu Wort kamen, berichteten über Geburtsfehler bei ihren Kindern und gesundheitliche Beschwerden von Krebs, über Gefühllosigkeit in den Händen, Herzerkrankungen, und chronische Abgeschlagenheit bis hin zu Reizbarkeit. Eine US-Amerikanerin, die in Vietnam bei einer Logistikeinheit der US-Army als Sekretärin tätig gewesen war – damals die einzige Frau, die bei der VA einen Antrag auf Invalidenrente wegen der Vergiftung mit Agent Orange gestellt hatte – berichtete von vier Schwangerschaften, die allesamt mit Fehlgeburten und Spontanaborten geendet hatten. Bob McKusick aus Globe, Arizona, erzählte von seinen eigenen Erfahrungen und denen seiner Nachbarn durch die Sprüheinsätze der Forstbehörde, und die Eigentümer eines Turnierplatzes für Pferdesport in Missouri berichteten, 67 Pferde verloren zu haben, nachdem auf dem Turnierplatz 1971 dioxinverunreinigtes Öl versprüht worden war, um den Staub zu

10 Ebd.

11 Kurtis, a. a. O. (176).

binden. Sowohl die Eigentümer als auch zwei Kinder, die auf dem Turnierplatz gespielt hatten, klagten noch sieben Jahre später über gesundheitliche Probleme.

Die Dementis von Dow Chemical und Regierungsbeamten in der Sendung wurden durch die Aussagen unabhängiger Wissenschaftler mit langjähriger Erfahrung im Bereich toxischer chemischer Verbindungen komplett entkräftet.

»Dioxin zeichnet sich durch seine unglaublich starke Toxizität aus«, erläuterte Dr. Meselson. »Wir wissen nicht, warum es so extrem toxisch ist, wir wissen lediglich, dass es so ist. Des Weiteren gibt es signifikante Hinweise darauf, dass es hoch kumulativ ist, d. h. jede noch so kleine Menge verursacht bleibende Schäden im Organismus. Eine niedrigdosierte Exposition führt vielleicht nicht heute oder morgen zu Manifestationen, sondern möglicherweise erst in zehn, zwanzig Jahren. Sie können also der Substanz ausgesetzt sein und keine Beschwerden haben, aber es kann zu Schädigungen kommen, die erst Jahre später zutage treten. Damit meine ich das Risiko für mögliche Krebserkrankungen, für mutagene Wirkungen.«

Auf die Frage danach, ob sich Rückstände von 2,4,5-T und Dioxin möglicherweise im Körper anreichern, erwiderte Barry Commoner: »Das ist durchaus möglich … Bei Soldaten, die in Vietnam mit Dioxin in Kontakt gekommen sind, könnten sich Rückstände im Körperfett angereichert haben, ohne dass sie Symptome hatten … außer den unmittelbaren Hautreaktionen. Und sagen wir mal zehn Jahre später werden sie dann krank und nehmen stark ab. Durch den Fettabbau würde das Dioxin im Körper freigesetzt, und dann würden auch Symptome auftreten.« (Zwei Jahre später wurde im Körperfett von Vietnamveteranen mittels Gewebebiopsien TCDD in gefährlich hohen Konzentrationen nachgewiesen, und das viele Jahre nach ihrer ursprünglichen Exposition in Vietnam.)[12]

Dr. Irving Selikoff vom Mount Sinai Hospital in New York erläu-

12 US-EPA F.I.F.R.A. Consolidated Docket Numbers 415, et al., 13.1.1981, direkte Aussage von Dr. Michael L. Gross. EPA-Beweisstück 930, S. 12-17 (siehe Diagramm, Tabelle 4, S. 14.).

terte die schwierige Diagnosestellung bei Erkrankungen im Zusammenhang mit der Exposition gegenüber toxischen chemischen Verbindungen so: »Bei Dioxin zeigen sich erste Effekte recht früh. So haben uns etwa unsere Kollegen von der Labordiagnostik gezeigt, dass man bereits nach relativ kurzer Zeit Wirkungen auf die Blutzellen sieht. Wir sehen Wirkungen auf die Leber und auf Enzyme. Man stellt auch auffällige Auswirkungen auf das Immunsystem fest.«

»Gleichzeitig ist es schwierig, diese unspezifischen Symptome zu diesem Zeitpunkt präzise einzuordnen. Wenn sich bei jemandem Auswirkungen auf das Gedächtnis zeigen, wie quantifiziert man diese? Welche Statistik zieht man heran, wenn sich jemand nicht erinnern kann, wo er sein Auto geparkt hat? Oder den Arbeitsplatz aufgeben muss, weil er nicht mehr weiß, welche Ausfahrt er auf dem Highway nehmen muss? Oder wenn er auf einmal schwere Schlafstörungen hat, sich nicht konzentrieren kann oder stets nervös und reizbar ist? Wenn Johns Ehefrau meint, sie könne nicht mehr mit ihm zusammenleben, und er darauf erwidert: ›Ich weiß es … aber ich kann nicht anders.‹?«

Die TV-Dokumentation löste regional enormes öffentliches Interesse an den Auswirkungen von Agent Orange bei Vietnamveteranen aus. Die Nachricht verbreitete sich wie ein Lauffeuer im ganzen Land und führte den Veteranen – von denen sich viele nicht im Klaren gewesen waren, dass die Ursache für ihre Probleme im Zusammenhang mit ihrem Militärdienst stand – vor Augen, dass sie mit ihren Sorgen und ihrem Leid nicht allein waren.

»Andere Veteranengruppen, die sich hauptsächlich um Fragen rund um Straferlasse, weniger ehrenvolle Entlassungen, Berufsberatung, psychologische Wiedereingliederungshilfen und Bildungszuschüsse kümmerten, versanken in Anfragen von Veteranen, die wissen wollten, ob ihre Gesundheitsprobleme durch den Kontakt mit Agent Orange bedingt sein könnten«, hieß es im Bericht eines Senats-Unterausschusses.[13]

---

13 Unveröffentlichter Bericht des US-Senats, a. a. O. (28), siehe S. 1-5 des Kapitels »History of Veterans' Actions Concerning Agent Orange«.

Das gemeinsame Interesse für Agent Orange verband plötzlich Organisationen wie *Citizen Soldier*, das Bildungsprojekt für Veteranen der *American Civil Liberties Union*, die *National Association of Concerned Veterans* (NACV), das *National Veterans Law Center*, *Vietnam Veterans Against the War*, *Vietnam Veterans of America*, *Coalition of Veterans*, *Swords to Plowshares* und *Flower of the Dragon* untereinander und mit anderen Gruppierungen, die sich speziell zu diesem Thema gegründet hatten (z. B. CAVEAT, die »Vetline«-Hotline und *Agent Orange Victims International)*. Die Debatte um Agent Orange bot den Veteranenorganisationen, die sich in Bezug auf ihre Konzepte, politischen Strategien und ihren gesellschaftlichen Status eklatant unterschieden und oftmals erbittert stritten, einen gemeinsamen Fokus. Viele dieser Gruppen schlossen sich Mitte 1978 in St. Louis zur *National Veterans Task Force on Agent Orange*, einer landesweiten Koalition, zusammen. Ihr erster Vorsitzender wurde Ron de Young von CAVEAT, der ursprünglich den Kontakt zwischen Maude de Victor und Bill Kurtis von WBBM TV News hergestellt hatte.

Wie die Berichte zahlloser Veteranen belegen, war der Umgang der VA mit den Betroffenen durchgängig unangemessen und herabwürdigend. Veteranen, die körperliche Beschwerden bzw. Erkrankungen auf die Exposition gegenüber Agent Orange zurückführten, wurden als psychisch Kranke behandelt, erhielten weder Entschädigungen für Ihre Invalidität, noch eine ärztliche Behandlung gegen ihre eindeutig belastenden körperlichen Probleme und wurden als Menschen mit paranoider Schizophrenie, mit aggressiver Persönlichkeit, Depressive und anderes abgestempelt und damit zu Aussätzigen gemacht. Ungeachtet des starken Drucks seitens Öffentlichkeit, Kongress und Veteranen schaffte die VA mit ihrem Vorgehen bei der Frage einer Agent-Orange-bedingten Invalidität eine Situation, in der die Betroffenen keine Aussicht auf Erfolg hatten. Indem sie von den Veteranen Nachweise über ihre Exposition verlangte und Beweise dafür forderte, dass ihre Probleme expositionsbedingt waren – die diese unmöglich vorlegen konnten – ließ sie die Veteranen, denen sie gemäß ihrem Auftrag eigentlich dienen sollte, komplett im Regen stehen. (Die VA hat auf der Grundlage eben dieser Catch-22-Anforderungen[14] bis auf zwölf alle 943 Anträge von Veteranen abgelehnt, die als menschliche Versuchskaninchen bei Atombombentests radioaktiver Strahlung ausgesetzt wurden.)[15]

»Keine Gruppe von Soldaten, die ihr eigenes Leben für ihr Land auf so viel mehr Arten riskiert hat, als uns jemals bewusst sein wird, wurde bei ihrer Heimkehr geringschätziger behandelt«, meinte der republikanische Kongressabgeordnete Norman Lent aus New York bei Anhörungen vor dem *Oversight and Investigations Subcommittee*[16] am 25. September 1980. »Tragischerweise haben Vietnamveteranen reihenweise ihr gesamtes Vertrauen in und ihren Glauben an genau jene Bundesbehörde verloren, die vor langer Zeit explizit mit dem Auftrag geschaffen wurde, sich um ihre Angelegenheiten zu kümmern.«[17]

Veteranen, die sich frustriert an die Gerichte wandten, um die VA zu zwingen, ihrer Verantwortung nachzukommen, rannten zudem noch gegen juristische Mauern an, da die reguläre Gesetzgebung des Landes sich nicht auf Militärangelegenheiten erstreckt. Laut einer Entscheidung des *Supreme Court* aus dem Jahr 1950 (*Feres v. U.S.*) haben Militärbedienstete nicht das Recht, die Regierung wegen eingestandener fahrlässiger Handlungen während ihres aktiven Dienstes zu verklagen, wodurch den Veteranen der Zugang zum Rechtssystem praktisch verwehrt wird. Ebenso könnten auch die Hersteller von Agent Orange rechtliche Immunität genießen, falls das Gericht feststellt, dass »ein Dienstleister im öffentlichen Auftrag nicht verantwortlich ist für Fehler, für die der Staat selbst nicht haftbar gemacht werden kann«. Dies bezeichnete Lewis M. Milford vom National Veterans Law Center der American University als »auf-

14 Anspielung auf eine 1961 erschienene Satire über die Absurdität des Krieges des US-Autors Joseph Heller [A. d. Ü.].

15 Senatsbericht a. a. O. (28).

16 Etwa: Unterausschuss für Aufsicht und Ermittlungen [A. d. Ü.].

17 Senatsbericht a. a. O. (28).

tragsvergaberechtliche Version der Verteidigungsstrategie bei den Nürnberger Prozessen.«[18]

Auf den zunehmenden Druck seitens der Veteranen, der Öffentlichkeit und des Kongresses schlug die VA eine Untersuchung zum Gesundheitszustand der 1.160 Männer vor, die an der Operation *Ranch Hand* teilgenommen hatten. (Die Operation »Ranch Hand« – so der Codename des Entlaubungsprogramms der US-Streitkräfte in Vietnam – entwickelte sich aus früheren Probemissionen im Rahmen der »Operation Hades«.) Laut der US-Akademie der Wissenschaften wies das Studiendesign der vorgeschlagenen Untersuchung erhebliche Mängel auf. Die Akademie teilte die Skepsis der Veteranen bezüglich der Unparteilichkeit und Glaubwürdigkeit einer von der Air Force durchgeführten Studie. Da die VA keinerlei Bereitschaft erkennen ließ, von ihren strikten Anforderungen hinsichtlich der Belege für eine Exposition zumindest teilweise abzurücken, war die *Ranch-Hand*-Studie für die Mehrheit der Veteranen, die keine derartigen Nachweise vorlegen konnten, nicht von Nutzen.[19]

Bei einer öffentlichen Anhörung vor dem Unterausschuss für Aufsicht und Ermittlungen am 26. Juni 1979 klagten Zeugen die VA an, »dem Problem Agent Orange nicht auf den Grund zu gehen, die medizinischen Unterlagen von Veteranen zurückzuhalten und Veteranen, die gesundheitliche Probleme im Zusammenhang mit Agent Orange geltend machten, nur unzureichend zu untersuchen.« Darüber hinaus beschuldigten sie die VA, ihre Entscheidungen stets hinter verschlossenen Türen zu treffen und sich zu weigern, die Veteranen bei der Erarbeitung ihrer Studienpläne zum Problem Agent Orange oder der Konzeption politischer Strategien mit einzubeziehen. Die Behörde erklärte stattdessen weiterhin in Rundbriefen an die Ärzteschaft und Mitarbeitenden an VA-Kliniken, dass »es keinerlei Nachweise für gesundheitsschädliche Langzeitwirkungen

18 Milford, Lewis M. »Justice is not a GI benefit.« The Progressive, August 1981, S. 32-35.

19 Unveröffentlichter Bericht des US-Senats a. a. O. (28).

bei Personen gibt, die mit diesen Herbiziden in Kontakt gekommen sind.«

Im Dezember 1979 verabschiedete der US-Kongress das Gesetz P.L. 96-151 über die Verlängerung und Verbesserung von Gesundheitsprogrammen für Veteranen[20], in dem die VA mit der Durchführung einer epidemiologischen Studie mit Vietnamveteranen beauftragt wurde. Aus den vorbereitenden Rechtsdokumenten zur Ausgestaltung des Gesetzes geht explizit hervor, dass sich die Studie insbesondere mit den Sorgen und Nöten von »Vietnamveteranen befassen solle, die kein Vertrauen in die Fähigkeit der Regierung haben, das Problem Agent Orange objektiv zu untersuchen.« Die VA hingegen beugte sich dem Gesetz lediglich insofern, als sie den Auftrag zur Konzeption der Studie an eine externe Organisation vergab, die Kontrolle über ihre Durchführung jedoch behielt.

Und so beschränkte sich die auf das Gesetz P.L. 96-151 hin konzipierte epidemiologische Studie – wie bereits die vorangegangenen Untersuchungen – auf eine Kurzzeituntersuchung der Beteiligten an der Operation *Ranch Hand*. Nicht berücksichtigt wurden die langfristigen und weitreichenden Herbizidkontakte von Bodentruppen auf den US-Stützpunkten, auf Straßen und Flüssen, über Nahrung, Wasser und Luft sowie über den Rauch beim Abbrennen entlaubter Gebiete. Andere problemlos identifizierbare Gruppen, die bei der Studie keine Berücksichtigung fanden, waren Helikopter-Crews, die Agent Orange versprühten (und die nicht Teil der Operation *Ranch Hand* waren), Helikopter-Unterstützungseinheiten, die die Sprüheinsätze zum Schutz begleiteten, Kampfpioniere, die die entlaubten Flächen mit schwerem Gerät rodeten und die Reste anschließend verbrannten sowie Armeeangehörige, die Agent Orange zusammenmischten und so mit ihm in Kontakt kamen.[21]

Bei den vietnamesischen Gebieten, die am intensivsten und mehrmals entlaubt wurden, handelte es sich um Flächen entlang

20 Veterans' Health Programs Extension and Improvement Act.

21 Ebd.

von Straßen und Flüssen zur Sicherung der Transportwege. Jon Furst, dem Vorsitzenden der *National Veterans Task Force on Agent Orange*, fiel auf, dass Agent-Orange-Symptome von einem erheblichen Teil der Soldaten berichtet wurden, die an Transport, Straßenbau und -unterhaltung sowie anderen Arbeiten beteiligt waren, die in großem Umfang auf Straßen und Flüssen bzw. entlang dieser Transportwege durchgeführt wurden.[22] Bestimmte, leicht zu identifizierende Gruppen, die in diese Kategorie fielen, wären hervorragend als Studienprobanden geeignet gewesen.

Das 116. Pionierbataillon der Nationalgarde etwa wurde hauptsächlich zur Ausbesserung des Highway 20 im zentralen Hochland sowie für das Roden und Abbrennen entlaubter Gebiete eingesetzt. Die Männer kamen allesamt aus dem nördlichen Zentral-Idaho und hatten somit unter vergleichbaren Umwelt- und geografischen Bedingungen gelebt. Die Mehrzahl kehrte nach ihrem Militärdienst wieder in dieselbe Region zurück. Viele von ihnen berichteten über schwerwiegende gesundheitliche Probleme, wie sie mit Agent Orange in Zusammenhang gebracht werden. Eine Untersuchung aller Angehörigen des 116. Pionierbataillons wäre durchaus erkenntnisreich gewesen, aber weder *Citizens Against Toxic Herbicides* noch der ehemalige Senator von Idaho, Frank Church, konnten das Pentagon dazu bringen, die Namen und Adressen der Angehörigen des Bataillons offenzulegen.[23]

Der Umstand, dass die Veteranenbehörde voll und ganz auf die *Ranch-Hand*-Studie setzte und auf Belegen für eine Exposition

---

22 Furst, Jon. Persönliche Mitteilung. Die Taskforce verteilte an alle von ihr kontaktierten Vietnamveteranen Fragebögen mit Fragen zur Gesundheit. Furst weist darauf hin, dass der Umstand, dass es sich um eine selbstselektierte Population handelt, keine endgültigen Schlussfolgerungen zulasse, dass es jedoch andererseits auch keine plausible Erklärung dafür gebe, dass Männer, die Straßenarbeiten in Vietnam durchführten, eher zu gesundheitlichen Problemen neigten als andere Veteranen.

23 Merrell, Paul. Gespräch mit der Autorin 1980. Die Autorin hat außerdem Akten mit dem Schriftverkehr zwischen Merrell (im Namen von CATH), Senator Church und dem US-Verteidigungsministerium gesichtet.

und einen kausalen Zusammenhang strikt beharrte, steht überdies im Widerspruch zu ihren eigenen Vorschriften, denen zufolge jegliche berechtigten Zweifel an einem Antrag eines Veteranen zu dessen Gunsten auszulegen sind.[24] Da Herbizide in großem Umfang überall dort ausgebracht wurden, wo US-Truppen in Vietnam operierten, kann man berechtigterweise davon ausgehen, dass eine Exposition untrennbar mit dem Einsatz in Vietnam verbunden war. Der Nachweis von Dioxinrückständen aus den Herbiziden in Schalentieren vor der Küste Vietnams – ein Hinweis darauf, wie großflächig sich die Herbizide in der Umwelt verteilten und in die dortige Nahrungskette gelangten – stützt diese Annahme nachdrücklich.[25]

Die Vergleichbarkeit der Gesundheitsprobleme von Veteranen und der Beschwerden von Personen, die Opfer einer häuslichen und industriellen Exposition in den USA wurden, lässt mit hinreichend großer Wahrscheinlichkeit darauf schließen, dass die Probleme Ersterer in Zusammenhang mit ihrer Exposition in Vietnam stehen und möglicherweise durch einen erneuten Kontakt in der Heimat verstärkt wurden.[26]

Trotz solch aussagekräftiger Hinweise rückt die VA nicht von ihrem Standpunkt ab. Die Entscheidungen ihres Medizinischen Dienstes sind endgültig und können gerichtlich nicht angefochten werden. Anders ausgedrückt, die Veteranen können die VA auf die ihnen zustehende Behandlung nicht verklagen.[27]

Laut Aussage von Jon Furst fehlt es Vietnamveteranen »an Vertrauen in die staatlichen Institutionen. Ich möchte Sie daran erinnern, dass diese Amerikaner schon früher mit dem Staat zusammen gearbeitet haben … und dass viele den Eindruck haben, dass jeder Kontakt Katastrophen, Verrat und/oder Verleugnung zur Folge hatte. Vielleicht ist es ein Aspekt der Realität zahlreicher Veteranen,

24 Code of Federal Regulations (US-Bundesgesetzbuch), Titel 38, Absatz 3.102.

25 Baughman, Meselson, a. a. O. (153).

26 GI Guinea Pigs, a. a. O. (53), S. 169-171.

27 Baughman, Meselson, a. a. O. (153).

dass ihre Erfahrungen in der US-Armee zu einer starken Entfremdung zwischen ihnen und ihrem Staat geführt haben.«

Als Antwort auf die wachsende Besorgnis im Hinblick auf Herbizide und Dioxin setzte US-Präsident Carter im Dezember 1979 eine behördenübergreifende Arbeitsgruppe (AG) ein. Ihre Aufgabe war es, »die Forschungsanstrengungen der US-Regierung, die einen kausalen Zusammenhang zwischen der Exposition gegenüber Phenoxyherbiziden und gesundheitlichen Langzeitwirkungen nachweisen sollen, zu beaufsichtigen, zu koordinieren und zu priorisieren.« Der AG gehörten Vertreterinnen und Vertreter des US-Bundesministeriums für Gesundheit und Gesundheitsdienstleistungen (HHS), des US-Verteidigungsministeriums und der Veteranenbehörde sowie Beobachterinnen und Beobachter der EPA, des US-Landwirtschaftsministeriums, des US-Arbeitsministeriums, des Office for Scientific and Technological Policies (OSTP) des Weißen Hauses und des Office of Technology Assessment[28] an.

Die AG erwies sich bei der Untersuchung der Agent-Orange-Frage jedoch als kaum hilfreicher als die VA selbst. Sie beharrte auf der *Ranch-Hand*-Studie als Verfahrensgrundlage für die VA und verließ sich auf nicht verifizierte Evaluationen der Akten über die Exposition von Militärangehörigen, obwohl das US-Verteidigungsministerium laut einem Bericht des Obersten US-Rechnungshofs »über die Standorte von Bodentruppen und die Wahrscheinlichkeit einer Exposition ungenaue Angaben« gemacht hatte. Auch wenn die Arbeitsgruppe einige lobenswerte Vorschläge zur Ausweitung der epidemiologischen Studie machte, die der Kongress gemäß P.L. 96-151 in Auftrag gegeben hatte, zeigte die VA keinerlei Bereitschaft, ihre Strategie zu ändern, falls eine epidemiologische Studie unerwünschte gesundheitliche Auswirkungen von Agent Orange als hinreichend wahrscheinlich nachweisen sollte. Die VA bestand weiterhin auf wissenschaftlichen Belegen für einen »eindeutigen

---

28 Das Office of Technology Assessment (OTA) war eine US-Einrichtung, die die Mitglieder und Gremien des US-Kongresses in wissenschaftlichen und technischen Fragen beriet (Quelle: Wikipedia) [A. d. Ü.].

Zusammenhang zwischen der Herbizidexposition und einer spezifischen Haftbarkeit« – einem Nachweis, den keine noch so gut konzipierte epidemiologische Studie jemals erbringen könnte.

Das Oversight and Investigations Subcommittee befand, es sei der Arbeitsgruppe nicht gelungen, die Reihenuntersuchung der VA zu Agent Orange kritisch zu begutachten oder zu verbessern. Außerdem hätten »die von der VA verbreiteten Informationen die Durchführung unvollständiger und häufig sinnloser Untersuchungen unnötig verlängert.«

»Die VA verbreitet weiterhin unvollständige und oftmals irreführende Informationen an VA-Einrichtungen und die Veteranen selbst«, so der Unterausschuss. Es war nie klar, welche Rolle die an der Entscheidungsfindung und der Ausarbeitung eines strategischen Konzepts Beteiligten, insbesondere die VA und das US-Verteidigungsministerium, spielen sollten. So wurde 1981 mehr und mehr offensichtlich, dass die VA ihre Vorgehensweise ungeachtet der Empfehlungen der Arbeitsgruppe, des Kongresses, der Veteranen, der Öffentlichkeit und anderer Akteure nicht ändern würde.[29]

Im Gegensatz zur grundsätzlichen Ablehnung von Ansprüchen im Zusammenhang mit Agent Orange seitens der VA zeigen einzelne US-Bundesstaaten ein mitfühlendes Interesse an den Problemen ihrer Vietnamveteranen. So wurde etwa im Dezember 1981 im Rahmen des *Texas Veterans Agent Orange Program* des texanischen Gesundheitsministeriums die Durchführung von sechs Pilotstudien angeregt, die an der medizinischen Fakultät der University of Texas konzipiert worden waren. Die texanischen Studien umfassten eine Untersuchung der Sterblichkeit bei Vietnamveteranen (in deren Rahmen die Todesursachen bei Vietnamveteranen mit denjenigen bei Kriegsveteranen, die nicht in Vietnam gedient hatten, verglichen wurden), eine Untersuchung von Geburtsfehlern bei Nachkommen von Männern, die TCDD ausgesetzt worden waren, zytogenetische Tests (auf Chromosomendefekte), Tests auf Spermienanomalien,

29 Baughman and Meselson a. a. O.

eine Untersuchung der Immunfunktion bei Veteranen, die gegenüber Agent Orange exponiert worden waren, sowie eine Fettgewebeanalyse auf TCDD.

Die Aussagekraft der texanischen Studien ist aufgrund der begrenzten Teilnehmerzahl, Unsicherheiten in Bezug auf die Art der Exposition und den Einfluss etwaiger Störfaktoren, z. B. die Verwendung derselben chemischen Stoffe im Haushalt, zwangsläufig beschränkt. Selbst in den Studienprotokollen wurde der begrenzte Nutzen der Studien für die teilnehmenden Veteranen eingeräumt: »Personen mit positiven Testergebnissen können weder therapeutische Maßnahmen, noch korrigierende Eingriffe angeboten werden. Es ist keine Möglichkeit bekannt, Chromosomenschäden oder Spermienanomalien im Nachhinein zu beheben.« Eine Studie mit belastbaren Daten, die einen Zusammenhang zwischen den Problemen der Veteranen und ihrer Exposition gegenüber Agent Orange nachweist, würde die Forderungen der Betroffenen jedoch wissenschaftlich untermauern und dem Kongress eine solide Grundlage bieten, um die VA gesetzlich zu einer Kurskorrektur zu zwingen.[30]

Die Mitglieder des Subcommittee on Oversight and Investigations erstellten 1980 einen hervorragenden Bericht zu der Geschichte von Agent Orange, der Strategie der VA, gesetzlichen Maßnahmen sowie dem Engagement der Veteranen. Der Bericht kam zu dem Schluss, dass die Arbeitsgruppe vorbehaltlich bestimmter Änderungen – v. a. einer breiten Beteiligung der Öffentlichkeit und der Zubilligung einer Führungsrolle der AG – die größte Hoffnung auf eine zufriedenstellende Lösung für das Problem Agent Orange darstelle. Der Bericht beinhaltete konkrete Empfehlungen für die Strategie der VA, u. a. Öffentlichkeitsarbeit zur Lokalisierung von Veteranen, die Agent Orange ausgesetzt waren, sowie die Erarbeitung

30 Prüfplanentwurf der texanischen Studie. Prüfpläne zur Pilotstudie für das Texas Veterans Agent Orange Program. Dezember 1981. Entwickelt von der medizinischen Fakultät der University of Texas zur Verwendung im Texas Veterans Agent Orange Program des texanischen Gesundheitsministeriums. S. 48 ff.

eines »Agent-Orange-Protokolls« für die Diagnose und Behandlung von Symptomen, die durch Agent Orange verursacht sind.[31]

Der Regierungswechsel nach den US-Wahlen im November 1980 verhinderte dann bedauernswerterweise die Fertigstellung und Veröffentlichung dieses wertvollen Berichts.

Im Juni 1981 verabschiedete das US-Repräsentantenhaus mit 388:0 Stimmen ein Gesetz, das die VA verpflichtete, für Vietnamveteranen, deren Gesundheitsprobleme in einem möglichen Zusammenhang mit einer Exposition gegenüber Agent Orange standen, eine stationäre Versorgung und prioritäre ärztliche Behandlung sicherzustellen. Die Entscheidung darüber, welche gesundheitlichen Probleme als Agent Orange-bedingt anerkannt werden sollten, lag jedoch im Ermessen der VA und ihrer jeweiligen Ärzte bzw. Ärztinnen. Eine vergleichbare Gesetzesvorlage des Senat verlangte, dass der leitende medizinische Direktor der VA entscheiden müsse, welche Symptome durch Agent Orange bedingt waren. Hierdurch wurde die VA auf Umwegen verpflichtet, entsprechende Regelungen zu erlassen.

Diese Initiative des Kongresses stellt einen Schritt in die richtige Richtung dar, auch wenn sie hinter den begründeten Forderungen des Unterausschusses und der Veteranen zurückbleibt. Der Abgeordnete Thomas A. Daschle, ein Vietnamveteran, meinte dazu im Kongress, die Gesetzgebung »wird dem Vietnamveteran sagen: ›Ja, wir hören zu.‹«[32]

Allerdings ist mehr gefragt als lediglich »zuhören«. »Bevor der traditionell verankerte Yankee-Patriotismus durch Vietnam einen starken Dämpfer erhielt, stellte der Militärdienst eine ehrbare Profession dar,« schrieben Uhl und Ensign in *GI Guinea Pigs*.[33] Die körperlich, mental und emotional erkrankten Vietnamveteranen sind ein Mahnmal für die Verlogenheit der Regierung und die Missachtung derjenigen, die ihrem Land einst mit Stolz gedient haben

31 Senatsbericht a. a. O. (28).

32 »Agent Orange legislation in Congress.« Southern Coalition for the Environment Pesticide Newsletter 3(3):7, 1981. (Hammond, Louisiana.)

33 Epstein 1981 a. a. O., S. xiii.

– wohl kaum eine Inspiration für die nächste Generation junger Männer im wehrfähigen Alter.

»Selbst wenn wir das Rätsel niemals vollständig lösen, so ist es doch wichtig, den Veteranen nicht länger einzureden, dass mit ihnen alles in Ordnung sei«, meint Dr. Ronald Codario. »150 der von mir untersuchten 200 Personen zeigen eine Porphyrin-Symptomatik, ein Taubheitsgefühl in den Fingern und Händen sowie ein unbekanntes Molekül, das durch ihren Organismus wandert. Es ist an der Zeit, das Leugnen zu beenden und zu helfen.«[34]

* * *

Im Zentrum der kontroversen Debatte über Herbizide stehen grundlegende moralische und ethische Fragen, denen die Hersteller giftiger Pestizide lange ausgewichen sind. Die Chemie-Konzerne gehören jedoch wiederum Anteilseignerinnen und Anteilseignern, die unter Umständen ihre moralischen und ethischen Werte – zumindest gelegentlich – über ihre wirtschaftlichen Interessen stellen.

So kippten 1973 Aktionärinnen und Aktionäre von Distillers Company Biochemicals Ltd., dem Unternehmen, das Thalidomid in Großbritannien vertrieb, tatsächlich einen erbärmlichen gerichtlichen Vergleich. Sie übten so lange Druck auf die Unternehmensleitung aus, bis diese einen Treuhandfonds in Höhe von 47 Mio. US-Dollar zur Entschädigung von Thalidomid-Geschädigten auflegte.[35]

In den letzten Jahren haben die traditionellen Hüterinnen von Moral und Ethik – die Kirchen – die gravierende Informationslücke zwischen Mitgliedern der Aktionärsgemeinschaft und dem Unternehmen, das sie teilweise besitzen, zunehmend erkannt. Als institutionelle Investorinnen sind sich Kirchen und religiöse Einrichtungen bewusst, dass sie geradezu prädestiniert sind, zwischen

34 Weintraub a. a. O. (198).

35 Suffer the Children: The Story of Thalidomide. New York: The Viking Press. S. 194-205.

Aktionärsgemeinschaft und Konzernmanagement zu vermitteln und in ökonomische Entscheidungsprozesse den dringend benötigten Aspekt der sozialen Verantwortung einzubringen.[36]

Das *Interfaith Center on Corporate Responsibility*[37] (ICCR), das vom National Council of Churches[38] finanziert wird, ist eine Organisation kirchlicher und religiöser Investorinnen und Investoren, die sich mit den Auswirkungen unternehmerischen Handelns auf Gesellschaft und Umwelt sowie der Berücksichtigung sozialer Aspekte bei Investitionen befasst. Zu ihren Mitgliedern zählen Vertreterinnen und Vertreter von 17 protestantischen Glaubensgemeinschaften sowie über 170 katholischen Gemeinden. Unterstützt und koordiniert durch Mitarbeitende des ICCR und Arbeitsgruppen werden auf Initiative bzw. unter Beteiligung von Mitgliedern Aktionen wie etwa öffentliche Anhörungen, Zeugenaussagen vor Regierungseinrichtungen und Behörden, umfassende Recherchen, offene Briefe, Prozesse, Veröffentlichungen und Boykotte (z. B. gegen J. P. Stevens aufgrund seiner Unternehmenspraktiken oder gegen Nestlé aufgrund des Vertriebs industriell hergestellter Säuglingsnahrung in Entwicklungsländern) durchgeführt.

Zu den effektivsten Instrumenten, über die das ICCR verfügt, um moralisch-ethische Aspekte in das unternehmerische Handeln einzubringen, gehören Beschlussvorschläge bei der Aktionärsversammlung. Gemäß den Bestimmungen der US-Börsenaufsicht haben deren Mitglieder das Recht, Vorschläge zu bestimmten Unternehmensstrategien und -praktiken einzureichen, die von allen Anwesenden bei der Jahreshauptversammlung des Unternehmens

36 Sofern nicht anderweitig angegeben, stützen sich die Angaben im weiteren Verlauf des Kapitels auf Publikationen des Interfaith Center on Corporate Responsibility (I.C.C.R.) und des National Council of Churches (N.C.C.) sowie auf Gespräche mit Bob Morris vom I.C.C.R. und Rev. John Jordan vom N.C.C. Beide Organisationen haben ihren Sitz in 475 Riverside Drive, New York, N. Y. 10027, USA.

37 Deutsch etwa »Überkonfessionelles Zentrum für Unternehmensverantwortung« [A. d. Ü.].

38 Zentralrat der Kirchen in den USA [A. d. Ü.].

beraten werden. Kirchliche Investoren üben dieses Recht aus, um Fragen in Bezug auf soziale Aspekte anzusprechen, Informationen einzufordern oder die Unternehmen aufzufordern, konkrete Maßnahmen zu ergreifen. (Das ICCR selbst hält keine Unternehmensanteile und agiert selten in eigenem Namen, sondern fungiert hauptsächlich als Koordinations- und Informationsstelle sowie Kommunikationsnetzwerk.)

In den Jahren 1980 und 1981 legten mehrere kirchliche und religiöse institutionelle Investorinnen und Investoren bei der Jahreshauptversammlung des US-Unternehmens Dow Chemical, dem Hersteller von 2,4-D, 2,4,5-T und Agent Orange, einen Beschlussvorschlag vor. In dem Vorschlag von 1981 wurde die Aktionärsversammlung von Dow aufgefordert, einen Beschluss zu unterstützen, durch den der Konzern angewiesen werden sollte, einen unabhängigen Prüfungsausschuss einzusetzen, »der die existierenden und potenziellen gesundheitlichen Auswirkungen von 2,4,5-T, Silvex und ihren Derivaten [beurteilt] und dem Vorstand Empfehlungen dazu unterbreitet, wie sich eine fortgesetzte Produktion dieser Herbizide rechtfertigen lässt.«

Der Beschlussvorschlag verwies auf die sofortige Aussetzung der Marktzulassung von 2,4,5-T und Silvex durch die EPA 1979 sowie auf zwei Studien des US-Krebsforschungsinstituts von 1980, in denen Dioxin als krebserregend eingestuft wurde. Laut dem Beschlussvorschlag überstiegen die Ausgaben von Dow Chemical für die Rechtfertigung der Zulassung von 2,4,5-T die Gewinne des Unternehmens durch das Herbizid, die sich auf unter 0,2 % des Jahresumsatzes beliefen. (Die Grundsätze des Beschlusses der Hauptversammlung – u.a. die Forderung nach einem Stopp der internationalen Produktion von 2,4,5-T und Silvex – finden sich im Beschluss des National Council of Churches.)

Der Konzernvorstand von Dow Chemical äußerte sich in einer Erklärung ablehnend gegenüber der Beschlussvorlage und drängte die Aktionärsgemeinschaft, dagegen zu stimmen. Zentrales Argument von Dow war, dass die EPA-Anhörungen zur sofortigen Aussetzung der Zulassung von 2,4,5-T und Silvex denselben Zweck verfolgten wie der vorgeschlagene unternehmenseigene Prüfungsausschuss, was ein solches Gremium überflüssig mache. (Dieses Argument enthüllte mehr als die Aktionärinnen und Aktionäre damals hätten wissen können. Zum Zeitpunkt der Jahreshauptversammlung am 8. Mai 1981 hatte Dow die EPA bereits dahingehend beeinflusst, die Angelegenheit in Geheimverhandlungen ohne weitere Anhörungen zu klären.)

In seiner Erklärung deutete der Vorstand an, dass sich der Beschlussvorschlag ausschließlich auf die Aussage eines wissenschaftlichen Beraters verließ, nämlich Dr. Samuel Epstein, Professor für Arbeits- und Umweltmedizin an der Fakultät für Öffentliche Gesundheit der University of Illinois. Dr. Epstein, Humanpathologe und Toxikologe sowie Autor des Buches *The Politics of Cancer*[39], hatte 1980 ein Statement zur Unterstützung des Beschlusses der Hauptversammlung veröffentlicht, in dem er eine ganze Reihe von Regierungsuntersuchungen und wissenschaftlichen Studien anführte, die die von 2,4,5-T und verwandten chemischen Verbindungen ausgehenden Gefahren bestätigten (siehe Anhang B). Dr. Epstein hatte nicht, wie von der Konzernspitze behauptet, einen Überblick über eigene Untersuchungen vorgelegt, sondern über Studien, die von renommierten Wissenschaftler/inne/n und Einrichtungen weltweit durchgeführt worden waren.

Bei der Jahreshauptversammlung 1981 wandte sich Dr. Marvin S. Legator, Leiter des Fachbereichs Genetische Toxikologie an der medizinischen Fakultät der University of Texas und früherer Berater der Dow Chemical Company, an die Anwesenden. Er unterstützte den Beschlussvorschlag mit einem Überblick über die unternehmenseigenen Maßnahmen zur Überwachung krebserregender oder erbgutverändernder Wirkungen der Produkte auf die eigenen Beschäftigten und stellte zusammenfassend zwei aktuelle Studien aus Schweden und Neuseeland vor, denen zufolge 2,4,5-T vermut-

39 Epstein, Samuel. The Politics of Cancer. San Francisco: Sierra Club Books, 1978.

lich Krebserkrankungen bzw. Geburtsfehler verursachte (siehe Anhang C). Der Erklärung der Unternehmensführung zufolge stützten die in dem Beschlussvorschlag zitierten Studien des National Cancer Institute in Wirklichkeit die Position von Dow zu 2,4,5-T und gingen ausführlich auf einen Bericht der britischen Regierung ein, der zu dem Schluss kam, dass 2,4,5-T-Herbizide unbedenklich seien. (Dow Chemical erwähnte dabei jedoch nicht, dass der Trade Union Congress[40] in Großbritannien, der 12 Millionen Mitglieder vertritt, noch am Tag der Veröffentlichung der britischen Studie einstimmig für ein Zulassungsverbot von 2,4,5-T votiert hatte. Die britischen Gewerkschaften hatten eine Gegendarstellung zum Bericht der Regierung mit den Argumenten vorgelegt, der Bericht spiele die überzeugenden Beweise gegen 2,4,5-T herunter, lege willkürliche Kriterien für den Nachweis der »Unbedenklichkeit« von 2,4,5-T fest und vernachlässige die Sichtweise der wichtigsten Beteiligten bezüglich der Beschwerden über das Herbizid – der Beschäftigten, bei denen es zu einer Exposition gekommen war.)

Der von den Kirchen eingebrachte Beschlussvorschlag wurde zwei Jahre hintereinander von der Dow-Aktionärsgemeinschaft mehrheitlich abgelehnt. Laut Reverend John Jordan vom National Council of Churches erreichte man damit jedoch ein übergeordnetes Ziel, nämlich dass das Thema ins Bewusstsein der Öffentlichkeit gerückt und sowohl die Aktionärsgemeinschaft als auch die Öffentlichkeit über das Thema informiert wurden.

»Als Vorsitzender der Arbeitsgruppe der *Vietnam Generation Ministries* des National Council of Churches«, so Jordan, »sowie als deren Repräsentant in der Nationalen Taskforce der Veteranen zu Agent Orange habe ich persönlich Kontakt zu einer Vielzahl von Vietnamveteranen mit schwerwiegenden Gesundheitsproblemen, die sie auf die Exposition gegenüber Agent Orange zurückführen. Wie wir wissen, haben allein im US-Bundesstaat Minnesota über 13.000 Vietnamveteranen ärztliche Untersuchungen oder anderwei-

40 Gewerkschaftsdachverband in Großbritannien [A. d. Ü.].

tige Unterstützung zur Diagnose und Behandlung ihrer beispiellosen unspezifischen Symptome, für die es keine sonstige Erklärung gibt, in Anspruch genommen. Diese umfassen unterschiedliche Kombinationen von Krebserkrankungen, Haut- und Nervenleiden, Fehlgeburten bei ihren Ehefrauen sowie Geburtsfehler bei ihren Kindern … Im Sinne einer exemplarischen ethischen und moralischen Pflicht ist die in diesem Beschlussvorschlag geforderte weitere Forschung das Mindeste, das wir im Rahmen der sozialen Verantwortung unseres Konzerns für die möglichen Gesundheitsrisiken, die von diesem Produkt ausgehen, tun sollten.«

Reverend Jordan gehört dem *Board of Global Ministries* der United Methodist Church in New York City an. In den vergangenen 15 Jahren hat er sich intensiv mit internationalen Fragen und Studienprogrammen befasst. Bei seiner Tätigkeit in der *Vietnam Generation Ministries Working Group* des National Council of Churches geht es hauptsächlich um Aspekte wie Arbeitsplätze, Bildung, psychologische Unterstützung bei der Wiedereingliederung und andere generelle gesundheitliche Probleme von Vietnamveteranen. Besonderes Augenmerk legt die Arbeitsgruppe auf inhaftierte Veteranen sowie Veteranen und ihre Familien, die unter bestimmten Gesundheitsproblemen leiden, welche auf den Kontakt mit Agent Orange in Vietnam zurückgeführt werden. Das erste Mal hörte Jordan von Joe Bangert von der Problematik, einem Veteran, der eine Selbsthilfegruppe für Veteranen in Massachusetts gegründet hatte.

»Das Thema war für mich völlig neu. Über die Geschichte von Agent Orange und die Auswirkungen von Herbiziden wusste ich rein gar nichts«, erläutert Jordan. »Wenn ich Agent Orange sage, meine ich konkret die Herbizide 2,4-D, 2,4,5-T und Dioxin, die großflächig in Vietnam und in den USA zum Einsatz kamen. Auch wenn ich mich vor allem mit Veteranen befasse, geht es mir doch immer auch um die Menschen, die in den Wäldern und an den besprühten Straßen und in den Agrarregionen leben sowie um Diejenigen, die an ihrem Arbeitsplatz mit den Stoffen in Kontakt kommen. Sie alle haben dieselben Probleme wie die Veteranen.«

»Wie dem auch sei, das Thema war neu für mich, und ich habe mein Bestes getan, mehr darüber herauszufinden. Ich habe sehr viel dazu gelesen und begonnen, mich mit anderen Kirchenleuten zu vernetzen, die aktiv wurden.«

Gemeinsam mit Louise Ransom, die nach dem Verlust ihres Sohnes im Vietnamkrieg die *Gold Star Mothers for Amnesty* mitbegründet hatte, organisierte Jordan in Zusammenarbeit mit der *National Association of Concerned Veterans* bei deren Jahresversammlung 1979 eine spezielle Zusammenkunft von Agent-Orange-Aktivistinnen und -aktivisten. Bei diesem Treffen kam Jordan in Kontakt mit Vertretern lokaler Gruppen von Veteranen, die unter den Auswirkungen von Agent Orange litten und sich in der Folge zur *National Veterans' Task Force on Agent Orange* zusammenschlossen.

»Die drängendste Frage, vor der wir stehen, betrifft die Gesundheit der Veteranen und ihrer Familien«, erklärt Jordan. »Hierzu gehört auch der weitere Kreis der Betroffenen – Menschen, die an Straßen, in den Wäldern oder am Arbeitsplatz mit Agent Orange in Berührung gekommen sind. Es geht dabei um mehr als die medizinische Versorgung selbst. Das größere Problem besteht darin, die Behörden und die Öffentlichkeit dazu zu bewegen, das Problem überhaupt anzuerkennen. Es geht um öffentliche Wahrnehmung und politische Maßnahmen, nicht nur um wissenschaftliche Fakten. Die Wissenschaft kann – zumindest in naher Zukunft – nicht alle Fragen beantworten. Und sich darauf zu verlassen, dass die Unternehmen oder der Staat Verantwortung übernehmen, funktioniert einfach nicht. Die Gesellschaft muss handeln.«

»Langfristig geht es um viel mehr als um Agent Orange. Es geht um die Einstellung der Menschen – von Einzelpersonen und der Gesellschaft als Ganzes – zum Leben auf der Erde insgesamt. Damit meine ich die Umweltfragen und ökologischen Probleme, vor denen die ganze Welt steht. Wir müssen darauf hoffen, das Verhalten von Unternehmen zu verändern, Konzerne in die Verantwortung für breitere ethische und moralische Fragen zu nehmen – ein hochgestecktes Ziel. Es bedeutet im Grunde genommen, das Selbstbild unserer Gesellschaft zu verändern ... aber es gibt Zeiten, in denen Veränderungen dieser Größenordnung notwendig sind, um zu überleben.«

»Man kann dem Thema seine Komplexität nehmen, indem man Informationen einzeln verständlich formuliert. Es geht nicht nur darum, den Menschen das Wissen zur Verfügung zu stellen, sondern es ihnen in einer Sprache zu vermitteln, die sie verstehen. Es gibt einen Begriff, den wir in verschiedenen Gruppen, mit denen ich zusammenarbeite, verwenden: entmystifizieren. Es geht darum, den Informationen, die Fachleute auf wissenschaftlichem, wirtschaftlichem, politischem oder ethischem Gebiet gleichsam als ihr Eigentum betrachten, ihren geheimnisvollen Nimbus zu nehmen. Wenn man Informationen allen so zugänglich macht, dass jede und jeder Einzelne sie verstehen kann, verringert man die Abhängigkeit von Fachleuten und versetzt alle in die Lage, sich unmittelbar an der Entscheidungsfindung zu beteiligen. Das Entmystifizieren gesellschaftlicher Prozesse ermöglicht Menschen eine stärkere Beteiligung auf allen Ebenen – das ist echte Demokratie.«

»Soweit ich weiß, etablierten die Gründerväter und -mütter unserer Nation das Grundrecht auf ›Leben, Freiheit und das Streben nach Glück‹ als politischen Leitsatz. Alle drei sind von Bedeutung, aber das Leben steht aus gutem Grund an erster Stelle. Die anderen beiden hat man nur, wenn man das Leben hat. Es hat Vorrang vor allem anderen. Es ist von grundlegendem biologischen und religiösem Wert, nicht nur ein politischer Slogan.«

Kirchenleute wie Jordan, die im Rahmen des US-Kirchenrats NCC und anderer nationaler und internationaler Organisationen zusammenarbeiten, stehen innerhalb des traditionellen Christentums für eine wachsende universelle Besorgnis, die über konfessionelle und starre kirchliche Grenzen hinausgeht.

»Das Thema Agent Orange und toxische Chemikalien betrifft in seiner Bedeutung weit mehr als eine einzelne Gruppe«, so John Jordan. »Barmherzigkeit – menschliche oder göttliche – hört nicht damit auf, dass man eine Seele »errettet«.

»Wir sind nicht hier, um tote Babys zu Grabe zu tragen«, meint ein Pastor in Peru.[41] In Anbetracht von menschlichem Leid und der Bedrohung durch Nukleartechnik und chemische Technologie meldet sich die Kirche auch in breiteren Fragen sozialer Gerechtigkeit und Umweltanliegen zu Wort und betritt somit unausweichlich auch Bereiche wie Politik und Wirtschaft – allgemein ein Terrain, auf das sich die Kirchen bislang eher nicht vorgewagt haben. Dieser ökumenische Fokus ist nicht neu – seine Wurzeln liegen etwa in den Lehren des heiligen Franziskus und des heiligen Johannes vom Kreuz sowie in den heiligen Schriften des Juden- und Christentums. Das Nuklearzeitalter hat lediglich die Größenordnung und den Fokus geändert.

»Zeiten wie die unsere hat die Menschheit noch nie erlebt«, schrieb Simone Weil 1942. »Und in unserer gegenwärtigen Lage muss der Bezug auf das Allgemeine … unsere Sprache und unsere gesamte Lebensweise durchdringen. Ein Heiliger, eine Heilige zu sein, ist heute einfach nicht genug …«[42]

* * *

John Jordan drückt es anders aus: »Wenn uns etwas an Menschen – wo auch immer – liegt, müssen wir uns um den gesamten Hausstand kümmern und für ihn sorgen – die ganze Menschheit als Familie, die in einer wunderschönen, zerbrechlichen Welt zusammenlebt.«

---

41 Blustein, Paul. »Activist order: Maryknoll missionaries draw praise, criticism for social involvement.« The Wall Street Journal, 14.8.1981, S. 1.

42 Weil, Simone. Waiting for God. New York: Putnam's Sons 1951, Harper Colophon Edit., 1973, S. 98 f.

Als künftige Referenz: Die Akte Alsea

... Und schon am nächsten Tage wussten es die Frauen.
Ich weiß nicht woher,
Aber sie zerschlugen alle Regierungen der (ganzen) Welt
Wie einen Haufen zerbrochenen Porzellans, in zwei Tagen ...
Ja, es war ein weiter Weg. Das ist schon was
Zuerst dachten sie
Da könnte es irgendwo ein Volk geben – einen Stamm von Wilden.
Aber wir saßen alle in einem Boot, sogar die Eskimos,
Und es gibt weiterhin Spielzeug zu kaufen, und bunt illustrierte Bücher,
Und Leute heiraten und planen und so weiter,
Aber versteh' doch, es gibt keine Kinder. Es werden keine geboren.[1]
Stephen Vincent Benét (1938)

Das Five Rivers Valley, in dem meine Kinder 1975 mit Herbiziden besprüht wurden, liegt im Siuslaw Forest im Küstengebirge West-Oregons, auf halber Strecke zwischen Alsea und Waldport. Es folgt dem Verlauf des Flusses Five Rivers, der grob in nördlicher Richtung fließt und in den Alsea River mündet. Die Talsohle ist mit einer Breite von 0,5 bis 1,5 km recht schmal. Die Berghänge sind steil und dicht bewaldet, gelegentlich unterbrochen von Talauen und fruchtbarem Land entlang der Hauptzuflüsse, denen der Five Rivers seinen Namen verdankt: Lobster Creek, Cascade Creek, Buck Creek, Crab Creek und Green River. Der Lobster Creek und der Crab

1 Übersetzung Günter Giesenfeld.

Creek wurden nach den riesigen Beständen ungewöhnlich großer Flusskrebse benannt, die den Menschen in früheren Jahren ein bescheidenes Auskommen ermöglichten.[2]

Vor 80 Jahren war das kleine Tal ein Mikrokosmos des Lebens im Küstengebirge Oregons. Die Bevölkerungsdichte war damals größer, wobei die meisten Menschen auf kleinen Gehöften in den Flussebenen lebten. Die Mehrzahl dieser Gehöfte ist mittlerweile verlassen, und der Wald erobert sich die Flächen zurück. Man kann dort etwa auf einen verrotteten Eckpfosten stoßen, ein rostendes Notstromaggregat, die überwucherte Anlegestelle eines Sägewerks oder ein paar Narzissen, die – irgendwie verloren – auf einer verlassenen Lichtung weit entfernt von jeder Straße blühen. Der Wald hier wirkt dagegen beinahe tröstlich. Er wird Bestand haben und unsere Fehler überdauern.

Bis Ende 1979 war die Mehrheit der Erwerbstätigen im Tal bei einem örtlichen Sägewerk beschäftigt. Seit seiner Schließung sind viele Familien weggezogen. Derzeit leben noch etwa 50 Familien im Five Rivers Valley, von denen die meisten erst in den letzten 10 bis 15 Jahren zugezogen sind. Familien, die von dem Werk ein Stück Land gepachtet hatten, sind entweder weggezogen oder bereiten sich gerade darauf vor. Andere besitzen ein wenig Ackerland, das sie in unterschiedlichem Umfang zur Selbstversorgung bewirtschaften. Die Älteren, die langsam aber sicher aussterben, klammern sich an das, was zu lange ihre Heimat war, als dass sie sich vorstellen könnten, woanders noch einmal neu anzufangen. Die jüngeren, noch wachsenden Familien haben sich hier aus Gründen angesiedelt, die so vielfältig sind wir ihre persönlichen Geschichten.

Debbie Marano und ihr Mann zogen 1972 nach Five Rivers – John, um im Sägewerk zu arbeiten, während Debbie sich um den

2 Die historischen Angaben über das Gebiet des Five Rivers Valley stammen hauptsächlich von »Alteingesessenen«. Die insbesondere für dieses Kapitel nützlichen Informationen stammen von Steve Tedrow, Beatrice Olson und Roy Olson (†).

Nachwuchs kümmern wollte, den die beiden planten und auf den sie hofften.

Debbie war in Oregon aufgewachsen und hatte ihre Kindheit zunächst in der Nähe von Bend, im Fall River Fischzuchtbetrieb am Deschutes River, und später in Alsea verbracht, in einem Fischbrutbetrieb, der an Landflächen des Bureau of Land Management (BLM) angrenzte. Möglicherweise war sie in dieser Zeit zum ersten Mal, ohne es zu wissen, Herbiziden ausgesetzt, die in der Forstwirtschaft bei Sprühflügen eingesetzt wurden.

Im Mai 1975, drei Jahre nach ihrem Umzug nach Five Rivers, hatte Debbie, die ihr erstes Kind erwartete, in der 15. Schwangerschaftswoche plötzlich eine Fehlgeburt. Eine Fehlgeburt – auch als Spontanabort bezeichnet – ist in den ersten Schwangerschaftswochen an sich nichts Ungewöhnliches, und viele Schwangerschaften enden auf diese Weise sogar, bevor die Frau überhaupt bemerkt, dass sie schwanger ist. Die medizinischen Fachkräfte, die häufig selbst keine Erklärung haben, aus welchem Grund es dazu kommt, ermutigen die Frau oftmals, erneut schwanger zu werden und versichern ihr, dass die Natur auf diese Weise dafür sorgt, dass ein vorgeschädigter Embryo nicht ausgetragen wird.

»Fehlgeburt« wäre jedoch ein sehr viel besserer Begriff als »Spontanabort«. Es ist in medizinischen Fachkreisen unumstritten, dass eine Exposition der Mutter oder des Vaters gegenüber Radioaktivität, bestimmten Wirkstoffen, Pestiziden und anderen chemischen Verbindungen zum Tod oder zur vorzeitigen Austreibung eines Fötus oder Embryos führen kann – entweder durch eine direkte Schädigung des Embryos, durch eine Uterusblutung bei der Mutter oder eine gestörte Versorgung des Ungeborenen mit lebenswichtigen Nährstoffen über die Plazenta.[3] Einige der Stoffe können den genetischen Aufbau und die strukturelle Entwicklung des Spermiums oder der Eizelle vor der Empfängnis stören, was die Entwicklung

3 Siehe z. B. Elam, Daniel. Building Better Babies. Millbrae (California): Celestial Arts, 1980, S. 79-96. Siehe auch Robson und Sullivan.

oder den Stoffwechsel des Embryos so schwerwiegend beeinträchtigen kann, dass dieser nicht überlebt und es zu einer Fehlgeburt kommt.[4]

Ende der 1960er Jahre lagen tierexperimentelle Nachweise dafür vor, dass Phenoxyherbizide (sowohl 2,4-D als auch 2,4,5-T) gewöhnlich bei Verabreichung relativ hoher Dosen an weibliche Tiere in kritischen Phasen der Trächtigkeit den Reproduktionserfolg beeinträchtigen.[5] Wenn überhaupt, wurden nur wenige Studien durchgeführt, um die Wirkungen einer Langzeitgabe niedriger Dosen auf das Vater- oder Muttertier vor der Empfängnis zu untersuchen.

Die Untersuchung der Wirkungen toxischer Substanzen auf die menschliche Fortpflanzung wird durch zahlreiche Faktoren kompliziert. Versuchstiere reagieren häufig nicht genauso auf giftige Stoffe wie der Mensch (bei Ratten etwa wird der Embryo/Fötus nicht abgestoßen, sondern vom Organismus des Muttertiers resorbiert).[6] Bei Frauen treten Fehlgeburten häufig zum gewohnten Zeitpunkt der Regelblutung auf, so dass diese oftmals gar nicht wissen, dass sie schwanger waren. Bemerkt die werdende Mutter eine Fehlgeburt, bringt sie das Ereignis nur selten in Zusammenhang mit einer Exposition gegenüber chemischen Stoffen – insbesondere dann nicht, wenn weder sie selbst noch der Vater sich bewusst waren, dass ein Kontakt stattgefunden hat. Menschen sind in ihrer Umwelt und über die Ernährung so vielen unterschiedlichen toxischen chemischen Verbindungen ausgesetzt, dass es praktisch unmöglich ist, einen einzelnen Stoff oder eine Kombination von Stoffen zu identifizieren, der bzw. die sich auf die Reproduktion auswirken könnte.

4 Elam, Daniel, ebd. Dr. Elam diskutiert etwa Forschungsarbeiten, die belegen, dass eine Verabreichung von Thalidomid an männliche Kaninchen vor der Paarung zu einer Anreicherung in Spermien führt; die nach einer solchen Paarung geborenen Nachkommen wiesen häufig schwere Fehlbildungen auf. Seite 89, mit Verweis auf Lutwak-Mann, C. et al. »Thalidomide in rabbit semen.« Nature 214:1018-20, 1967.

5 Mrak a. a. O. (37) Siehe auch Galston, Arthur. »Herbicides: A mixed blessing.« Bioscience 29(2):85-90, 1979.

6 Shearer, Dr. Ruth, Gespräch mit der Autorin.

Epidemiologische Studien bei bestimmten Personengruppen (z. B. Personen, die Strahlung ausgesetzt sind oder aber unter Bedingungen leben bzw. arbeiten, bei denen sie stärker einer speziellen Substanz ausgesetzt sind als die Allgemeinbevölkerung) können nur mit einer gewissen Wahrscheinlichkeit Aussagen darüber treffen, inwieweit die menschliche Fortpflanzung beeinträchtigt wird.

Debbie und John wussten nichts über Herbizide, als sie Anfang 1976 zum ersten öffentlichen Treffen in Five Rivers zu den Sprüheinsätzen der Forstverwaltung gingen. Nichts im Zusammenhang mit der ersten Fehlgeburt im Jahr davor schien auf ein ungewöhnliches Problem hinzudeuten, und sie waren im Hinblick auf Debbies zweite Schwangerschaft voller Hoffnung. Bei dem Treffen erfuhren sie davon, dass Herbizide Fehlgeburten und Fehlbildungen verursachen können, und als Debbies zweite Schwangerschaft einige Monate später im April mit einem Spontanabort endete, war ihre Besorgnis so groß, dass sie eine eidesstattliche Erklärung zur Unterstützung von CATS in dem Verfahren vor dem Bundesgerichtshof zugunsten einer einstweiligen Verfügung gegen weitere Sprüheinsätze im Siuslaw abgab. Sechs Monate später, im Oktober 1976, hatte sie bei ihrer dritten Schwangerschaft eine Fehlgeburt in der achten Schwangerschaftswoche.

Debbies Arzt veranlasste im Dezember 1976 eine Untersuchung ihrer Schilddrüsenfunktion – ohne Befund. Zwei Monate später, im Februar 1977, verlor sie ihr viertes Kind in der 12. Schwangerschaftswoche. Damals begann auch ihr Arzt, sich für das Thema Herbizide zu interessieren. Er nahm Kontakt mit der Oregon State University (OSU) auf, um sich zu erkundigen, ob Debbies Unfähigkeit, ein Kind bis zur Geburt auszutragen, und der großflächige Einsatz von Herbiziden in ihrem Lebensumfeld möglicherweise in Zusammenhang stehen könnten. Dort verwies man ihn an die EPA.

Im März 1977 trafen sich Debbie und ihr Arzt mit Dr. Michael Watson, einem Toxikologen der EPA, der bei Debbie und ihrem Ehemann Blutproben für eine Chromosomenanalyse nahm. An eben diesem Tag kam Dr. Watson auch nach Five Rivers und nahm

Proben von Hirsch-, Elch- und Rindfleisch aus der Tiefkühltruhe der Maranos sowie eine Probe ihrer Gartenerde. Zwei Monate danach, im Mai, führte Debbies Arzt eine Röntgenuntersuchung ihrer Gebärmutter und Eileiter durch und informierte Debbie darüber, dass ihre Fortpflanzungsorgane gesund und unauffällig seien.

Im August, nach mehreren Nachfragen nach den Ergebnissen der Analysen, die die EPA mit den im März genommenen Proben durchgeführt hatte, erhielt Debbie ein Schreiben von Dr. Watson, in dem er ihr mitteilte, dass ihre eigenen Chromosomen und die ihres Mannes unauffällig seien und in keiner der Proben Dioxin (TCDD) nachgewiesen worden sei. »Ich bin zweifelsfrei der Ansicht«, so schrieb er, »dass es extrem unwahrscheinlich, wenn nicht gar unmöglich ist, dass TCDD für Ihre Unfähigkeit, ein Kind auszutragen, verantwortlich ist.«[7]

Zwei Monate später gab Watson jedoch in einem Telefongespräch mit dem Biologen John Noell an, dass bei einer zweiten Analyse der Bodenprobe der Maranos TCDD in einer Konzentration von 98 Teilen pro 1 Billion Teile (ppt) nachgewiesen worden sei. Ein Reporter des *Eugene Register-Guard*, der in der Sache recherchierte, rief Watson ebenfalls an und erhielt die Auskunft, der Test habe 92 ppt TCDD ergeben. Laut Watson sei diese Konzentration zu vernachlässigen und könne nicht die Ursache von Debbies Problemen sein. Debbie erfuhr von der positive Bodenprobe lediglich über Dr. Noell und den Reporter aus Eugene. (Die EPA leugnete später, jemals Dioxin in ihrer Gartenerde nachgewiesen zu haben.) Debbie verlor die Lust am Gärtnern und kaufte von da an ihr Obst und Gemüse auf dem Markt in der Stadt. 1978 brachte sie ihr erstes und einziges Kind zur Welt, einen gesunden Jungen namens Matthew.

»Während ich mit Matthew schwanger war, sagte man mir, dass die EPA im Falle einer erneuten Fehlgeburt den Fötus gerne untersuchen würde« erläutert Debbie. »Nach seiner Geburt tauchten Leu-

7 Die Geschichte der Maranos beruht auf Angaben bei einem Gespräch der Autorin mit Debbie Marano sowie aus dem CATS-Newsletter vom Dezember 1977, S. 1.

te der Behörde auf und nahmen bei mir eine Muttermilchprobe. Ich hatte stets eine Karriere in der Wissenschaft machen wollen, und genau das habe ich gemacht – als Versuchskaninchen.[8] Aber was bringt das mir oder den Kindern, die ich möglicherweise niemals bekommen werde? Meines Erachtens zäumen sie das Pferd von hinten auf. Warum wurde all das nicht festgestellt, bevor man mit den Sprüheinsätzen überhaupt anfing?«

Im März 1975, eben dem Frühjahr, in dem Debbie ihre erste Fehlgeburt hatte, führte das Bureau of Land Management (BLM) einigen Berichten zufolge auf seinen Landflächen im Gebiet Alsea Sprüheinsätze mit einer ungewöhnlich hohen Herbizidkonzentration durch. Innerhalb der folgenden Wochen kam es bei einer Reihe von Frauen in der unmittelbaren Nachbarschaft ebenfalls zu Fehlgeburten. Drei Jahre später verfasste Debbie gemeinsam mit diesen Frauen ein Schreiben über ihre Fehlgeburten, in dem sie die EPA und das gesamte Land darauf aufmerksam machten – so formulierte es eine der Frauen – dass die Herbizide »unsere Babys töten.«

Debbie und ihre Familie zogen 1979 nach dem Verkauf des Sägewerks in Five Rivers zurück nach Alsea. Die Bewohnerinnen und Bewohner des Tals machen sich noch immer Gedanken über das Grundstück, das die Maranos in Five Rivers gepachtet hatten. Debbies unmittelbarer Nachbar verstarb 1978 an Krebs, und dem jungen Mann, der das andere Haus auf dem Grundstück bewohnte und im Sägewerk arbeitete, teilte man 1979 mit, er habe Krebs im Endstadium. (Er verstarb 1981.) Die Frau, die das Haus der Maranos nach deren Umzug gemietet hatte, verlor im Frühsommer 1979 ein Kind, und das nur wenige Wochen, nachdem die unmittelbare Nachbarin ebenfalls eine Fehlgeburt gehabt hatte.

---

8 In der Muttermilchprobe von Debbie wurden DDE, Hexachlorbenzol und Dieldrin nachgewiesen. Die Probe wurde weder auf Rückstände von TCDD, noch von Phenoxyherbiziden untersucht. Siehe »Results from the national study to determine levels of chlorinated hydrocarbon insecticides in human milk, 1975-1976.« Savage, Eldon P. Epidemiologic Pesticides Study Center, Colorado State University. Anlage zum Schreiben von Savage an Debbie Marano vom 21.9.1978.

Debbie und John hatten die Hoffnung, dass sie durch den Umzug nach Alsea weniger Herbiziden ausgesetzt sein würden. 1980 wurde Debbie erneut schwanger. Im Herbst fand bei einer Baumschule für Weihnachtsbäume, die oberhalb ihres neuen Zuhauses lag, ein Sprüheinsatz statt. Kurz danach verloren Debbies Katzen ihre ungeborenen Jungen, und drei Wochen später hatte Debbie eine erneute Fehlgeburt. Der Fötus, den sie verlor, wies schwerwiegende Missbildungen auf. Im folgenden Jahr verlor Debbie kurz nach einem Sprüheinsatz auf dem Nachbargrundstück ein weiteres Kind. Es war Debbie unmöglich herauszufinden, was auf dem Gelände der Baumschule gesprüht worden war, aber ihre Ärztin ist mittlerweile davon überzeugt, dass ihre Probleme, Kinder voll auszutragen, auf die Herbizide zurückzuführen sind.

»Manchmal denke ich daran, noch einmal umzuziehen, aber das alles ist so schwierig«, so Debbie. »Überall – jedenfalls überall, wo John Arbeit finden könnte – gibt es Farmland und Wälder, die sie besprühen werden. Wenn ich den Mut verliere und mal wieder vom Umziehen spreche, sagt John zu mir: ›Wo willst du denn hingehen – in die Sahara?‹«

»Meine Güte, Weihnachtsbäume! Warum sollte man Weihnachtsbäume mit Giften behandeln? Ich verstehe das einfach nicht.«

* * *

Irene Durbin, ihr Mann Lyle und ihre drei Kinder lebten sieben Jahre in Five Rivers, von Januar 1972 bis Mai 1979. Lyle arbeitete im örtlichen Sägewerk für die Brand S Corporation. Die Durbins wohnten im »Mill Camp«, einer kleinen Ansammlung von Mobilheimen auf dem Werksgelände etwa eine Meile vom Sägewerk entfernt. Das Unternehmen verpachtete Stellplätze an seine Beschäftigten und stellte die Wasserversorgung, Klärung der Abwässer, Stromversorgung und Kabelfernsehen bereit. Als das Werk und das Grundstück 1979 an Northside Industries verkauft wurden, setzte Lyle seine Tätigkeit für Brand S in einem anderen Werk in Corvallis fort und zog mit seiner Familie nach Dallas im Bundesstaat Oregon, wo sie heute noch leben.

Im März 1980 erlitt Lyle zwei schwere Herzinfarkte und war mehrere Monate lang arbeitsunfähig. Kurz nach der Rückkehr an seinen Arbeitsplatz brannte das Brand S Werk in Corvallis bei einem Unfall bis auf die Grundmauern nieder. Seitdem arbeitet er bei einer Tankstelle vor Ort.

»Sie verstehen, warum ich hier immer noch Heimweh habe?« meint Irene und deutet auf die Ebene mit Felder draußen vor dem Fenster ihres Mobilheims. »Am härtesten ist es, wenn man einen Tag lang draußen unterwegs ist und keinen einzigen Menschen trifft, den man kennt, keine einzige Person, die man anlächeln oder mit der man sich unterhalten kann. Das vermisse ich sehr. Ich vermisse das Gefühl, dass selbst Menschen, die man nicht besonders gut kennt, deine Nachbarn sind, auf die man sich irgendwie verlassen kann. Five Rivers war in dieser Hinsicht ein ganz besonderer Ort. Ich habe mich dort immer sehr wohl gefühlt. Mein Dad arbeitete bei Brand S als Schreiner, und meine Mutter und er hatten dort ein Haus.«

»Wir wohnten damals in Salem und besuchten meine Familie regelmäßig. Wir saßen auf der Veranda, sahen uns die Sterne an und atmeten die saubere Luft … Es tat immer so gut, da zu sein. Die Vorstellung jedoch, selbst dort wohnen zu können, war bloß ein unerfüllbarer Traum. Als Lyle dann '72 dort im Werk den Job bekam, wurde der Traum für uns wahr. Es war einfach der perfekte Ort, dort Kinder großzuziehen und das eigene Leben zu verbringen.«

»Wir wussten damals überhaupt nichts über die Sprüheinsätze. Ich denke, niemand wusste etwas. Klar, man nahm Notiz von den Hubschraubern oder den Sprühfahrzeugen, aber all das gehörte zur Arbeit im Wald dazu. Man schenkte dem nicht mehr Beachtung als einem Kippmastgerät oder einem Stammholzlaster. Ich weiß, dass die Forstverwaltung in der Zeit, in der wir im Tal wohnten, jedes Jahr mit Helikoptern und entlang der Straßen mit Tankwagen Herbizide ausbrachte. Aber wenn wir es bemerkten, haben wir uns nichts dabei gedacht. Ich kann mich noch nicht mal daran erinnern, ob wir überhaupt wussten, was sie sprühten.«

»Wenn wir darüber nachgedacht oder irgendetwas über die Sprühmittel gewusst hätten, wären wir sehr viel früher beunruhigt gewesen, da bin ich mir sicher. Die gesamte Wasserversorgung im Tal speist sich aus kleinen Bächen und Quellen, die auf den Hügelkämmen entspringen und in den Fluss münden. Unser Wasser – unser Trinkwasser und das Wasser für den Garten – stammte aus dem Summers Creek. Er sammelt das Wasser riesiger Landflächen, die der Forstverwaltung und Privateigentümern gehören, bis hinauf auf den Bergkamm, der das Five Rivers vom Lobster Valley trennt. Wir kauften unsere Milch vom Nachbarhof und aßen das Fleisch der Rehe und anderer Wildtiere im Wald. Es gab also reichlich Möglichkeiten, über die wir mit den Spritzmitteln in Kontakt gekommen sein können.«

»Eines jedoch weiß ich ganz genau: Wir wurden niemals über die Sprüheinsätze informiert. Im Frühjahr 1973 hatte ich im Mai eine Fehlgeburt. Ich war damals im zweiten oder dritten Schwangerschaftsmonat, ging aber nicht zum Arzt. Von der Siedlung bis zur nächstgelegenen Arztpraxis sind es 61 Meilen, da geht man nur zum Arzt, wenn es etwas wirklich Gravierendes ist. Eine Fehlgeburt zu so einem frühen Zeitpunkt der Schwangerschaft ist in der Regel nicht schwerwiegend, nur sehr deprimierend. Im März oder April des Folgejahres hatte ich eine weitere Fehlgeburt, ebenfalls am Ende des zweiten oder dritten Schwangerschaftsmonats. Und kurz danach wurde ich erneut schwanger.«

»Bei dieser Schwangerschaft hatte ich eine *Placenta praevia*. Dabei befindet sich die Plazenta statt über dem Kind, wie es normalerweise sein sollte, unterhalb des Ungeborenen und wird auf dem Muttermund zusammengedrückt. Die Wehen begannen fünf Wochen zu früh, und ich bekam schwere Blutungen. Sie haben mich zum University of Oregon Medical Center gebracht, wo mein jüngster Sohn per Kaiserschnitt zur Welt kam. Er kam mit dem so genannten Atemnotsyndrom des Frühgeborenen[9] zur Welt – da die Lunge noch unausgereift ist, können sich die Lungenflügel nicht entfalten.«

Draußen vor dem Küchenfenster spielt Irenes Sohn in einem Planschbecken aus Kunststoff mit ein paar Nachbarskindern, während sie spricht.

»Er hatte einen Lungenkollaps, und ihm wurde operativ ein Schlauch in den Brustkorb eingeführt, um die Luft herauszuziehen. Seine Leber war noch nicht voll entwickelt, und er bekam eine Vollbluttransfusion. Er musste fast einen Monat im Krankenhaus bleiben. Mehr als zwei Wochen war ich ebenfalls dort.«

»Nach seiner Entlassung hatte er über die nächsten zwei Jahre ständig Atemprobleme. Drei oder vier Mal litt er an einer Lungenentzündung. Aber da war er nicht der einzige – unsere beiden älteren Kinder haben ebenfalls Lungenentzündungen gehabt. Alle hatten wiederholt Nasenbluten, und wir alle litten immer wieder an Nasennebenhöhlenentzündungen, Kopfschmerzen und Hautausschlag. Mein Mann hatte mit einem Mal chronische Durchfälle, was für ihn völlig untypisch war.«

Irene beginnt, das Mittagessen für ihren Jüngsten zuzubereiten.

»Anfang 1976 kamen die Leute aus dem Tal dann in der alten Schule zusammen, um sich über die Sprüheinsätze auszutauschen.«

»Wir gingen zu dem Treffen und erfuhren dort von all diesen Auswirkungen, die die Sprühmittel auf Tiere und Menschen haben können, von den Geburtsfehlern und all den Problemen bei der Entbindung. Und ich muss sagen, wir waren total baff! Mit einem Mal wurde uns klar, dass wir all diese Probleme nicht gehabt hatten, bevor wir hierher gezogen waren …«

»An diesem Abend haben wir nach dem Treffen unsere Verwandten besucht und ihnen davon erzählt und von unseren Gedanken berichtet. Ihnen ging es wie so vielen Leuten hier in der Gegend: Sie hatten von den Sprüheinsätzen Notiz genommen und waren da-

9 seltener auch Hyalines Membran-Syndrom [A. d. Ü.].

von ausgegangen, dass es sich um Spritzmittel gegen Stechmücken und Ungeziefer handelte, dass das alles nur zu unserem eigenen Besten geschah. Ich erinnere mich, dass meine Mutter sagte: ›Aber sie müssen doch sprühen, sonst werden wir von Ungeziefer aufgefressen!‹ Die meisten von uns hatten noch nie von Spritzmitteln gehört, die Pflanzen abtöten.«

»Meinen Eltern wurde erst nach und nach klar, was es mit den Sprüheinsätzen wirklich auf sich hatte. Aber jetzt sind sie militante Gegner! Die Vorstellung, dass der Staat so etwas jemals tun könnte, macht sie rasend vor Wut. Zu jener Zeit, nach dieser Zusammenkunft, waren wir extrem aufgebracht, erschüttert und absolut sicher, dass die Spritzmittel die Ursache unserer Probleme waren.«

Irene ruft ihren Sohn zum Mittagessen herein. In seiner Unterwäsche steht er tropfnass wie ein begossener Pudel in der Tür. Irene schlägt ihm vor, das Mittagessen mit nach draußen zu nehmen, da er zu nass sei reinzukommen. Er grinst zufrieden und trollt sich mit seinem Sandwich und einem Teller aufgeschnittener Tomaten.

»Ich finde es absolut erstaunlich, dass vor diesem Treffen niemand von uns etwas wusste, und plötzlich wussten es alle. Die Nachrichten über Herbizide haben sich wie ein Lauffeuer verbreitet, und in null Komma nichts hatten sich Menschen aus Five Rivers und Deadwood organisiert und zogen vor Gericht. Wir hatten nicht das Gefühl, dass wir selbst die Richtigen für diese Aufgabe wären – Lyle hat im Werk gearbeitet, und ich habe mich um das Haus und die Kinder gekümmert. Aber wir waren froh darüber, dass es Menschen gab, die das Heft in die Hand nahmen. Und wie sie sich gekümmert haben! Sie haben ein Jahr lang die Sprüheinsätze durch die Forstverwaltung komplett verhindert und eine Menge Leute wachgerüttelt, die zuvor keine Ahnung von Herbiziden gehabt hatten.«

»Im Frühjahr 1978 wurde dann an der Straße entlang des Summers Creek – unserem Wasserzufluss – wieder intensiv gesprüht. Nach dem Sprüheinsatz haben sie Warnschilder aufgestellt, wobei das einzige Schild, das wir wahrgenommen haben, weit entfernt von unserem Haus stand. Tatsächlich war es gar kein echtes Schild,

Mitarbeiter der EPA bei der Probenahme an der Wasserentnahmestelle für die Werkssiedlung am Fluss Five Rivers (28.8.1984); (Fotos: Carol Van Strum)

kaum größer als eine Karteikarte. Es stand lediglich so etwas drauf wie dass wir, wenn wir auf dieser Landfläche Beeren pflücken möchten, uns bitte an die Forstverwaltung wenden und uns eine alternative Stelle zum Pflücken empfehlen lassen sollten.

»Die Schilder waren ein Witz, man fragt sich, warum sie sich überhaupt die Mühe gemacht haben sie aufzustellen. Wir wurden zu keinem Zeitpunkt über diese Sprüheinsätze informiert oder davor gewarnt, das Wasser zu trinken. Kurz danach schmeckte und roch das Wasser irgendwie seltsam. Zwei Nachbarsfamilien, die ihr Wasser ebenfalls aus dem Summers Creek entnahmen, bemerkten es auch. Das Wasser behielt diesen Geschmack und Geruch über mehrere Wochen nach dem Sprüheinsatz.«

»In diesem Sommer war Dr. Eldon Savage vom EPA-Untersuchungsteam der Colorado State University bei uns. Dr. Savage hat uns befragt und an unserer Wasserentnahmestelle Wasser- und Sedimentproben aus dem Creek entnommen. Bis zum nächsten Frühjahr haben wir von den Proben gar nichts gehört. Im März 1979 kam dann ein Schreiben des Gesundheitsamts von Lane County.

Dr. Savage hatte die Bezirksverwaltung offensichtlich darüber informiert, dass in unserem Creek Dioxin in einer Konzentration zwischen 10 und 20 Teilen pro einer Billion Teile (ppt) nachgewiesen worden sei.«

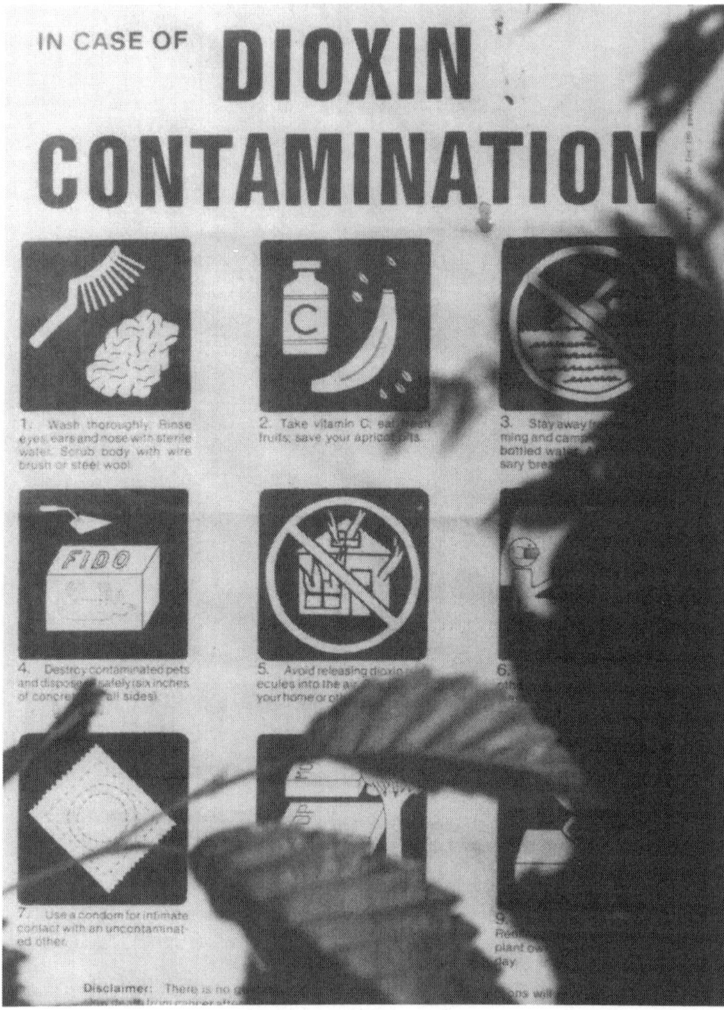

Warnschild, das die EPA nach der Probenahme 1979 an der Wasserentnahmestelle für die Werkssiedlung am Fluss Five Rivers anbrachte (Foto: Carol Van Strum)

»Am Tag, nachdem das Schreiben angekommen war, hat mich Dr. Savage von Colorado aus angerufen. Er meinte, seines Erachtens sei es nicht sicher, das Wasser zu trinken, und er persönlich würde es nicht trinken. Aber wir hatten es doch jahrelang getrunken! Wir wussten nicht, wie oder wann das Dioxin in das Wasser gelangt war, ob es bei dem Sprüheinsatz entlang der Straße im Vorjahr passiert war oder bei anderen Sprüheinsätzen an Straßen in früheren Jahren oder bei den jahrelangen Sprühflügen über die Gegend.«

»Keine der anderen Familien, die ihr Wasser aus dem Summers Creek entnahmen, wurde über die Ergebnisse der Tests informiert. Ich habe beim Gesundheitsamt von Lane County angerufen und darum gebeten, auch die anderen zu informieren. Sie schickten den Leuten lediglich eine Kopie des Schreibens, das ich erhalten hatte, wobei darin aber nichts davon stand, dass es gefährlich sei, das Wasser zu trinken. Eine Dame dachte, der Brief sei irrtümlicherweise an sie geschickt worden und brachte ihn mir: Es war lediglich eine Fotokopie des Schreibens an mich, noch mit meinem Namen drauf.«

»Im Rahmen der Vorbereitungen der EPA auf die Anhörungen zur Zulassung von 2,4,5-T schickte die Behörde Leute, um jene Landflächen in unserer Gegend zu kontrollieren, über denen in den letzten paar Jahren Sprühflüge stattgefunden hatten. In den Jahren von 1972 bis 1976 wurde 2,4,5-T innerhalb eines Zwei-Meilen-Radius von Summers Creek auf knapp 5 km^2 ausgebracht. Und bei einem Blick auf die Landkarte sieht man, dass einige der in diesen Jahren besprühten Areale tatsächlich nicht weiter als ¼ Meile von unserem Haus entfernt liegen. Jedes Jahr in diesem Zeitraum haben sie wieder innerhalb dieses Zwei-Meilen-Radius gesprüht.«

»Die meisten Sprüheinsätze fanden im Frühling statt, und auch beide Fehlgeburten hatte ich im Frühling. Und ich bin auch im Frühjahr mit meinem Sohn schwanger geworden. Die wissenschaftlichen Fachkräfte konnten keinerlei Daten über die Sprüheinsätze entlang der Straßen finden. Es gab einfach keine Aufzeichnungen.«

***

Möglicherweise wird niemand je wissen, was entlang der Straße beim Summers Creek 1978 gesprüht wurde. Tankwagen, die Straßenränder sprühen, wirken lange nicht so drastisch wie Helikopter, die giftige Sprühnebel über der Landschaft verteilen. Es sind vor allem diese Sprühflüge, die im Fokus der öffentlichen Kontroverse rund um den Einsatz von Herbiziden standen und stehen. Aber für Leute, die auf diesen Straßen von A nach B wollen oder die an den Straßen wohnen, stellt das Sprühen der Straßenränder eine unmittelbare, schwerwiegende Bedrohung dar.

Der US-Bundesstaat Oregon, die Behörden, die für die Bezirksstraßen zuständig sind und Bundesbehörden wie die US-Forstverwaltung sprühen Jahr für Jahr die Straßenränder praktisch aller Autobahnen, Straßen und Wirtschaftswege des Bundesstaates. Es gibt nur wenige Unterlagen darüber, was genau wo, wann und in welcher Menge gespritzt wird.

Das für die Sprüheinsätze eingesetzte Personal wird häufig beim örtlichen Arbeitsamt angeheuert und ist oftmals völlig unerfahren. Die Leute werden kaum über die Gefahren informiert, die von den Sprühmitteln ausgehen, obwohl bereits vor Jahren in Studien bei Mitarbeitern von Sprühkolonnen Chromosomenschäden nachgewiesen worden sind.[10] Häufig tragen die Arbeiter keinerlei Schutzkleidung, und es ist nicht ungewöhnlich, dass man sie an einem warmen Frühlingstag in Hemdsärmeln sieht, wie sie von einer Herbizidwolke umgeben den Straßenrand sprühen. Vielleicht würden Schutzkleidung und strenge Vorsichtsmaßnahmen bei den Arbeitern und in der Öffentlichkeit Zweifel aufkommen lassen. Von der Unbedenklichkeit der Herbizide überzeugt, verhalten sich die Sprühtrupps gegenüber besorgten oder alarmierten Bürgerinnen und Bürgern häufig abwehrend, aggressiv und gelegentlich rücksichtslos.

Häuser in entlegenen ländlichen Gebieten liegen meist unmit-

10 Yoder, Julie, Watson, M. und Benson, W. W. »Lymphocyte chromosome analysis of agricultural workers during extensive occupational exposure to pesticides.« Mutation Research 21:335-340, 1973.

telbar an der Straße, um die Kosten für Telekommunikations- und Stromzuleitungen so gering wie möglich zu halten.

»Wenn man hier draußen alleine lebt, und eh nur so wenige Autos vorbeifahren – nun, dann will man auch kein einziges davon verpassen«, meint ein älterer Landwirt.

Gärten, Höfe und selbst die Veranda auf der Vorderseite des Hauses grenzen oft direkt an die Straße, die Wasserversorgung über Wasserdurchlässe, offene Gräben und Rohre liegen darunter, und die Straßen verlaufen häufig entlang der Flüsse.

Jahrelang beschwerten und empörten sich die Menschen im Zusammenhang mit dem Sprühen ihrer Grundstücke und Wasserzuflüsse durch Straßenarbeiter höchstens über den unangenehmen Geruch und Geschmack oder den hässlichen Anblick der braunen, verdorrten Hecken und Sträucher auf ihren Höfen. Bienenzüchterinnen und Bienenzüchter, die sich beklagten, dass ihre Bienenvölker durch das Sprühen entlang der Straßenränder eingingen, wurden von Angehörigen der Bezirksverwaltung oder landwirtschaftlicher Beratungsstellen aufgesucht, die steif und fest behaupteten, die Bienen seien an der Faulbrutkrankheit oder einer anderen Krankheit verendet. Erfahrene Bienenzüchterinnen und -züchter wussten es zwar besser, konnten das aber nicht beweisen. Schilder mit der Aufschrift »KEINE SPRÜHEINSÄTZE«, die von Bewohnerinnen und Bewohnern aufgestellt worden waren, wurden weitgehend ignoriert.

Die Kontroverse über die Herbizide hat sich bislang in erster Linie auf die Sprühflüge konzentriert, während die Sprüheinsätze entlang der Straßenränder praktisch unkontrolliert fortgesetzt werden. Insbesondere in Anbetracht des hügeligen Terrains und des unbeständigen Wetters in der Region Pacific Northwest stellen Sprühflüge aufgrund von Abdrift, Verdunstung und der Entstehung toxischer Verbindungen (Dioxine) beim Abbrennen behandelter Areale eine ernsthafte Bedrohung für Landflächen weit über die betroffenen Gebiete hinaus dar. Die Sprüheinsätze entlang der Straßenränder mit Tanklastern, auf denen Sprühgeräte montiert sind, sind zwar mit einem geringeren Risiko für eine Abdrift verbunden, aber die eingesetzten Herbizidgemische weisen eine bis zu 12-fach höhere Konzentration auf.[11] Giftige Chemikalien in derart hoher Konzentration werden Meile für Meile an Straßenbanketten ausgebracht, an die Privathäuser, Schulhöfe, Agrarflächen, Weiden und Parks angrenzen.

Der schwarze Straßenbelag und die ölverschmutzen Seitenstreifen strahlen weit mehr Wärme ab als lebender oder abgestorbener Pflanzenbewuchs und führen so zu einer schnelleren Verdunstung der Gifte. Ahnungslose Reisende aus weiter entfernten Städten, die möglicherweise noch nie etwas von Herbiziden gehört haben, fahren über Stunden auf den Fernstraßen und Highways und genießen einen Tag auf dem Land, ohne zu ahnen, was sie dabei unter Umständen einatmen. Oftmals lassen sie sich von den üppigen Brombeerhecken auf den gerodeten Seitenstreifen (die Jahr für Jahr unermüdlich – aber erfolglos – besprüht werden) anlocken und pflücken die Früchte eimerweise, um sie zuhause zu Marmelade und Kompott zu verarbeiten. Die Sprühkolonnen auf den US-amerikanischen Bundes- und Bezirksstraßen stellen keinerlei Schilder auf, die Reisende vor der Gefahr warnen würden. Dabei wurden bei der Beprobung von Wildpflanzen und -tieren einige der höchsten Konzentrationen von Dioxin (TCDD) in kleinen Vögeln oder Säugetieren nachgewiesen, die man entlang gesprühter Straßenränder eingesammelt hatte.[12]

Kinder verbringen bis zu drei Stunden täglich in Schulbussen, die an Schultagen auf diesen gesprühten Straßen unterwegs sind und atmen dabei die Herbiziddünste ein. An Bushaltestellen, an denen Sprühmittel ausgebracht wurden, warten sie auf ihren Bus und spielen auf Schulhöfen und Sportplätzen, die häufig mit den-

---

11 Siehe etwa die Angaben in: USDA Forest Service, Pacific Northwest Region Final Environmental Statement, Vegetation Management with Herbicides, Vol. 1, 1978, S. 434 f. Die Angaben für den Siuslaw Staatsforst stellen ein gutes Beispiel dar.

12 O'Keefe 1976 a. a. O. (158) Beweisstück 1 (Tabellen 13 und 14) zur Aussage von Patrick O'Keefe.

selben Chemikalien behandelt werden. LKW-Fahrer und -Fahrerinnen sowie andere Berufstätige, die im Job viele Stunden auf den Straßen verbringen, sind diesen Giften ebenfalls immer und immer wieder ausgesetzt.

Die Wasser- und Sedimentprobe der Durbins war eine von nur zwei Proben, die von Dr. Savage im Five Rivers Valley genommen wurden. (Die zweite Probe, die Dr. Savage mehrere Meilen flussabwärts genommen hatte, erbrachte keinen Nachweis für TCDD.) Laut ehemaligen Werksangestellten entnahmen »Leute von der EPA« ebenfalls Proben aus sämtlichen Wasserzuflüssen des Werkes in Five Rivers. Auch wenn niemals irgendwelche Testergebnisse veröffentlicht wurden, ließen die Werkseigner – so Beschäftigte – kurz danach zwei gut 90 Meter tiefe Brunnen bohren, einen davon in der Werkssiedlung, in der die Durbins lebten. Von da an entnahm das Werk Wasser aus tiefen Grundwasserschichten.

Bei dem Bestandteil TCDD in 2,4,5-T handelt es sich um eine Substanz, die langfristige Umweltschäden verursacht.[13] Egal, ob das TCDD im Wasser der Durbins von Sprüheinsätzen entlang der Straßenränder oder von Sprühflügen stammt – sein Vorkommen ist höchst beunruhigend.

»Sie sind einfach nicht in der Lage zu sagen, ob das tatsächlich alles ist, was je in unserem Wasser war, oder ob diese 20 Teile pro eine Milliarde Teile (ppt) das ist, was von einer sehr viel größeren Menge übriggeblieben ist, die vor Jahren ins Wasser gelangt ist«, meint Irene. (Bereits eine Langzeitexposition gegenüber einer Konzentration von nur 0,05 ppt – so einige wissenschaftliche Schätzungen – stellt eine ernsthafte Bedrohung für die menschliche Gesundheit dar.)[14]

---

13 Kearnev, P. C. et al. »Tetrachlorodibenzo-dioxin in the environment: Sources, fate, and decontamination.« Environmental Health Perspectives 5:27 377, 1973. Siehe auch Helling, C. S. et al. »Chlorodioxins in pesticides, soils, and plants.« Journal of Environmental Quality 2(2): 171-78, 1973.

14 Siehe z.B. In: The Dow Chemical Company a.a.O. (203) EPA-Beweisstück Nr. 564, S. 33. Dr. Streisinger führt toxische Wirkungen wie Totgeburten, ein verändertes Thymus- und Nierengewicht sowie Nierenanomalien an.

Darüber hinaus ist der Nachweis von TCDD ein Indikator dafür, wie viel 2,4,5-T und 2,4-D Menschen über viele Jahre ausgesetzt waren. Die Wasserzuflüsse anderer Familien in Five Rivers sind nicht auf TCDD getestet worden und werden dies möglicherweise auch nie. Derartige Analysen sind ungeheuer kostspielig. Diese Familien, ihre Versicherungen oder Programme im Bereich der Öffentlichen Gesundheit werden auch in Zukunft einen Preis für die Verseuchung mit Herbiziden zahlen, der in Kosten-Nutzen-Analysen der Konzerne oder der Forstverwaltung nie mit einkalkuliert wird.

»Im Mai 1979 zogen wir von Five Rivers nach Dallas, Oregon«, so Irene. »Seit unserem Umzug haben die Kinder kein Nasenbluten mehr gehabt, auch keine schwere Nebenhöhleninfektionen, Kopfschmerzen und Ekzeme. Die Durchfälle meines Mannes sind so gut wie weg. Im Frühjahr 1980 hatte er mehrere Herzinfarkte, aber Herzprobleme liegen bei ihm in der Familie, und wir standen in der Zeit alle ziemlich unter Stress und litten unter Ängsten. Dennoch, er war damals erst 36 – ziemlich jung für einen Herzinfarkt. Wir werden wohl nie eine Antwort auf die Frage bekommen, ob der jahrelange Kontakt mit Dioxin oder Herbiziden ihn in irgendeiner Art und Weise anfälliger gemacht hat.«

»Die Atemwegsprobleme unseres Sohnes sind verschwunden, aber wir machen uns weiterhin Sorgen um ihn. Er ist im Vergleich zu Altersgenossen in allem langsamer. Offenbar fällt es ihm ungemein schwer, einfache Dinge zu erlernen, z. B. Farben erkennen und Schuhe binden, die alle anderen Kinder in seinem Alter können. Er zeigt Verhaltensauffälligkeiten – so nennt man das wohl – vielleicht, weil wir ihn in unserer Angst, er würde nicht überleben, überbehütet haben. Aber meines Erachtens steckt mehr dahinter. Ich kenne andere überbehütete Kinder, um die viel Aufhebens gemacht wurde: Sie mögen verzogen und schwierig sein, aber sie zeigen keine derartigen Lernschwierigkeiten. Wenn überhaupt, dann scheinen sie eher etwas schlauer als andere Kinder.«

Ein Schwall Wasser spritzt gegen die Fensterscheibe über der Spüle. Die Kinder spielen mit dem Wasserschlauch Feuerwehr. Irene geht zur Tür und weist sie an, den Schlauch mal eine Weile zuzudrehen. Wenn sie durch die Sonne liefen und trocken seien, so sagt sie ihnen, könnten sie reinkommen und bekämen Cracker und Milch.

»Wir haben beide das Gefühl, dass die Symptome, die wir hatten, nicht nur rein zufällig aufgetreten sind.« Sie gießt Milch in sechs Pappbecher und öffnet eine Packung Cracker. »Wir sind vom Wesen her eher keine Leute, die schnell auf die Barrikaden gehen. Aber wir machen uns Sorgen um unsere Kinder und um die anderen Familien, die weiterhin im Tal leben. Das sind die besten Freunde, die wir jemals hatten. Wir wissen, was wir durchgemacht haben und was sie durchgemacht haben. Es ist so schwer, das Außenstehenden gegenüber in Worte zu fassen, etwa bei den EPA-Anhörungen, bei denen diese Anwälte von Dow von uns verlangt haben zu beweisen, dass unsere Probleme auf die Sprüheinsätze zurückzuführen sind. Das können wir einfach nicht. (1980 sagte Irene bei den Anhörungen zur Aussetzung der Zulassung von 2,4,5-T als Zeugin aus.)

Ein schmaler Baumstreifen entlang einer Landstraße trennt einen Bach vom Kahlschlag (Foto: Rio Davidson)

»Ja, vielleicht können wir nichts beweisen, aber das bedeutet nicht, dass die Menschen durch die Herbizide keine gesundheitlichen Schäden davontragen, noch dazu schwerwiegende. Ihr Leiden ist unnötig. Jemand sollte dem ein Ende setzen.«

***

Das Alsea Tal mit seinen fruchtbaren Böden und sanften Hügeln, in dem Debbie Marano einen Großteil ihrer Kindheit verbrachte und in das sie 1979 zurückkehrte, liegt eingebettet in das Küstengebirge, rund zwanzig Meilen östlich des Zusammenflusses des Alsea River und des Five Rivers Flusses. Der Ort Alsea selbst ist wenig mehr als eine Durchgangsstation am State Highway 34. Dieser verläuft entlang des Alsea River zur etwa 40 Meilen entfernten Küste. Es gibt eine Tankstelle, zwei kleine Lebensmittelläden, eine Autowerkstatt und den in die Jahre gekommenen Laden Alsea Mercantile Co. mit seinem leicht verstaubten Charme vergangener Zeiten. Das *Farmer's Kitchen* ist das einzige Restaurant im Umkreis von 40 Meilen, und das Café dient gleichzeitig auch als Dorfkneipe. An der Alsea Schule mit ihrem Schulhof inmitten ungemähter Felder und Wiesen werden sämtliche Klassen in einem Gebäude unterrichtet. Es gibt weder eine Arzt- noch eine Zahnarztpraxis, und selbst die Kirche liegt eine Meile außerhalb des Ortes. Unmittelbar hinter den Geschäften, die entlang des Highway aufgereiht sind, beginnen die Felder und Weiden, als missgönnten sie den Geschäften ihren noch so schmalen Platz direkt an der Straßenfront. Das nächstgelegene Krankenhaus, Kino, Fast-Food-Restaurant und Kaufhaus sind eine Autostunde entfernt.

Südlich von Alsea zweigt eine Schotterstraße nach Osten in das Lobster Valley ab – hauptsächlich eine Holzabfuhrstraße, die sich durch praktisch unbewohntes bewirtschaftetes Waldgebiet im Küstengebirge windet und das Alsea Valley mit dem Willamette Valley verbindet. An dieser Straße verlaufen keine Strom- oder Telefonleitungen, und die wenigen vereinzelten Privatgrundstücke sind weder an das Strom- noch an das Telefonnetz angeschlossen.

Das Verkehrsaufkommen auf dieser Straße tagsüber besteht hauptsächlich aus Holzlastern und so genannten *Crummies*, in die Jahre gekommenen Kleinbussen, mit denen die Holzarbeiter zu ihrem Arbeitsplatz gebracht werden, sowie einigen wenigen Fahrzeugen von Ortsansässigen und gelegentlichen Durchreisenden, die Nebenstraßen bevorzugen. Nachts begegnet man hier so gut wie keinen Fahrzeugen, und das Auto erscheint wie ein Eindringling aus der Zukunft. Es gibt keinerlei Lichtquellen und außer der Straße selbst keine Anzeichen dafür, dass Menschen überhaupt jemals einen Fuß in dieses Gebiet gesetzt haben. Als ich spät in jener kalten Winternacht am Straßenrand anhalte und den Motor und die Scheinwerfer ausschalte, ist da ein Nichts, nur die furchteinflößende pechschwarze Nacht.

Von der Straße zweigen nur wenige Zufahrtswege ab, und es gibt keine Briefkästen. Das Gebiet ist zu abgelegen und die Bevölkerungsdichte zu gering, als dass hier Post zugestellt würde. Durch Gestrüpp fast völlig verdeckt findet sich auf einem der seltenen Zufahrtswege ein kleines, handbemaltes Schild mit der Aufschrift: »LAMP LIGHT – TROUT FLIES.[15]« Am Grunde des steilen, ausgefahrenen Weges öffnet sich der dunkle Wald hin zu Weiden und einer Obstwiese. Die Fenster des alleinstehenden Hauses sind von Kerosinlampen erleuchtet. Bonnie und Tony Hill sind zuhause.

Bonnie, die in Alsea als Lehrerin arbeitet, schrieb 1978 gemeinsam mit Debbie Marano und sechs weiteren Frauen aus der Gegend um die Flüsse des Alsea River und des Five Rivers, die über viele Jahre mit Herbiziden besprüht wurden, einen Brief. Die Frauen berichteten über ihre Fehlgeburten in Folge der Sprüheinsätze in der Nähe ihrer Häuser. Eine Ausfertigung des Schreibens schickten sie an die EPA, die eine Untersuchung über »Spontanaborte« in dem Gebiet veranlasste. Aufgrund der Studienergebnisse ordnete die EPA eine sofortige Aussetzung der Zulassung von 2,4,5-T und Silvex für die meisten Anwendungsbereiche an, einschließlich der Forstwirtschaft.

15 »Lampenlicht – Forellenköder-Verkauf«.

Nach der kalten Dunkelheit draußen ist das Haus der Hills warm und hell. Um eine Lampe auf dem Küchentisch herum machen drei Kinder ihre Hausaufgaben. Daneben erleuchtet eine weitere Lampe Tonys Tisch zum Fliegenbinden, auf dem sich eine merkwürdige Ansammlung von Werkzeugen befindet, ein Spezialschraubstock, Büschel von Tierfell, Hirschschwänze, schillernde Nackenfedern von verschiedenen Hähnen und anderen Vögeln. Glasvitrinen an den Wänden präsentieren fertige Forellenköder wie Juwelen oder seltene Schmetterlinge.

Bonnie ist eine schlanke Frau Ende 30 mit sanfter Stimme. Das leicht ergraute Haar hat sie locker zusammengebunden, damit es ihr nicht ins Gesicht fällt. »Der CATS-Prozess bildete nur einen diffusen Hintergrund für mein Engagement gegen Herbizide«, meint sie. »Tatsächlich wusste ich nicht viel darüber, nur das, was ich in der Zeitung gelesen hatte, und in diesen Artikeln ging es nie um Toxikologie.«

»In dem damaligen Klima in Alsea galten die Leute von CATS lediglich als eine Gruppe von Radikalen und Freaks, die da draußen in Five Rivers lebten. Ich hatte in meinen Klassen Schülerinnen und Schüler, deren Väter bei den Holzunternehmen oder der Forstverwaltung beschäftigt waren, und ich erinnere mich an die Kommentare, die sie über die »Verrückten« dort draußen gemacht haben.«

»Im Sommer '77 bin ich dann auf einem Kunsthandwerkermarkt zufällig auf Informationsmaterialien von CATS gestoßen. Die habe ich gekauft, weil es darin auch um toxikologische Studien mit Herbiziden ging. Eine Sache, die ich durch den CATS-Prozess erfahren hatte, war, dass Herbizide in unserer Gegend zum Einsatz kamen. Ich nahm die Informationen mit nach Hause und bin beim Lesen auf eine Zusammenfassung von Allens Untersuchungen mit Affen in Wisconsin gestoßen.[16] Die Angaben über Spontanaborte bei den untersuchten Affen brachten die Rädchen in meinem Kopf dann so richtig in Schwung.«

16 Allen, James, et al. »Morphological changes in monkeys consuming a diet containing a low level of 2,3,7,8-tetrachlorodibenzo-p-dioxin.« Food and Cosmetics Toxicology 15:401-410, 1977.

»Als erstes habe ich mich natürlich gefragt, ob mein eigenes Leben durch diese Chemikalien beeinflusst worden ist. Ich hatte 1975 mein ungeborenes Kind verloren, also einen Spontanabort gehabt. Ich habe immer wieder darüber nachgedacht, und mir sind andere Frauen eingefallen, ehemalige Schülerinnen von mir. Es waren junge Frauen, die nach dem Schulabschluss geheiratet hatten und noch immer in der Gegend wohnten. Ich bin ihnen hin und wieder begegnet und habe mich erinnert, dass sie über eigene Fehlgeburten gesprochen hatten. Als ich so daran dachte, wurde mir bewusst, dass es bei drei von ihnen ebenfalls im Frühling zu einer Fehlgeburt gekommen war. Es erschien mir doch sehr merkwürdig, dass so viele von uns ausnahmslos im Frühjahr Fehlgeburten gehabt hatten.«

»Ich habe mit jeder einzelnen dieser Frauen über ihre Fehlgeburten gesprochen, und sie erzählten mir wiederum von anderen Frauen, die sie kannten. Diese habe ich ebenfalls aufgesucht. Das Ganze war ziemlich zeitaufwendig, da ich ja Vollzeit unterrichtet habe und meine Familie versorgen musste. Bis im Frühling '78 hatte ich acht Frauen mit insgesamt 11 Fehlgeburten ausfindig gemacht, die allesamt im Frühjahr passiert waren. Ich hatte von keiner Fehlgeburt in irgendeiner anderen Jahreszeit erfahren. Und ich habe nachgefragt – es war nicht so, dass ich nur einzelne Vorfälle auswählt habe, von denen ich wusste. Jede einzelne Fehlgeburt, auf die ich gestoßen war, hatte sich im Frühling ereignet. Das erschien mir doch ziemlich ungewöhnlich.«

»In diesem Moment habe ich beschlossen, so viele Informationen wie möglich über die Sprüheinsätze in der Gegend zu sammeln. Mehrere Male habe ich das Bureau of Land Management angerufen und bin bei der Forstverwaltung und den beiden holzverarbeitenden Betrieben Starker und Willamette vorstellig geworden, denen hier Landflächen gehören. Ich habe versucht herauszufinden, wann und wo gesprüht worden war und welche Stoffe in welchen Mengen dabei zum Einsatz gekommen waren.«

»Die Kooperationsbereitschaft war sehr unterschiedlich ausgeprägt. Manche Leute sprachen nur widerwillig mit mir. In einem ganzen Teil meiner Aussage über die EPA ging es um die Gründe dafür, warum meiner Ansicht nach die Angaben über die Sprüheinsätze bis heute noch so derart lückenhaft sind. Als ich die Angaben gesehen habe, die die EPA über die Sprüheinsätze zusammengestellt hatte – d. h. die Berechnung der Gesamtmenge der in diesem Gebiet versprühten Herbizide – das war einfach unglaublich. In einigen Fällen lagen die Angaben der verschiedenen Unternehmen über denjenigen der EPA, wobei mir bewusst ist, dass die Zahlen unvollständig sind. Ich fand es einfach nur erstaunlich, dass die Angaben einer Bundesbehörde derart ungenau waren.«

»Ich habe die Daten über die Sprüheinsätze so gut es ging zusammengetragen. Auf Landkarten habe ich die Wohnorte der Frauen sowie die Orte der Einsätze eingezeichnet und ein Diagramm angefertigt. Es schien mir keinen Zweifel an einem zeitlichen Zusammenhang zwischen dem Sprühen und den Fehlgeburten in der Gegend zu geben, aber nur eine sehr viel größere Studie hätte zeigen können, ob es sich um ein konsistentes Muster handelte. Damals bin ich zu dem Schluss gekommen, dass unsere Ressourcen hierfür nicht ausreichten.«

»Ich sprach mit den anderen Frauen darüber, jemanden von außen hinzu zu ziehen und zu sehen, wie diese Person die Situation einschätzte. Wir haben ein Schreiben aufgesetzt, in dem wir über all unsere Erkenntnissen berichteten. Wir haben davon und von dem Diagramm einige Kopien gemacht und beides an wirklich alle Leute geschickt, die dies unserer Meinung nach hätte interessieren können. Von Anfang an haben wir die Vorstellung gehabt, dass wer auch immer sich das Material ansehen würde, mehr als nur uns acht Frauen im Blick haben würde. Wir haben gehofft, dass die Betreffenden sich für die ganze Gegend – nicht nur für uns acht – interessieren und untersuchen würden, ob es sich um ein generelles Problem handelte.«

»Als ich das Antwortschreiben der EPA erhielt, hatte ich keine Ahnung, dass Menschen überall im Land über etliche Jahre immer wieder dieselben Beobachtungen gemacht hatten und dass es schon über so lange Zeit Klagen über Phenoxyherbizide gab. Warum sie ausgerechnet uns, den Frauen aus Alsea, geantwortet haben? Ich habe keine Ahnung. Ich nehme an, der CATS-Prozess hat in gewisser Weise den Weg bereitet, und Vietnam. Möglicherweise hatten auch die Medien einen gewissen Einfluss auf die Entscheidung, die Situation in Alsea zu überprüfen – ein Glücksfall! Wir sind von uns aus nicht an die Medien herangetreten. Wir waren nicht darauf aus, landesweit in die Nachrichten zu kommen. Es ist einfach so passiert – von einem auf den anderen Tag interessierten sich praktisch alle dafür.«

***

Dabei konnte Bonnie nicht wissen, wie knapp das Schreiben der Frauen aus Alsea dem Schicksal entronnen war, das üblicherweise alle Briefe an US-Behörden ereilte. Im Februar 1978, zwei Monate vor Versand des Schreibens, hatte die EPA eine widerlegbare Beweisvermutung gegen die Zulassung[17] von 2,4,5-T erklärt. Demnach würde die Zulassung nur unter der Voraussetzung verlängert, dass die Hersteller neue Daten vorlegten, die die Unbedenklichkeit der chemischen Substanz belegten. Innerhalb eines Monats nach Ankündigung dieses Schritts hatte die EPA mehr als 4.000 Briefe mit Kommentaren und Reaktionen erhalten. Bonnie und die anderen sieben Frauen konnten nicht wissen, dass ihr Brief zusammen mit all diesen Reaktionen auf einem großen Stapel gelandet war, auf dem er zweifellos unbemerkt geblieben wäre.

Wie auch immer, es war ihr Schreiben, das einem Reporter auffiel und der wiederum Erik Jansson, einen wissenschaftlichen Mitarbeiter der Organisation *Friends of the Earth* in Washington, D.C., darauf aufmerksam machte. Jansson ging alle schriftlichen Reaktionen auf die Ankündigung der Beweisvermutung durch, in denen über 450 Fälle von Vergiftungen im Zusammenhang mit 2,4,5-T zusammengetragen worden waren.

---

17 Engl. Rebuttable Presumption Against Registration, R.P.A.R. [A. d. Ü.].

Als Jansson auf das Schreiben aus Alsea stieß, war er sofort beeindruckt. Die Situation war sorgfältig dokumentiert und übersichtlich zusammengefasst. Die Frauen machten keine überzogenen Behauptungen, sondern beschrieben einfach, was sie herausgefunden hatten und baten um Hilfe dabei, die Dinge eingehender zu untersuchen. Das Schreiben umfasste lediglich eine Seite plus ein Diagramm. Jansson wusste, wie gering die Chancen waren, dass angesichts der unzähligen Reaktionen, die auf die Ankündigung der Beweisvermutung eingegangen waren, überhaupt jemand Notiz davon nehmen würde. Er machte eine Menge Kopien von dem Brief und »tapezierte ganz Washington damit«, wie es ein Freund von ihm kommentierte. Er stellte sicher, dass es in die Hände von Medienleuten und des Gesetzgebers gelangte, und mahnte an, die Frauen verdienten eine gründliche Untersuchung.[18]

Zunächst reagierte die EPA nicht darauf, aber letztlich brachte das öffentliche Interesse, das Jansson geweckt hatte, die Behörde dermaßen in Verlegenheit, dass sie sich mit dem Problem befassen musste. Sie beauftragte ein wissenschaftliches Team unter Leitung von Dr. Eldon Savage vom Forschungszentrum für Pestizide der Colorado State University mit der Durchführung einer Studie. Die »Studie« bestand aus Gesprächen mit den acht Frauen, die den Brief unterzeichnet hatten. Man machte keinerlei Anstalten, die Fehlgeburtenrate in der Allgemeinbevölkerung der Region zu untersuchen.

Der Leiter des Gesundheitsamtes von Benton County, Dr. Norton Kalishman, sowie Gruppen wie *Friends of the Earth* und CATH, die sich mit dem Thema Herbizide beschäftigten, protestierten lautstark gegen eine »Studie«, die sich lediglich auf mündliche Befragungen einer begrenzten Anzahl von Teilnehmerinnen stützte. »Damals gab es unter den im öffentlichen Dienst Beschäftigten der EPA eine Fraktion, die 2,4,5-T auf dem Markt halten wollte und plante, in den betroffenen Bevölkerungsteilen im Falle etwaiger weiterer Vergiftungsepisoden ein ›Monitoring‹ durchzuführen«,

18 Jansson, Erik im Gespräch mit der Autorin.

erläuterte Erik Jansson. »Ebenso wie einige der von US-Präsident Carter ernannten Mitarbeiterinnen und Mitarbeiter der EPA ging ich an die Decke und argumentierte, dies käme Experimenten an Menschen gleich.«[19]

»Diese ersten Fragebogen waren völlig unzureichend«, so Dr. Kalishman. »Alsea II – die zweite Studie – wurde durchgeführt, weil wir auf die Barrikaden gegangen sind. Ich habe mich unmöglich aufgeführt, bin ausfällig geworden. Ich habe am Telefon Schimpftiraden losgelassen und sie praktisch zu der Studie gezwungen. Das ist die einzige Möglichkeit, wie man sie zu etwas bewegen kann ...«[20]

Auf Druck von Dr. Kalishman, Erik Jansson, Umweltschutzgruppen und eigener Mitarbeiterinnen und Mitarbeiter initiierte die EPA eine neue Untersuchung – heute als »Studie Alsea II« bezeichnet – zur Untersuchung der Spontanabortraten in der Allgemeinbevölkerung in der Region Alsea im Zusammenhang mit dem Einsatz von Herbiziden. Im Rahmen dieser Studie wurden Daten über Sprüheinsätze des BLM, der Forstverwaltung und privater Holzunternehmen erhoben sowie Informationen über Spontanaborte von Krankenhäusern und Arztpraxen eingeholt, die einer Teilnahme zustimmten (viele verweigerten eine Teilnahme). Die Patientinnen wurden hierbei anhand ihrer Postleitzahl ausfindig gemacht. Die Daten von Gegenden, in denen Herbizide ausgebracht worden waren, wurden mit Daten aus städtischen Gebieten zusammengefasst. Zu Vergleichszwecken wurden zwei Kontrollgebiete ausgewählt, in denen mutmaßlich keine Exposition gegenüber 2,4,5-T stattgefunden hatte: ein urbanes Kontrollgebiet im zentralen Willamette Valley in Oregon sowie ein ländliches Kontrollgebiet in Malheur County im Osten Oregons, für die in beiden Fällen ein geringer Einsatz von 2,4,5-T berichtet wurde (obwohl 2,4-D in großem Umfang eingesetzt wurde).

19 Ebd.

20 Van Strum, Carol. »Ask the women.« CoEvolution Quarterly, Sommer 1979, S. 44-47. Das Zitat stammt aus einem Vorgespräch der Autorin mit Dr. Kalishman.

Bei der Auswertung der Daten für alle Gebiete für alle Studienjahre zusammen genommen zeigte sich in dem untersuchten Gebiet ein signifikanter Spitzenwert für den Monat Juni, für den sich in den Kontrollgebieten keine Entsprechung fand. Der Juni-Peak der Spontanabortrate trat im Abstand von zwei Monaten nach dem ungefähren Zeitpunkt der Herbizidanwendung in den Wäldern auf. Dies stimmt generell mit dem zeitlichen Auftreten von Herbizideffekten auf das fetale Überleben in tierexperimentellen Untersuchungen überein. In dem Studiengebiet wurde in der Spitze eine Spontanabortrate von 130 pro 1.000 ermittelt, während der entsprechende Wert im Kontrollgebiet bei 46 pro 1.000 lag.

Auf der Grundlage dieser Studie ordnete die EPA am 28. Februar 1979 die Aussetzung der Marktzulassung von 2,4,5-T und 2,4,5-TP (Silvex) mit sofortiger Wirkung für alle Anwendungsbereiche außer auf offenem Weideland und im Reisanbau an. Bei einer Pressekonferenz am 1. März 1979 gab die stellvertretende Verwaltungsleiterin der EPA, Barbara Blum, Folgendes bekannt:

> »Gerade haben wir die Ergebnisse einer Studie erhalten, der zufolge das Herbizid mit hoher Wahrscheinlichkeit im Zusammenhang mit Fehlgeburten bei Menschen in Gebieten steht, in denen 2,4,5-T und Silvex regelmäßig eingesetzt werden … Neue Untersuchungen im Talkessel von Alsea in Oregon zeigen eine hohe Fehlgeburtenrate kurz nach dem Versprühen von 2,4,5-T in den Wäldern. Diese alarmierende Korrelation findet sich zu einer Zeit, in der landesweit 7 Millionen Pfund 2,4,5-T zur Unkrautvernichtung entlang von Stromleitungstrassen, in der Forstwirtschaft und auf Wiesenflächen ausgebracht werden sollen. Mit der Maßnahme der sofortigen Aussetzung, die wir heute ergreifen, schützen wir die knapp 4 Millionen Menschen, die infolge der Sprüheinsätze möglicherweise unwissend und unfreiwillig besprüht werden.«[21]

21 Blum, Barbara, stellv. Verwaltungsleiterin der EPA, in einer Presseerklärung. »Emergency action to stop spraying of the herbicides 2,4,5T and silvex.« EPA, 1.3.1979, Washington, D. C., S. 1 f.

***

Unbegreiflicherweise galt die Aussetzung nicht für Weideland und den Reisanbau – wesentliche Flächen, auf denen Herbizide und ihre Dioxinkontaminanten landesweit versprüht wurden. Und das ungeachtet der Tatsache, dass mehrere Jahre zuvor in texanischen Gebieten mit offenem Weideland, wo 2,4,5-T angewendet wurde, Dioxin im Rinderfett und in der Muttermilch nachgewiesen worden war.[22]

Das sofortige Anwendungsverbot für 2,4,5-T und Silvex sollte so lange gelten, bis im April im Rahmen von Anhörungen entschieden würde, ob die EPA ein langwieriges Verfahren zur Aufhebung der Zulassung einleiten würde, das sich über bis zu zwei Jahre hinziehen könnte. Bei diesen Anhörungen müssten die Hersteller der Chemikalien überzeugende Belege für deren Sicherheit und Nutzen vorlegen, die gegenüber den wissenschaftlichen Nachweisen und Einzelberichten über ihre mögliche schädliche Wirkung abzuwägen wären.

Umgehend reichte Dow Chemical vor einem Bundesgericht Klage auf eine einstweilige Verfügung gegen das Verbot ein. Diese wurde mit der Begründung abgelehnt, es falle nicht in den Zuständigkeitsbereichs des Gerichts, über die Tätigkeit einer US-Bundesbehörde im Rahmen der Ausübung ihres Mandats zu entscheiden. Ab dem dritten Tag blieben Dow sowie alle anderen Klageparteien bis auf eine dem Verfahren zur Aussetzung der Zulassung fern, wodurch die EPA sozusagen in der Luft hing. Dow Chemical und andere Hersteller wollten damit die umgehende Eröffnung eines Hauptverfahrens zur Entscheidung über eine endgültige Aufhebung der Zulassung erreichen, wodurch sich – sollten die Hersteller den Fall gewinnen – der Zeitraum, für den die sofortige Aussetzung galt, verkürzen würde.

Die Studie Alsea II, die die Rechtfertigungsgrundlage für das sofortige Anwendungsverbot bildete, wurde sowohl von der Industrie als auch von Umweltgruppen heftig angegriffen. Beide Seiten kritisierten im Wesentlichen dieselben Aspekte:

---

22 O'Keefe 1976, a. a. O. (158).

- Die Daten der für das »Untersuchungsgebiet« zusammengeführten Angaben über Spontanaborte aus mit Herbiziden behandelten und nicht behandelten Gegenden. Es sei kein Versuch gemacht worden, an bestimmten Standorten (wie etwa dem stark besprühten Wassereinzugsgebiet Alsea – Five Rivers) mögliche Häufungen von Fehlgeburten nachzuweisen.
- Bei der Studie werde nicht untersucht, welchen anderen chemischen Verbindungen die Menschen in dem untersuchten Gebiet ausgesetzt waren. Dies gelte insbesondere für 2,4-D, das häufig in Kombination mit 2,4,5-T und Silvex ausgebracht wurde.
- Die für die Studie erhobenen Daten über Sprüheinsätze (behandelte Gebiete, Menge, Uhrzeit, Konzentration und Größe der behandelten Fläche) seien unzureichend.
- Die Studie konzentriere sich ausschließlich auf Spontanaborte, die nur einen Aspekt einer ganzen Bandbreite von miteinander in Wechselbeziehung stehenden Reproduktionsfunktionen darstellen, die – in Abhängigkeit vom jeweiligen Zeitpunkt, der individuellen Anfälligkeit, der Entwicklungsphase des Fötus und anderen Faktoren – bekanntlich durch chemische Giftstoffe beeinträchtigt werden können. Bei der Untersuchung hätten auch damit assoziierte Probleme wie uterine Blutungen, Gebärmutterentfernungen, unerfüllter Kinderwunsch, Eileiterschwangerschaften, Totgeburten und Geburtsfehler (insbesondere Neuralrohrdefekte) berücksichtigt werden müssen, über die allesamt in den Gegenden, in denen Sprüheinsätze stattfanden, berichtet wurde.
- Die Studie enthalte keinerlei Angaben von Hausarztpraxen oder ambulanten Kliniken.
- »Die Mehrzahl der Spontanaborte erfolgt im ersten Schwangerschaftsdrittel, wobei viele Frauen noch nicht einmal ärztliche Hilfe in Anspruch nehmen«, erläutert Bonnie Hill. »Nur zwei der Frauen, die ich ursprünglich befragt habe, sind ins Krankenhaus gegangen. Die Krankenhausakten waren also nur die Spitze des Eisbergs.«[23]

---

23 Hill, Bonnie, Gespräch mit der Autorin.

***

Diese zentralen Kritikpunkte an der Studie Alsea II wurden durch eine offizielle kritische Stellungnahme der Oregon State University, die der EPA vorgelegt wurde, verschleiert. In dieser wurde die Studie wegen fehlender wissenschaftlicher Präzision bemängelt. Streng wissenschaftlich betrachtet könne in der Tat keine Untersuchung der Wirkung toxischer chemischer Verbindungen auf den Menschen nach einer Anwendung in der Praxis schlüssige Beweise liefern.

Dr. Theodore Sterling drückt es so aus:

> Wenn Ihre tierexperimentellen Studien ungeeignet oder fragwürdig sind, und es um eine chemische Verbindung geht, die auf den Menschen wirkt, sind Sie gezwungen, deren Wirkungen auf Menschen zu untersuchen, was mit erheblichen Schwierigkeiten verbunden ist. Die Alsea-Studie ist ein gutes Beispiel: Sie ist so gut, wie eine Studie dieser Art sein kann. Jede Studie, die nicht unter Laborbedingungen durchgeführt wird, hat ihre Schwachpunkte, weil eine perfekte Studie am Menschen ein Ding der Unmöglichkeit ist. Es gibt einfach bestimmte Studien, die man nicht sauber durchführen kann.
>
> Nehmen wir etwa die Auswirkungen von radioaktiver Strahlung auf die Nachkommen. Man kann nicht einfach eine Zufallsstichprobe von Schwangeren nehmen und sie Strahlung aussetzen. Das macht man einfach nicht. Also versucht man, eine solche Gruppe zu finden – was hoch problematisch ist. Und wenn man tatsächlich eine solche Gruppe von Schwangeren mit erfolgter Strahlenexposition gefunden hat, handelt es sich nicht mehr um eine Zufallsstichprobe, weil die Auswahl bereits auf eine bestimmte Situation und bestimmte Umstände begrenzt ist. Man kann sich den Daten lediglich annähern und eine fundierte Schlussfolgerung dahingehend ziehen, ob eine Wirkung vorliegt oder nicht, und falls ja, ob diese durch die Strahlung verursacht worden ist oder nicht. Es gibt einfach keine Möglichkeit,

eine derartige Untersuchung am Menschen zu konzipieren und durchzuführen.

Ebenso verhält es sich mit der Alsea Studie. Es ist unmöglich, eine Studie zu konzipieren, weil das Sprühgebiet nicht definiert ist, und man kennt die Dosierung nicht. Man kann ja noch nicht einmal mit Sicherheit sagen, ob in der Kontrollgruppe eine Besprühung stattgefunden hat oder nicht.

Die Sache ist hoch kompliziert. Da es also zu diesem Thema keine Studien über gesundheitliche Auswirkungen gibt, bleibt einem nur, sich hinzusetzen und zu versuchen, Schlussfolgerungen aus denjenigen Informationen zu ziehen, die vorliegen. Wenn man jedoch nicht bereit ist, Schlussfolgerungen aus irgendeiner Studie zu ziehen, warum dann überhaupt eine durchführen? In Anbetracht dieser Ausgangslage kann man die Alsea Studie durchaus als anständige Untersuchung einstufen.[24]

»Die Studie Alsea II ist im Grunde nur relevant in Bezug auf die sofortige Aussetzung der Marktzulassung«, bemerkte ein CATH-Sprecher. »Um eine Aussetzungsanordnung zu erteilen, müssen der EPA-Leitung konkrete Beweise dafür vorliegen, dass ein bestimmter chemischer Stoff unerwünschte Wirkungen beim Menschen verursacht. Es wurde die politische Entscheidung getroffen, 2,4,5-T vom Markt zu nehmen, und dann zauberte die EPA eine halbgare Untersuchung aus dem Hut, um die Entscheidung zu rechtfertigen.«

Dow Chemical und andere Hersteller brachten die EPA dazu, direkt zu Anhörungen über ein endgültiges Vermarktungsverbot überzugehen, um so ein langwieriges Verfahren über eine Aussetzung der Marktzulassung zu umgehen. Als die Aussetzung in Kraft getreten war, wurde schließlich Anfang 1980 das Verfahren zur Aufhebung der Zulassung von 2,4,5-T und Silvex eingeleitet. Die Anhörungen sollten in zwei Teilen stattfinden: Im ersten Teil zum Aspekt »Risiko« sollten Aussagen über die Gefährdung durch die Chemikalien beurteilt werden, und im Teil »Nutzen« sollten Belege

24 Sterling, Dr. Theodore, Gespräch mit der Autorin im Dezember 1980.

für ihre Wirksamkeit und wirtschaftliche Notwendigkeit vorgelegt werden. Ein Verwaltungsrichter würde eine Risiko-Nutzen-Abwägung vornehmen und dem Leiter der EPA eine Empfehlung unterbreiten. Bill Bitsas, Netzwerkkoordinator der *Northwest Coalition for Alternatives to Pesticides* (NCAP), drückte es so aus: »Das bedeutet, sie wägen den Nutzen für das Management [von Dow Chemical] in Midland, Michigan, gegen die Risiken für die Bevölkerung von Oregon ab.«

Zunächst wurde der Risikoaspekt abgehandelt, was knapp ein Jahr in Anspruch nahm. Zur Unterstützung der Aufhebung der Marktzulassung sagten Bonnie Hill, Salty und Gisela Green, Dr. Elam, Irene Durbin sowie andere aus der Region Pacific Northwest sowie medizinische und wissenschaftliche Fachkräfte aus Oregon und anderen Teilen der USA aus. Um den Nutzenaspekt sollte es ab Anfang 1981 gehen.

Die Forstwirtschaft würde also nachweisen müssen, dass der wirtschaftliche und gesellschaftliche Nutzen von Herbiziden gegenüber etwaigen Risiken durch die Chemikalien überwiegt. Der Einsatz von Herbiziden galt seit langem als gerechtfertigtes forstwirtschaftliches Instrument. Dabei ging man zum einen davon aus, dass diese durch eine Eliminierung konkurrierender Pflanzen das Wachstum von und den Ertrag an Nutzholz (Koniferen) steigern und zum anderen ihr Einsatz sehr viel günstiger und effektiver ist als alternative Methoden der Unkrautvernichtung. Auf der Grundlage dieser Annahmen prognostizierten die Forstverwaltung und das für Forstwirtschaft zuständige Ministerium von Oregon, allein ein Verbot von 2,4,5-T bedeute schon den Verlust von 20.000 Arbeitsplätzen. Der überragende »Nutzen« der Herbizide läge darin, dass sie für die Nutzholzindustrie als wirtschaftliche Basis der Region Pacific Northwest unverzichtbar waren.

Die EPA verfolgte in diesem Teil des Verfahrens die Absicht, stichhaltige Beweise dafür vorzulegen, dass die Anwendung von Herbiziden in der Forstwirtschaft – sofern überhaupt – tatsächlich nur wenige Vorteile mit sich bringt. Hauptzeugin der EPA war hierbei Dr. Jan Newton, eine Ökonomin aus Eugene, die als wissenschaftliche Referentin und Projektmitarbeiterin für US-Bundesbehörden wie etwa das Landwirtschaftsministerium (USDA) und das Ministerium für Gesundheit, Bildung und Soziales tätig war. Eines ihrer jüngsten Projekte war eine einjährige Studie zum Herbizideinsatz in der Forstwirtschaft und zur Bewertung der Frage, inwieweit die wirtschaftliche Grundlage für den Einsatz von Herbiziden wissenschaftlich plausibel war. Im Rahmen ihrer Untersuchung hatte sie über 8.000 Seiten an Forschungsergebnissen, öffentlichen Unterlagen und Fachartikeln gesichtet.

In keiner einzigen wissenschaftlichen Untersuchung, so Dr. Newtons, sei je belegt worden, dass Herbizide das Wachstum von Nutzbaumarten fördern. Diejenigen Studien, die häufig zitiert würden, um die Wirksamkeit von Herbiziden zu belegen, seien unsachgemäß konzipiert und bezögen sich meist nicht auf Sprühflüge (die Studien befassten sich mit dem Sprühen einzelner Pflanzen am Boden mittels tragbaren Sprühkanistern). Darüber hinaus würden die Schäden, die Herbizide bei Koniferen verursachen, nicht bewertet oder erst gar nicht berücksichtigt. Sie hatte festgestellt, dass die Angaben zu den Kosten der Herbizidanwendung vollkommen abwegig waren. Sie kam zu dem Schluss, dass die Prognosen über den zukünftigen Nutzholzertrag auf der Grundlage nicht existenter und/oder fehlerhafter Forschungsarbeiten somit bedeutungslos waren.

Der einzige »Nutzen«, den sie durch den Einsatz von Herbiziden in der Forstwirtschaft ausmachen konnte, lag darin, dass der erfundene gesteigerte Nutzholzertrag eine höhere Nutzholzernte rechtfertigte, wie sie aktuell auf öffentlichen Landflächen zulässig war.[25]

---

25 Newton, Jan. Aussage vor dem Unterausschuss für Wälder, landwirtschaftliche Familienbetriebe und Energie des Agrarausschusses des US-Repräsentantenhauses, Ortstermin in Eugene, Oregon, zu den Problemen und Chancen forstwirtschaftlicher Praktiken. 3.1.1980. Nachdruck der Aussage in NCAP News, Winter/Frühjahr, 1980, S. 35-37. Siehe auch finale Fassung des Umweltverträglichkeitsgutachtens (EIS), Siuslaw National Forest, 10-Jahres-Plan zur Nutzholzgewinnung, USDA FS-R6-FES(Adm)-78-11, 12.2.1979, S. iii. Die Befürworter von Herbiziden verweisen auf den Zusammenhang zwischen zu-

Im Hinblick auf die »Nutzen-Risiko«-Analyse, die das Ergebnis der Anhörungen zum Zulassungsverbot bestimmen sollte, würde sich die Aussage von Dr. Newton besonders verheerend auf die Argumentation der Industrie auswirken. Durch das Fehlen belastbarer Nachweise würde jedwedes Risiko schwerer wiegen als der angebliche Nutzen. Durch Dr. Newtons Forschungsergebnisse würde aktenkundig, dass weder für 2,4,5-T, noch für Silvex irgendein Nutzen für die Forstwirtschaft belegt war, was die Effektivität des Herbizideinsatzes im Forstwesen insgesamt in Frage stellen würde. Vielleicht aus diesem Grund wurde der zweite Teil der Anhörungen zum Nutzen wiederholt verschoben.

Im späten Frühjahr 1981, kurz nach Amtseinführung der Reagan-Administration, nahm Dow Chemical mit der EPA geheime Verhandlungen zu einer Lösung des Problems 2,4,5-T auf, durch die sich weitere Anhörungen erübrigen würden.[26] Ungeachtet heftiger Proteste der NCAP und anderer Umweltschutzorganisationen wurden die Verhandlungen komplett hinter verschlossenen Türen geführt. Die Verhandlungen über den Nutzen des Herbizideinsatzes in

---

lässiger Ertragsmenge und Herbizideinsatz in den Staatsforsten: »Die Möglichkeit eines Herbizideinsatzes wird bei allen Alternativen [zur Festlegung der zulässigen Ertragsmenge] vorausgesetzt.« Kurz gesagt: Die zulässige Ertragsmenge bei Nutzholz wird zehn Jahre im Voraus ausgehend von der Annahme festgelegt, dass Herbizide zum Einsatz kommen. »Die Verwaltung des Siuslaw National Forest geht davon aus, dass sich die zulässige Fällquote im Falle des Verbots des Herbizideinsatzes allein in diesem Forst sofort um 34 % reduzieren würde …« (Postwurfsendung im Rahmen der Kampagne vom Oktober 1980, Lincoln County Citizens for Common Sense.) Dr. Newtons Forschungsarbeiten wurden von der NCAP in zwei Teilen veröffentlicht: An Economic Analysis of Herbicide Use for Intensive Forest Management. Part I: Evaluation of Forestry Related Impacts of 2,4,5-T in Oregon. Part II: Critical Assessment of Arguments and Data Supporting Herbicide Use. NCAP, P.O. Box 375, Eugene, Oregon 97440, USA.

26 Die Autorin findet es interessant, dass die Reagan-Administration Nolan E. Clark, einen Anwalt der Kanzlei Kirkland & Ellis in Washington, D.C. – also der Kanzlei, die Dow Chemical im Verfahren zur Aufhebung der Zulassung von 2,4,5-T vertrat – als EPA-Führungskraft für den Bereich Politik und Ressourcenmanagement ernannte. Siehe »Ann Gorsuch and the seven corporate lawyers.« NCAP News, Frühling – Sommer 1981, S. 5.

dem Verfahren haben immer noch nicht stattgefunden. Sofern sich aus den bisherigen Geschehnissen zwischen Dow Chemical und der US-Umweltschutzbehörde in Bezug auf 2,4,5-T irgendwelche Schlüsse ziehen lassen, wird es wohl zu einer Aufhebung der Aussetzung der Genehmigung von 2,4,5-T kommen, und die Marktzulassung der chemischen Substanz wird ohne jeglichen Nachweis ihres vorhandenen – bzw. fehlenden – Nutzens bestehen bleiben. Bei den Anhörungen vor dem Unterausschuss für Forstwirtschaft des Agrarausschusses im US-Repräsentantenhaus im April 1981 teilte Jerry Rust, Beauftragter von Lane County (Oregon), dem Kongressabgeordneten Weaver mit, die Wiederaufnahme der Vermarktung von 2,4,5-T »käme einer offenen Kriegserklärung gegen die Bevölkerung von Oregon gleich.«[27]

* * *

Im Haus ist mittlerweile Ruhe eingekehrt. Lediglich die Lampen über Bonnies Unterlagen auf dem Wohnzimmertisch und an Tonys Werkbank leuchten noch. Die Kinder sind mit ihren Hausaufgaben fertig und ins Bett gegangen.

»Es ist mir von Anfang an ein Rätsel gewesen«, sagt Bonnie. »Warum sollte eine Milliarden Dollar schwere Industrie so hart kämpfen und so viel Geld investieren, um ein paar Chemikalien auf dem Markt zu halten, wenn doch so viele Menschen offensichtlich dadurch zu Schaden gekommen sind? Das schadet doch ihrem Ruf, und die Menschen werden auch gegen andere Chemikalien misstrauisch sein. Sie sehen die Diskrepanz zwischen ihren eigenen Erfahrungen und den Behauptungen der Konzerne. Ich kann es mir nur so erklären, dass die Industrie an die Dominotheorie glaubt:

27 Rust, Gerald H. Jr. Aussage vom 16.4.1981, Anhörungen zum Vegetation Management Reform Act [Gesetz über eine Reform des Vegetationsmanagements, A.d.Ü.] 1981 (H.R. 2900) vor dem Unterausschuss für Wälder, landwirtschaftliche Familienbetriebe und Energie des Agrarausschusses des US-Repräsentantenhauses. Ortstermin in Eugene, Oregon. Die zitierte Aussage findet sich nicht im Protokoll der Anhörung, wurde jedoch von den Anwesenden, u.a. der Autorin, gehört und in der Lokalpresse aufgegriffen.

Wenn ein chemischer Stoff wie 2,4,5-T die Marktzulassung verliert, werden weitere folgen.[28]

»Wenn dem aber so ist, kann das doch nur heißen, dass all diese Zulassungen auf wackeligen Füßen standen, oder etwa nicht? Vielleicht stimmt es ja, wenn Dow Chemical sagt, dass 4,5-T zu seinen sichersten Produkten zählt.«

»Der Widerstand vor Ort ist einfacher nachzuvollziehen. Da sind all die Leute, die diese Chemikalien gutgläubig angewendet haben, im Vertrauen darauf, dass das, was die Behörden und Hersteller ihnen über sie gesagt haben, stimmt. Sie dachten, dass keine Gefahr von ihnen ausginge und sie das bestmögliche Mittel für den Zweck seien. Wenn man versucht, die Leute auf Probleme durch die Chemikalien anzusprechen, scheinen sie sich wirklich bedroht zu fühlen. Sie reagieren so trotzig, so heftig, weil sie es sich selbst gegenüber nicht eingestehen können, etwas eingesetzt zu haben, was Menschen ernsthaft schädigt. Nicht, dass irgendjemand sie dafür verantwortlich machen würde, aber sie würden es selbst tun. Ich denke, sie reagieren so überzogen, weil sie keinesfalls zugeben wollen, dass sie einen Fehler gemacht haben – wegen der Konsequenzen. Was würde dieser Fehler bedeuten? Das vermag sich keiner von ihnen wirklich vorzustellen.«

Bonnie breitet auf dem Tisch Zeitungsausschnitte über die Aussetzungsanordnung aus und legt eine Kopie der Studie Alsea II und der zugehörigen Stellungnahmen der OSU daneben.

»Wenn die Konzerne eine Flutwelle von Bedenken und Meinungen über den Einsatz giftiger Chemikalien aus der Bevölkerung eines bestimmten Gebiets auf sich zurollen sehen, ist es für sie am wichtigsten, diese zum Schweigen zu bringen, die Menschen mit so vielen Falschinformationen zuzuschütten, dass sie den eigentlichen Sachverhalt nicht mehr durchschauen. Die Taktik ist so armselig: Personen, die gegen Herbizide kämpfen, werden als Cannabis-Anbauer und Wohlstand-Hippies diskreditiert; es werden gefälschte

---

28 Siehe z. B. Epstein 1978 a. a. O. (230).

Statistiken veröffentlicht, die belegen, wie viele tausende Arbeitsplätze im Falle eines Verbots dieser Chemikalien verloren gehen; man legt irreführende Daten so genannter wissenschaftlicher Quellen, etwa der OSU, vor.«

»Das war eine Sache, die mich wirklich schockiert hat, als ich anfing, mich zu engagieren – zu erkennen, welche Rolle die OSU bei der Herbizid-Frage spielte. Ich wünschte, jemand würde die OSU und ihre Forschungsgelder einer Untersuchung unterziehen. Aber die, die es versuchen, stoßen immer wieder auf eine bestimmte Einrichtung, die OSU-Stiftung. Unternehmen, etwa Agrochemiekonzerne, können der Stiftung Gelder zukommen lassen, und die Stiftung sagt ihnen auf Wunsch zu, ihre Anonymität zu wahren – und das scheint offenbar auch alles im gesetzlichen Rahmen zu sein.«

»Ich denke, es ist wohl diese Konstellation, die solche Vorgänge begünstigt … Und was lässt sich schon dagegen tun? Nehmen wir Michael Newton: Er stellt sich hin und erklärt gegenüber der Presse, bei Säugetieren im Küstengebirge, die Herbiziden ausgesetzt waren, seien noch niemals Herbizidrückstände gefunden worden. Und das, obwohl die EPA solche Rückstände bereits nachgewiesen hat!«

»Und dann die Besprechungen der EPA-Studie Alsea II durch die OSU-Wissenschaftler: Sie machen ein großes Trara um das Gebiet, das die EPA für die Studie untersuchte – ein Areal von 1.600 Quadratmeilen. Laut OSU handelt es sich hierbei nicht um ›bewaldetes ländliches Gebiet‹, sondern eigentlich um ein ›urbanes Küstengebiet‹. Für die gehören wir zur städtischen Bevölkerung. Sie behaupten, sie hätten die Bevölkerungsangaben aus dem so genannten *Oregon Blue Book*, dem Dokument des Secretary of State[29] von Oregon. Dabei lagen sie – also die OSU – vollkommen falsch. Schlägt man bestimmte Zahlen in dem *Blue Book* nach und vergleicht diese mit den entsprechenden Angaben in dem Bericht der OSU, sind sie komplett unterschiedlich. Sie sind einfach nicht korrekt.«

---

29 Entspricht in Deutschland etwa dem Innenminister/der Innenministerin eines Bundeslandes [A. d. Ü.].

Bonnie blättert ungläubig in der Besprechung der OSU.

»Außerdem haben sie alle Personen, die ein Postschließfach besaßen, einfach zur Stadtbevölkerung gezählt. Laut OSU wohnt man in einer urbanen Gegend, sobald man ein Postschließfach hat. Und ja, wir haben ein Postschließfach – weil wir nämlich so weit draußen leben, dass hier keine Post ausgeliefert wird. Also zählt man uns zur ›städtischen Bevölkerung‹, obwohl unsere nächsten Nachbarn in die eine Richtung 20 Meilen entfernt und in die andere 1,5 Meilen entfernt wohnen. Unglaublich. Wie konnten sie das einfach behaupten? Aber klar, sie sind ja die wissenschaftlichen Fachleute, diejenigen, auf deren Urteil sich die EPA verlässt.«

»Etwas anderes in dem Zusammenhang, das mich einfach sprachlos gemacht hat – und ich weiß, dass ich da naiv war – war die Sache mit den Geschäftsgeheimnissen. Das ist etwas, das die Leute einfach nicht glauben wollen – dass so etwas vor sich geht. Die Konzerne können Daten über negative Wirkungen einer chemischen Verbindung bei Versuchstieren zurückhalten und diese als ›Geschäftsgeheimnis‹ einstufen. Das bedeutet, dass die Öffentlichkeit keinerlei Möglichkeit hat, jemals etwas über die Wirkungen eines chemischen Stoffes zu erfahren. Trotz einer gegenteiligen Entscheidung des Supreme Court veröffentlicht die EPA die Daten einfach nicht. Das finde ich einfach unfassbar. Ich kann einfach nicht glauben, dass so etwas in unserem Land passieren kann.«

Sie schlägt mehrere Artikel zu dem Thema in den *NCAP News* auf.

»Nehmen Sie Roundup, Monsantos Antwort auf 2,4-D. Überall hört und sieht man Werbung dafür. Aber die Leute hier, die mit Roundup in Berührung kommen, konnten rein gar nichts darüber herausfinden, weil alle Tests als Geschäftsgeheimnis eingestuft sind.«

(Die US-Forstbehörde hatte Roundup im Siuslaw Forest seit 1978 auf der Grundlage einer Genehmigung für Versuchszwecke angewendet, da die Chemikalie damals für die Anwendung in der Forstwirtschaft nicht zugelassen war.)

»Dann haben wir erfahren, dass ehemalige leitende Angestellte des Labors, das die Untersuchungen mit Roundup durchgeführt hatte, von einem Großen Geschworenengericht angeklagt waren, vorsätzlich Testdaten gefälscht zu haben. Als wir da weiter recherchierten, stellte sich heraus, dass einer der Angeklagten seit 1972 bei Monsanto die toxikologische Forschung geleitet hatte.[30] Und trotzdem dürfen sie weiter Roundup sprühen. Da scheint etwas wirklich faul zu sein.«

»Die Konzerne machen es allen, die dagegen ankämpfen, so schwer und teuer wie möglich. Sie wollen uns vor Augen führen, dass es ein unglaublich schwieriger Kampf wird. Jedes Mal, wenn wir Fragen zu einer Substanz aufwerfen, investieren Menschen über Jahre all ihre Zeit und Energie und finanziellen Mittel im Kampf gegen ein bereits auf dem Markt befindliches Produkt, und in der Zwischenzeit werden zwanzig weitere zugelassen, die ebenso gefährlich oder sogar noch schlimmer sind.«

»Sie haben uns gezeigt, wie schwer sie es uns machen können. Bei den Maßnahmen von Lincoln County gegen die Herbizide etwa haben sie große Anstrengungen unternommen, um die öffentliche Meinung zu kontrollieren. Die öffentliche Meinung ist ihnen nämlich nicht egal. Ich denke, sie haben echt Angst davor, dass die Leute herausfinden könnten, was da wirklich läuft. Wenn sie keine Angst hätten, gäben sie doch nicht so viel Geld dafür aus, Falschinformationen zu verbreiten und die tatsächlichen Wirkungen der Chemikalien zu verschleiern. Wenn sie nichts zu verbergen hätten, würden sie doch nicht alles dafür tun, die echten Daten unter Verschluss zu halten. Aber je höher sie die Sache hängen, desto eher kommt den Leuten zumindest der Verdacht, dass es da ein Problem gibt.«

Plötzlich hört man aus einem der dunklen Schlafzimmer ein Wimmern. Tony steht auf und kommt mit einem kleinen Mädchen

---

30 Merrell, Paul. »The low-down on Roundup«. NCAP News, Herbst 1980, S. 4 – Merrell, Paul. »IBT officials indicted for fraud.« NCAP News, Frühling-Sommer 1981 6., S. 12. Siehe auch USA v. Joseph C. Calandra et al. (U.S.D.C. N.D. Illinois, Eastern Div.) Spezielle Grand Jury Oktober 1980, Anklage vom 22.6.1981, S. 1.

auf dem Arm zurück ins Licht, um es zu beruhigen. Er hilft ihr dabei, ein Glas Milch zu trinken. Das milchverschmierte Kinn in einen Ärmel seines Wollhemds geschmiegt schläft sie wieder ein.

»Wenn man eh schon ein volles Leben hat, ist es hart, sich in so einer großen Sache zu engagieren. Manchmal lief es zuhause gar nicht gut, das steht mal fest. Zwischen Tony und mir gab es kein Problem, da er mich immer sehr unterstützt hat und selbst so engagiert war. Aber was die Kinder betrifft, gingen die Zeit und die Energie, die ich für den Kampf gegen die Herbizide aufgebracht habe, häufig auf Kosten der Zeit, die ich normalerweise mit ihnen verbracht habe. Das war hart. Am anstrengendsten und intensivsten war die Zeit, in der ich meine Aussage für die EPA vorbereitet habe. Diese war letztlich 45 Seiten lang und umfasste weitere ca. 70 Seiten an Belegen. Das war unglaublich zeitaufwendig. Es bedeutete für mich eine Menge Recherchen und hat mich enorm viel Kraft gekostet. Einmal, als ich Jason, unseren 11-jährigen Sohn zur Schule fuhr, fragte er mich: ›Mama, ist es zu spät, aus der Sache auszusteigen?‹«

»Aber sie lernen dabei natürlich auch eine Menge sehr wertvoller Dinge. Ich bereue keinesfalls, dass es so war wie es war, weil es für Kinder gut ist mitzubekommen, dass sich die Familie für eine Sache engagiert, die Konsequenzen nicht nur für ihre eigene Welt, ihr eigenes Leben hat. Ich glaube, Jason bedauert das alles nicht wirklich. Damals spürte er einfach, wie sehr ich unter Druck stand. Ich bin fest davon überzeugt, dass es gut für sie ist zu sehen, dass es Dinge gibt, für die wir kämpfen, Dinge, mit denen wir uns nicht abfinden werden. Das ist eine wahrhaft wichtige Lektion im Leben.«

»Ich denke, viele Leute in Alsea sind wirklich froh darüber, dass die Sache endlich aufs Tapet gebracht worden ist, das spüre ich auch, ohne dass die Leute groß was sagen. Wenn ich zur Post gehe, schauen mich ältere Frauen ab 55, die ihre Kinder hier in Alsea großgezogen haben, an, sie antworten und sprechen mit mir auf eine Art und Weise, die ausdrückt: ›Ich weiß, was Sie tun, und ich weiß es wirklich zu schätzen. Ich finde es wichtig, und ich bin froh, dass Sie es tun, denn ich könnte das nicht.‹ Aber das würden sie nie genau so sagen. Ihre Männer arbeiten in den Wäldern, einige der Männer besitzen Holzfällerunternehmen. Sie können diese Dinge nicht einfach selbst ansprechen. Aber sie sind froh, dass es andere tun.«

»Sich in einer politischen Sache öffentlich zu engagieren, ist nicht ohne. Und es wird noch problematischer, wenn die Medien Interesse zeigen. Das war auf jeden Fall in Alsea ein Problem. Niemand von uns fühlte sich wohl dabei, im Zentrum der Aufmerksamkeit zu stehen. Als das erste Mal ein Fernsehteam zu uns kam, waren zwei der anderen Frauen gerade hier. Tagelang waren wir vor Angst wie gelähmt gewesen. Immer, wenn die Medien auftauchten, waren wir mehrere Tage zuvor schon total angespannt. Aber es ist schon komisch: Als sie dann hier waren, waren es einfach nur Menschen, die Fragen stellten. Mein inneres Bedürfnis, die Leute darüber zu informieren, was vor sich ging – die Menschen mussten doch darüber Bescheid wissen! – war so groß … Sobald es dann endlich losgegangen war, die Leute hier waren, Fragen stellten und Interesse an dem Thema zeigten, war es dann gar nicht so schwierig.«

»Das Härteste im Umgang mit den Medienleuten war zu wissen, wie empfindlich die Leute hier vor Ort auf das alles reagieren. Es ist wirklich beängstigend, wenn man nicht weiß, wie deine Mitmenschen reagieren werden, man gleichzeitig aber weiß, wie sie in der Vergangenheit in anderen Situationen reagiert haben. Es ist ein Sprung ins Ungewisse, ob man dafür ausgegrenzt werden wird oder ob deine Mitmenschen in der Lage sein werden, dich weiterhin als die Person zu sehen, die sie bereits seit langem kennen.«

»Wir leben hier jetzt seit zehn Jahren. Da mein Vater als Arzt für die Air Force gearbeitet hat, waren wir in meiner Kindheit und Jugend viel unterwegs. Es bedeutet mir viel, ein Heim zu haben und Teil einer Gemeinschaft zu sein. Ich mache mir schon viele Gedanken darüber, wie die Leute über mich denken. Aber ich konnte mich doch nicht in Anbetracht von so etwas Grundfalschem deswegen davon abhalten lassen, etwas dagegen zu unternehmen. Ich habe sehr viel Zeit und Energie in diese Gemeinschaft investiert. Diese Menschen sind mir sehr wichtig. Sie sind der Grund, warum wir hierbleiben. Wir mögen die Leute hier. Aber das Thema war einfach von so großer Bedeutung, dass wir ein gewisses Risiko eingehen mussten.«

Tony trägt das Mädchen wieder zurück ins Bett. Zusammen mit Bonnie begleitet er uns zum Auto. Draußen knirscht das Gras unter unseren Füßen, und die Windschutzscheibe ist vereist.

»Wir kamen hierher, weil wir mit dem Leben in der Stadt abgeschlossen hatten,« sagt Bonnie. »Es war die Landschaft hier in der Region Pacific Northwest, die uns angezogen hat – die Berge, die Bäume und die Flüsse. Wir haben uns wegen der Menschen für Alsea entschieden. Wenn wir irgendetwas erreicht haben, dann liegt das mindestens genauso viel an diesem Ort und den Menschen wie an uns selbst. Meine Ausbildung ist so ein entscheidender Faktor gewesen – alleine zu wissen, wo man Informationen über ein Thema findet.

Immer, wenn etwas geschah, hatten wir eine gewisse Vorstellung davon, wo wir darüber etwas herausfinden könnten. Das ist das Entscheidende: Dinge herauszufinden und sie anderen mitzuteilen.«

Gifte: Es gilt die Unschuldsvermutung

Mir gilt die Freiheit zu erkennen, zu sprechen und nach Überzeugung frei zu schließen mehr, als alle Freiheiten.
John Milton[1]

Zehn Jahre nach Veröffentlichung der englischsprachigen Originalausgabe von »Ein stummer Frühling« ergänzte der Kongress 1972 das Pestizidgesetz um neue Bestimmungen, nach denen Pestizide vor einer Marktzulassung in den USA auf ihre Wirksamkeit und unerwünschte gesundheitliche Wirkungen überprüft werden mussten.[2] Vergleichbare Prüfungen sind ebenfalls für Arzneimittel vorgeschrieben. Zuständig für die Durchführung dieser Tests sind die Hersteller, und die Ergebnisse bilden die Grundlage für aufsichtsbehördliche Entscheidungen der US-Lebens- und Arzneimittelbehörde FDA über Arzneimittel sowie der US-Umweltschutzbehörde EPA über Pestizide. Im Rahmen des Zulassungsverfahrens werden die Risiken gegen den möglichen Nutzen bei der Verwendung potenziell giftiger Substanzen gegeneinander abgewogen.

Theoretisch ermöglicht das demokratische Verfahren es der Öffentlichkeit, die Risiken zu beurteilen und zu entscheiden, ob sie diese in Kauf nehmen will oder nicht. Wird der Öffentlichkeit

1 John Milton's Areopagitica. Eine Rede für die Preßfreiheit an das Parlament von England. Aus dem Englischen übersetzt von Dr. Richard Roepell, Prof. der Geschichte an der Universität zu Breslau. Verlag von Veit und Comp. Berlin 1851. [A. d. Ü.]

2 US-Bundesgesetz zur Kontrolle von Pestiziden in der Umwelt (F.E.P.C.A.); Pub. L. 92-516, 21.10.1972.

jedoch der Zugang zu korrekten Fakten verwehrt – weil der Staat bzw. die Industrie Informationen zurückhält und Forschungen im Geheimen durchführt – dann ist die Zustimmung der Öffentlichkeit ohne Bedeutung.

Seit Ende der 1960er Jahre gibt es gesellschaftliche Bedenken in Bezug auf die Sicherheit von Herbiziden, in erster Linie seitens unabhängiger Wissenschaftlerinnen und Wissenschaftler sowie seitens der zunehmenden Anzahl von Opfern, deren Erfahrungsberichte das über Jahrzehnte gewachsene Vertrauen der Öffentlichkeit in Fachleute aus Industrie und Regierung erschüttert hat.

Veteranen, Eltern, Landwirte und andere betroffene Bürgerinnen und Bürger kämpfen vor Gericht, bei Anhörungen im Rahmen von Gesetzgebungsverfahren, mittels Verwaltungsbeschwerden, Petitionen, öffentlichen Zusammenkünften sowie allen zur Verfügung stehenden demokratischen Mitteln – und das nicht nur für ihre Rechte auf Entschädigung und Vermeidung einer Exposition, sondern auch für ihr Recht, die Wahrheit über die Giftstoffe, unter denen sie leiden, zu erfahren.

Idealerweise sollten Pestizide vor ihrer Zulassung und Anwendung fachgerecht auf ihre Sicherheit und Langzeitwirkungen untersucht werden. Wie weiter oben dargelegt, hat sich zunehmend gezeigt, dass Herbizide und andere Giftstoffe über viele Jahre ohne ausreichende Kenntnisse über ihre Wirkungen auf Mensch oder Umwelt zugelassen, hergestellt und angewendet wurden. Eine Vielzahl von Pestiziden wurde vor Einführung strenger Prüfungsauflagen zugelassen.[3] Der *Federal Insecticide, Fungicide and Rodenticide Act* (FIFRA)[4], in dem die Zulassung von Pestiziden geregelt ist, überträgt dem Hersteller (»Anmelder«) die Pflicht, den Nachweis über die Unbedenklichkeit einer chemischen Verbindung zu erbringen. Andererseits sieht er jedoch vor, dass die EPA nach erfolgter

3 Eine hervorragende Diskussion dieser Probleme siehe z. B. Bericht des Unterausschusses im US-Senat, Unveröffentlichter Bericht a. a. O. (28).

4 US-Bundesgesetz über Insektizide, Fungizide und Rodentizide (Nagergifte) [A. d. Ü.].

Zulassung eines Pestizids eindeutige und überzeugende Belege für schädliche Auswirkungen auf Mensch oder Umwelt vorlegen muss, bevor die Zulassung beschränkt oder aufgehoben werden darf. Allein die Tatsache, dass ein Pestizid zugelassen ist – so sieht es das FIFRA-Gesetz insbesondere vor – wird als Beweis des ersten Anscheins dafür ausgelegt, dass es bei vorschriftsgemäßer Anwendung unbedenklich ist. Anders ausgedrückt: Mit der Zulassung geht die Beweislast auf wundersame Weise vom Hersteller auf die EPA und die Öffentlichkeit über.

Würden Zulassungen tatsächlich auf der Grundlage eingehender Prüfungen und der Bewertung aller vorliegenden Erkenntnisse erteilt sowie bei Verfügbarkeit neuer Daten regelmäßig überprüft, könnte das Verfahren ein angemessenes Instrument sein, um die Unbedenklichkeit giftiger Pestizide zu gewährleisten. Allerdings wurde mit den Änderungen am FIFRA-Gesetz 1978 ein interessantes Schlupfloch geschaffen: die so genannte bedingte Zulassung (*conditional registration*). Sie ermöglicht den Herstellern eine Anmeldung ihrer Produkte noch vor Abschluss der Gesundheits- und Unbedenklichkeitsprüfungen. Darüber hinaus wird den Herstellern gestattet, lediglich Zusammenfassungen der experimentellen Untersuchungen anstatt die kompletten Studien zur Beurteilung durch die EPA einzureichen. Wie der Blinde, der die Katze im Sack kauft, basieren die Zulassungsentscheidungen der EPA also nicht auf den eigentlichen Untersuchungsdaten, sondern auf den Zusammenfassungen und Schlussfolgerungen der Hersteller. Unter Umständen stützt sich die Zulassung einer chemischen Verbindung somit auf unsachgemäße, nicht vorhandene oder aber gefälschte Sicherheitsprüfungen, und das FIFRA-Gesetz sieht keine unmittelbare und eigenmächtige Aussetzung einer Zulassung für den Fall vor, dass im Nachhinein ein Betrug oder Unzulänglichkeiten nachgewiesen werden.[5]

---

5 Comptroller General [Oberste/r US-Rechnungsprüfer/in, A. d. Ü.]. Bericht des Obersten Rechnungshofs CED-80-32 vom 15.2.1980. »Delays and unresolved issues plague new pesticide protection programs.« (Verzögerungen und ungelöste Fragen bei den neuen Pestizid-Schutzprogrammen) S. iv, 54-57.

Somit kann ein Hersteller der EPA gefälschte Untersuchungen in der Gewissheit vorlegen, dass sein Produkt auf jeden Fall zugelassen sein wird, bevor der Betrug entdeckt wird, insbesondere aus dem Grunde, dass die Studien durch Regelungen zur Wahrung von Geschäftsgeheimnissen geschützt und so einer kritischen Überprüfung durch die Öffentlichkeit nicht zugänglich sind. Ist das Produkt erst einmal zugelassen, liegt die Beweislast für seine fehlende Sicherheit bei der Öffentlichkeit – selbst dann, wenn nachgewiesen wurde, dass Daten gefälscht worden sind. Für die zugelassene chemische Verbindung gilt sozusagen die Unschuldsvermutung, und die Öffentlichkeit verfügt nur über dürftige Rechtsmittel.

Häufig werden Pestizide und Arzneimittel von ein- und denselben Unternehmen hergestellt, und in der Regel sind es dieselben unabhängigen Labore, die mit ihrer Prüfung beauftragt werden. Unerwünschte Arzneimittelwirkungen auf die menschliche Gesundheit lassen sich leichter feststellen als Auswirkungen von Pestiziden, da die Anwendung bzw. Einnahme pharmazeutischer Wirkstoffe mit Wissen der Betroffenen erfolgt und von medizinischem Fachpersonal überwacht wird, dessen Beobachtungen im Zweifel von betrügerischen Studien abweichen. Die Aufdeckung von Betrügereien und Fälschungen im großen Stil bei Arzneimittelprüfungen lässt vermuten, dass bei Prüfungen von Pestiziden ähnliche, vielleicht sogar noch gravierendere Probleme auftreten.

Im Falle von Thalidomid etwa waren die Effekte des Wirkstoffs auf die Fortpflanzung einfach nie untersucht worden, obwohl das Werbematerial für die Ärzteschaft geschickt so formuliert war, dass eben dieser Eindruck vermittelt wurde. Als die US-Arzneimittelbehörde FDA eingehendere Informationen von der Richardson-Merrell Drug Company (dem Unternehmen, das Thalidomid auf dem nordamerikanischen Markt vertrieb) anforderte, legte die Firma eine gefälschte Studie vor, die im *American Journal of Obstetrics and Gynecology* publiziert worden war. Autor des Fachartikels war jedoch nicht der Arzt, der seinen Namen dafür hergab, sondern der medizinische Direktor von Richardson-Merrell gemeinsam mit seiner Sekretärin. Die vier »Thalidomid-Säuglinge«, die von dem ärztlichen »Verfasser« entbunden worden waren, fanden in der Studie keine Erwähnung, und es wurde angegeben, dass sämtliche Daten gelöscht worden seien.[6]

Die Beseitigung von Studienunterlagen, mit denen sich die Schlussfolgerungen der Hersteller bezüglich der Sicherheitsprüfungen belegen oder widerlegen lassen könnten, ist ein häufiges Phänomen. »Es ist erstaunlich, wie häufig das von uns so genannte Andrea-Doria-Phänomen[7] auftritt«, kommentiert Dr. Alan B. Lisook von der FDA und zitiert einige der Gründe, die als Erklärung für das Fehlen von Unterlagen angeführt werden, z. B.:

- Sie wurden bei einem Brand zerstört.
- Sie gingen bei einer Überschwemmung verlustig.
- Sie gerieten ins Abwasser und mussten aufgrund des Gestanks vernichtet werden.
- Sie gingen bei einem Bootsunfall verloren.
- Diebstahl, Raub oder Vandalismus.
- Das Krankenhaus besteht nicht mehr, und die Akten sind nicht mehr auffindbar.
- Sie sind in der Post verloren gegangen.[8]

---

6 Eine detaillierte Untersuchung der umfassenden betrügerischen Aktivitäten im Zusammenhang mit der Prüfung und dem Inverkehrbringen von Thalidomid findet sich in: Insight Team of The Sunday Times of London, in Suffer the Children a. a. O. (226) The Story of Thalidomide. New York: The Viking Press. Siehe insbesondere S. 79-85. Auch wenn Thalidomid zu keinem Zeitpunkt in den USA auf dem Markt war, erhielten ca. 20.000 Patientinnen im Rahmen von klinischen Studien, die Richardson-Merrell, Inc. durchführte, insgesamt 2.528.412 Tabletten. Siehe: Suffer the Children a. a. O. (226), S. 70. Siehe auch McCarthy, Frances. »Dow acquires ethical concern.« NCAP News, Winter 1981, S. 6 f.

7 Die Andrea Doria war ein italienisches Passagierschiff, das am 16. Juni 1951 vom Stapel lief und auf seiner 51. Fahrt nach der Kollision mit einem anderen Schiff am 25. Juli 1956 sank (Quelle: Wikipedia) [A. d. Ü.].

8 Lisook, Alan B., »FDA audit of investigators and sponsors.« FDA-Dokument, vorgelegt beim Drug Information Ass'n. Workshop am 9.12.1981, Williamsburg, VA, USA. Peter von Stackelberg erhielt Zugang zu dem FDA-Dokument durch Anwendung des US-Informationsfreiheitsgesetzes.

Sowohl Richardson-Merrell als auch Grünenthal (das deutsche Unternehmen, das Thalidomid entwickelt hatte) leugneten trotz der erdrückenden epidemiologischen Belege konsequent jedweden Zusammenhang zwischen dem Wirkstoff und den Geburtsfehlern und damit verbundenen schwersten neurologischen Schäden. Allein der sture Skeptizismus eines einzelnen Pharmakologen der FDA verhinderte eine Zulassung von Thalidomid für die rezeptfreie Abgabe in den USA.

Anfang der 1960er Jahre wurden Mitarbeitende von Richardson-Merrell von einem Großen Geschworenengericht in den USA wegen Einreichung gefälschter und betrügerischer Daten bei der FDA im Falle einer anderen Wirksubstanz, Mer-29, und Zurückhalten von Informationen über deren verheerende Wirkungen bei Versuchstieren angeklagt. Nachdem die FDA das Arzneimittel zugelassen hatte, leugnete das Unternehmen konsequent »vereinzelte« Meldungen über schwere Nebenwirkungen seitens der Ärzteschaft sowie von Betroffenen und sogar anderen Pharmaunternehmen in dem Zeitraum, in dem das Arzneimittel auf dem Markt war. Bei Mer-29 handelte es sich um einen Cholesterinsenker, der Katarakte, Haarausfall, Hautreizungen, Übelkeit und Erbrechen verursachte. Nach Zulassung durch die FDA war er 22 Monate lang im Handel erhältlich, bevor ein zufälliges Aufeinandertreffen eines FDA-Inspektors und eines Angestellten einer Telefongesellschaft, dessen Ehefrau bei Richardson-Merrell als Laborangestellte gearbeitet hatte, die FDA veranlasste, das Firmenlabor in Cincinnati 1962 zu durchsuchen. Zwei Tage später nahm Richardson-Merrell Mer-29 vom Markt.[9]

In einem weiteren Beispiel für eine Unternehmenskampagne, die die Öffentlichkeit von der Sicherheit ihrer Produkte entgegen zunehmender »vereinzelter« Belege für das Gegenteil überzeugen sollte, geht es um den Zusammenhang zwischen dem häufig tödlichen Toxischen Schocksyndrom mit bestimmten Arten von Tam-

9 Suffer the Children, a. a. O. (226) S. 64-68.

pons. Nur wenige Frauen waren bereit, auf eindeutige wissenschaftliche Nachweise zu warten, die belegen würden, dass das Toxische Schocksyndrom nicht durch die Tampons verursacht wurde. Es gab geeignete Alternativen, und die Verkaufszahlen der unter Verdacht stehenden Tampons stürzten ab.[10] Angesichts der Wahl zwischen einer Gesundheitsgefährdung und geringfügigen Unannehmlichkeiten entschieden sich die Verbraucherinnen für Letzteres.

Es ist wahrscheinlich, dass mangelhafte oder falsche Sicherheitsdaten über Arzneimittel – mit der wachsenden Zahl von Opfern – durch »vereinzelte« Meldungen von Ärztinnen und Ärzten sowie Patientinnen und Patienten widerlegt werden. Dann haben die Verbraucherinnen und Verbraucher die Wahl, wem sie glauben wollen – den Geschäftsleuten oder den Geschädigten – und können sich entscheiden, das Präparat anzuwenden oder nicht.

Eine unsachgemäße Durchführung oder Fälschungen sind bei Untersuchungen zu Pestiziden nicht leicht nachzuweisen, und die potenziellen Opfer haben hinsichtlich der Anwendung kaum eine Wahl. Pestizide vergiften nicht nur die Luft und das Wasser, sondern auch Nahrungsmittel, Holz, Kleidung und andere Erzeugnisse, die vom Ursprungsort aus über große Entfernungen transportiert werden. Die Betroffenen verteilen sich großflächig und sind (über pharmazeutische Wirkstoffen und Industrieabfälle hinaus) einem derartigen Cocktail unterschiedlichster chemischer Verbindungen ausgesetzt, dass keine einzelne Substanz mit Sicherheit mit einer bestimmten epidemiologischen Wirkung in Zusammenhang gebracht werden kann. (Angesichts der wachsenden Zahl von Belegen für die Nebenwirkungen von Thalidomid hatte ein Firmenvertreter von Grünenthal sogar vorgeschlagen, den Wirkstoff mit anderen Substanzen zu mischen, so dass man »mutmaßliche Nebenwirkungen auf die anderen Präparate schieben könnte, falls es sich als unmög-

10 Rotbart, D. und Prestbo, John A. »Killing a product: Taking Rely off market cost Procter & Gamble a week of agonizing.« The Wall Street Journal, 3.11.1980, S. 1. Siehe auch Rotbart, D. »State of alarm: Tampon industry is in throes of change after toxic shock.« The Wall Street Journal, 26.2.1981, S. 1.

lich erweisen sollte, die Dinge unter dem Deckel zu halten oder Angriffe abzuwehren.«)[11]

Betrugsdelikte im Rahmen von Arzneimittelprüfungen sind schockierend – einerseits, weil die verheerenden Folgen vorhersehbar sind und andererseits, weil sie eine Branche betreffen, der es angeblich um Gesundheit und Qualität geht. Das Renommee der Pestizidindustrie – die man mit ausgeklügelten Tötungsmethoden assoziiert und deren historische Wurzeln in der Forschung über chemische und biologische Kriegsführung liegen – ist hingegen weniger ehrenhaft. In der Theorie (sowie generell auch in der Praxis) gibt es bei pharmazeutischen Präparaten eine Art integriertes Kontrollsystem durch die Ärzteschaft, die diese verschreibt und ihre Wirkungen beobachten kann. Bei Pestiziden fehlt derartiges »Kontrollpersonal«, und die Mehrheit der Medizinerinnen und Mediziner ist auf dem komplexen Gebiet der chemischen Toxikologie bedauerlicherweise schlecht ausgebildet. Sofern die Wirkungen einer chemischen Substanz bei einer identifizierbaren exponierten Population nicht drastisch sind und unmittelbar auftreten, bleiben ihre subletalen[12] Langzeitwirkungen unter Umständen unentdeckt, etwa Schädigungen des Erbguts, die sich möglicherweise erst mehrere Generationen später manifestieren, oder Krebserkrankungen, die erst 20 oder 30 Jahre später auftreten.

Die FDA stellte 1976 eher zufällig Diskrepanzen bei den Prüfungen fest, die vom größten Testlabor des Landes, Industrial Bio-Test Laboratories (IBT), durchgeführt worden waren. IBT, ein Tochterunternehmen der Nalco Chemical Co., hatte mehr als 25.000 Tests zu einer Vielzahl verschiedener Produkte von Zusatz- und Farbstoffen für Lebensmittel bis hin zu Arzneimitteln, Kosmetika und Agrarchemikalien, u. a. auch Herbiziden für die Forstwirtschaft, untersucht. Auf der Grundlage der IBT-Daten erhielten diese Erzeugnisse von der EPA und der FDA die Marktzulassung, und es

11 Suffer the Children, a. a. O. (226) S. 37.

12 nicht tödlich, aber (langfristig) schädlich [A. d. Ü.].

wurden Schwellenwerte für Pestizidrückstände in Lebensmitteln festgelegt.[13]

Eine FDA-Überprüfung ergab bei einer Vielzahl der insgesamt 4.300 Tests mit 123 Pestiziden zu 160 Verwendungszwecken vorsätzlich gefälschte Testberichte über die Schwellenwerte für Rückstände (die zulässige Menge eines chemischen Stoffs, die Nahrungsmittel – Obst, Gemüse, Fleisch – aufweisen dürfen, die zum Verkauf vorgesehen sind). FDA, EPA, das Nationale Krebsforschungsinstitut und das US-Ministerium für Gesundheit, Bildung und Soziales (HEW) leiteten gegen die IBT-Labore eine Untersuchung ein.

Diese offenbarte gravierende Mängel. Versuchstiere, die während der Tests erkrankten, waren durch gesunde Tiere ersetzt worden. Bei Ratten, die aufgrund von Vernachlässigung oder dem Kontakt mit den Prüfsubstanzen eingegangen waren, wurde angegeben, sie seien für Autopsiezwecke getötet worden, und in den Autopsieberichten wurde die wahre Todesursache nicht aufgeführt. Es gab unvollständige Unterlagen. Tumoren, die bei einigen Untersuchungen in den Rohdaten verzeichnet waren, fanden sich nicht in den Abschlussberichten. (Der Begriff »Rohdaten« bezeichnet sämtliche

---

13 Sofern nicht anderweitig angegeben, stammen die Angaben in diesem Kapitel aus: von Stackelberg, Peter. »Fungicide not taken off market despite invalid tests.« Regina (Saskatchewan) Leader-Post, 4.11.1980; »Safety last: Tests that fail the test.« Maclean's, 25.8.1980; The Toxic Mist: the Use & Abuse of Pesticides. Collected Articles. Regina (Saskatchewan) Leader-Post, 1980; »U.S. problems with drug tests cloud our health«, 3.4.1982; »U. S. agency critical of tests«, 3.4.1982; »Warning on drug too late for many«, 4.4.1982; »Shoddy work in U.S. drug tests«, 5.4.1982 (bis hierhin alle aus Edmonton [Alberta] Journal.); Von der Haar, T.A., et al. »The scandal at IBT.« QUI, August 1979, S. 50-54, 122 f.; Merrell, Paul, Artikel über Roundup, a. a. O. (263); Ders. »The Industrial Bio-Test caper.« NCAP News, Winter 1981, S. 2-4; Smith, R. Jeffrey. »Creative Penmanship in animal testing prompts FDA controls.« Science 198:1227-29, 23.12.1977; Ders. »As luck would have it ...« Science 198:1228, 23.12.1977; Doutt, Richard, »Debugging the pesticide law.« Environment, December 1979, S. 32-35; Richards, Bill. »Probers say pesticide makers knew of faulty lab test data.« Washington Post, 9.3.1978; Lublin, Joanne, »A lab's troubles raise doubts about quality of drug tests in U.S.« The Wall Street Journal, 21.2.1978.

Daten, die im Verlauf eines Versuchs erhoben werden: tägliche Eintragungen über die Dosierung, Gewichtsmessungen, Untersuchungen, Geburten, Todesfälle, Pathologieberichte, chemische Analysen. Auf der Basis dieser Daten wird ein abschließender Bericht verfasst, in dem die beobachteten Wirkungen beschrieben und Schlussfolgerungen über die Toxizität gezogen werden. Im Rahmen eines Zulassungsverfahrens prüfte die EPA lediglich Zusammenfassungen dieser Abschlussberichte und verfügte daher über keine Möglichkeit, die Korrektheit oder Validität der zugrundeliegenden Daten zu überprüfen.)

In anderen Testdokumenten von IBT fanden sich Eintragungen über Ratten, die zweimal gestorben waren. Wichtige statistische Daten von Versuchstieren wurden weiterhin erhoben, auch wenn die Tiere bereits lange tot waren. Ein ehemaliger technischer Mitarbeiter von IBT bezeichnete eine Studie als »die Zauberstift-Studie«, da der Schlussbericht vollständige Blutanalysen enthielt, von denen die meisten jedoch niemals durchgeführt worden waren.

»Die Proteste wurden lauter«, berichtete das *Wall Street Journal* 1978, »als [der frühere IBT-Chef] Frisque laut Aussage von IBT versehentlich das Schreddern von hunderten Akten angeordnet hatte, die von der EPA angefordert worden waren. Unter den vernichteten Daten waren solche über sieben Langzeituntersuchungen zum krebserregenden Potenzial von Stoffen, die in Plastik, Herbiziden und Cyclamaten – künstlichen Süßstoffen – verwendet wurden.«

In einer Pressemitteilung der EPA von 1977 wurden diese schwerwiegenden Mängel unerklärlicherweise als »Unzulänglichkeiten« bezeichnet, als handele es sich um ein geringfügiges Problem, das sich leicht beheben lässt. »Die Umweltschutzbehörde hat bei einigen der Prüfungen zur Sicherheit von Pestiziden eines großen Labors, das tausende Tests für Pestizidhersteller durchgeführt hat, ›Unzulänglichkeiten‹ festgestellt«, hieß es in der Pressemitteilung. »Bei diesen Tests wird untersucht, ob die Produkte negative Auswirkungen wie beispielsweise Krebserkrankungen, Geburtsfehler, Nervenschädigungen oder Stoffwechselprobleme haben.«

Im weiteren Verlauf der Pressemitteilung ließ eine Erklärung des EPA-Verwaltungsleiters Douglas M. Costle jedoch erkennen, wie groß die Besorgnis der EPA in Anbetracht der »Unzulänglichkeiten« bei den IBT-Prüfungen wirklich war.

»Der Umstand, dass bei Prüfungen zur Sicherheit von Pestiziden derartige Unzulänglichkeiten festgestellt wurden, ist eine ernsthafte Angelegenheit«, so Costle. »Die EPA ist darauf angewiesen, dass die Testdaten, die sie im Rahmen des Zulassungsverfahrens für Pestizide erhält, korrekt sind. Sind diese Daten fehlerhaft, kann ein angemessener Schutz der öffentlichen Gesundheit und der Umwelt nicht gewährleistet werden.«[14]

In der Folge der IBT-Untersuchung forderte die EPA 235 Chemieunternehmen auf, insgesamt 4.363 Tests, die die Zulassung von 483 verschiedenen Pestiziden stützten, zu überprüfen. Zu den betroffenen Pestiziden gehörten sämtliche Herbizide, die derzeit im Siuslaw National Forest eingesetzt werden.[15] Während der Überprüfung der Tests und der Durchführung erneuter Tests gelten die Zulassungen aller Pestizide, die von IBT geprüft wurden, uneingeschränkt weiter.

»Es gibt keine Rechtfertigung dafür, dass sich die EPA bei der Festlegung von Schwellenwerten für Rückstände auf gefälschte Daten stützt und dass sie keine Maßnahmen ergreift, nachdem ihr die Fälschung dieser Daten zur Kenntnis gebracht worden war, ist ebenfalls unentschuldbar«, erklärte Dr. Richard L. Doutt, emeritierter Professor für Entomologie[16] an der University of California. »Obwohl die wissenschaftliche Integrität von Tests, auf die die EPA ihre Entscheidungen zur Sicherheit von Pestiziden stützte, wider-

---

14 Presseerklärung der US-Umweltschutzbehörde EPA. »Deficiencies in pesticide safety tests reported by EPA – Audit requested.« 25.8.1977.

15 Die Veröffentlichung einer vollständigen Auflistung der fraglichen Pestizide und Prüfungen seitens der EPA steht weiter aus. Ein Nachdruck einer Teilaufstellung von rund 200 Pestiziden, die Paul Merrell nach dem US-Gesetz über Informationsfreiheit erhielt, findet sich in: NCAP News, Winter 1981, S. 5, sowie in Anhang D.

16 Insektenkunde [A. d. Ü.].

legt worden war, ergriff die Umweltschutzbehörde keinerlei Maßnahmen, die Zulassung der betroffenen Pestizide in irgendeiner Art nachzubessern. Auch wenn der EPA die Ergebnisse der Überprüfungen von 1976 bekannt waren, enthielt sie der Öffentlichkeit Informationen bis August 1977 – nach Beginn der Sommerpause im US-Kongress – vor und entging damit kritischen Nachfragen von Abgeordneten, die der Gegenseite zuzuordnen waren.

»Im März 1978 bestätigten EPA-Beamte, dass die Testergebnisse vorsätzlich gefälscht worden waren. Es wurden jedoch keinerlei rechtliche Schritte eingeleitet, und niemand wurde gerichtlich belangt. Durch diesen Vorfall büßte die EPA stark an Glaubwürdigkeit ein, und für ihre Untätigkeit gibt es keinerlei Erklärung.«[17]

In den Presseberichten zum IBT-Skandal 1978 erhielt die Öffentlichkeit kaum Informationen über das Ausmaß und die Konsequenzen des Betrugs. Nach einer gewissen Häufung von Nachrichten 1977 und 1978 verschwand das Thema IBT wieder aus der öffentlichen Wahrnehmung, während die EPA tausende Testberichte überprüfte und mit den Herstellern über die Einreichung neuer Daten verhandelte. Ebenso wie 22 weitere Staaten verließ sich Kanada bei der Abfassung eigener nationaler Richtlinien für das Inverkehrbringen von Pestiziden weitgehend auf die US-Testprogramme. Daher kamen Kanada und die USA überein, bei der Überprüfung der IBT-Daten zu kooperieren.

Die Pestizidhersteller erhielten die Auflage, ihre Rohdaten und Schlussfolgerungen aus den IBT-Studien, die sie bei den Behörden zur Untermauerung der Anmeldung ihrer Stoffe und die Festlegung von Schwellenwerten eingereicht hatten, erneut zu überprüfen. Anschließend waren die Ergebnisse ihrer Validierungen der FDA, der EPA und der kanadischen Behörde zu übermitteln, die dann die Validierungen der Unternehmen kontrollieren und festlegen würde, welche Untersuchungen erneut durchgeführt werden müssten,

17 Doutt, Richard: U. S. EPA Presseerklärung: «Deficiencies in pesticide safety tests reported by EPA—Audit requested.« August 25, 1977.

um »Datenlücken« zu schließen. In dieser Phase sprachen sich die EPA, die Pestizidindustrie und industrielle Lobbygruppen wie etwa die *National Forest Products Association* für Änderungen des Pestizidgesetzes aus, die im Kongress 1978 verabschiedet wurden. Diese griffen dezidiert die Probleme auf, die IBT sowohl in der Branche als auch bei der EPA verursacht hatte, obwohl bei der Vorlage der Änderungen im Kongress weder konkret auf IBT, noch auf Probleme mit gefälschten Daten Bezug genommen wurde.

Eine der wichtigsten Änderungen ermöglichte die Zulassung unter Auflagen eines neuen oder bereits zugelassenen Produkts, noch bevor fachgerechte Prüfungen beendet und Datenlücken geschlossen waren. Nach Feststellung massiver Betrügereien und »unvollständiger Gesundheits- und Sicherheitsdaten über Pestizide« brachte die EPA den Kongress dazu, das Pestizidgesetz dahingehend zu ändern, dass Zulassungen weiterhin auf Basis einer solchen Datenlage erteilt werden konnten.[18] Die neue Fassung des Gesetzes ermöglichte auch die Anmeldung weiterer Anwendungszwecke für ein Pestizid unter demselben Konstrukt der »Zulassung unter Auflagen«.

Gemäß einer weiteren Änderung auf Vorschlag der *National Forest Products Association*, die vom US-Kongress 1978 verabschiedet wurde, konnte bei Pestiziden durch eine »Ausnahmeregelung aufgrund geringfügiger Verwendung« (engl. *minor use exemption*) auf bestimmte vorgeschriebene Prüfungen verzichtet werden. Dies gestattete ihre Anwendung ohne vorherige Prüfungen in Gegenden wie dem Siuslaw Staatsforst und andernorts, die praktischerweise

18 Siehe etwa die Ausführungen der EPA über ihren Vorschlag zur Verwendung des Ausdrucks »Zulassung unter Auflagen« [engl. conditional registration] (die später vom Kongress übernommen wurde) in »Extension of the Federal Insecticide, Fungicide, and Rodenticide Act', Anhörungen vor dem Unterausschuss für Agrarforschung und Allgemeine Gesetzgebung des US-Senats, Ausschuss für Landwirtschaft, Ernährung und Forstwirtschaft. 95. Kong., 1. Sitzung vom 8.-9.6.1977, S. 143-47. Die EPA-Beamten gingen bei ihrem Vorschlag, Pestizide ohne entsprechende stützende Sicherheitsdaten zuzulassen, mit keinem Wort auf ihre Kenntnis über gefälschte Tests ein.

als »menschenleer« ausgewiesen waren, obwohl diese Gebiete ganze Kommunen, Landwirtschaftsbetriebe und Erholungsgebiete aufweisen bzw. umgeben. Die Verabschiedung dieser Änderungen zum Pestizidgesetz bedeutete, dass Menschen legal Stoffen ausgesetzt werden konnten, deren Langzeitwirkungen bestenfalls unbekannt waren. Erst nachdem ein Schaden aufgetreten und nachgewiesen war, dass dieser durch ein Pestizid verursacht worden war, konnte dessen Zulassung unter Auflagen angefochten werden. So kam es, dass aus dem Gesetz, das eigentlich die Menschen schützen sollte, ein Gesetz wurde, das dem Schutz der Gifte diente.

Möglicherweise war dem Kongress der Zusammenhang zwischen den Gesetzesänderungen 1978 und dem Betrug bei IBT nicht bewusst, aber die von der EPA vorgeschlagenen Änderungen boten eine saubere Lösung für das Dilemma, in dem sich die Behörde befand: Gefangen zwischen einer mächtigen, nicht wirklich für ihre übermäßige Gewissenhaftigkeit bekannten Industrie und einer ahnungslosen, gutgläubigen Öffentlichkeit, fand die EPA eine Möglichkeit, den Konzernen entgegenzukommen, ohne gleichzeitig deren Opfer zu alarmieren.

»Das Konstrukt der ›Zulassung unter Auflagen‹ bedeutet, dass man sich nicht den gesamten Datenkorpus ansehen muss, wenn man über die Bedingungen entscheidet«, erläuterte Fred T. Arnold, Leiter der EPA-Abteilung für Regulierungsanalyse und Laborüberprüfungen, gegenüber den Unternehmen. »Die Idee war, die Sache möglichst ordnungsgemäß voranzubringen und Datenlücken zu schließen und dabei eine effektive Kontrolle eines Schädlingsbefalls und den Vertrieb von Pestiziden nicht zu beeinträchtigen.[19]

---

19 US-EPA »Industrial Bio-Test Laboratories, Inc. Audit meeting.« Protokoll des Gesprächs zwischen EPA, Industrie und Health Protection Branch Canada im Howard Johnson Motor Inn, Arlington, Virginia, S. 85, 88-89. Dieses 130-seitige Dokument, das als Ausforschungsbeweis im Fall Merrell v. J. R. Block erwirkt wurde, bietet die umfassendsten Einblicke in die IBT-Praktiken und die Reaktionen der Aufsichtsbehörden, die bis dato bekannt geworden sind.

Arnold sprach bei einer Veranstaltung am 3. Oktober1978 im Howard Johnson Motor Inn in Arlington, Virginia, bei der die EPA und kanadische Beamte die IBT-Überprüfungen und das Überprüfungsverfahren gegenüber Vertreterinnen und Vertretern der Industrie erläuterten. Niemand machte sich Illusionen über die Bedeutung dieser Veranstaltung. »Kein anderes Thema hat so umfassende Auswirkungen auf die chemische Industrie als Ganzes wie IBT«, so Arnold.

EPA-Beamte legten zwar Lippenbekenntnisse zum Schutz der Bevölkerung und der Umwelt vor unbekannten Wirkungen chemischer Verbindungen ab, deren Zulassungen auf IBT-Daten beruhten, dabei ging es der Behörde aber eindeutig in erster Linie darum, den Konzernen entgegen zu kommen. Der kanadische Beamte äußerte sich bezüglich der Sicherheit sehr besorgt. Er mahnte die Prüfer, zu berichten, »wenn in Rohdaten unerwünschte Wirkungen, die ansonsten übersehen werden könnten, entdeckt werden, die nicht im Abschlussbericht enthalten sind, … da das Hauptaugenmerk der beiden beteiligten Behörden auf dem Schutz der öffentlichen Gesundheit liegt.« Die Unterschiede hinsichtlich der Prioritätensetzung der beiden Verwaltungsbehörden waren kaum zu übersehen.

Die kanadische Behörde, die zum Zeitpunkt der Zusammenkunft in Arlington bereits 45 IBT-Studien überprüft (und 16 davon als absolut unzulässig beurteilt) hatte, hoffte, ihren Teil der Revision der IBT-Daten bis April 1981 abzuschließen. Die US-Behörde nannte keinen exakten Termin. Offenbar beabsichtigten die EPA und die Chemiekonzerne, mangelhafte bzw. fehlende IBT-Daten zu bereits zugelassenen Pestiziden durch neue Daten zu ersetzen, die die Hersteller zur Stützung der Zulassungen vorlegen sollten. Aufgrund gefälschter oder wertloser IBT-Testdaten wurde keine einzige Zulassung ausgesetzt, und sobald neue Testdaten vorgelegt wurden, legte man die ganze IBT-Angelegenheit als unbedeutende historische Peinlichkeit ad acta, ohne dass die Öffentlichkeit davon jemals etwas mitbekäme.

Die Öffentlichkeit hatte aufgrund der Behauptung, es handele sich um »Geschäftsgeheimnisse« kaum die Chance, etwas zu erfahren, da ihr der Zugang zu den Daten, auf denen die Anmeldungen basierten und die die Anmelder als firmeneigene Informationen unter Verschluss hielten, verwehrt wurde. Auch wenn die 1978 verabschiedeten Änderungen zum Pestizidgesetz explizit die Offenlegung von Gesundheits- und Sicherheitsdaten über aktive Inhaltsstoffe zugelassener Pestizide vorsahen, beantragten und erreichten die Hersteller einstweilige Verfügungen gegen die FIFRA-Klausel zur Offenlegung mit der Begründung, diese verletze ihre im fünften Zusatzartikel zur US-amerikanischen Verfassung verbrieften Grundrechte. Nach ihrer Auffassung waren die Gesundheits- und Sicherheitsdaten geistiges Eigentum mit einem kommerziellen Wert, und die Offenlegung von Daten durch die Behörden stellte eine rechtswidrige Inbesitznahme ohne rechtsstaatliches Verfahren dar. Die einstweiligen Verfügungen in den Präzedenzfällen wurden durch Berufungsgerichte aufgehoben, was durch den Supreme Court 1981 bestätigt wurde.[20] Dennoch hält die EPA weiterhin beharrlich Testdaten als vermeintliche Geschäftsgeheimnisse unter Verschluss.[21] (Die Vorschrift zur Offenlegung gilt nicht für so genannte inerte Inhaltsstoffe. Als »inerter« Inhaltsstoff wird in diesem besonderen Zusammenhang jeder chemische Bestandteil bezeichnet, der nicht zur Funktion beiträgt, für die das Produkt vorgesehen ist. Hier ist »inert« also nicht gleichzusetzen mit biologisch oder

20 Union Carbide Agricultural Products Co., Inc., et al. v. Costle – U.S., Nr. 80-1085, 23.3.1981. Chevron Chemical Co. v. Costle – U.S., Nr. 80 – 1680, 22.6.1981.

21 Siehe bspw. Merrell v. I R. Block et al. (U.S. D.C. Oregon), Zivilklage Nr. 816138-E, Widerspruch der Beschuldigten vom 15.1.1982 gegen den Verfahrensantrag, die Produktion zu erzwingen. Siehe auch Moore, John W, »EPA aims to halt release of pesticide information«, Legal Times of Washington vom 22.2.1982, S. 1. Siehe auch Smith, R. Jeffrey, »A battle over pesticide data.« Science 217(4559):515-518. 6.8.1982. Die EPA bemühte sich, den Zugang zu Informationen zu verweigern, ungeachtet der Zeugenaussage des stellvertretenden Geschäftsführers John Hernandez vom 22.7.1981 im Kongress, dass die Behörde ab September 1981 die Gesundheits- und Sicherheitsdaten zur Verfügung stellen würde. Diese Zusage wurde nie umgesetzt. FIFRA Hearing Report, U.S. House Committee on Agriculture, Subcommittee on Department Operations, Research and Foreign Agriculture, Part I, S. 605.

chemisch träge bzw. inaktiv. Somit wird ein hoch giftiges Surfactant, das in Roundup Glyphosat beigemischt wird, als »inerter Inhaltsstoff« eingestuft,[22] und Informationen über seine Toxizität und chemische Struktur werden auf legale Weise der Öffentlichkeit vorenthalten.)

Unterdessen zeigte sich die kanadische Regierung im Hinblick auf gesundheitliche Risiken durch bei IBT unsachgemäß getestete chemische Verbindungen weiter besorgt. Im Mai 1980 wurde ein kanadischer Journalist der Zeitung *Leader-Post* aus Regina (Saskatchewan) von seinem Herausgeber damit beauftragt, dem Gerücht nachzugehen, die Behörde der Region Saskatchewan beabsichtige, rund 90 chemische Verbindungen zu verbieten.

»Als Journalist war ich damals für das Thema Landwirtschaft zuständig«, erläutert Peter von Stackelberg. »Ich schrieb über Getreidepreise und Ernten, so was eben. Ich erhielt den Auftrag, diesem Gerücht nachzugehen und stieß dabei auf den Namen David Penman, den leitenden Gesundheitsberater der Umweltbehörde von Saskatchewan. Dieser teilte mir mit, die Regierung von Saskatchewan habe nicht vor, irgendein Verbot auszusprechen. Dabei erwähnte er jedoch immer wieder eine Firma namens IBT.

»›I-B-was … ?‹ fragte ich nach. Er gab mir einen Kurzlehrgang in Sachen IBT und meinte, die Behörden von Saskatchewan hätten es verdammt schwer, von der kanadischen Regierung irgendwelche Informationen über IBT-Chemikalien zu bekommen. Ich telefonierte ein wenig herum und kriegte ein Memo der kanadischen Regierung in die Finger. Dort hieß es eindeutig, dass es ein Problem mit IBT gebe, dass alle ihre Studien mit Ratten wertlos seien. Die Chemiekonzerne zeigten sich bei der Untersuchung nicht kooperativ. Das war die Grundlage für meine erste Story im Juni 1980.«

»Innerhalb von 10 Tagen veröffentlichte die (kanadische) Bundesregierung eine Liste mit 97 chemischen Verbindungen. Ich sagte mir, da steckt mehr dahinter. Die Liste enthielt keinerlei Angaben

---

22 Merrell, Paul, Artikel über Roundup, a. a. O. (263).

darüber, was mit den Tests nicht stimmte. Das war mein nächstes Ziel – herauszufinden, was das Problem bei diesen Chemikalien war und was bei diesen Tests passierte.

»In den nächsten vier Monaten verfasste ich ca. 35 Artikel über Pestizide, und die ganze IBT-Geschichte offenbarte sich mir nach und nach. Das machte richtig Spaß. Ich hatte von all dem keinen blassen Schimmer. Ich lernte gleichzeitig mit meiner Leserschaft. Natürlich gab es heftige verbale Reaktionen seitens der Chemiekonzerne, man bezeichnete mich als ›Sensationsreporter‹ und ähnliches. Dabei habe ich niemals irgendetwas geschrieben, das ich nicht belegen konnte. Sogar die Regionalregierung von Saskatchewan erbat Dokumente von mir, derer sie selbst nicht habhaft werden konnte.«[23]

Von Stackelbergs Artikel über die Entwicklung des IBT-Skandals, die zwischen Juni und Ende November 1980 erschienen waren, wurden von seiner Zeitung später in Buchform unter dem Titel *The Toxic Mist*[24] nachgedruckt. (Zahlreiche der in dieser Zeit veröffentlichten Artikel finden sich im Volltext in Anhang E.) Einen der vielen Kontakte, die von Stackelberg damals herstellte, war der zur Anwaltskanzlei *California Rural Legal Assistance* (CRLA). Im November 1980 übermittelte ihm CRLA Kopien der kanadischen Untersuchungsberichte über die IBT-Studien zu Captan, einem Fungizid, das häufig zur Behandlung von Saatgut und Baumsetzlingen (von denen jedes Jahr Millionen per Hand im Rahmen von Wiederaufforstungsprojekten gepflanzt werden) verwendet wird. In den Prüfberichten wurden 12 von 13 Studien als ungültig beurteilt, und es gab Hinweise auf vorsätzlich gefälschte Daten. Obwohl die kanadischen Untersuchungsberichte bereits seit zwei Jahren vorlagen, hatte man keinerlei Schritte gegen den chemischen Stoff unternommen, der gemäß den Rohdaten nachweislich eindeutig für Krebserkrankungen und Geburtsfehler verantwortlich war.

23 von Stackelberg, Peter, Gespräch mit der Autorin.

24 Deutsch »Giftiger Nebel« [A. d. Ü.].

Am 4. November 1980 berichtete von Stackelberg, dass knapp 250 der ersten 600 IBT-Studien, die Gegenstand der US-amerikanischen und kanadischen Untersuchungen waren, als unzulässig beurteilt worden waren.

Von der EPA-Beamtin Dr. Diana Reisa hatte er erfahren, dass 99 Prozent der von IBT durchgeführten Studien zur chronischen Toxizität als nicht ordnungsgemäß befunden worden waren. Wenige Wochen später wurde von Stackelbergs Artikel durch eine Besprechung des EPA-Statusberichts zu IBT im *Chemical Regulation Reporter* bestätigt.

Laut dem Bericht waren 30 von 30 bislang ausgewerteten Studien an Nagetieren zur chronischen Toxizität als ungültig eingestuft worden. Alle diese Studien zur chronischen Toxizität, so die Strategie der Behörde, seien als unzulässig zu betrachten, sofern die Hersteller keine überzeugenden Belege für das Gegenteil vorlegen können. Weitere Ergebnisse der behördlichen Untersuchungen bislang:

- Studien zur Karzinogenität – 16 von 17 (94 %) ungültig
- Studien zur Teratogenität – 37/49 (75 %) ungültig
- Studien zur Reproduktionstoxizität – 22/28 (79 %) ungültig
- Studien zur chronischen Toxizität an Hunden – 9/17 (53 %) ungültig
- Studien zur subakuten Toxizität – 71/105 (68 %) ungültig
- Studien zur Neurotoxizität – 11/17 (64 %) ungültig
- Studien zur Mutagenität – 11/25 (44 %) ungültig
- Cholinesterase-Studien – 14/24 (58 %) ungültig
- Studien zur Wirkung auf Fische und Wildtiere –88/118 (75 %) ungültig
- Studien zur akuten Toxizität – 146/449 (32 %) ungültig
- Rückstandsuntersuchungen – 11/26 (42 %) ungültig[25]

Die EPA war jedoch nicht bereit zu veröffentlichen, welche Tests für welche Chemikalien ungültig waren. »Lediglich die Unternehmen,

25 »EPA to issue first data requests resulting from IBT test audit program.« Chemical Regulation Reporter Current Reports, 6.2.1981, S. 1469.

die die Produkte herstellten, wurden über Probleme bei bestimmten chemischen Verbindungen unterrichtet«, erläuterte Dr. Reisa von Stackelberg. (Nach diesem Gespräch mit von Stackelberg wurde Dr. Reisa innerhalb der EPA versetzt.)

Weiterhin hatte von Stackelberg in dieser Zeit Kontakt zur *Northwest Coalition for Alternatives to Pesticides* (NCAP) in Eugene, Oregon. Nachdem er in den NCAP News[26] einen Artikel von Paul Merrell über Roundup, das Herbizid von Monsanto, gelesen hatte, nahm von Stackelberg Kontakt zu ihm auf. Roundup, das seit der sofortigen Aussetzung der Vertriebsgenehmigung von 2,4,5-T offensiv für die Anwendung in der Land- und Forstwirtschaft beworben wurde, war praktisch ausschließlich auf der Basis von IBT-Daten zugelassen worden. In seinem folgenden Artikel in den NCAP News offenbarte Merrell das Ausmaß des IBT-Skandals in den USA und listete rund 200 Pestizide auf, die von IBT getestet worden waren (siehe Anhang D). Seit dieser Zeit arbeiten von Stackelberg und Merrell bei der investigativen Recherche über die Machenschaften der chemischen Industrie und der Aufsichtsbehörden eng zusammen.

In dem weiter oben erwähnten Artikel über IBT im *Wall Street Journal* 1978 war ein EPA-Beamter mit der Aussage zitiert worden, dass sich die Behörde derzeit mit Problemen im Zusammenhang mit acht oder neun anderen Testlabors befasse. Im April 1981 beantragte von Stackelberg unter dem US-Informationsfreiheitsgesetz die Veröffentlichung der Ergebnisse von EPA-Überprüfungen anderer Testlabors.

»In dem Bericht, den man mir übermittelte, ging es um weit mehr als um acht oder neun Labore«, so von Stackelberg. »Bei 25 von insgesamt 82 überprüften Laboren wurden schwerwiegende »Mängel« festgestellt, und die routinemäßige Zerstörung von Laborberichten und sonstigen Unterlagen verunmöglichte die Überprüfung von weiteren 22 der 82 Labore.

26 Merrell a. a. O. (263) Artikel über Roundup.

»Das, was bei den Überprüfungen herauskam, war wie ein IBT-Déjà-vu. Bei Ratten, die in Dokumenten als »tot« aufgeführt waren, fand sich gleichzeitig ein Vermerk über ihre Paarung. Andere Ratten waren in den Aufzeichnungen zweimal gestorben. Es fanden sich Autopsieberichte von Versuchstieren, die noch am Leben waren, und laut EPA war die Dokumentation von Tumoren und anderen unerwünschten Wirkungen »lückenhaft«.

Überprüfungen bei neun weiteren Laboren wurden 1980 »anlassbezogen« durchgeführt – d. h. Beschwerden oder Diskrepanzen bezüglich der Labortätigkeit gaben Anlass zu der Annahme, dass Probleme vorlagen. Jedoch waren von diesen Überprüfungen keinerlei Ergebnisse verfügbar.«

Sämtliche Studien von zehn der 25 Labore, bei deren Testverfahren schwerwiegende »Mängel« festgestellt worden waren, wurden als nicht ordnungsgemäß eingestuft. Für sechs Labore steht die Entscheidung über eine vermutete fehlende Stichhaltigkeit noch aus, und von neun weiteren Laboren wurden alle Studien zur Überprüfung durch die Programmleitung verwiesen. Hinzugezählt werden müssen die 22 Labore, bei denen die Rohdaten zerstört worden waren, was die Stichhaltigkeitsprüfung ihrer Studien unmöglich machte. Damit gab es bei insgesamt über der Hälfte der überprüften Labore schwerwiegende Probleme in Bezug auf die Stichhaltigkeit der Pestizidstudien.

Bis Mitte 1982 lagen von der EPA keine Angaben darüber vor, welche chemischen Stoffe von den Laboren getestet oder welche Studien mit welchen Chemikalien für ungültig erklärt worden sind. Somit hat die Öffentlichkeit bislang keine Kenntnis darüber, ob ein bestimmtes Pestizid aktuell auf der Grundlage ordnungsgemäßer Gesundheits- und Sicherheitsprüfungen zugelassen worden ist oder nicht.

Tatsächlich weiß die EPA selbst nicht, welche Daten, die den Anmeldungen zugrunde liegen, stichhaltig sind und welche nicht. Auf Ersuchen der EPA verabschiedete der Kongress 1978 eine Änderung des Pestizidgesetzes, der zufolge die EPA verpflichtet ist, Standards für die Prüfung gesundheitlicher Auswirkungen von Pestiziden festzulegen. Nach diesem Zulassungsstandard obliegt der EPA die Prüfung sämtlicher Daten zugelassener chemischer Stoffe sowie neuer chemischer Stoffe, wenn für diese eine Anmeldung eingereicht wird – einschließlich der Ermittlung von Datenlücken. Daraufhin erstellt die Behörde ein Standarddokument, in dem die Ausgangsdaten – einschließlich Datenlücken – erläutert werden und dem Hersteller mitgeteilt wird, welche neuen oder ersatzweisen Studien für die Anmeldung des chemischen Stoffes erforderlich sind.[27]

»Faktisch erwägt die Behörde,« so die EPA vor Gericht 1981, »alle Neuzulassungen als ›Zulassung unter Auflagen‹ zu behandeln, bis die im Zulassungsstandard aufgeführten Datenlücken geschlossen und die Produkte gemäß dem Verfahren ›erneut zugelassen‹ sind…«

»Diejenigen zugelassenen Chemikalien, für die eine Zulassung vor 1978 erteilt wurde, unterliegen des Weiteren einer Überprüfung im Rahmen des Zulassungsstandards … Diese Produkte durchlaufen außerdem eine ›erneute Zulassung‹, sobald alle Datenlücken geschlossen werden konnten.«[28]

Bis für jeden einzelnen chemischen Stoff – bereits zugelassen oder nicht – ein Zulassungsstandard veröffentlicht worden ist und die Hersteller geeignete Studien zur Schließung der Datenlücken vorgelegt haben, kann über die gesundheitlichen Auswirkungen des betreffenden chemischen Stoffs keine Aussage getroffen werden. Unterdessen kann das Produkt mit dem Status der »Zulassung unter Auflagen« eingesetzt werden, und es kann zu einem Kontakt mit Menschen kommen.

Ihren ersten Zulassungsstandard gab die EPA Ende 1980 heraus. Bis Anfang 1982 lagen Zulassungsstandards für sieben Pestizide vor. Unter der Carter-Administration hatte die EPA Gelder beantragt,

27 Merrell a.a.O. (3), Antrag des Beklagten auf ein Urteil im abgekürzten Verfahren vom 9.11.1981.

28 Ebd.

um 1982 Zulassungsstandards für 13 Pestizide zu erstellen. Unter der von Reagan ernannten Beauftragten Anne Gorsuch beliefen sich die von der EPA beantragten Mittel jedoch auf einen Betrag, der die Realisierung von lediglich acht Standards 1982 ermöglichte. Bei einer Rate von acht pro Jahr wird die EPA 50 Jahre benötigen, um die erforderlichen Zulassungsstandards für die über 400 chemischen Verbindungen in Pestiziden zu erstellen. (Die Fertigstellung eines Standards ist nur der erste Schritt in dem Prozess der »erneuten Zulassung«. Nach Erstellung eines Standards muss der Hersteller dann Untersuchungen durchführen – oftmals zwei- bis fünfjährige Studien – um die Datenlücken zu schließen. Sollte die EPA daraufhin den chemischen Stoff als gefährlich einstufen, ist sie verpflichtet, ein Aufhebungs- oder Aussetzungsverfahren einzuleiten, das weitere fünf bis acht Jahre in Anspruch nehmen kann. Ungeachtet der umfassenden Belege gegen 2,4,5-T war die EPA bislang nicht in der Lage, ein solches Verfahren in Bezug auf den Stoff innerhalb von 12 Jahren abzuschließen.)

Das gesamte Verfahren – Zulassung unter Auflagen, Erarbeitung eines Zulassungsstandards, das Schließen von Datenlücken und mögliche Anhörungen zu einer Aufhebung oder Aussetzung der Zulassung – kann gut und gerne den Großteil der Zeit dauern, in denen das betreffende Produkt Patentschutz genießt. Dazu kommt: Je länger ein chemischer Stoff mit einer Zulassung unter Auflagen vertrieben wird, desto stärker wiegt bei der endgültigen Entscheidung der Behörde der wirtschaftliche »Nutzen« (für die Hersteller und die Anwendenden) gegenüber den Risiken (für die Öffentlichkeit und die Umwelt).

»Das alles bedeutet schlicht und ergreifend, dass die Zulassung eines chemischen Stoffes durch die EPA gegenwärtig rein gar nichts über die Sicherheit eines Pestizids aussagt«, meint die Molekulargenetikerin Dr. Ruth Shearer. »Die Produktinformation der EPA enthält lediglich Angaben über die akute Toxizität des chemischen Stoffes und nicht über das krebserregende, erbgutverändernde bzw. Geburtsfehler verursachende Potenzial des fraglichen Stoffes. Diese

Risiken finden noch nicht einmal Berücksichtigung bei der Kennzeichnung. Daher ist die Genehmigung für die Verwendung eines Pestizids entsprechend der Produktinformation nicht gleichbedeutend damit, dass die Verwendung unbedenklich ist. Es bedeutet lediglich, dass die Verwendung rechtmäßig ist.«[29]

Der Bericht eines Unterausschusses des US-Senats von 1976 wird sogar noch deutlicher.

»Die EPA hat den Kongress, den Obersten Rechnungshof und die Öffentlichkeit in Bezug auf ihre Pestizidprogramme getäuscht«, heißt es in dem Bericht. Nach einer eingehenden Besprechung der Unzulänglichkeiten im Hinblick auf die Pestizidprüfungen beschuldigt der Bericht die EPA der Fahrlässigkeit. »Nichtsdestotrotz vermittelte die EPA immer wieder gegenüber Außenstehenden den Eindruck, dass die Zulassungen nach einem sorgfältigen Verfahren erfolgten«.[30] Vier Jahre später, im Jahr 1980, hieß es in einem Bericht des Obersten Rechnungshofes, mit dem Programm für die erneute Zulassung sei man »bereits jetzt im Verzug. Es gibt zahlreiche ungelöste strategische und verfahrenstechnische Probleme, die seinen Erfolg gefährden«.[31]

Die Pestizidindustrie ließ auf Peter von Stackelbergs Artikel hin verlauten, beim Fall IBT handele es sich lediglich um eine Ausnah-

29 Shearer, Dr. Ruth, Gespräch mit der Autorin.

30 Senatsbericht a. a. O. (28), S. 43. Die irreführenden Aussagen der EPA stellen offenbar ein andauerndes Problem dar: Im Verfahren Merrell v. Block legte die Regierung im April 1981 als zentrales Beweisstück eine Stellungnahme von IBT (»IBT Position Statement«) vor, die von Edwin L. Johnson sowie Vertreterinnen und Vertretern der Forstverwaltung und der US-Behörde zur Verwaltung staatseigener Landflächen (BLM) unterzeichnet war. In dem Dokument wurde behauptet, die IBT-Studien seien, ebenso wie die Ersatzstudien, evaluiert worden. Bei einer Anhörung zu der Frage, ob die EPA gezwungen sei, die Evaluierungen offenzulegen, erklärte der stellvertretende US-Staatsanwalt Thomas C. Lee: »… er möchte wenigstens irgendeine Bewertung aller Studien haben. Aber es liegt nun mal keine vor … Die Auswertungen der EPA sind noch nicht abgeschlossen.« 16.2.1982, Gerichtsprotokoll, Merrell v. J. R. Block, et al. (U.S.D.C. Oregon), Civil No. 81-6138-E, S. 19-20.

31 Bericht des Obersten Rechnungshofes 1980, Titelseite.

me, einen Einzelfall, der nicht für die Praxis der Prüfung chemischer Stoffe allgemein stehe. Der Vorsitzende der *Canadian Agricultural Chemicals Association*[32], A. D. St. Clair, erklärte öffentlich, IBT stelle eine Ausnahme dar; er habe keine Kenntnis von nennenswerten Problemen im Zusammenhang mit anderen US-Prüflabors.[33] St. Clair war bis kurz vor diesem Zeitpunkt in leitender Funktion für Diamond Shamrock tätig gewesen. Dem Unternehmen gehörte ein Prüflabor, bei dem im Rahmen einer EPA-Untersuchung so viele Probleme festgestellt wurden, dass die Behörde zu der Auffassung gelangte, dass »die Studien dieser Firma für regulatorische Zwecke inakzeptabel sind.«[34]

»Man hatte mir eine Stelle in Edmonton, in der kanadischen Provinz Alberta, angeboten«, so von Stackelberg, »Und das war mein ›Abschiedsgeschenk‹ in Regina. Ich habe St. Clair angerufen und ihn mit den Überprüfungsergebnissen der 82 Labore konfrontiert, u. a. desjenigen, das Diamond Shamrock gehörte. Am anderen Ende der Telefonleitung war es lange Zeit still. Ich fing an, aus den Berichten über die anderen Laborüberprüfungen vorzulesen. Schließlich sagte er: ›Ich bin schockiert. Wir hatten von all dem keine Ahnung‹.«

»Also ging der ganze Mist wieder von vorne los. Penman bombardierte die [kanadische] Regierung mit Fragen, und die Glaubwürdigkeit der chemischen Industrie war im freien Fall. Der Fall IBT schien sich zu wiederholen – nur 25 mal größer.«

»Die kanadische Regierung behauptet, sie habe noch nicht einmal etwas von den anderen Laboren gewusst. Das Problem ist: Die kanadische Umweltschutzbehörde verlässt sich voll und ganz auf die

32 Kanadischer Verband der agrochemischen Industrie [A. d. Ü.].

33 von Stackelberg, Peter. »IBT not an aberration; fraud widespread.« Regina (Saskatchewan) Leader-Post, 6.6.1981.

34 Johnson, Edwin L., stellvertretender Verwaltungsleiter der EPA für Pestizidprogramme. 7.11.1979, Kurzmitteilung »Health effects data quality status report« an Peter McGrath, Leiter der Abteilung für Gefahrenabschätzung, beigefügt der Bericht vom 19.10.1979 mit demselben Titel. (Peter von Stackelberg hatte unter Berufung auf das US-Informationsfreiheitsgesetz Zugang zu den Dokumenten erhalten.)

Testdaten aus den USA. In Kanada gibt es keinerlei kommerzielle oder firmeneigene Labore für die Prüfung von Pestiziden, und nur verdammt wenige für Arzneimittel. Als das alles rauskam, fühlte sich Kanada von den USA extrem hinters Licht geführt.«

»Die Industrie hat mir Technologiefeindlichkeit vorgeworfen … Es gehe mir darum, die Chemieunternehmen zu vernichten. Ich bin jedoch in diese ganze Sache reingeraten, ohne dass ich emotional in die eine oder andere Richtung tendierte. Ich hatte kein Problem mit der Chemieindustrie, wusste rein gar nichts über die Branche. Angefangen hat alles für mich mit den ungeheuerlichen Aussagen der Konzerne. Ich habe ihnen ihre Erklärungen einfach nicht abgekauft, also habe ich angefangen, selbst zu recherchieren. Als mir dann allmählich klar wurde, was da wirklich vor sich ging, nachdem ich mir ihren Bullshit angehört und die Statistiken gesehen hatte und auf die Opferzahlen gestoßen war, da wurde ich stinksauer.«

»Sie bezeichnen mich als sensationslüstern und voreingenommen, wenn ich ihre Lügen bloßstelle. Dabei habe ich nur das ausgegraben, was Sache war, und es allen mitgeteilt, die bereit waren zuzuhören. Sie konnten mir nie irgendwelche Falschdarstellungen nachweisen. Man muss den Leuten nicht sagen, was sie denken sollen. Man gibt ihnen einfach die Fakten; sie ziehen dann schon ihre eigenen Schlüsse. Mehr mache ich nicht.«

* * *

Im Juni 1981 wurden in Chicago vier ehemalige IBT-Mitarbeiter in Leitungsfunktionen von der Anklagejury eines US-Bundesgerichts wegen der Fälschung von Ergebnissen von Chemikalien- und Arzneimittelstudien zwischen 1969 und 1976 angeklagt: Joseph C. Calandra, der ehemalige Vorstandsvorsitzende und Unternehmensgründer, Moreno L. Keplinger, der ehemalige Leiter des Bereichs Toxikologie, James B. Plank, ehemaliger Direktionsassistent des Bereichs Toxikologie sowie Paul L. Wright, ehemaliger Leiter der Sektion Rattentoxikologie. (Wright, der diese Position bei IBT von

März 1971 bis September 1972 innehatte, ist seit Oktober 1972 für Monsanto als Leiter des Bereichs Toxikologie in Monsantos Unternehmensbereich Medizin und Umweltgesundheit tätig.[35] Die Zulassung von Monsantos Herbizid Roundup basierte fast ausschließlich auf Daten von IBT.)

Die vier Männer wurden der Fälschung von Berichten für die FDA und EPA angeklagt, insbesondere der Vortäuschung von Ergebnissen zweier Krebsstudien mit dem Herbizid Sencor und dem Insektizid Nemacur (hergestellt von Chem-Agro, einer Tochtergesellschaft der Mobay Chemical Corporation).

Laut Anklage verschleierten die Mitarbeiter den Umstand, dass TCC (Triclocarban, ein Produkt von Monsanto, das in desodorierenden Seifen verwendet wird) bei Untersuchungen an Mäusen in der niedrigsten getesteten Dosis zu Hodenatrophie führt.[36] Darüber hinaus erfanden sie – so die Anklageschrift – Befunde von Blut- und Urinuntersuchungen, die niemals für Naprosyn, ein Mittel der Syntex Corporation gegen Arthritis, durchgeführt worden waren.

Naprosyn, TCC, Nemacur und Sencor sind weiterhin zugelassen und auf dem Markt. Ende Oktober 1981 empfahl die kanadische Regierung ein Verbot der Anwendung und des Verkaufs von sechs Pestiziden, die auf der Grundlage von IBT-Studien zugelassen worden waren und sprach sich dafür aus, bei 34 Pestiziden, u. a. Roundup, Warnhinweise in die Produktinformation aufzunehmen.[37] Die US-Umweltschutzbehörde hat bis dato noch bei keinem einzigen von

35 »Nalco Chemical unit ex-officials charged with faking lab data.« The Wall Street Journal vom 23.6.1981, S. 21; Merrell, a. a. O. (263).

36 Könnte TCC das mysteriöse Surfactant im Herbizid Roundup sein? Von der Haar, et al. (Fußnote 9, op. cit.) berichtete von FDA-Erkenntnissen dahingehend, dass die Wirkungen von TCC Hodenläsionen, Leberschädigungen bei den Nachkommen, Hirnschädigungen und Milzschädigungen umfassten – Wirkungen, die meist für das mysteriöse Surfactant beobachtet wurden. Merrell, Paul, Artikel über Roundup, a. a. O. (263). Laut Von der Haar und Mitarbeitern findet sich TCC in den desodorierenden Seifen der Marken Zest, Palmolive Gold, Coast, Safeguard, Dial und Irish Spring.

37 Health Protection Branch, Health and Welfare Canada, Ottawa. »Current recommendations on IBT pesticides: Press packet«, 19.10.1981.

IBT getesteten chemischen Stoff vor der Anwendung in irgendeiner Form gewarnt.

Über die Produkte, die von anderen Laboren getestet wurden, wissen wir gar nichts, und die EPA hält sich bedeckt. Selbst innerhalb der Regierung gibt es erhebliche Zweifel bezüglich der Qualität und Vollständigkeit der EPA-Überprüfungen toxikologischer Daten. Dr. Adrian Gross, ein Veterinärpathologe der FDA, stellte zumindest bei einer EPA-Auswertung einer Studie zum Pestizid Permethrin ebenso schwerwiegende Mängel fest wie bei der Studie selbst. Gross bezeichnete die Überprüfung durch die EPA als »unsäglich« und überprüfte die EPA-Auswertung persönlich. Sein 72-seitiger Bericht belegt, dass die EPA »die Gefährdung um das Drei- bis Vierfache zu niedrig bewertet« hatte.[38] Er kam zu dem Schluss, dass äußerst gravierende Probleme im Zusammenhang mit der experimentellen Untersuchung von Prüferinnen und Prüfern der EPA nicht bemerkt worden seien und das Pestizid um ein Vielfaches karzinogener (krebserregender) sei als in der ›oberflächlichen und mangelhaften‹ EPA-Bewertung angegeben. Bei der Beurteilung des Risikos für Lebertumoren stellte Dr. Gross fest, dass sowohl die anmeldenden Unternehmen als auch die EPA-Prüferinnen und -Prüfer statistische Daten einer Vielzahl von Tieren berücksichtigt hatten, die bereits vor dem möglichen Auftreten derartiger Tumoren gestorben waren. Bei diesen toten Tieren von einem ›Risiko für die Entwicklung von Lebertumoren‹ auszugehen, so die Schlussfolgerung von Dr. Gross, sei so, als sei man »der Überzeugung, die beste Möglichkeit, im hohen Alter eine Krebserkrankung zu vermeiden, bestünde darin, sich in jungen Jahren vor einen fahrenden Bus zu werfen.«

Auf der Grundlage dieser fehlerhaften Auswertung wurde Permethrin 1980 im Rahmen einer sofortigen Ausnahmegenehmigung

38 Gross, Dr. M. Adrian. 19.1.1981, Schreiben an Patricia Critchlow, Sekretariat der Abteilung für die Genehmigung von Pestizidprogrammen bei der US-amerikanischen EPA mit einer 73-seitigen Auswertung im Anhang. Das Dokument demonstriert beispielhaft, was sich durch eine detaillierte wissenschaftliche Überprüfung erreichen lässt.

(*Emergency Exemption*) zur großflächigen Anwendung auf Getreidefeldern in mehreren US-Bundesstaaten zugelassen. Die experimentelle Untersuchung, der Gross »schwerwiegende Mängel« bescheinigte, wurde von Biodynamics, Inc. durchgeführt – einem privaten Prüflabor, das von der EPA überprüft und mit dem Vermerk »Keine Beanstandungen« (*No Action Indicated*) genehmigt worden war.[39] Das vernichtende Urteil von Dr. Gross schürt Zweifel an der Integrität des Labors sowie an der Seriosität der EPA-Überprüfungen.

Zu Unklarheiten bezüglich der Wirkungen bestimmter chemischer Verbindungen kommen erschwerend noch größere Unklarheiten über kombinierte, additive oder verstärkte (synergistische) Wirkungen chemischer Stoffkombinationen hinzu. Die Milliarden Pfunde von Pestiziden, die Jahr für Jahr[40] in den USA ausgebracht werden, finden sich konzentriert in den Nahrungs- und Faserpflanzen der ganzen Nation wieder.

»Die Wahrheit ist, dass die Körpergewebe jeder einzelnen US-Bürgerin und jedes einzelnen US-Bürgers nun in einem gewissen Maß mit Pestiziden belastet sind«, erläutert Dr. Doutt.[41] »Falls die EPA die Langzeiteffekte dieser Pestizide – sowohl der Stoffe für sich genommen als auch im Zusammenwirken mit anderen Pestiziden, Arzneimitteln, Industriechemikalien, radioaktiver Strahlung oder anderen Toxinen – kennt, tut die Behörde ihr Bestes, der Öffentlichkeit dieses Wissen vorzuenthalten.«[42]

---

39 Johnson, Edwin L., Deputy Assistant Administrator, U.S. EPA Office of Pesticide Programs. Brief an Carrie Longyear vom 30. Januar 1976.

40 Schätzwerte für eine verstärkte Anwendung siehe Bericht des Unterausschusses im US-Senat, a. a. O. (28) S. 3.

41 Doutt a. a. O. (280).

42 Es hat zumindest den Anschein, dass die Behörde an vorliegenden Erkenntnissen über die Wirkungen von Pestiziden nicht interessiert ist. In Anbetracht des wachsenden öffentlichen Interesses am IBT-Überprüfungsprogramm entschied Edwin L. Johnson: »Wir werden keine Studie von IBT überprüfen, wenn der/die Anmeldende eines Stoffes ersatzweise eine geeignete Studie vorgelegt hat, vorlegt oder zustimmt, eine solche vorzulegen und damit einver-

Die EPA ist darüber hinaus nicht bereit, der Öffentlichkeit mitzuteilen, wer für den Betrug verantwortlich ist. Der stellvertretende Verwaltungsleiter Edwin L. Johnson räumte ein, dass »eine wachsende Zahl von Belegen darauf schließen lässt, dass die »Auftraggeber … [der Studien zur Gesundheit und Sicherheit der Pestizide] … vorher Kenntnis über diese Praktiken (das Fälschen von Daten) hatten«. In derselben EPA-internen Kurzmitteilung schrieb Johnson: »Ich weiß, dass Sie meine tiefe Besorgnis im Hinblick auf die schwerwiegenden regulatorischen Konsequenzen dieser jüngsten Erkenntnisse über die Fälschung von Daten, auf deren Grundlage aufsichtsbehördliche Entscheidungen auf nationaler und internationaler Ebene getroffen wurden, teilen.«[43] Ob sich diese tiefe Besorgnis auf die Öffentlichkeit oder auf seine persönliche Reputation bezieht, sagt Johnson nicht.

Die Regulierung von Pestiziden hat sich vorsätzlich oder unbeabsichtigt zu einer grausamen Lüge gegenüber einer gutgläubigen Öffentlichkeit entwickelt. In den abgelegenen, unbelasteten Landschaften unserer Staatsforste sind Menschen unfreiwillig zu Versuchstieren bei Experimenten der Bundesbehörden mit Giften geworden, deren Zulassung auf betrügerische Art und Weise erfolgte.

---

standen ist, dass diese IBT-Studie als unzulässig für die Zwecke einer künftigen Zulassung erklärt wird … Studien, die aufgrund einer fehlenden Validierung durch den Auftraggeber als unzulässig eingestuft werden, aber bis dato noch keine Auswertung möglicher unerwünschter Wirkungen stattgefunden hat, werden nicht mehr auf unerwünschte Wirkungen hin überprüft.« Johnson, Edwin L., stellvertretender EPA-Verwaltungsleiter für Pestizidprogramme. 29.4.1982, Standardschreiben an Anmelder chemischer Stoffe. (Dokumenteneinsicht durch Paul Merrell unter dem US-Informationsfreiheitsgesetz.)

43 Johnson, Edwin L. (ebd.) Undatiertes »Memorandum of concern regarding the regulatory follow-up of the IBT audit at Decatur« an A. E. Conroy II, Leiter des Geschäftsbereichs Rechtsdurchsetzung Pestizide und Toxische Substanzen, US-EPA. Das Dokument wurde im Verfahren Merrell v. J. R. Block sichergestellt, bevor die Regierung eine einstweilige Verfügung zur Unterbrechung der Ausforschung bis zur Entscheidung über die Anträge auf ein Urteil im abgekürzten Verfahren beantragte und diese gewährt wurde.

Die Five Rivers Gesundheitsstudie

Die zentralen Probleme durch die Umweltverschmutzung wurden nicht im Labor vorhergesagt. Fest eingebunden im starren Korsett des Positivismus, weigert sich die Wissenschaft in weiten Teilen, die Warnhinweise auf der Basis von Indizien oder Wechselbeziehungen anzuerkennen, und wartet stattdessen auf »wissenschaftliche Nachweise«, die ausschließlich anhand von Ursache-Wirkungs-Beziehungen etabliert werden.

Frank Graham

Während die indirekten Hinweise auf Wirkungen von Pestiziden aus der Bevölkerung, die diesen Stoffen ausgesetzt wurden, von Forschung, Industrie und Regierungsbehörden weitgehend ignoriert oder abgetan worden sind, treffen diese Stellen weiterhin Entscheidungen auf der Grundlage bekanntermaßen unzulässiger Labordaten. Man geht also so lange davon aus, dass Pestizide sicher sind, bis eklatante Nachweise für schädliche Auswirkungen auf Menschen das Gegenteil belegen. Selbst ein so drastischer Beleg wie die Alsea-Studie genügte lediglich für die symbolische »Aussetzung« einiger Anwendungszwecke von 2,4,5-T durch die US-Umweltschutzbehörde EPA. Nachfolgende gerichtliche Anhörungen mündeten in Geheimverhandlungen zwischen der EPA und der Dow Chemical Company, die einen Abschluss – bzw. eine Offenlegung – der Nutzen-Risiko-Analyse faktisch verhinderten. Weitere Belege für negative Auswirkungen auf die menschliche Gesundheit von Herbiziden, die im Siuslaw National Forest zwischen 1979 und 1981 untersucht wurden, hat das gleiche beunruhigende Schicksal ereilt.

Nach der sofortigen Aussetzung der Anwendungsgenehmigung für 2,4,5-T ersetzte die Forstbehörde die Substanz bei ihren Sprüheinsätzen im Siuslaw Staatsforst im Frühjahr 1979 durch 2,4-D und Picloram. Obgleich sie die Aussetzung der Genehmigung für 2,4,5-T begrüßte, war die Bevölkerung von Five Rivers im Hinblick auf die Sprüheinsätze dieses Frühjahres erschüttert. Es war allgemein bekannt, dass 2,4-D zusammen mit 2,4,5-T und Silvex auf dem Gebiet der Alsea-Studie – zu dem Five Rivers gehört – versprüht worden war. Die EPA lieferte zu keinem Zeitpunkt eine plausible Erklärung dafür, dass die Fehlgeburten und andere gesundheitliche Auswirkungen, über die in der Studie berichtet wurde, lediglich auf das Dioxin, nicht aber auf die Herbizide selbst zurückgeführt wurden. Die Forstbehörde beabsichtigte, 1979 Flächen zu sprühen, die eine Meile oder weniger von Wohnhäusern entfernt lagen. Dies schloss die Wassereinzugsgebiete mehrerer privater Haushalte ein.

Bewohnerinnen und Bewohner von Five Rivers teilten ihre Bedenken der Forstbehörde im Mai bei einem öffentlichen Treffen mit dem Bezirksranger Ned Davis mit. Sie erinnerten ihn daran, dass die Forstbehörde bis zur Aussetzung der Genehmigung von 2,4,5-T und Silvex durch die EPA hartnäckig immer wieder behauptet hatte, die Chemikalien seien unbedenklich. Wie die Öffentlichkeit – so fragten sie ihn – ähnlichen Aussagen der Forstbehörde über andere chemische Verbindungen denn noch Glauben schenken könne?[1] Davis blieb in seinen Antworten auf die Fragen der Menschen vage, zeigte sich jedoch in Bezug auf die Wasserversorgung einzelner Betroffener durchaus besorgt. Er notierte sich die Standorte aller Trinkwasserquellen in den vorgesehenen Sprühgebieten, die ihm von Ortsansässigen auf einer Landkarte gezeigt wurden und versicherte den Anwesenden, dass die Sprühpläne überarbeitet würden, um eine Kontaminierung ihrer Wasserversorgung zu vermeiden.

1 Bewohnerinnen und Bewohner von Five Rivers. Schreiben vom 9.5.1979 an den Ranger-Bezirk Alsea, Siuslaw National Forest, USDA Forest Service.

Vier Tage später allerdings, als die Sprüheinsätze begannen, wurden die Wassereinzugsgebiete, die man Davis gezeigt hatte, zusammen mit allen anderen geplanten Flächen besprüht. In den Wochen danach kam es bei drei der fünf Schwangeren im Tal zu Fehlgeburten.[2]

Im Juli 1979 trafen sich die drei Frauen mit Nachbarinnen, bei denen nach den Sprüheinsätzen gesundheitliche Probleme aufgetreten waren. Gemeinsam setzten sie ein Schreiben auf, das sie an die EPA, die Forstbehörde und das Gesundheitsamt von Lincoln County schickten:

> Sehr geehrte Damen und Herren,
> wir sind Bewohnerinnen von Five Rivers, einer Gemeinde mit rund 50 Familien im Stromgebiet des Alsea-Flusses im Küstengebirge West-Oregons.
>
> In diesem Frühjahr versprühte die US-Forstbehörde in unserem Tal und angrenzenden Gebieten 2,4-D und Tordon 101 (ein Gemisch aus 2,4-D und Picloram) auf einer Waldfläche von etwa 300 ha. Dabei wurde vor allem 2,4-D mit ca. 15 Litern pro Hektar auf rund 284 ha weiträumig ausgebracht, und das Gemisch aus 2,4-D und Picloram wurde mit rund 38 Litern pro Hektar auf über 52 ha gesprüht. Die Sprüheinsätze fanden vom 12. Mai bis zum 5. Juni statt. Zwischen dem 25. Mai und dem 12. Juli kam es bei drei der lediglich fünf Frauen im Tal, bei denen eine Schwangerschaft bekannt war, zu einem Spontanabort. Alle drei Frauen befanden sich im ersten Schwangerschaftsdrittel und wurden ärztlich behandelt. Die beiden Frauen, die keine Fehlgeburt erlitten, befanden sich in einer späteren Phase der Schwangerschaft. Die erste Fehlgeburt erfolgte am 25. Mai, die zweite am 27. Mai und die dritte am 2. Juli. Alle drei Frauen leben im Umkreis von einer Meile der intensiv besprühten Landflächen.

2 Zwei weitere Frauen hatten in diesem Zeitraum eine Fehlgeburt. Da sie jedoch nicht stationär behandelt wurden, fehlten offizielle Unterlagen, die zur »Dokumentation« der Fehlgeburten unerlässlich waren.

Seit dem 12. Mai sind bei den Menschen, die in unserem Tal leben, erhebliche und sehr beunruhigende gesundheitliche Veränderungen aufgetreten. Vor allem zu nennen sind die häufigen Atemwegs- und Magen-Darmerkrankungen in fast allen Familien. Bei mehreren Frauen kam es zu Uterusblutungen, die nicht im Zusammenhang mit einer Schwangerschaft standen. Kinder und Erwachsene leiden unter Zahnfleisch- und Nasenbluten, und bei einer Reihe von Frauen sind bakterielle Vaginalinfektionen aufgetreten. Zehn Kinder und drei Erwachsene leiden an einer nicht diagnostizierten Krankheit, die sich hauptsächlich durch Fieber auszeichnet. Bei zwei Kindern und zwei Erwachsenen trat ein Hautausschlag unbekannter Ursache auf, für den die Ärzte keine Erklärung fanden, und am 9. Juli erkrankte ein zweijähriges Kleinkind an Meningokokken-Meningitis, die es nur knapp überlebt hat. Es befindet sich noch immer in stationärer Behandlung.

Dies ist beileibe keine vollständige Bestandsaufnahme des Gesundheitszustands der Menschen in unserer Gemeinde, sondern lediglich eine kurze Liste der gesundheitlichen Probleme in den Familien in unserem Bekanntenkreis. Bei einer Einwohnerzahl wie der unsrigen ist eine derartige Häufung von Erkrankungen in einer bis dato gesunden Bevölkerung innerhalb so kurzer Zeit extrem alarmierend, insbesondere für die Menschen hier vor Ort. Man kann das Ganze kaum … als reinen Zufall betrachten, und das einzige belastende Ereignis, dem die gesamte Bevölkerung hier vor Ort ausgesetzt war, ist die Exposition gegenüber den versprühten Herbiziden.

Wir fordern nachdrücklich, das Versprühen dieser Herbizide zu stoppen, bis ihre Unbedenklichkeit zweifelsfrei nachgewiesen ist, und die Fehlgeburten und den Gesundheitszustand der Bevölkerung unverzüglich zu untersuchen. Mehrere Familien haben sich aufgrund der gesundheitliche Beeinträchtigungen seit den Sprüheinsätzen hoch verschuldet, und wir können uns die Probleme, die mit jedem Einsatz dieser Herbizide erneut auftreten, schlichtweg nicht leisten. Die Zeit drängt. Der Preis für unsere derzeitige staatliche Forstpolitik ist das Leben unserer Kinder.«[3]

Die Frauen fügten ihrem Schreiben eine tabellarische Aufstellung der Sprüheinsätze mit Datums- und Ortsangabe, Sprühfläche, den verwendeten Herbiziden sowie den Datumsangaben der Fehlgeburten bei. Die Gesundheitsbehörde von Lincoln County reagierte prompt auf vorbildliche Art und Weise. Am 16. Juli[4] lancierte die zuständige Bezirksbehörde im Gebiet Five Rivers eine Gesundheitsstudie. Es fand ein Treffen mit Ortsansässigen statt, und es wurde ein Fragebogen zum Gesundheitszustand konzipiert, den diese ausfüllen sollten. In Anbetracht der Befürchtungen im Zusammenhang mit dem plötzlichen Auftreten von Hirnhautentzündung nahm das Gesundheitsamt außerdem Blut- und Urinproben sowie Rachenabstriche von allen Anwohnerinnen und Anwohnern, die eine entsprechende Untersuchung wünschten.

Bis Mitte August wurde ein zweites Kind mit lebensbedrohlicher Meningitis ins Krankenhaus eingeliefert. Die Forstbehörde verkündete den baldigen Beginn ihrer Herbst-Sprühkampagne mit Krenite und Roundup. Indes hatten die Frauen auf ihr Schreiben noch keine Antwort von der EPA erhalten. Am 14. August schrieben sie einen zweiten Brief an den Verwaltungsleiter der EPA, Douglas Costle. Darin wiederholten sie ihre Bedenken in Bezug auf die gesundheitlichen Gefahren und brachten ihre Besorgnis im Hinblick auf die Herbst-Sprühkampagne unter Verwendung von Herbiziden zum Ausdruck, »über die man noch weniger weiß als über 2,4-D oder Picloram.«[5]

---

3 Anwohnerinnen von Five Rivers. Schreiben vom 17.7.1979 an die US-Umweltschutzbehörde, die US-Forstverwaltung und das Gesundheitsamt von Lincoln County. (Dasselbe Schreiben ging noch an weitere Behörden.)

4 Die Gesundheitsbehörde von Lincoln County begann, nachdem sie von dem Problem telefonisch erfahren hatte, mit der Studie, noch bevor das Schreiben vom 17. Juli per Post verschickt wurde.

5 Anwohnerinnen von Five Rivers. Schreiben vom 14.8.1979 an Douglas Costle, den Verwaltungsleiter der US-Umweltschutzbehörde EPA.

»Wir begrüßen die Aktivitäten der EPA und ihre retrospektive Untersuchung der gesundheitlichen Auswirkungen von 2,4,5-T und Silvex«, so die Verfasserinnen. »Dies ist eine notwendige und wichtige Aufgabe. Wir leiden jedoch auch unter den Wirkungen anderer zugelassener Chemikalien und können keine weiteren fünf Jahre darauf warten, dass uns die EPA vor diesen schützt ... Wir erwarten, dass uns die EPA jetzt sofort vor aktuell zugelassenen chemischen Stoffen schützt, die unsere eigene Generation und künftige Generationen unbekannten Risiken aussetzen.«

Eine Woche, nachdem sie ihr zweites Schreiben abgesendet hatten, erhielten die Frauen von der EPA eine Antwort auf ihren ersten Brief, mit der ihnen mitgeteilt wurde, dass die EPA, das Gesundheitsministerium des US-Bundesstaates Oregon und die Gesundheitsbehörde von Lincoln County in Kooperation mit dem Epidemiologischen Studienprogramm (ESP) der University of Colorado eine Untersuchung der Probleme in Five Rivers durchführten. Das Colorado ESP hatte bereits im Auftrag der EPA epidemiologische Untersuchungen im Rahmen der früheren Alsea-Studie koordiniert.[6] Etwa zu der Zeit, als das Schreiben der EPA eintraf, besuchte ein Forschungsteam des ESP Five Rivers, führte Gespräche mit den Frauen, die Fehlgeburten erlitten hatten und nahm Wasser- und Sedimentproben vor Ort. Laut dem Schreiben sollten die Proben auf Rückstände von 2,4-D, Picloram, 2,4,5-T, Silvex und TCDD hin analysiert werden.

Ungeachtet ihrer Bereitschaft, derartige Untersuchungen durchzuführen, schien die EPA jedoch offensichtlich nicht geneigt, die Forstbehörde davon zu überzeugen, ihre Herbst-Sprühkampagne einzuschränken. Am 29. August ersuchte Dr. Barbara Wood, die Gesundheitsdezernentin von Lincoln County, den Ausschuss der County Commissioner in einem Schreiben, bei der Forstbehörde einen Aufschub der Sprühkampagne zu erwirken. Nachdem sie die

6 Davido, Frank L., Beauftragter der US-Umweltschutzbehörde EPA für die Reaktion auf Pestizidvorfälle. Schreiben an Melyce Connelly, Five Rivers, vom 16.8.1979.

Fragebögen der Bewohnerinnen und Bewohner von Five Rivers gesichtet hatte, schrieb sie:

> Die vorläufige Auswertung weist auf [...] einen eindeutigen Anstieg respiratorischer und gastrointestinaler Störungen hin sowie auf eine Zunahme von Vaginalblutungen. Nach dem Versprühen von 2,4-D in der zweiten Maihälfte wurden drei Fehlgeburten berichtet.
>
> Ich halte es für angebracht, in diesem Gebiet und im gesamten Lincoln County eine eingehende epidemiologische Untersuchung zum Einsatz von Herbiziden durchzuführen, da zum jetzigen Zeitpunkt nicht zweifelsfrei davon ausgegangen werden kann, dass Herbizide nicht gesundheitsschädlich sind. Hiermit fordere ich den Ausschuss der County Commissioner von Lincoln County auf, die US-Forstbehörde zu ersuchen, [...] die geplanten Sprühflüge mit den Herbiziden »Roundup« und Krenite zunächst zu verschieben. Weiterhin fordere ich den Ausschuss auf, Planungen für die Untersuchung der Inzidenz und der Auswirkungen des Herbizideinsatzes auf den Weg zu bringen.[7]

Am Tag darauf ersuchte der Ausschuss der County Commissioner von Lincoln County die US-Forstbehörde schriftlich unter Beifügung des Schreibens von Dr. Wood um einen Aufschub der Sprühkampagne im Herbst.[8] Der Forstaufseher des Siuslaw Forest, Larry Fellows, lehnte es ab, diesem Ersuchen nachzukommen und berief sich darauf, bei der Studie in Lincoln County gehe es um Phenoxyherbizide, die bei der Sprühkampagne im Herbst nicht zum Ein-

7 Wood, Dr. Barbara A., Leitende Gesundheitsbeamtin von Lincoln County. Schreiben vom 29.8.1979 an das Lincoln County Board of Commissioners. Paul Merrell erhielt dieses Dokument vom Siuslaw National Forest unter Berufung auf das US-Informationsfreiheitsgesetz.

8 Lincoln County Commissioners. Schreiben vom 30.8.1979 and die US-Behörde zur Verwaltung staatseigener Landflächen (BLM), den Siuslaw Staatsforst und die Forstverwaltung des US-Bundesstaates Oregon. (Paul Merrell erhielt nach dem US-Informationsfreiheitsgesetz über den Siuslaw Staatsforst Zugang zu diesem Dokument.)

satz kämen. Weiterhin verwies er darauf, dass die Forstverwaltung an dem Forschungsvorhaben mit dem Colorado ESP und der EPA »zur Überprüfung und Überwachung der Herbst-Sprühkampagne« beteiligt sei.[9] Weder die Menschen aus Five Rivers, noch die zuständigen Bezirksbeamtinnen und -beamten waren in der Lage, die Sprühkampagne im Herbst zu verhindern. Somit stellte die Versicherung, die Auswirkungen der Herbizide auf ihre Gesundheit würden »überprüft und überwacht«, nur einen schwachen Trost dar. (Laut einem Zwischenbericht der EPA vom 4.10.1979 »ist eine Fortsetzung der Zusammenarbeit mit den Behörden in Form einer Unterstützung bei der Verteilung des zweiten Fragebogens im November, nach Beendigung der laufenden Sprühsaison, geplant. Besonderes Augenmerk werden wir auf Schwangerschaften und Spontanaborte sowie auf das etwaige Auftreten gesundheitlicher Auswirkungen nach Versprühen von Roundup und Krenite legen«.)[10]

Am 2. November 1979, nachdem die Forstverwaltung ihre Herbst-Sprühkampagne abgeschlossen hatte, antwortete der stellvertretende EPA-Leiter für Pestizidprogramme Edwin L. Johnson auf das zweite Schreiben der Frauen aus Five Rivers. In einem extrem langen Brief an Melyce Connelly gab er einen Überblick über die Gesundheitsstudie, welche die EPA in Kooperation mit dem Epidemiologischen Studienprogramm der University of Colorado und der lokalen Gesundheitsbehörde durchführte und erläuterte die Analyse der vor Ort genommenen Proben auf Rückstände von 2,4-D, Picloram, 2,4,5-T, Silvex und Dioxin.

»Wir hoffen, mit dieser Untersuchung der Gesundheitsprobleme im Gebiet Five Rivers, auf die Sie uns aufmerksam gemacht haben,

---

9 USDA Siuslaw National Forest. Pressemitteilung vom 4.9.1979.

10 Miller, Dr. Charles W., Feldstudien-Koordinator, Programm für Umweltuntersuchungen, Abteilung für Risikobewertung (H.E.D.), US-Umweltschutzbehörde, 4.10.1979, »Status Report – Five Rivers, Oregon« an Davido, Frank, a. a. O. (316), (Paul Merrell erhielt nach dem US-Informationsfreiheitsgesetz über die US-Umweltschutzbehörde Zugang zu diesem Dokument.)

klären zu können, ob der scheinbar rechtmäßige Routine-Einsatz von Pestiziden zu einer gesundheitsgefährdenden Pestizidexposition der ortsansässigen Bevölkerung führt«, so Johnson. Er beschrieb das Verfahren der EPA zur Nutzen-Risiko-Abwägung bei der Zulassung von Pestiziden und deutete an, den Frauen aus Five Rivers gehe es um »andere, weitergehende regulatorische Maßnahmen gegen Pestizide als jene, [...] zu denen die EPA rechtlich befugt ist.«

»Wir bitten um Ihr Verständnis dafür«, schließt Johnson, »dass einerseits laut Gesetz zwar die ›Beweislast‹ für den Nachweis, dass die von einem Pestizid ausgehenden Risiken vertretbar sind, beim Anmelder (Hersteller) liegt, die EPA aber auf der anderen Seite nur mit hinreichender Begründung Schritte einleiten kann, um ein Pestizid vom Markt zu nehmen. Daher muss eine nicht vertretbare Gefährdung eindeutig nachgewiesen sein, damit die EPA die Zulassung eines angemeldeten Pestizidpräparats aussetzen oder aufheben kann.«[11]

»Mit anderen Worten«, so meinte Melyce Connelly, »sagt er, dass es nicht in ihren Händen liege, man also einem Stoff, sobald er zugelassen ist, die Zulassung nicht wieder entziehen kann. Die EPA verlässt sich darauf, dass sie von den Chemieunternehmen über ›Risiken‹ informiert wird, vertraut jedoch nicht den Menschen, die vergiftet werden. Ohne ›eindeutige Beweise‹ wird gar nichts passieren. Wir müssen wohl erst alle tot auf ihrem Untersuchungstisch liegen, bevor sie uns glauben oder irgendwelche Maßnahmen ergreifen.«

Ed Johnson, der Verfasser des Schreibens an Melyce Connelly, hatte »eine äußerst aktive Rolle im Rahmen des Labor-Überprüfungsprogramms (der EPA) und insbesondere bei Fragen im Zusammenhang mit Industrial Bio-Test Laboratories (IBT) gespielt« (siehe Kapitel 12).[12] Aufgrund seiner Verstrickung in den Betrugs-

---

11 Johnson, Edwin L. Schreiben vom 2.11.1979, an Melyce Connelly, Five Rivers.

12 Zusammenkunft mit der US-EPA im Howard Johnson Motor Inn, a.a.O. (282), S. 3.

fall bei IBT wusste er sehr wohl, dass die Bedenken der Frauen aus Five Rivers durchaus berechtigt sein könnten und die EPA in der Tat nicht über die entsprechende Kenntnis der Wirkungen von Pestiziden verfügte, um die Berichte der Betroffenen einordnen zu können. Picloram und 2,4-D, die bei der Sprühkampagne im Frühling in den Waldgebieten zum Einsatz kamen, gehörten zu jenen chemischen Stoffen, die von IBT analysiert worden waren. Dasselbe galt für die Herbizide Roundup und Krenite, deren Ausbringung bei der Herbst-Sprühkampagne der Forstverwaltung die Frauen mit ihrem Schreiben an die EPA unbedingt verhindern wollten.

Faktisch deutete Johnson in seinem Schreiben an, dass die EPA-Untersuchung der Gesundheitsprobleme in Five Rivers eben jenen »eindeutigen Nachweis für ein nicht vertretbares Risiko« liefern könne, den die Behörde benötigte, um Maßnahmen zu ergreifen. In einer Rede vor dem Umweltforum der Forstwirtschaft in Washington, D.C., die er in Kopie seinem Schreiben beifügte, hatte Johnson die Bedeutung tierexperimenteller Untersuchungen für die Abschätzung einer Gefährdung von Menschen durch eine Pestizidexposition unterstrichen. Darin heißt es:

»Eine verantwortungsvolle Verwaltung kann und wird nicht abwarten, bis Auswirkungen auf Menschen zu beobachten sind.« Nachgewiesene Wirkungen auf den Menschen »müssen als Beleg für das Scheitern eines Programms eingestuft werden, nicht für dessen Erfolg, weil wir die Probleme in den Griff hätten bekommen müssen, bevor sie in großem Maßstab in der Bevölkerung zutage treten.«[13]

Die Gesundheitsstudie zur Mutagenität im Gebiet von Five Rivers kann vor dem Hintergrund dessen, was die EPA und Johnson über IBT und andere Testlabors zum Zeitpunkt des Schreibens von Johnson an Melyce Connelly wussten, durchaus als Beleg für das »Scheitern eines Programms« bezeichnet werden. Eine Woche,

13 Johnson, Edwin L. Vortrag am 13.6.1979 vor dem Forest Industry's Environmental Forum, Anlage zum Schreiben an Melyce Connelly vom 2.11.1979.

nachdem er das o. g. Schreiben verfasst hatte, brachte Johnson seinen Statusbericht über die Qualität von Testlaboren in der EPA in Umlauf, der bei über der Hälfte der geprüften Laboratorien gravierende Probleme bei Testungen aufzeigte.[14] Am 5. Dezember des Vorjahres (1978) hatte Johnson eine Mitteilung zum US-Bundesregister herausgegeben, in der Toleranzwerte für Rückstände des Herbizids Roundup für eine Vielzahl landwirtschaftlicher Roherzeugnisse festgelegt wurden. Laut dieser Mitteilung hatte die EPA die von Monsanto vorgelegten Daten ausgewertet, und obwohl zahlreiche »wünschenswerte Studien nicht vorliegen oder wiederholt werden müssen« – u. a. Untersuchungen über Geburtsfehler, Krebserkrankungen und Mutationsstudien –, wurden die Toleranzwerte von der EPA genehmigt.[15]

Interessant in Bezug auf die Genehmigung der Toleranzwerte ist der Umstand, dass sämtliche Studien, die in der Mitteilung zum US-Bundesregister aufgeführt sind, von IBT durchgeführt worden waren. Dokumenten zufolge, die von der kanadischen Regierung 1981 veröffentlicht wurden, fiel die Beurteilung praktisch all dieser Studien vernichtend aus.[16] Wenn es stimmte, dass die EPA damals (1978) diese Studien »evaluiert« hatte, wie es Johnson in seiner Mitteilung behauptete, war der Behörde sehr wohl bewusst, dass die Toleranzwerte für Rückstände von Roundup in Nahrungsmitteln auf nicht ordnungsgemäßen bzw. nicht existenten tierexperimentellen Untersuchungen basierten.

Inkonsistente Testdaten zu den Herbiziden 2,4-D und Picloram waren im Juli 1979 Gegenstand eines Vortrags von Dr. Melvin Reuber vom US-Krebsforschungsinstitut bei einem Symposium über Pestizide in Portland, Oregon. Dr. Reuber war von einem Unterausschuss des US-Senats beauftragt worden, die Testdaten zu überprü-

14 U.S. EPA 2,4-D Fact Sheet (auch als *EPA's 2,4-D Position Document* bekannt) vom 24. Juli 1981. Siehe auch Federal Register 43:17118 vom 21. April 1978 zu aktuelleren Daten über die 2,4,5-T Produktion.

15 U.S. EPA Notice. Federal Register 43(234):57000, 5.12.1978.

16 Pressedossier des Health Protection Branch Canada a. a. O. (300).

fen, die Dow Chemical im Rahmen des Zulassungsantrags für 2,4-D und Picloram eingereicht hatte. Er stellte fest, dass die Schlussfolgerung von Dow, der chemische Stoff sei nicht krebserregend, durch die Rohdaten zu 2,4-D nicht gestützt wurde und dass keine Rohdaten vorlagen, die die Behauptung des Konzerns stützte, auch bei Picloram bestehe ein solches Risiko nicht.[17]

Die EPA – oder zumindest der stellvertretende Verwaltungsleiter Edwin Johnson – kannte die Größenordnung dieser »Mängel« bei Prüfungen sehr genau, als Anwohnerinnen aus den Waldgebieten über die Ereignisse in Five Rivers 1979 berichteten und sich hilfesuchend an die Behörde wendeten. Verständlicherweise hatte die EPA ein Interesse daran, die Gesundheitsprobleme in Five Rivers zu untersuchen. Hierdurch bot sich die Gelegenheit festzustellen, inwieweit die EPA mit ihren regulatorischen Verfahren – wie es in der Mitteilung zum US-Register verkündet wurde – tatsächlich »dem Schutz der öffentlichen Gesundheit dient.«

Die Menschen aus Five Rivers wussten 1979 nichts über den IBT-Skandal. Sie konnten Johnsons Schreiben nur so verstehen, dass die EPA es ablehnte, entsprechend aktiv zu werden, um sie vor der Anwendung von Giften durch die Forstverwaltung zu schützen. Eine Presseerklärung des Forstaufsehers suggerierte unheilverheißend, dass man viel zu wenig über Round-up und Krenite wisse, als dass eine »Überwachung« ihrer Wirkungen und Wirksamkeit gerechtfertigt sei.[18] Nachdem die Bezirksregierung es nicht geschafft hatte, die Forstbehörde zu einem Aufschub der Sprühkampagne zu bewegen, waren alle Mittel ausgeschöpft. Die Five Rivers Gesund-

17 Reuber, Melvin. »Carcinogenicity of picloram and 2,4-D.« Vortrag vom 15.6.1979 beim Symposium »Pesticides, consequences to human health and ecological systems«. Health Sciences Center der University of Oregon, Portland, Oregon, USA. Siehe auch Dr. Reubers Hintergrunddokumente im Anhang zum Bericht des Unterausschusses des US-Senats a. a. O. (28). Paul Merrell erklärte, er habe im Rahmen der Beweisvorlage im Verfahren Merrell v. Block Unterlagen erhalten, die belegen, dass weder Dow Chemical, noch die EPA Rohdaten für die Krebsstudie von Dow mit Picloram auffinden konnte.

18 Presseerklärung USDA Siuslaw National Forest a. a. O. (315).

heitsstudie wurde fortgesetzt, und die Menschen kooperierten so gut wie möglich. Im September wurde in dem Sprühgebiet im Tal ein Katzenjunges mit vier Augen geboren. Das Forschungsteam der University of Colorado nahm das Katzenjunge neben Wasser- und Sedimentproben zu Analysezwecken an sich und sagte zu, so schnell wie möglich Resultate vorzulegen.[19]

Die Frauen aus Five Rivers hatten jedoch keine Kenntnis von dem Umfang der EPA-Studie, an der sie teilnahmen, und dass in deren Rahmen auch Patientendaten aus Krankenhäusern und Arztpraxen der Gegend erhoben sowie anderweitige Proben zu Analysezwecken gesammelt wurden. Als die Frauen in ihrem ersten Schreiben über Gesundheitsprobleme im Tal berichteten, war die Studie bereits im Gange. EPA-Dokumente, die 1981 veröffentlicht wurden[20], lassen vermuten, dass die Studie als Nachfolgeuntersuchung zur Alsea-Studie geplant war um festzustellen, ob die vermeintlich mit 2,4,5-T und Dioxin zusammenhängenden gesundheitlichen Auswirkungen seit der sofortigen Aussetzung der Anwendungsgenehmigung des Herbizids zurückgegangen waren. Daher war das Forschungsteam

---

19 Wheeler, Bill, Colorado Pesticide Studies Center. Memo vom 10.3.1980 an Mike Delarco, Health Effects Branch, U.S.E.P.A. (Paul Merrell erhielt das Dokument von der US-Umweltschutzbehörde nach dem US-Informationsfreiheitsgesetz).

20 Zu den Unterlagen, die Auskunft über den Umfang der Five Rivers Gesundheitsstudie geben, zählen u.a. die Mitteilungen, a.a.O. (316 und 325), aber insbesondere das Dokument vom 4.10.1979: »Es wurden alle Krankenhäuser aus der Alsea-II-Studie angeschrieben. Diese haben ihre Kooperation in Form der Bereitstellung von Daten in zusammengefasster Form über Spontanaborte mit stationärer Aufnahme im Jahr 1978 zugesagt. Das Gesundheitsministerium von Oregon hat einen Datenträger mit Informationen über alle Lebendgeburten im Bundesstaat 1978 zur Verfügung gestellt. Auf dem Datenträger befinden sich dieselben Daten wie bei dem vorangegangenen Datenträger für den Zeitraum 1972 – 1977. Die letztgenannten Daten werden aktuell verarbeitet, um die gewünschten Angaben für die zuvor untersuchten Gebiete zu gewinnen. Derzeit wird eine Umfrage per Postkarte unter Ärztinnen und Ärzten im Untersuchungs- und Kontrollgebiet zur Verbreitung durch das Gesundheitsministerium von Oregon vorbereitet, um die Zahl der Spontanaborte, die in Arztpraxen gesehen und behandelt werden, im Vergleich zur Zahl der Spontanaborte mit stationärer Behandlung abschätzen zu können.«

der EPA in dem Gebiet zur Stelle, als die Forstbehörde in jenem Frühling 2,4-D und Picloram sprühte, bereit, Proben zu nehmen und das Auftreten gesundheitlicher Auswirkungen – insbesondere Fehlgeburten – zu dokumentieren, die stationär und ambulant erfasst wurden. Die Untersuchung, die später als Five Rivers Gesundheitsstudie bekannt werden sollte, begann in Wirklichkeit, bevor die Frauen ihr Schreiben verfassten und war zunächst als Prospektivstudie bis mindestens Ende 1980 konzipiert.

Die wenigen Dokumente, die die EPA freigegeben hat, zeigen, dass es sich bei der Five Rivers Gesundheitsstudie um eine breit angelegte epidemiologische Untersuchung handelte, bei der die Alsea-II-Studie als Grundlage und Referenz für zukünftige gesundheitliche Auswirkungen und die Gesamtzahl der im US-Bundesstaat Oregon registrierten Geburten als Kontrolle dienen sollten. Die Studie erstreckte sich auf 2,4,5-T und Silvex sowie auf die chemischen Verbindungen, die nach Aussetzung der Genehmigung von 2,4,5-T und Silvex ersatzweise eingesetzt wurden. Zumindest eines der chemischen Ersatzpräparate – Roundup – wurde im Rahmen einer Genehmigung »zu Versuchszwecken« versprüht. Die Ergebnisse der Studie könnten entscheidenden Einfluss haben auf den Ausgang der Anhörungen zum Verbot von 2,4,5-T sowie auf die Sammelklage der US-Veteranen, die Agent Orange ausgesetzt worden waren. Sollte die Studie einen Rückgang der Gesundheitsprobleme nach dem Verbot von 2,4,5-T zeigen, könnte man die Zulassung für dieses wirtschaftlich unbedeutende Herbizid aufheben und damit auf die Bedenken der Öffentlichkeit eingehen sowie das angekratzte Image der EPA aufpolieren. Der ersatzweise Einsatz eines profitableren chemischen Präparats könnte daraufhin unaufhaltsam ansteigen.

Das Schreiben der Frauen aus Five Rivers ließ jedoch darauf schließen, dass die gesundheitlichen Probleme auch nach dem Einsatz der neuen Chemikalien weiterhin auftraten und möglicherweise zunahmen. Ihre Zulassung war erfolgt, ohne dass die EPA die Sicherheitsprüfungen evaluiert hatte. Sollten die Studienergebnisse diese Vermutung stützen, hätte dies Auswirkungen auf einige der profitabelsten Produkte der Chemieindustrie – v.a. 2,4-D und Roundup.[21] Aus den 1981 veröffentlichten Unterlagen erfuhren die Menschen in Five Rivers außerdem, dass neben dem vieräugigen Katzenjungen sowie den Wasser- und Sedimentproben, die die EPA-Forschergruppe 1979 gesammelt hatte, in dem Gebiet ebenfalls Kleinvögel und kleine Säugetiere gefangen worden waren. Des Weiteren waren bei einem anenzephalischen (ohne Gehirn geborenen) Säugling, der in diesem Jahr zur Welt gekommen war, Gewebeproben genommen worden. Ferner hatten die wissenschaftlichen Mitarbeiterinnen und Mitarbeiter einen durch Fehlgeburt abgegangenen Fötus, eine Plazenta sowie andere »Empfängnismaterialien« von Frauen vor Ort zu Analysezwecken mitgenommen.

»Sie packten ihn – den Fötus – in eine Plastiktüte«, erinnert sich die Mutter. »Sie versprachen, mir die Testergebnisse so schnell wie möglich mitzuteilen und nahmen mich mit ihrem Fragebogen regelrecht ins Kreuzverhör. Das ist jetzt fast drei Jahre her. Seitdem habe ich von denen kein Wort gehört. In jenem Jahr wurde das Wassereinzugsgebiet unserer ganzen Gemeinde besprüht, und es gab heftige Diskussionen. Wir haben niemals herausgefunden, wer für diese Sprühaktionen verantwortlich war oder was gesprüht wurde. Dann kamen sie vorbei, nahmen ihre Proben, nahmen das Baby für Tests mit, und wir haben nie etwas über die Ergebnisse erfahren.«

»Seitdem fragen wir uns die ganze Zeit, was da in unserem Körper, im Körper unserer Kinder ist, das dazu führt, dass sie bereits vor der Geburt sterben. Meine Nachbarin sowie die Hälfte der Frauen, die ich kenne, mussten sich die Gebärmutter entfernen lassen. Das ist doch alles nur krank. Man hat noch nie von irgendwelchen Frauen gehört, die in Helikoptern herumfliegen und Frauen und Kinder mit Gift besprühen …«

---

21 Hughey, Ann und Garino, David P. »Stauffer is granted patent for herbicide that might rival Monsanto Co.'s Roundup.« The Wall Street Journal, 8.4.1982, S. 8. Laut dem Artikel beläuft sich der geschätzte weltweite Umsatz von Roundup auf 500 Mio. US-Dollar, der 1981 zu mehr als einem Drittel zu Monsantos Gewinn pro Aktie beitrug.

Von Juli bis Ende Dezember 1979 wurden in der kleinen Gemeinde Ashford im US-Bundesstaat Washington – einer Gegend, über der intensiv 2,4-D versprüht worden war – von insgesamt zwölf Schwangerschaften, bei denen die Empfängnis in den oben genannten Zeitraum fiel, lediglich zwei Kinder lebend geboren. Eines dieser Neugeborenen verstarb innerhalb von zwei Wochen aufgrund eines angeborenen Herzfehlers. Bei einer öffentlichen Versammlung von besorgten, trauernden Anwohnerinnen und Anwohnern tat Dr. Ilio Gauditz, ein Berater der Firma Weyerhauser (dem Holzunternehmen, das für die meisten Sprühflüge verantwortlich zeichnete), die Sorgen der Frauen einfach ab.

»Babys sind ersetzbar«, meinte er und riet ihnen, ihre Schwangerschaften so zu planen, dass sie zeitlich nicht mit den Sprühaktionen zusammenfielen.[22]

Keine der Frauen aus Ashford oder Five Rivers teilte die zynische Haltung von Dr. Gauditz in Bezug auf ihre Kinder. Im Sommer 1981, als die Forstverwaltung ihre Sprüheinsätze in den Waldgebieten um Five Rivers mit Roundup und Krenite vorbereitete, forderten Bewohnerinnen und Bewohner des Tals Senator Mark Hatfield in einer Petition auf, Nachforschungen über die Five Rivers Gesundheitsstudie anzustellen. Zwischen Anfang 1979 und dem späten Frühjahr 1981, so teilten sie Hatfield mit, habe es in Five Rivers lediglich eine Lebendgeburt gegeben.[23] In ihrer Antwort auf Hatfields Anfrage verwies die EPA darauf, dass die Studie nicht abgeschlossen sei und noch keine Ergebnisse vorlägen.[24]

* * *

22 »Succotash [Alliance] labels Ashford tests a sham.« Eatonville, Washington Dispatch, 24.9.1980. Siehe auch »Spray 2,4-D« und »Mother Jones«, Februar/März 1981.

23 Bewohnerinnen und Bewohner von Five Rivers. Petition an US-Senator Hatfield vom 3.7.1981.

24 Woolley, Jack, Leiter des Kongress-Verbindungsbüros der US-Umweltschutzbehörde EPA. Schreiben an US-Senator Mark Hatfield vom 3.9.1981.

Im Sommer 1979 nahmen ein Arzt und eine Ärztin aus dem nördlichen Teil von Lincoln County im Siuslaw Forest an dem Symposium in Portland teil, bei dem Dr. Reuber sein Gutachten über 2,4-D und Picloram vorlegte. Dr. Renée und Dr. Chuck Stringham waren als Hausärzte in Lincoln City tätig. Beide hatten die gesundheitlichen Auswirkungen von Herbiziden erstmals zwei Jahre zuvor beobachtet. Damals waren einige Personen aus dem nahe gelegenen Rose Lodge wegen der Behandlung verschiedenartiger Symptome zu ihnen gekommen. Sie waren von der Publishers Paper Company besprüht worden, als sie aus Protest gegen den Herbizideinsatz durch das Unternehmen in der Nähe ihrer Höfe und Wassereinzugsgebiete Firmenland besetzt hatten. Blut- und Urinproben der erkrankten Patienten ergaben messbare Herbizidrückstände.

Nach diesem Ereignis befragten Renée und Chuck Stringham andere Patientinnen und Patienten mit ähnlichen Symptomen zu einer möglichen Chemikalienexposition. Auch sie machten sich in Anbetracht der ungewöhnlich hohen Inzidenz von Fehlbildungen bei Neugeborenen in ihrem Versorgungsgebiet – v. a. bestimmte Formen von Geburtsfehlern, die das Gehirn und Rückenmark betrafen – zunehmend Sorgen.[25]

Während ihrer vierjährigen hausärztlichen Tätigkeit in Lincoln County betreuten die Stringhams 300 Geburten. Von diesen Kindern wurden 19 mit Fehlbildungen und davon wiederum sieben mit so genannten Neuralrohrdefekten[26] geboren. Zwei dieser sieben Kinder litten an Anenzephalie. Betroffene Neugeborene scheinen gewöhnlich gesund und unauffällig, abgesehen davon, dass der Schädel in einer knöchernen Leiste oberhalb der Augenbrauen endet und die leere Schädelhöhle, in der sich normalerweise das Großhirn befindet, von einer dünnen Gewebeschicht bedeckt ist. Neugeborene mit Anenzephalie können über einige Stunden oder maximal Tage am

25 Stringham a. a. O. (331). Siehe auch CATS Newsletter, Frühjahr 1978, S. 7.

26 Fehlbildung des Gehirns, der Wirbelsäule und/oder des Rückenmarks während der Embryonalentwicklung [A. d. Ü.].

Leben gehalten werden. Bei einer der Proben, die im Rahmen des Epidemiologischen Studienprogramms der University of Colorado für die EPA genommen wurden, handelte es sich um Gewebe eines anenzephalischen Kindes, das im Oktober 1979 im Untersuchungsgebiet der Five Rivers Studie geboren worden war.[27]

(Zwei von 300 Geburten entsprechen dem mehr als 13-Fachen des landesweiten Durchschnitts von fünf anenzephalischen Neugeborenen je 10 000 Lebendgeburten. Die Inzidenz von Neuralrohrdefekten bei ihren Patienten betrug das Fünffache des US-Durchschnitts. Bei Neuralrohrdefekten, die mit Schädigungen des Zentralnervensystems verbunden sind, handelt es sich um Fehlbildungen infolge eines unvollständigen Verschlusses des Neuralrohrs während der Embryonalentwicklung. Hierzu zählen Anenzephalie/Anenzephalus [ein Fehlen des Gehirns], Hydrozephalie/Hydrozephalus [übermäßige Ansammlung von Zerebrospinalflüssigkeit im Schädel, die zu einem vergrößerten Kopf, Hirnatrophie, mentalen Leistungseinbußen und Krampfanfällen führt]; Porenzephalie [Fehlbildung in Form von Zysten oder Kavitäten im Gehirn], Enzephalozele/*Hernia cerebri* [Vorwölbung von Hirnanteilen durch krankhafte Schädellücken] sowie Spina bifida [Verschlussstörung der Wirbelsäule mit Austreten von Rückenmarksflüssigkeit], Lähmungserscheinungen und Hirnschädigungen).

Innerhalb des Untersuchungsgebiets liegt an der Mündung des Alsea River das Städtchen Waldport. In dem Ort finden sich hauptsächlich Dienstleister für die Bereiche Tourismus und Sportangeln, für die Beschäftigten der Holzunternehmen sowie die verstreut lebende Bevölkerung im Flusstal des Alsea und seiner Zuflüsse, u. a. auch des Five Rivers. Im unteren Alsea-Tal findet man bis an die Wattwassergrenze Trailersiedlungen, Alterssitze und Ferienhäuser, die an den gut instand gehaltenen Bootsstegen, kleinen Booten und sonstigen kleinen Wasserfahrzeugen der leidenschaftlichen Regenbogenforellen-Anglergemeinschaft zu erkennen sind.

---

27 Siehe EPA-Mitteilungen a. a. O. (254).

In einer dieser Wohnwagensiedlungen lebt in einem kleinen Caravan Larry Archer mit seiner Frau und der 2½-jährigen Tochter Kaleen. Larry arbeitet an der Tankstelle in Waldport. Im Oktober 1979 brachte seine Frau Laura ein Kind ohne Gehirn zur Welt. Larry ist ein junger Mann Anfang 20, drahtig und stark. An einem bedeckten Frühlingsabend 1980 treffe ich ihn in dem beengten, muffigen Caravan. Er trägt ein T-Shirt, die kurzen Ärmel sind über seine Schultern aufgerollt. Mit seiner schlafenden Tochter Kaleen auf dem Schoß sitzt er im Eingangsbereich auf einer gepolsterten Bank, die auch als Kinderbett dient. In der Küche, nur wenige Schritte weiter, bereitet Laura schweigend das Abendessen zu.

»Soll ich Ihnen von dem Baby erzählen?« fragt Larry. »Was müssen Sie wissen? Es ist tot. Den Rest wollen Sie nicht wissen. Aber ich kann Ihnen von den Sprüheinsätzen erzählen. Ich weiß sehr viel mehr über Sprühmittel, als Sie von diesen Arschlöchern an der Universität erfahren. Die haben echt Nerven! Haben die jemals ein solches Baby gesehen? Haben sie jemals ein Baby wie dieses gesehen und gewusst, dass es ihres ist – ihr eigenes Kind? Soll mir einer von denen doch ins Gesicht sagen, dass das nicht an den Herbiziden liegen kann. Ich kann's nicht beweisen, aber ich weiß es.« Wütend fährt er mit lauterer Stimme fort:

> Sehen Sie, ich habe mein ganzes Leben hier in der Gegend verbracht, bin oben in Siletz aufgewachsen. Damals, als wir noch kleine Kinder waren, haben sie in dort jedes gottverdammte Jahr gesprüht. Wir fanden das klasse: Sie haben den Helikopter direkt am Ende unserer Zufahrt beladen. Wir sind alle hin und um den Helikopter rumgerannt und waren ihnen beim Beladen ständig im Weg. Es war einfach ein Abenteuer für uns, wissen Sie – ein echter Hubschrauber, direkt vor unserer Tür … Ich meine, wir hatten keine Ahnung … und die Typen haben niemals ein Wort über das Zeug verloren, dass es nicht gut war, das Zeug abzukriegen. Wir wurden völlig durchnässt. Wir sind dem Helikopter immer hinterhergelaufen, wenn er startete. Wir waren Kinder, es war ein Abenteuer, und wir haben das Sprühmittel am ganzen

Körper abbekommen, wie wir so dahinterher rannten. Sie haben uns niemals gewarnt, niemals etwas zu meinen Eltern gesagt. Zwölf Jahre lang flogen sie jedes Jahr Sprüheinsätze.

Wir kauften die Milch immer von einem Nachbarn, der sein Weideland sprühte, während die Kühe noch draußen waren. Sie haben sich einfach nichts dabei gedacht, wiegten sich in absoluter Sicherheit. Also haben wir das Zeug wahrscheinlich auch die ganze Zeit getrunken.

Ich bin also mit dem Zeug aufgewachsen. Sie haben es in der ganzen gottverdammten Gegend versprüht. Wer weiß schon, was davon in meinem Körper gelandet ist, verflucht nochmal? Laura stammt aus L. A. Keine Ahnung, aber wahrscheinlich haben sie da nicht direkt in der Stadt gesprüht. Wobei … Bevor wir wieder hierhin zurückgekommen sind, haben wir in Corvallis gelebt, das war während ihrer letzten Schwangerschaft. Selbst dort haben sie das Zeug versprüht, direkt oben an dem verdammten Stausee. Wir sind dann aber wieder hierhergezogen, bevor unser zweites Kind auf die Welt kam.

Es lief alles richtig prima. Laura ging es gut. Es war eine unkomplizierte Schwangerschaft, also bis kurz vor Schluss. Dann, zwei Tage vor der Geburt, sagt der Arzt, etwas ist nicht in Ordnung, er kann den Kopf nicht tasten. Also haben sie eine Röntgenuntersuchung gemacht. Ich sitze da und warte auf Laura. Dann kommt der Arzt mit diesem Gesichtsausdruck raus, der nichts Gutes bedeutet. Er sagt: ›Es gibt etwas, das ich Ihnen mitteilen muss. Es tut mir sehr leid, Ihnen das sagen zu müssen, aber …‹ Er spricht weiter und sagt, dass mit unserem Baby etwas nicht stimmt, dass etwas mit seinem Kopf nicht in Ordnung ist. Er sagt, dass es wahrscheinlich nicht lebensfähig ist. Wir hatten also zwei Tage Zeit, uns darüber Gedanken zu machen, und dann setzen bei Laura die Wehen ein, und die ganze Zeit ist uns das bewusst.

Kaleen schläft friedlich auf Larrys Schoß, und er streichelt über ihr Haar.

Wir sind gemeinsam ins Krankenhaus gegangen. Damals war ich die ganze Zeit über während der Geburt von Kaleen dabei und habe alles beobachtet. Und es mag vielleicht kitschig klingen, aber das war der wunderbarste Augenblick in meinem ganzen Leben – einfach da zu sein …

Ich war also auch dieses Mal dabei, aber dieses Mal war alles ganz anders als bei Kaleen. Das Baby – es war ein Mädchen. Sie war einfach perfekt, von den Zehen bis zu den Augenbrauen. Auch ihr Gesicht war perfekt – fast wie das von Kaleen. Aber das war's dann auch. Es endete an ihren Augenbrauen. Sonst war nichts da, nur diese Höhlung mit einer Art Gewebefilm darüber. Sie konnte nicht atmen. Es gab kein Gehirn, das ihr sagen konnte, sie solle atmen. Also haben sie ihr Sauerstoff verabreicht, und sie hat noch etwa eine Stunde lang gelebt. Eine Stunde und zwölf Minuten. Ich weiß nicht, wie Laura das geschafft hat. Ich wäre zusammengebrochen, aber sie nicht.

Diese Leute, die sagen, dass die Herbizide vollkommen sicher sind – mit denen würde ich gern mal Klartext reden … Ich würde am liebsten jeden von denen in einen Kreißsaal schleppen, damit sie die Geburt eines solchen Babys miterleben. Sie sollten zusehen müssen, wie ihr eigenes Kind so geboren wird. Für sie, für alle, war unser Kind doch nur eine Statistik, eine bloße Zahl. Sie sollten das Ganze in echt sehen. Denen geht es doch nur um Zahlen. Sie schieben es auf alles Mögliche, Hauptsache, sie müssen sich nicht mit dem wirklichen Grund befassen. Und ich bin mir sicher, sie wollen es auch gar nicht wissen.

Ich habe den Arzt aufgefordert, von ihr, dem Baby, Proben – Gewebeproben – zu nehmen. Er hat uns gesagt, dass sie zur Analyse an die OSU und an die University of Colorado geschickt würden. Das war vor einem ganzen Jahr (1979), und wir haben nie wieder etwas gehört. Einmal bin ich hingefahren, um mich bei ihm zu erkundigen, aber er kam noch nicht mal raus, um mit mir zu sprechen. Er war da, kam aber noch nicht mal zu mir, um mit mir zu reden. So viel dazu, wie er sich kümmert, ob er was wissen will.

Ich wusste Bescheid. Ich weiß doch, wie viel ich von dem Zeug in meiner Kindheit und Jugend immer abbekommen habe. Mein Bruder und ich, wir waren die ganze Zeit in den Wäldern rund um unser Haus unterwegs – und ich meine wirklich: ständig. Wir sind immer losgezogen, wenn nichts anderes zu tun war. Wir haben da oft kleine Rotwildembryos gefunden, etwa so groß wie eine Katze, alle noch in ihrer kleinen Fruchtblase – völlig intakt. Sie lagen einfach da, wo sie aus dem Muttertier herausgefallen waren. In einem Jahr haben wir drei davon gefunden. Wir hielten sie zunächst für Babys – menschliche Babys. Es war echt gruselig. Aber dann haben wir uns eines genauer angesehen und festgestellt, dass es ein Hirschembryo war. Wir haben uns damals nichts weiter dabei gedacht, aber ja, es war schon gruselig, wie sie da einfach so dalagen.

Als dann unser Kind zur Welt kam, wusste ich Bescheid. Ich habe den Arzt gefragt, ob es an mir liegen könnte … Könnte das Zeug in mir sein? Er meinte, ich könnte ’rauf nach Portland fahren und mein Blut untersuchen lassen und so weiter, aber das würde kosten – ja, 600 Dollar pro Test oder so. Wie stellt der sich das vor?! Ich arbeite an der Tankstelle, und wir haben diesen Trailer … Wir bezahlen die Miete für den Stellplatz, und ich zahle noch immer die Rechnungen für das Krankenhaus und die Bestattung unseres Babys ab …

»Ein ganzes Jahr ist das nun her«, meint Larry, »aber man kommt nicht drüber weg, weil man Angst hat. Angst, ein weiteres Kind zu bekommen; Angst, was das eine Kind, das wir haben, vielleicht bereits in sich trägt, was sein wird, wenn sie erwachsen ist und selbst einmal Kinder bekommt. Und niemand hört dir zu, und kein einziger Mensch – noch nicht mal diejenigen, die das Zeug so sehr loben – kann dir sagen, dass alles gut wird. Es geht ihnen nur ums Geld, um ihre Profite. Für die sind wir doch nur eine Zahl.« Und weiter:

Man wächst mit der Vorstellung auf, dass das Gesetz da ist, um einen zu schützen, um dann später zu merken, dass es lediglich die Wohlhabenden und Reichen schützt. Dafür sind ihre Gesetze da. Ich werde nicht losziehen und jemanden verprügeln, aber zur Hölle mit ihren Gesetzen. Es sind ihre Gesetze, die ihnen erlauben, das Scheißzeug überall zu versprühen – auf all die Straßen, die Beerensträucher und das Rotwild, in das Trinkwasser der Leute sowie in Bäche und Flüsse, die Luft, die wir atmen. Und in den Gesetzen, die ihnen das erlauben, kommen wir praktisch gar nicht vor.

Was kann man dagegen tun? Wie schlimm muss es noch werden, bevor irgendwer zuhört? Gibt es irgendwelche Politikerinnen oder Politiker, denen es um etwas anderes als Bomben und Kernkraftwerke und Geld geht? Scheren sie sich darum, dass die Bäume und die Fische – die Meere als Ganzes – sterben? Und was ist mit all den ungeborenen Kindern, die keine Chance auf Leben haben?

In der Bibel heißt es, der Herr werde die Welt zu ihrem Ende führen. Bullshit! Das schafft die Menschheit schon ganz allein. Dafür braucht sie keinen göttlichen Beistand. Wenn du nicht völlig gleichgültig bist, kannst du dich nicht einfach zurücklehnen und zusehen. Man tut, was man kann. Ich weiß nicht, was ich anderes tun kann, außer den Menschen zu sagen, was vor sich geht – was uns passiert ist.

***

Die Stringhams konnten natürlich keinen Zusammenhang zwischen dem Versprühen der Herbizide in Lincoln County und den angeborenen Fehlbildungen nachweisen, die sie beobachteten, aber Forschungsarbeiten lassen durchaus einen plausiblen Zusammenhang vermuten.[28] Eine vergleichbare Zunahme von Neuralrohrdefekten

---

28 Siehe bspw. Field, Barbara / Kerr, Charles. »Herbicide use and incidence of neural-tube defects.« The Lancet, 23.6.1979, S. 1341 f.

bei Neugeborenen hatte man in Sprühgebieten Vietnams beobachtet,[29] außerdem wurden derartige Schädigungen häufig bei Kindern von US-Vietnamveteranen beobachtet.[30]

Gemeinsam mit 13 anderen Ärztinnen und Ärzten aus Lincoln City brachten die Stringhams am 13. September 1979 bei der Bezirksvertretung von Lincoln County eine Petition für eine einstweilige Verfügung gegen den Einsatz von Phenoxyherbiziden in Lincoln County ein, »bis diejenigen, die die Pestizide anwenden und herstellen, zweifelsfrei belegen können, dass für Menschen ein Kontakt mit diesen Chemikalien unbedenklich ist.«[31] Wenige Monate später unterzeichneten zehn der zwölf am Krankenhaus von Newport beschäftigten Ärztinnen und Ärzte eine ähnliche Petition an die Bezirksverwaltung.[32] (Die beiden Krankenhäuser von Lincoln County befinden sich in Lincoln City und in Newport, und außer zweien gehörten alle Ärztinnen und Ärzte der Ärztevereinigung des County an.)

Die Commissioner lehnten es ab, die Forderungen der Petitionen umzusetzen, offensichtlich in der Annahme, dass das County keine Rechtsprechungsgewalt über bundesstaatliche und nationale Aktivitäten innerhalb des County habe.[33] Als eine Unterschriftenaktion in ganz Oregon zur Eindämmung des Einsatzes von Phenoxyherbiziden (unterstützt von Ärztinnen und Ärzten aus Lincoln County sowie anderen Gegenden Oregons, in denen intensiv gesprüht wurde)

29 Siehe bspw. Boffey, Philip M. »Herbicides in Vietnam: AAAS study finds widespread devastation.« Science 171:43-47. 8.1.1971. Die Herbicide Assessment Commission von Meselson forderte eine eingehendere Untersuchung des »unverhältnismäßigen Anstiegs« der Inzidenz von Spina bifida und Gaumenspalten. Meselson, Matthew, et al. a. a. O. (153). (Siehe auch den vorläufigen Bericht der Kommission, S. 7, und GI Guinea Pigs, a. a. O. (31), S. 158-163.)

30 GI Guinea Pigs, a. a. O. (31) S. 158-163.

31 Petition von 15 Ärztinnen und Ärzten aus Lincoln County vom 13.9.1979 an die County Commissioners.

32 Petition der Krankenhausärztinnen und -ärzte des Pacific Communities Hospital an die Commissioner von Lincoln County vom 17.12.1979.

33 Brown, James H., Generalstaatsanwalt von Oregon. Gutachten vom 11.7.1980 unter Bezugnahme auf das US-Bundesgesetz über Insektizide, Fungizide und Rodentizide (FIFRA) und ORS 527-610, 527.730.

nicht die erforderliche Zahl an Unterschriften erreichte, unterstützte die Medical Society von Lincoln County im November 1980 in dem County zwei Volksbegehren zu Herbiziden. Wären diese Initiativen erfolgreich gewesen, wäre der Einsatz von Herbiziden an Straßenrändern und durch Sprühflüge innerhalb des County eingeschränkt worden, um die Wassereinzugsgebiete zu schützen und die Kontamination privater Landflächen und der öffentlichen Wasserversorgung zu minimieren.[34]

Die Initiativen in Lincoln County lösten eine massive PR-Kampagne aus, die von multinationalen Konzernen und externen Interessengruppen finanziert wurde.[35] Man versendete Hochglanzbroschüren an registrierte Wahlberechtigte, in denen die Volksbegehren falsch dargestellt und behauptet wurde, dass diejenigen, die auf ihren Rasenflächen Löwenzahn bekämpften, Haft- und Geldstrafen drohten. Eine zweifelhafte Gruppierung namens *Doctors for Facts*, von deren Mitgliedern keines in Lincoln County lebte oder praktizierte (mindestens einer der Ärzte, die im Briefkopf namentlich genannt waren, hatte hierzu keine Zustimmung erteilt), verschickte ebenfalls Informationsmaterial an Wahlberechtigte, in denen wilde Behauptungen über die Unbedenklichkeit von Herbiziden als »wissenschaftliche« Fakten präsentiert wurden.[36] Die Unterlagen

34 Anträge 9 und 10 bei der Abstimmung in Lincoln County im November 1980. Eine ausführlichere historische Darstellung der Lincoln County Unterschriftenaktion findet sich in: d'Arbois, Findlay. »Industry dollars inundate herbicide debate.« NCAP News, Winter 1981, S. 30-33.

35 Im Finanzbericht der Citizens for Common Sense, hinterlegt beim Standesamt von Lincoln County, sind Spenden von Unternehmen und Gruppierungen wie u. a. Georgia-Pacific Corp., Willamette Industries, Weyerhauser, International Paper Corp., Champion International Corp., Davidson Industries, Longview Fibre Co., Crown-Zellerbach, Boise-Cascade, Northwest Christmas Tree Growers Association, Western Helicopters, Publishers Paper (Times-Mirror), Medford Corp., Louisiana Pacific Corp., Pope & Talbot, Inc. und der Oregon Agricultural Aviation Association aufgeführt. Salem (Oregon) Statesman-Journal vom 29.11. und 6.12.1980.

36 Zum Beispiel Schreiben der Lincoln County Citizens for Common Sense vom 11.6.1980 an Wahlberechtigte des County sowie Postwurfsendung derselben Gruppierung, die zumindest einige Ortsansässige im County am 24.10.1980

stützten sich weitgehend auf wissenschaftliche Experten der Oregon State University wie Frank Dost und James Witt.[37]

»Mir ist schleierhaft, was in den Köpfen dieser Leute – den Wissenschaftlern, die den Einsatz von Pestiziden verteidigen, vor sich geht«, meint Dr. Steven Herman, Biologe am Evergreen State College in Washington. »Ich glaube nicht, dass es ihnen ums Geld geht. Ich denke, sie verfangen sich in ihrer eigenen Propaganda. Sie werden zu Predigern und wähnen sich auf einer Art politisch-religiösem Kreuzzug, einer Art heiligen Mission zur Verteidigung dieser Chemikalien. Sie sind stets extrem selbstgerecht. Man trifft unter diesen Leuten nur selten welche, die jemals sagen: ›Tut mir leid, da habe ich mich geirrt.‹ Sie bezeichnen alle, die ihre Meinung nicht teilen, als ›emotional, unwissenschaftlich, unprofessionell, unreif‹, dabei sind sie es, die sich eher auf ihre eigenen Ansichten als auf Fakten stützen. Sie sind wahrhaftig davon überzeugt, dass nur sie und niemand sonst Recht hat. Meiner Auffassung nach geht es dabei eher nicht um Geld, aber letztlich hängen sie doch alle am Tropf der Industrie, die ihrerseits nichts als ein Trupp extrem gut organisierter *Rednecks*[38] ist«.[39]

Die Branche investierte mindestens 67.000 US-Dollar, um die Bürgerinnen und Bürger von Lincoln County zu überzeugen, bei

---

erhielten. Das Kampagnenmaterial der Doctors for Facts war im Wesentlichen identisch mit den Unterlagen der Citizens for Common Sense (CCS) und war mit deren Rücksendeadresse versehen. Am 3.11.1980 fanden Ortsansässige eine Postwurfsendung von »Bill Ferguson, M.D.« von der Organisation Lincoln County Citizens for Common Sense in ihren Briefkästen vor. Sofern Ferguson überhaupt wirklich existierte, war er zu dieser Zeit in Lincoln County weder als praktischer Arzt niedergelassen, noch Bewohner des County.

37 Eine Pressemappe der Gruppierung Oregonians for Food and Shelter vom Januar 1981 enthielt eine Sammlung von Werbematerialien der Lincoln County Citizens for Common Sense. Insgesamt 14 der 34 Seiten wurden Dost und Witt als Autoren zugeschrieben. Beide sind als Spezialisten für den Cooperative Extension Service (Beratungsservice für Genossenschaften, A. d. Ü.) des US-Landwirtschaftsministeriums (USDA) tätig.

38 Abfällige Bezeichnung für arme weiße Landarbeiter aus den US-amerikanischen Südstaaten (A. d. Ü.).

39 Herman, Steven, Gespräch mit der Autorin im Dezember 1980.

den Volksbegehren mit Nein zu stimmen.[40] Unter Umständen hätten die Menschen anders abgestimmt, wenn sie im November 1980 gewusst hätten, was die EPA schon 1977 wusste. Die Forstbehörde hatte 1980 im Siuslaw Staatsforst nur wenige Sprüheinsätze durchgeführt, und die Straßenarbeiter auf den Bezirksstraßen hatten der Aufforderung »NICHT SPRÜHEN« auf Schildern entlang der Straßen Folge geleistet. Möglicherweise wurden einige Wahlberechtigte durch die Unterbrechung der Sprüheinsätze beschwichtigt. Nur Monate später erschien in den NCAP News die Story über den IBT-Skandal, einschließlich einer Aufstellung von Pestiziden, die bei IBT zur Stützung des Zulassungsantrags getestet worden waren.[41] Auf der Liste fanden sich all jene Herbizide, die im Siuslaw Staatsforst von der US-Forstverwaltung zum Einsatz gebracht wurden.

* * *

Im Januar 1981 kündigte die Forstbehörde an, man plane die Sprühfläche zu verdreifachen. Die Bekanntmachung ließ den Anwohnerinnen und Anwohnern des Siuslaw Forsts lediglich vier Tage Zeit zu reagieren. Laut Planung sollten mehr als 3.640 m^2 Waldfläche im Siuslaw besprüht werden, auf den Flächen in der Umgebung des Five Rivers Tals mit einer hohen Konzentration pro Sprüheinheit. Dabei sollten dieselben Chemikalien wie 1979 eingesetzt werden, d. h. 2,4-D und Picloram im Frühjahr, Roundup und Krenite im Herbst.

Die Öffentlichkeit reagierte heftig auf den Sprühplan der Forstverwaltung. Die Leute in den Waldgebieten sowie Arbeiterinnen und Arbeiter protestierten nicht nur gegen den Plan an sich, sondern auch gegen die lediglich viertägige Frist für Stellungnahmen. Bei einer Versammlung in Five Rivers – der Bezirksranger hatte es abge-

40 Monahan, Terry. »Herbicide spending leads Lincoln County final reports.« Salem (Oregon) Statesman-Journal vom 6.12.1980.

41 Merrell, Paul. »The Industrial Bio-Test Caper«, NCAP News. Winter 1981, S. 2-4.

lehnt, daran teilzunehmen – formulierten Ortsansässige einen Protestbrief, in dem sie eine Verlängerung der Frist für die Einreichung von Stellungnahmen um 30 Tage forderten. Die Kritik, die in dem Schreiben geäußert wurde, konzentrierte sich hauptsächlich darauf, dass die Forstverwaltung den Einsatz giftiger Herbizide plante, ohne dass eine Umweltverträglichkeitsprüfung zu den Auswirkungen der chemischen Stoffe und zu möglichen Alternativen zu ihrem Einsatz vorlag. Diese Auflage hatte das Gericht im CATS-Prozess, der von Talbewohnerinnen und -bewohnern 1976 angestrengt worden war, festgelegt. Stattdessen hatte der Forstaufseher Larry Fellows einen Bericht zur Umweltfolgenabschätzung ohne irgendwelche Angaben über die Herbizide veröffentlicht. In dem Bericht wurde erklärt, das Sprühprojekt habe »keine nennenswerten Auswirkungen« auf die menschliche Gesundheit oder die Umwelt, und daher sei ein Umweltverträglichkeitsgutachten nicht erforderlich.[42] Mit dieser willkürlichen Behauptung entband der Forstaufseher die Forstbehörde von der gesetzlichen Auflage, die Auswirkungen ihres Handelns zu überprüfen – und offenzulegen.

Am 14. Februar 1981 forderte Paul Merrell die Leitungen der EPA, der Forstverwaltung und der US-Behörde zur Verwaltung staatseigener Landflächen (BLM) auf, »ein gemeinsames Umweltverträglichkeitsgutachten zu den geplanten [Sprüheinsätzen mit Herbiziden] zu erstellen.« Er argumentierte, dass sowohl die Forstverwaltung als auch das BLM im Gebiet des Siuslaw Sprüheinsätze durchführten und dass beide Stellen die Auflage einer Umweltverträglichkeitsprüfung umgingen, indem sie ihre Verantwortung insofern auf die EPA abwälzten, als sie die Zulassung als ausreichende Gewährleistung der öffentlichen Sicherheit betrachteten. Aus diesem Grunde, so Merrell, könne eine sinnvolle Bewertung der Auswirkungen von Herbizideinsätzen nur durch die Zusammenarbeit aller drei Behörden erfolgen, da nur die EPA Kenntnis davon habe,

42 Forstverwaltung des USDA, Region Pacific Northwest, Siuslaw Staatsforst, Umweltfolgenabschätzung zum Vegetationsmanagement vom 8.4.1981, sowie Bekanntmachung über die Entscheidung im Anhang.

ob die Sicherheitsprüfungen für Herbizide für die Anwendung in Waldgebieten valide seien oder nicht.

Als seine Verwaltungsbeschwerden abgewiesen wurden, reichte Merrell persönlich vor dem Federal District Court[43] in Eugene Klage gegen die drei Behörden (die US-Umweltschutzbehörde EPA, die US-Forstbehörde und das BLM) ein und forderte ein gemeinschaftliches Umweltverträglichkeitsgutachten (EIS), das in angemessener Weise auf die »Mängel« bei den Gesundheits- und Sicherheitsprüfungen, die im IBT-Skandal dokumentiert worden seien, eingehen würde. Darüber hinaus ersuchte er das Gericht, die Sprüheinsätze per gerichtlicher Verfügung zu untersagen, bis unerlässliche Gesundheits- und Sicherheitsstudien abgeschlossen seien.[44] Er erschien ohne anwaltliche Vertretung vor Gericht, und es wurde ihm gestattet, *in forma pauperis* (nach US-amerikanischem Armenrecht) zu klagen, wodurch ihm keine Gerichtskosten entstanden. Des Weiteren beantragte er, der Forstbehörde per einstweiliger Verfügung zu untersagen, bis zur Entscheidung in der Sache Aufträge zu erteilen.

Der zuständige Richter Robert C. Belloni lehnte den Antrag auf einstweilige Verfügung mit der Begründung ab, Merrell hätte nicht belegt, dass irreparable Schäden aufträten. Am nächsten Tag kündigte die Verwaltung des Bezirks Alsea, zu dem Five Rivers gehört, indes an, sämtliche Sprühflüge im Frühling in dem Bezirk zu streichen und veröffentlichte einen erheblich reduzierten Plan für Sprüheinsätze im Spätsommer. Im Jahr 1982 war Merrells Klage immer noch anhängig. Es kam wiederholt zu Verzögerungen, weil sich die Regierung weigerte, dem Kläger Belege im Zusammenhang mit der Five Rivers Gesundheitsstudie und Evaluierungen der EPA zu Sicherheitsprüfungen über den Einsatz von Chemikalien in Waldgebieten vorzulegen sowie Verbindungen zwischen den Prüflabora-

43 Gerichtsstand der US-Regierung in einem Bezirk der USA [A. d. Ü.].

44 Merrell v. J. R. Block, et al. (U.S.D.C. Oregon), Civil No. 81-6138-E, Klageschrift vom 15.4.1981.

torien und dem Militärkommando für chemische und biologische Kriegsführung (*CBW Command*) offenzulegen.[45]

Merrells Klage hatte den unmittelbaren Effekt, dass die Sprüheinsätze der Forstverwaltung in Five Rivers 1981 beschnitten wurden. Das Versprühen in den übrigen Siuslaw Waldgebieten wurde – vordergründig als Reaktion auf Bedenken in der Öffentlichkeit – eingeschränkt. Es stellte sich jedoch heraus, dass die Fläche von 1214 ha, die man aus dem Sprühprogramm herausnahm, überwiegend noch nicht einmal gerodet war. Offenbar wurde diese in der Absicht in den Plan aufgenommen, zu einem späteren Zeitpunkt darauf »im öffentlichen Interesse« zu verzichten.

45 Merrell v. Block, a. a. O. (3)., Erklärung des Klägers vom 4.12.1981 zur Unterstützung eines Verfahrensantrags, Sanktionen zu verhängen. Im Rahmen eines Ersuchens nach dem US-Informationsfreiheitsgesetz hatte Peter von Stackelberg in Erfahrung gebracht, dass das US-Militärkommando für chemische und biologische Kriegsführung (CBW) mit IBT einen Millionen Dollar schweren Vertrag über die Durchführung von Studien geschlossen hatte. Nähere Einblicke in den militäisch-industriellen Komplex zu Chemikalien siehe Hersh, Seymour M., Chemical and Biological Warfare: America's Hidden Arsenal. New York: Bobbs-Merrill, 1968, insbesondere Kapitel 8 und 9. Eine interessante Sicht auf die Beziehung zwischen »Schädlingsbekämpfungs- und Gaskonzernen« und den Prüflaboren der Chemieindustrie findet sich auch in General i. R. J. H. Rothschilds Tomorrow's Weapons (McGraw-Hili, 1964, S. 31). Ebenso wurde das Nationale Zentrum für Toxikologische Forschung der US-Regierung als oberflächlich getarnte Deckorganisation für das Pine Bluff Arsenal in Arkansas, ein bedeutendes Drehkreuz für die Produktion und Entwicklung chemischer und biologischer Kampfstoffe, entlarvt. Seagrave, Sterling. Yellow Rain: A Journey Through the Terror of Chemical Warfare. New York: Evans & Co., 1981, S. 276-279.

»Ein einziger kleiner Hubschrauber«

Vorübergehend befreit von der Bedrohung durch Hubschrauber, Gifte, Fehlgeburten und Krankheiten konnte die Gemeinde Five Rivers im Frühjahr 1981 aufatmen. Doch die Atempause währte nur kurz.

Am 12. Mai kam ein Sprühlaster der Bezirksverwaltung das Tal hinauf. Am Steuer saß James Cassens, einer der Männer, die 1975 meine Kinder besprüht hatten, während diese am Fluss angelten.[1] An diesem Flussabschnitt, an dem die Kinder sechs Jahre zuvor mit 2,4,5-T besprüht worden waren, stand gut sichtbar ein Schild »NICHT SPRÜHEN«. Eben dieses Schild war im Jahr zuvor von den Sprühteams durchaus beachtet worden.[2]

James Cassens sah das Schild. Aber in diesem Jahr, so äußerte er sich später einem Journalisten gegenüber, kam von oben der Befehl, die Schilder zu ignorieren.[3] Der Laster fuhr weiter und versprühte ein Gemisch aus Diuron und Bromocil, kombiniert mit einem Mittel (»*Lo-scent*«) zur Geruchsvermeidung. Weder hatte man die Bevölke-

---

1 Straßenverkehrsamt Lincoln County, Tägliche Sprühberichte, 18./19.6.1975. In U.S. EPA FIFRA Konsolidierter Gerichtsterminkalender 415, et al., In der Sache: The Dow Chemical Company, et al. 22.1.1981, Beweisstück zur direkten Aussage von Robert G. Heath. Beweisstück 941 der US-EPA.

2 Der Lincoln County Commissioner, Jack Postle, der den Herbizideinsatz auf Bezirksstraßen 1976 gestoppt hatte, kandidierte bei den Wahlen 1978 nicht erneut. Nach diesem Jahr wurden die Sprüheinsätze entlang der Bezirksstraßen wieder aufgenommen, wobei die Straßenarbeiter jedoch die Schilder der Anwohnerinnen und Anwohner mit der Aufschrift »NICHT SPRÜHEN« bis 1981 beachteten. Im Jahr 1981 wurde diese Politik jedoch ohne öffentliche Bekanntmachung aufgegeben.

3 Detzel, Tom. »Breathing Against the Nozzle.« Multnomah Monthly, Portland, Oregon, September 1981, S. 4-6, 17.

rung davon in Kenntnis gesetzt, dass man der Aufforderung »NICHT SPRÜHEN« auf ihren Schildern nicht mehr Folge leisten würde, noch war der Sprüheinsatz entlang der Straße angekündigt worden.

Eine halbe Meile hinter der Stelle, an der Cassens meine Kinder 1975 besprüht hatte, fing Paul Merrell den Sprühlaster ab. Er trat Cassens und seinem Mitarbeiter mit einem Gewehr entgegen und forderte sie auf, das Sprühen der gegenüberliegenden Straßenseite zu verschieben, bis er eine einstweilige Verfügung erwirkt hätte, dies zu verhindern. Cassens weigerte sich. Für den Fall, dass sie versuchen sollten, über sein Hofgrundstück zurückzukommen, drohte Merrell an, »das notwendige Mindestmaß an Gewalt anzuwenden, um sie aufzuhalten«. Andere Talbewohnerinnen und -bewohner waren mittlerweile in Bezug auf die Sprüheinsätze gewarnt worden. Mit Gewehren bewaffnet hatten sie hinter der nächsten Biegung eine Straßensperre errichtet. Cassens sprühte an diesem Tag nicht weiter flussaufwärts. Zwei Wochen später wurde Merrell vor einem bundesstaatlichen Gericht wegen »Behinderung der staatlichen Verwaltung« angeklagt.[4]

Eine Woche nach dem Vorfall mit Cassens kroch ein weiterer Sprühlaster der Bezirksverwaltung die Five Rivers Road hinauf, ausgestattet mit einem Druckluftkompressor und Sprühgerät. Auf Höhe des Hofes flussaufwärts, wo Merrell auf Cassens getroffen war, hörte Rose Killian den Sprühlaster kommen. Ihre Kinder pflückten an diesem Morgen am Straßenrand gerade Grünfutter für die Schweine und waren vom Farmhaus aus nicht zu sehen. Aus Angst, sie würden besprüht, wie sie es von anderen Kindern mitbekommen hatte, gab sie mit dem Gewehr einen Warnschuss in die Luft ab, damit die Kinder zum Haus zurückkehrten.

Rose Killian rannte die Auffahrt hinunter ihren Kindern entgegen – nur um festzustellen, dass der Laster keine Herbizide ver-

4 »County road crews ignore ›no spray‹ Signs.« Newport (Oregon) Coastal Monitor, Mai 1981. »It's unscented.« Coastal Monitor, ebd. »Herbicide activist arrested.« Newport (Oregon) Lincoln Log vom 2.6.1981. »Five Rivers residents block herbicide truck.« Salem (Oregon) Statesman-Journal vom 14.5.1981.

sprühte, sondern die Mittellinie der Straße mit Sprühfarbe markierte. Betreten erläuterte sie den Straßenarbeitern ihre Ängste und entschuldigte sich, sie erschreckt zu haben. (*»Oops-Wrong Truck«* [»Ups – falscher Laster«] lautete die Überschrift des Artikels im Lincoln Log, einer Lokalzeitung aus Newport.[5]) Zwei Tage später wurde Rose Killian festgenommen und wegen »Bedrohung« angeklagt. Im Oktober befand sie ein Schwurgericht nach Zeugenaussagen über Vorfälle im Zusammenhang mit Herbiziden im County, die ihre Vorgehensweise rechtfertigten, für nicht schuldig. Kurz nach dem Freispruch von Killian nahm die Bezirksregierung Verhandlungen auf, um die Anklage gegen Paul Merrell fallen zu lassen.

Im Laufe der Jahre gab es vielerorts direkte Attacken gegen die Gerätschaften, durch die die Menschen mit Giften und ihren heimtückischen Wirkungen bedroht wurden. Es wurden Reifen von Sprühfahrzeugen und Herbizid-Tanklastern mit Äxten angegriffen, Werkzeuge aus Helikoptern entwendet, Schüsse abgefeuert. 1979 verließ eine Gruppe Hausfrauen in Five Rivers wutentbrannt ihre Küchen, nachdem sie über Telefon und CB-Funk erfahren hatten, dass sich ein Tanklaster der Forstbehörde und eine Hubschrauber-Crew dem Tal näherten. Als die Mitarbeiter der Forstbehörde einen Umweg von 30 Meilen in Kauf nahmen, um die Straßensperre zu umgehen, beobachtete die Gruppe von Frauen, Männern und Kindern aus dem Tal das Gebiet, machte den Landeplatz des Hubschraubers ausfindig und überschüttete die Crew mit Hohn, Spott und Drohungen.

Im US-Bundesstaat Minnesota befand ein örtliches Schwurgericht, Harmon Seaver habe das Recht gehabt, mit seinem Gewehr auf einen Sprühhelikopter zu schießen, um sich selbst und seine Familie vor den Chemikalien zu schützen.[6] Auch Ken Riley aus

5 »Oops – wrong truck!« Newport (Oregon) Lincoln Log vom 26.5.1981.

6 Siehe bspw. Seaver, Harmon, »In defense of my organic homestead.« Organic Gardening and Farming 24(10):184, Oktober 1977; siehe auch »Spraying foe accused of firing at helicopter.« Minneapolis (Minn.) Tribune vom 3.8.1976; Coffman, J. »Protester who fired rifle found not guilty.« Minneapolis (Minn.) Tribune vom 11.11.1976.

Helikopter versprüht Herbizide, Oregon, 1979 (Foto: Dana Olsen)

Oregon wurde freigesprochen, nachdem er einen Schuss abgegeben hatte, um seine Nachbarschaft darauf aufmerksam zu machen, dass sich ein Sprühlaster näherte.[7] Im Siuslaw Forest wurde 1980 ein Sprühhelikopter der Firma Evergreen Helicopters »vollständig demoliert«, die Instrumententafel wurde herausgerissen, und sämtliche zugänglichen Leitungen und Verbindungskabel waren durchtrennt. Auf den Rumpf des Hubschraubers war mit Farbe die Botschaft »*Fuck the Shah*« gesprüht worden. (Evergreen – allgemein bekannt als Unternehmen mit Verbindungen zur CIA – hatte vor kurzem den iranischen Schah nach Ägypten geflogen.)[8]

7 »Man acquitted of blocking spray.« NCAP News, Winter 1981, S. 13.

8 Ein Nachricht über die Beförderung des Schahs durch Evergreen lief am 24. März 1980 über die Ticker der US-Nachrichtenagentur United Press International (UPI) in der Region Pacific Northwest. Darin wurde eine Verbindung zwischen der Firma Evergreen und der CIA hergestellt. Siehe auch Robbins, Christopher. Air America: The Story of the CIA's Secret Airlines. New York: Putnam's Sons, 1979, S. 297-298. Laut Robbins hat Evergreen Ausstattung und Personal von einer bekannten CIA-eigenen Fluggesellschaft namens Intermountain Aviation übernommen. Evergreen bestreitet jedoch jede

In den ersten Monaten 1981 tauchten mindestens zwei Flugblätter einer Organisation namens »Fishline Alliance« an verschiedenen Orten an der Westküste auf, auf denen verschiedene Methoden der Beschädigung oder Sprengung von Sprühfahrzeugen und -helikoptern drastisch dargestellt waren.[9] Ron Arnold, ein Kommunikationsberater und Publizist mit dem Spezialgebiet Umweltkonflikte, wusste Folgendes zu berichten:

> Im Frühjahr 1980 wurde das Repertoire der Anti-Pestizid-Bewegung um ein weiteres Element erweitert: Terrorismus und Sabotage. Am Sonntag, den 4. Mai wurde eine Bodenmannschaft der Forstverwaltung von Protestierenden angegriffen und verprügelt. Ihre Sprühgeräte wurden zerstört, und der Leiter wurde bei vorgehaltenem Messer gezwungen, eine Erklärung zu unterschreiben, in der er zusagte, in dem Gebiet keine Sprüheinsätze mehr durchzuführen … Bei einem Sprühhelikopter in einem Hangar nahe Cave Junction in Oregon wurden die Elektrokabel sowie die Öl- und Kraftstoffleitungen zerschnitten. In der Nähe des kalifornischen Ortes Somes Bar wurden die Bremsleitungen eines Sprühteambusses gekappt. In Dennysville im US-Bundesstaat Maine drohte 1979 ein bewaffneter Mob damit, Sprühhelikopter abzuschießen. In Myrtle Point in Oregon hat jemand zehn 200-Liter-Fässer mit Verton 2-D und 28 Zwanzig-Liter-Fässer mit Tordon-K durchstochen. Aktivistinnen und Aktivisten im kalifornischen Salyer kontaminierten knapp 2.000 Liter Herbizide, um deren Ausbringung zu verhindern. Mobs von Aktivistinnen und Aktivisten dringen immer wieder in Gebiete ein, in denen Sprühflüge geplant sind und verhindern so das Sprühen von hunderten Hektar staatseigener Landflächen. In der Wolf Creek Tavern

---

Verbindung zur CIA. Siehe auch Rosenberg, Martin. »New Evergreen chief hopes to build stronger financial base for expansion.« Salem (Oregon) Statesman-Journal vom 7.3.1982.

9 Persönliche Mitteilung von Susan Parker und Angehörigen der NCAP gegenüber der Autorin. Die Flugblätter wurden aus dem Raum Los Angeles ohne Absender an Gruppen und Einzelpersonen der Anti-Herbizid-Bewegung abgeschickt.

> in Wolf Creek, Oregon, fand ich tatsächlich einen Aushang … auf dem ein »Wochenendtraining in gewaltfreiem Widerstand« beworben wurde, bei dem Aktivistinnen und Aktivisten zu »Besatzungsmächten« geschult werden, um den Herbizideinsatz auf staatlichen Landflächen zu verhindern. Diese Welle des zivilen Ungehorsams und der Sabotage hat sich im letzten Jahr zu einem Routineelement der Anti-Pestizid-Bewegung entwickelt.[10]

Die US-Forstverwaltung erweiterte 1981 ihr Sprühprogramm um eine Nachrichtenabteilung und eine Sonderabteilung zur Überwachung des örtlichen Widerstands gegen Herbizide und der Aktivitäten lokaler »Führungspersonen« innerhalb der Bewegung gegen die Sprüheinsätze.[11]

Am Samstagabend des 30. Mai 1981, dem Tag nach der Anklageerhebung gegen Paul Merrell, brannte ein Sprühhelikopter von Western Helicopters, der im Auftrag des Unternehmens Publishers Paper Rodungsflächen im Gebiet von Toledo sprühen sollte, komplett aus. Am Montagvormittag traten zwei Frauen für die Gruppe *People's Bri-*

---

10 Arnold, Ron. »The politics of environmentalism.« Vortrag bei der Landwirtschaftskonferenz in Ontario (Kanada) am 8.1.1980.

11 Worthington, Richard E., Regionalförster für das Gebiet Pacific Northwest der USDA-Forstbehörde. 17.12.1980, Mitteilung »Integrated Pest Management« an die Forstaufsichten. Worthington verlangte die Entwicklung von Rechtsdurchsetzungsplänen im Rahmen der Arbeitsplanung des Pestizidprojekts »in Verbindung mit einer Sonderabteilung der Forstbehörde.« Jeder Plan sollte »einen Bericht über Erkenntnisse zur Lage vor Ort« beinhalten. Siehe auch Mitteilung des USDA-Beauftragten für Holzarbeiter im Siuslaw Staatsforst, John O. Hoffman, an die Bezirksranger vom 19.1.1981 »Law enforcement planning in pesticide project work plan development.« Hoffman setzte die Bezirksranger davon in Kenntnis, dass derartige Pläne nicht auf Bezirksebene konzipiert werden müssten, da zu diesem Zeitpunkt ein umfassender Plan durch die Forstaufsicht erarbeitet werde. Siehe auch Schreiben der USDA-Pressereferentin des Panhandle National Forest in Idaho, Susan E. Yonts, vom 29.4.1981 an Bill London, St. Maries, Idaho. London hatte nach Durchsicht der aufgeführten Dokumente aus Oregon Beamte der Forstbehörde in Idaho zu entsprechenden Plänen befragt. Yonts teilte London mit, in dem von Worthington erwähnten »Bericht über Erkenntnisse zur Lage vor Ort« würden »die Namen der Organisation und ihrer Führungspersonen, allgemeine Angaben über die Gruppierung (was sie unterstütze) sowie Zeitungsausschnitte oder Kopien öffentlicher Erklärungen« aufgeführt.

gade for a Healthy Genetic Future (»Volksbrigade für eine gesunde genetische Zukunft«) in Nachrichtensendungen im Fernsehen und im Radio auf. Vor der Kamera trugen sie Tücher und verbargen ihre Gesichter hinter Zweigen. Nach einem Bericht über den ausgebrannten Helikopter erläuterten die beiden Frauen die Gründe für die Aktionen der Gruppe:

ERSTE STIMME: Am Samstag, den 30. Mai, ging unser 2. Jährliches Derby zur Zerstörung von Sprühhelikoptern zu Ende. Als Botschaft an die Unternehmen, die am wahllosen Versprühen von Giften ohne Rücksicht auf das Leben von Menschen und Tieren und Mutter Erde Profite machen, wurde ein Helikopter in Brand gesteckt. Wir verurteilen jede Form von Gewalt gegen alle Kräfte des Lebens. Wir sabotieren Maschinen, die Gifte verbreiten, als Akt der Selbstverteidigung. Wir sehen, wie wir selbst, unsere Familien und die Menschen in unserer Nachbarschaft unter den schädlichen Auswirkungen durch die jahrelange Vergiftung mit Herbiziden, u.a. Fehlgeburten, Geburtsfehler und Krebserkrankungen, leiden.

ZWEITE STIMME: Im letzten Herbst konnten wir beobachten, wie internationale Konzerne wie Dow Chemical, Chevron und ihre Tarnorganisationen mit einem Budget von rund 100.000 US-Dollar auf die Abstimmung Einfluss genommen haben, um zwei lokale Volksbegehren zum Schutze unserer Gesundheit zu torpedieren. Das Versprühen von Herbiziden und anderen giftigen Chemikalien wird letztlich erst gestoppt werden, wenn die Menschen das wahre Kosten/Nutzen-Verhältnis erfahren. Unsere jetzige Gesundheit und künftige genetische Gesundheit stehen auf dem Spiel. Wir werden erneut zuschlagen.[12]

12 Zitate transkribiert von dem Originalinterview auf Video, geführt von Rick und Trish Gibson, Coast News Service (Otter Rock, Oregon) am 31. Mai 1981. Die Gibsons gaben ihr Interview an Angehörige anderer Medien weiter, so dass es sich rasch verbreitete. Siehe bspw. Abendnachrichtensendung auf KNPT Radio (Newport, Oregon) vom 1.6.1981. Siehe auch Rosemary, Kristine. »Genetics Brigade claims it destroyed spray 'copter.« Salem (Oregon) Statesman-Journal vom 2.6.1981.

Drei Monate vor dem Hubschraubervorfall hatte Dave Dietz, der Pro-Pestizid-Lobbyist, der Bemühungen der Konzerne zur Niederschlagung der Initiativen in Lincoln County koordinierte, bei einer Konferenz der Agrochemie-Branche davon gesprochen, dass die öffentliche Meinung in Oregon eindeutig gegen den Einsatz von Pestiziden sei.[13] Eine starke öffentliche Meinung äußert sich jedoch im Allgemeinen nicht im Verbrennen von Hubschraubern. Was treibt normalerweise friedliche, gesetzestreue Bürgerinnen und Bürger zu solch drastischen Aktionen? Im Siuslaw Staatsforst sind es vielleicht einfach ihre persönlichen Erfahrungen. Mindestens seit 1948 werden in dem Gebiet Herbizide versuchsweise eingesetzt.[14] Die intensive Bewirtschaftung dieses hoch produktiven Waldes hat zu einem sprunghaften Anstieg der Sprühmenge auf eine halbjährliche Beregnung mit Herbiziden in praktisch jedem Wassereinzugsgebiet geführt, und über die Jahre haben sich die Folgen summiert.

Als erstes traten die Fehlgeburten auf, zunächst in keinem Zusammenhang stehend, Einzelfälle. Wie viele Schwangere gibt es überhaupt in einem bestimmten Gebiet zu einer bestimmten Zeit – im Zeitraum der Sprüheinsätze? Über die Jahre summieren sich die Fehlgeburten jedoch. Und dazu kommen noch die Blutungen, die steigende Zahl junger Frauen, die sich die Gebärmutter entfernen lassen müssen.

Weiterhin dazu kommen all die kranken Kinder, die Ausbrüche von Meningitis, die Lungenentzündungen, die Krebserkrankungen bei jungen Leuten. Daneben sind Ärztinnen und Ärzte in Kreißsälen wieder und wieder mit Fehlbildungen bei Neugeborenen konfrontiert, die die meisten Geburtshelferinnen und -helfer nur selten in ihrem Berufsleben sehen.

Im Laufe der Jahre summieren sich all diese Ereignisse, ungeachtet dessen, was einige »Fachleute« sagen. Und über die Jahre

---

13 Holzhauer, Charles. »Better PR – An ag chemical need.« Oregon Farmer-Stockman vom 5.3.1981, S. 3.

14 Hawkes a. a. O. (28).

bekommen es immer mehr Leute mit. Sie lesen die Leserzuschriften, hören die Nachrichten, sprechen mit ihren Nachbarinnen und Nachbarn, ihren Kolleginnen und Kollegen, mit den anderen Müttern im Kindergarten, der Tankwartin, dem Kassierer, den Leuten in der Bibelstunde oder ihren Freundinnen und Freunden, mit denen sie in der Kneipe ums Eck einen trinken gehen. Ausgehend von den Wassereinzugsgebieten der Flusstäler an der Küste sind Neuigkeiten über Sprühaktivitäten und ihre negative Auswirkungen zunehmend Thema in Klatsch und Tratsch, verbreiten sich über Mundpropaganda unter LKW-Fahrern, Holzarbeitern, über CB-Funk, unter Hausfrauen und der Bevölkerung in Oregons Küstenorten. Während die Fachleute mit Labordaten jonglieren und Verwaltungsbeamte über deren Bedeutung sinnieren, sehen die Menschen in den Waldgebieten immer deutlicher den Zusammenhang zwischen dem Versprühen der Chemikalien und dem Auftreten von Krankheiten, Hysterektomien, Fehlgeburten, angeborenen Fehlbildungen, Krebserkrankungen und Unfruchtbarkeit.

»Es sind deine Freunde und Nachbarinnen, denen all dies passiert«, meint Dee Vawter, die im Dezember 1976 ein Kind mit Anenzephalie zur Welt brachte. Die ruhige, hübsche junge Frau arbeitet derzeit in einem kleinen Buchladen in Newport.

> Wir hatten von all dem vorher noch nie gehört. Als mein Arzt mir mitteilte, dass mein Baby mit dieser Fehlbildung geboren werden würde, wollte ich ihm das nicht glauben. Ich wurde ihm gegenüber ungehalten und wollte nicht wieder zu ihm hin. Für die Geburt sind wir den ganzen Weg bis nach Portland gefahren, aber mein Arzt hat Recht behalten. Meine Tochter kam ohne Gehirn auf die Welt. Die Ärzte dort wollten nicht, dass wir sie sahen. Sie nahmen sie weg, und wir blieben neun Tage lang in einem Motel, während sie sie irgendwie am Leben hielten. Wir waren einfach nur da und warteten, bis sie sterben würde – wir konnten doch nicht einfach so wegfahren …
>
> Wir dachten, wir seien die Einzigen, die davon betroffen sind. Aber dann haben wir von anderen erfahren und von den Sprüh-

einsätzen in den Wäldern, im Wassereinzugsgebiet der Stadt.«
»Ich habe keine Ahnung, warum das passiert. Weiß es irgendjemand? Ich weigere mich zu glauben, dass die Sprühmittel für diese Dinge verantwortlich sein könnten. Aber ich wollte auch meinem Arzt nicht glauben, und es hat nichts daran geändert, was dann passiert ist.[15]

Die Leute bekommen es mit. Politische Debatten, Sitzungen, Spielchen im Gerichtssaal, Fachleute und Statistiken, Organisationen – all dies verliert seine Bedeutung, wenn die Helikopter über den Hügelkamm im Anflug sind. Wenn die Leute genug wissen, nützt alles Reden nichts mehr.«

»Nehmen wir mal an, jemand richtet ein Gewehr auf dein Kind«, sagt eine junge Mutter, während sie im Waschsalon Windeln in eine Maschine lädt. »Du schreist ihn an, er soll damit aufhören, und er sagt, keine Sorge, ist nur eine kleine Kugel, eine sichere Kugel. Heiliges Kanonenrohr, wie kann es eine sichere Kugel geben, erwiderst du, und er sagt, das ist wissenschaftlich belegt. Dann beweis' es, forderst du ihn auf, und er sagt, nein, die Informationen sind geheim.«
»Und du? Stehst du einfach da und schaust zu, wie er dein Kind erschießt?«

Man stelle sich das mal vor, könnte glatt eine Filmszene sein.

Auf einem Hügelkamm oberhalb von Toledo steht der Helikopter seit einer Woche auf einer Rodung wegen schlechten Wetters. Die Rodung ist abgelegen, aber selbst aus der Distanz sind das Schimmern von Metall und Plexiglas, die Schemen der Rotorblättern hinter den Bäumen für das wache oder suchende Auge erkennbar. Der Hubschrauber ist unbewacht, und einige Tage lang nimmt niemand Notiz von ihm. Dann fällt er vielleicht einigen Teenagern ins Auge, die nach der Schule auf den Holzabfuhrstraßen illegal Auto fahren. Vielleicht fällt er auch einem Fischer auf oder einem Mädchen auf einem Ausritt, einer Familie, die Feuerholz sammelt, einem entlassenen Sägewerkarbeiter auf der Suche nach Zedernholz.

15 Vawter, Dee, Gespräch mit der Autorin.

Innerhalb weniger Stunden wissen alle Leute die Küste rauf und runter, wo der Hubschrauber steht. In den Bars, Cafés, Wachsalons – wo auch immer Menschen zusammenkommen, ist er Gesprächsthema, man nimmt Notiz von seinem Standort, und es gibt vage Andeutungen über sein Schicksal. »Und du meinst, der ist wirklich unbewacht?« meint ein alter Fiedler im Gasthaus vor Ort. »Sie hätten ihn nicht einfach so zurücklassen sollen, da könnten die Leute auf dumme Gedanken kommen.« Er improvisiert einen neuen Text für seinen nächsten Song »*The Baltimore Fire*«, der allseits für Gelächter sorgt.

Regen und Nebel halten den Hubschrauber weiter am Boden. Zu Beginn des Wochenendes tauchen mehrere Wandersleute, Biker, Teenager in Pickups mit Vierradantrieb, Vogelkundige, Holzfäller und andere wie zufällig in dem trostlosen Wetter auf, beobachten den Helikopter und verschwinden wieder. Eines Nachmittags parkt ein Wohnmobil aus Winnebago diskret abseits der Schnellstraße, und ein älteres Ehepaar wandert durch den Regen bis zum Landeplatz. Sie starren auf den Helikopter und untersuchen das Terrain in der Umgebung, dann arbeiten sie sich durch den Matsch und die Spurrillen einer Holzabfuhrstraße zurück zu ihrem Camper.

Am Samstagnachmittag klart es auf. Über CB-Funk, in den Gaststätten und Cafés wird die Veränderung, die Möglichkeit eines Sprühflugs am folgenden Tag kommentiert. Sprüheinsätze sind wetterabhängig, und die Leute wissen aus den letzten Jahren, dass Sonntag für einen Helikopterflug so gut wie jeder andere Tag ist. Man hört von einem LKW-Fahrer oder einer Mitarbeiterin im Motel oder vielleicht sogar von einem »Insider« bei Publishers Paper, dass – sollte das Wetter halten – die Zeichen auf »*Go*« stehen.

Es gibt keine Organisation, keinen Plan. Es passiert einfach. Auf der Rodung steht der Helikopter, das Licht des abnehmenden Viertelmondes schimmert auf seiner Kunststoffkabine. Im Cockpit sitzt eine alte Frau. Sie trägt ein großes, schwarzes Cape und einen Fellhut, den sie bis über die Ohren gezogen hat, um sie warm zu halten. Sie dreht Zeitungen zu festen Würsten und legt sie auf dem Boden des Cockpits aus.

Die Stille des Waldes wird durch das Geräusch eines Fahrzeugs unterbrochen. Autoscheinwerfer leuchten durch die Baumstämme auf. In einiger Entfernung von dem Landeplatz verstummt das Motorgeräusch. Die alte Frau kauert im Cockpit, wartet, lauscht.

Im Wald kehrt wieder Stille ein. Zwanzig Minuten später erscheinen vier dunkel gekleidete Gestalten am Rande der Rodung, die Gesichter mit Schlamm oder Ruß geschwärzt. Zwei von ihnen sind Jungen im Teenageralter, von denen einer die Hand seiner Freundin hält, der andere trägt ein Bündel mit trockenen Zweigen und Ästen. Begleitet werden sie von einer Frau in einem Jogginganzug, auf dem das Emblem einer örtlichen Highschool zu sehen ist. Sie trägt einen Benzinkanister. Die Gruppe hält sich unschlüssig im Schatten. Zweimal setzen die Jungen an loszulaufen, aber die Frau bedeutet ihnen, stehen zu bleiben.

Der eine Jugendliche lässt die Hand seiner Freundin los, greift nach einem dicken Stück Tannenrinde und schleudert es quer über die Lichtung. Es verfehlt den Helikopter und trifft mit einem dumpfen Schlag das Gehäuse einer Funkvorrichtung – in der Stille des Waldes ein ebenso überraschendes Geräusch wie ein Gewehrschuss. Die Funkantenne vibriert und schwankt vibrierend hin und her. Keine Reaktion in Form von Lichtern oder Stimmen. Die Jugendlichen sehen erneut die Frau an, die sich ein weiteres Mal umschaut und dann nickt. Sie brechen aus der Deckung hervor und rennen Richtung Helikopter.

Plötzlich öffnet sich die Tür des Cockpits, und sie werden von einer Taschenlampe geblendet, die ihre überraschten Gesichter, das Bündel Zweige, den Benzinkanister erleuchtet. Die alte Frau klettert ungelenk aus dem Cockpit, behindert durch ihren Umhang. Sie lacht. Mit der Hand den Lichtschein der Taschenlampe dämpfend, gibt sie den vier Gestalten eine Helikopterführung und zeigt ihnen ihrer Werk im Cockpit. Auch die Jungen lachen. Einer nimmt seiner Mutter den Benzinkanister ab und macht sich am Verschluss zu schaffen.

Das Geräusch eines weiteren Fahrzeugs, das sich nähert, lässt ihn innehalten. Er setzt den Kanister ab und greift nach der Hand seiner

Freundin. Die alte Frau schlägt die Hubschraubertür zu. Alle fünf rennen ins Gebüsch am Rande der Rodung.

Der Motor eines Pickups heult auf, das Fahrzeug kommt zum Stehen, das Licht seiner Scheinwerfer flutet die Rodung.

Vor dem Helikopter wirft der kleine rote Kanister einen langen Schatten. Drei Männer springen aus dem Lastauto, jeder eine Bierflasche in der Hand. Zwei von ihnen tragen schwere, wasserdichte Holzfällerstiefel. Ihre Hosen werden locker durch Hosenträger gehalten, die Hosenumschläge sind ausgefranst. Der dritte Mann ist kleiner als die anderen. Er trägt eine Lederkappe und humpelt beim Gehen. Die Taschen seiner Feldjacke sind vollgepackt mit ungeöffneten Bierflaschen. Er tippt mit dem Fuß gegen den gefüllten Benzinkanister und hebt ihn auf.

Die alte Frau und ihre Gefährten stürzen aus dem Gebüsch.

Sie nimmt dem Mann in der Feldjacke den Kanister ab und blickt herausfordernd in Richtung des Helikopters. Sie droht den Männern mit dem Finger und zeigt auf den Pickup. Einer der Holzfäller trottet gehorsam zum Lastauto, macht die Scheinwerfer aus und fährt den Pickup nur mit Standlicht an eine geschütztere Stelle. Er kommt zum Hubschrauber zurück, wo die anderen sich niedergelassen haben. Der Mann in der Feldjacke verteilt Bier aus seinen Jackentaschen.

Plötzlich ist das Flackern einer Taschenlampe zwischen den Bäumen jenseits der Rodung zu erkennen. Wie auf Kommando verschwindet die Gruppe ins Unterholz auf der gegenüberliegenden Seite, den geräuschlosen Gesten des Mann in der Feldjacke folgend. Er humpelt ihnen hinterher, hebt noch eine leere Bierflasche und den Benzinkanister auf. Die Taschenlampe kommt näher, wird ausgeschaltet. Ein junges Paar steht im Mondlicht und starrt auf den Helikopter. Beide tragen einen Rucksack und einen Schlafsack, und der junge Mann hält eine Schachtel Grillanzünder in der Hand …

Immer mehr Personen stoßen zu der Gruppe. Ein LKW-Fahrer kommt mit Schraubenschlüsseln, Zündschnur und einem Sixpack

Bier dazu. Teenager, Leute auf Motorrädern und Wandernde tauchen auf. Drei Frauen von einer Gastwirtschaft an der Küste bringen mehr Bier und einen weiteren Kanister Benzin. Ein Paar mittleren Alters in Daunenwesten und Halloween-Masken trägt zwei Thermoskannen Kaffee und einen Kanister Coleman Reinigungsbenzin bei.

Von Westen wirft der Viertelmond lange Schatten auf die flüsternden Menschen. Zigaretten glimmen, man prostet sich zu, begleitet von gedämpftem Gelächter, Gesprächen im Flüsterton. Die alte Dame und der Mann in der Feldjacke gehen zwischen den schemenhaften Gestalten herum und halten sie an, keine Zigarettenstummel, Streichhölzer und Kronkorken zurück zu lassen. Eine Sternschnuppe blitzt mit ihrem glühenden Schweif über ihren Köpfen auf. Von irgendwo am dunkler werdenden Himmel hört man entfernt das Schnattern eines Gänseschwarms, der noch spät Richtung Norden unterwegs ist.

Die Gruppe löst sich fröstelnd auf. Zigarettenstummel werden ausgedrückt und eingesteckt, Flaschen aufgesammelt. Benzin und andere entflammbare »Gaben« werden auf aufgeschichteten Zunder in und unter dem Helikopter gegossen. Aus dem Cockpit steigt ein beißender Geruch nach Abgasen, der sich über der Lichtung ausbreitet. Mit Thermoskannen, Flaschen und leeren Benzinkanistern zieht sich die Gesellschaft in Richtung der Bäume jenseits der Rodung zurück, um zu besprechen, wie man das Ganze in Brand setzt. Allein im Mondlicht humpelt der Mann in der Feldjacke hin und her, hinein in den Schatten des Helikopters und wieder heraus. Er inspiziert die Rodung mit einer Taschenlampe und streift dabei mit einem stark verzweigten Erlenschössling über den Boden.

Einer der Holzfäller führt die alte Dame zurück auf die Lichtung und gibt ihr dabei flüsternd Anweisungen. Der Mann in der Feldjacke hat seinen Inspektionsgang beendet und stößt zu ihnen. Der Holzfäller entzündet eine Fackel. Er beugt sich zu der alten Dame hinunter und hält sie ihr hin. Sie nimmt sie vorsichtig und wirft sie dann von sich weg. Durch ihr Cape in ihrer Bewegung behindert, fällt die Fackel nicht weit von ihr zu Boden und taucht die drei Gestalten und den Helikopter in einen festlichen roten Schein. Die alte Dame lacht auf.

Der Holzarbeiter entzündet eine weitere Fackel und übergibt sie ihr. Sie wirft ihr Cape nach hinten, holt wie ein Top-Werfer beim Baseball aus und schleudert die Fackel. Die Flugbahn beschreibt einen Bogen und endet in einem Feuerball, der aus der Türe des Cockpits schlägt. Das Fluggerät steht augenblicklich komplett in Flammen. Der grelle Lichtblitz und das tiefe, atemlose dumpfe Donnern der Explosion dringen durch den Wald. Die Druckwelle weht der alten Dame den Fellhut vom Kopf und schleudert sie zu Boden. Der Holzfäller zerrt sie in Richtung Wald. Sein Begleiter, der immer noch den schweren Schössling hinter sich herzieht, greift im Lauf nach dem Hut der alten Dame. Humpelnd folgt er ihnen zu den Bäumen, die nun von den Flammen hell erleuchtet sind.

Hinter ihnen bricht der Helikopter auseinander. Kunststoff und nicht hitzebeständige Metalllegierungen blähen sich auf und verbiegen sich in einem gleißenden Lichtkranz aus Weiß und Orange. Eine Explosion reißt die Rotorblätter aus dem Rotorblock. Die Gesellschaft beobachtet das Schauspiel vom Wald aus. Das Heck des Helikopters, ein Skelett in den Flammen, verbiegt sich, rollt sich auf wie der Schwanz eines Skorpions. Nach einem einzelnen Triumphschrei verstummt die Gruppe, überwältigt vom Anblick des immensen Feuerballs, in dem das zerknautschte Stück Maschine aufgeht.

Wie die Menschenmenge nach dem Feuerwerk am amerikanischen Nationalfeiertag trollt sich die Gesellschaft und eilt durch den Wald in unterschiedliche Richtungen davon. Ihre Schritte verhallen, die Geräusche des letzten Fahrzeugs verklingt in Richtung Highway. Auf der Lichtung fallen die Streben des Hubschraubergehäuses krachend in sich zusammen, noch immer glühend zwischen kleinen Feuern. Die umstehenden Bäume rascheln im leichten Luftzug, der von dem niederbrennenden Feuer noch ausgeht. Die Flammen verlöschen allmählich zu Glutnestern, flammen noch ein oder zweimal kurz auf. Dann herrscht wieder Stille im Wald.

***

Die Zerstörung eines Fluggerätes stellt nach US-Bundesrecht eine Straftat dar. An den Ermittlungen zu dem Brandanschlag auf den Helikopter waren das FBI sowie die zuständige Polizeibehörde von Lincoln County mit einem Sonderermittler beteiligt. Die Firma Publishers Paper setzte für Hinweise, die zur Verhaftung der Verantwortlichen führen würde, eine Belohnung in Höhe von 5.000 US-Dollar aus.[16] Ein Sprecher des Unternehmens, Bill Lesh, teilte gegenüber der Presse mit: »Wir haben es hier mit der Zerstörung von Privateigentum, mit einem Attentat zu tun. Uns werden Sie nicht sehen, wie wir umherziehen und Häuser anzünden. Das ist nicht die Art und Weise, wie wir in einer Demokratie die Dinge handhaben.«[17]

Die Ermittlungsbeamten fanden am Ort des Geschehens offensichtlich nur wenige Hinweise, die sich weiterverfolgen ließen, und konzentrierten ihre Anstrengungen darauf, die beiden Frauen zu identifizieren, die im Fernsehen die Erklärung im Namen der »*People's Brigade*« abgegeben hatten.[18] Selbst, wenn man die beiden Frauen hätte identifizieren können, wäre das keine Garantie dafür gewesen, dass die beiden tatsächlich an dem Vorfall beteiligt waren.

Auf den Straßen, an öffentlichen Orten von Coos Bay bis Tillamook, hätten sich die Ermittlungsbeamten nicht vor Verdachtspersonen retten können. Sobald in den Nachrichten über den Vorfall berichtet wurde, kam es praktisch in Mode sich damit zu brüsten, mit dabei gewesen zu sein.

»Wenn alle, die behaupten, dort gewesen zu sein, wirklich dort waren, muss das eine Riesenparty gewesen sein«, kommentierte ein Fischer aus Newport.

---

16 Bildunterschrift ohne Titel. Newport (Oregon) News-Times vom 17.6.1981, S. 2.

17 Rosemary, a. a. O. (363).

18 «Reward possible in helicopter burning.« Newport (Oregon) News-Times vom 10.6.1981, S. 1.

Primärwald im Valley of the Giants, Oregon (Foto: Rio Davidson)

Mit der Zeit wurden die Geschichten immer weiter ausgeschmückt, es wurden Personen und widersprüchliche Details hinzugefügt. Die Leute reagierten auf diese Erzählungen skeptisch, aber im Allgemeinen wohlwollend.

Die Zerstörung des Sprühhelikopters – wie auch immer sie bewerkstelligt wurde – war in den Augen vieler Menschen vertretbar.

»Ich bedauere nur, dass ich nicht selbst dabei war«, meinte ein

Mann in Anzug und Krawatte während einer Theaterpause in Newport. »Ich lasse alles stehen und liegen und komme den ganzen Weg von Salem, um beim nächsten Mal dabei zu sein.«

»Woher kommt der Kerl überhaupt?« fragt eine Frau an der Kasse im Supermarkt, als sie die Erklärung des Sprechers von Publishers Paper liest. »Sie stecken also zwar nicht unsere Häuser in Brand, sondern vergiften lediglich unsere Babys – das ist also deren Vorstellung von Demokratie!«

»Sie haben einfach so große Macht über unser Leben«, äußert sich eine andere Frau, »die Macht zu sprühen, Bomben zu werfen, ihre Tanks und Pipelines für Flüssiggas und ihre Kernkraftwerke zu bauen – und was konnten wir tun, um sie aufzuhalten? Es ist nur eine Kleinigkeit – ein einziger kleiner Hubschrauber – aber es ist ein kleines Stückchen Macht, das wir uns zurückholen konnten.«

Vor einer Reparaturwerkstatt für Kettensägen teilt ein junger Holzfäller seine Thermoskanne Kaffee mit einem Freund, während er auf seine Säge wartet. Sein sandfarbenes Haar ist kurz geschnitten, und auf seinem Pickup prangt ein Autoaufkleber mit der Aufschrift »*Sierra Club Kiss My Ax*«.

»Hey, ich bin beileibe kein Umweltaktivist« meint er. »Versteh' mich nicht falsch. Aber ich bin auch nicht blöd. Sie haben praktisch jedes verdammte Jahr über unserem Wassereinzugsgebiet gesprüht. Mein erstes Kind wurde mit einem Klumpfuß geboren und musste dreimal am Auge operiert werden. Und das wird unser einziges Kind bleiben, weil meine Frau danach nicht mehr schwanger werden konnte. Sie hat in den letzten Jahren so viele Probleme gehabt, dass sie sich operieren lassen musste. Nach den Sprüheinsätzen kommen sie – hinterher, verflucht noch mal! – ohne uns im Vorfeld darüber informiert zu haben, was sie sprühen. Oder sie kommen, um Trinkwasserproben zu nehmen ... Aber wenn ich sie frage, was sie gefunden haben, bekomme ich keine Antwort. Da gibt's 'ne ganze Menge Scheiße, die sie uns nicht erzählen.«

»Nee, nee, mich verkaufen die nicht für dumm, diese Fachleute. Ich weiß, wer deren Brötchen bezahlt. Bei Gott, wenn die sich noch einmal unangekündigt meinem Trinkwasser-Einzugsgebiet nähern, schieße ich sie vom Himmel 'runter. Und die jammern über einen in Brand gesteckten Helikopter.« Er lacht. »Ich könnte denen das ein oder andere darüber erzählen. Aber wenn die so was für sich behalten können, kann ich das schon lange.«

»Nur weiter so!«, meint sein Freund. »Ich würde ganz sicher nicht mit meinem Wissen im Fernsehen hausieren gehen. Sollten sie sich jemals meinem Haus nähern, werden sie nicht mal mitkriegen, was und wie es passiert, und sie werden niemals herausfinden, wer es getan hat.«

Bei einem Football-Match einer Highschool beobachtet eine Frau, wie ihr Sohn sich aus einem Haufen schlammverschmierter Körper am Boden aufrappelt. Als der Applaus abebbt, setzt sie sich wieder und unterhält sich weiter mit einer Freundin.

»Das ist das Sprühen eben auch – eine weitere Form von Macho-Getue. Männer haben diese Zwangsvorstellung, die Erde zu kontrollieren – die Luft, das Wasser, das Land, alles, was sich bewegt oder wächst. Sie haben die Verbindung zum Leben verloren. Das Leben an sich ist ihnen nicht wichtig. Was sie wollen, ist Macht über das Leben, was gewöhnlich bedeutet, die Macht zu zerstören. Ich glaube

Nebel über dem Wald entlang des Highway 34 durch das Küstengebirge in Oregon (Foto: Peter von Stackelberg)

nicht, dass Frauen all diese Dinge – Bomben, Chemiewaffen – erfunden hätten. Sie haben eine engere Verbindung zur Erde, leben eher im Einklang mit ihr, mit den kleinen Dingen, mit den Elementen des Lebens, die sich nicht kontrollieren lassen – außer durch den Tod, die ultimative Kontrolle …«

»Sie zerstören die ganze Welt«, erwidert ihre Begleiterin. »Und sie machen die Gesetze, die sie schützen, während sie dies tun. Und wir sind ebenso dafür verantwortlich, weil wir danebenstehen und ihnen dabei zusehen. Wir bringen unseren Kindern bei, die Gesetze zu achten, aber wir müssen sie lehren, dass das Gesetz nicht immer im Recht ist – oder, dass etwas Ungesetzliches nicht notwendigerweise falsch ist.« Die Frauen lachen. »Jedenfalls haben wir ihnen wenigstens eines beigebracht: Wenn es darauf ankommt, haben wir auch eine gewisse Macht.«

»Ich möchte nicht, dass meine Kinder aufwachsen und Teil eines Systems werden, das seine Probleme durch Töten löst«, sagt die erste Frau. »Das ist nicht das, woran ich glaube. Und ich denke auch nicht, dass es falsch ist, Maschinen zu zerstören, die töten – die zum Töten von Bäumen, Kindern, Tieren, dem Lachs, der aus dem Meer die Flüsse hinaufkommt, konstruiert wurden. Es bedeutet, ihre Gesetze zu brechen. Das heiße ich gut, weil ich kein Gesetz anerkenne, das Maschinen oder wirtschaftlichen Gewinnen höher bewertet als das Leben und unsere ungeborenen Kinder.«

»Gesetze können sich ändern«, meint ihre Freundin. »Vielleicht bleibt es unseren Enkelkindern erspart, Helikopter in die Luft jagen zu müssen.«

Einwilligung nach Aufklärung

Wenn die Bill of Rights den Bürgerinnen und Bürgern keinen Schutz vor tödlichen Giften garantiert – egal, ob diese von Privatpersonen oder Beamten staatlicher Einrichtungen ausgebracht werden –, liegt das mit Sicherheit lediglich daran, dass sich unsere Vorväter, ungeachtet ihrer großen Weisheit und Voraussicht, ein solches Problem einfach nicht vorstellen konnten …

Rachel Carson

Die Geschichte des Kampfes gegen Herbizide ist die Geschichte einiger ganz normaler Menschen – Hausfrauen, Veteranen, Landwirte, Waldarbeiter, Pfarrer, Eltern –, die sahen, dass etwas absolut im Argen lag und sich daran machten, dies zu beheben. Im Laufe dieser Entwicklung entdeckten sie einige außergewöhnliche Fähigkeiten bei sich selbst. Ihre Geschichte ist vor allem eine Chronik dessen, was nach der Veröffentlichung von *Silent Spring* schiefgelaufen ist.

Die nachhaltige Sensibilisierung auf individueller und gesellschaftlicher Ebene, die Rachel Carson angestoßen hatte, fand ihren Ausdruck im US-Bundesgesetz über die Umweltpolitik (*National Environmental Policy Act,* NEPA) von 1969, in Änderungen zum Pestizidgesetz (*Federal Insecticide, Fungicide, and Rodenticide Act,* FIFRA), mit denen strenge Sicherheitsprüfungen von Chemikalien zur Auflage gemacht wurden, sowie in der Errichtung der US-Umweltschutzbehörde (*Environmental Protection Agency*, EPA). Diese Meilensteine, die auf Rachel Carson zurückzuführen sind, sollten der Gesellschaft als Garantie dafür dienen, dass ihr stummer Frühling niemals Wirklichkeit würde.

Die Reaktion der chemischen Industrie auf die neuen gesetzlichen Regelungen, welche die Sicherheit von Pestiziden gewährleisten sollten, bestand schlicht darin, die labortechnischen Nachweise für die toxischen Wirkungen zu fälschen bzw. zurückzuhalten.

Zeitgleich lancierte die Branche massive PR-Kampagnen und finanzierte akademische Forschungsprogramme mit dem Ziel, das öffentliche Vertrauen in die Chemikalien und die Abhängigkeit von ihnen zu stärken – anders ausgedrückt, das Bewusstsein, das von Carson inspiriert worden war, auszuschalten. Von Beginn an war die EPA vorbelastet durch organisatorische Mängel, einen veralteten und unzulänglichen Datenbestand, Unterfinanzierung und die Übernahme von Bediensteten, die aus dem US-Landwirtschaftsministerium (USDA) mit seiner industriefreundlichen Haltung versetzt wurden.[1] Die neu geschaffene Behörde hatte der mächtigen, einflussreichen Industrie nichts entgegenzusetzen.

In den Gesetzen, die zum Schutz der menschlichen Gesundheit und der Umwelt gegen die toxischen Wirkungen von Chemikalien verabschiedet wurden, sind zwar die Rechte der Hersteller der Gifte ausdrücklich geregelt, doch die Rechte der Öffentlichkeit sind an keiner Stelle fest verankert.[2] Das NEPA sieht nicht vor, dass alle Menschen in einer gesunden Umwelt leben, sondern, dass »alle Menschen in einer gesunden Umwelt leben sollten«.[3]

1 Bericht des Unterausschusses im US-Senat, a. a. O. (28) Siehe auch Bericht des »Comptroller General Report« Rechnungsprüfung, Kapitel 12, Fußnote 3 (Im Original keine weiteren Hinweise [A. d. Ü.])

2 »Das Gesetz [NEPA] strotzt vor Pathos und hehren Zielen … es enthält jedoch keinerlei rechtliche Regelungen. Nur Absichtserklärungen, garniert mit ein bisschen Personal und vielleicht auch ein bisschen Geld. Aber keine rechtlichen Regelungen. Keine Kriterien, die präzise definieren, welches Gebaren als schädigend und damit unrechtmäßig gilt. Man erkennt noch nicht einmal einen kleinen Schritt in diese Richtung.« Lowi, T. The Politics of Disorder, 1971, S. 179-80. Zitiert in Orloff, Neil und Brooks, George. The National Environmental Policy Act: Cases & Materials. Washington, D. C.: Bureau of National Affairs, 1980, S. 15.

3 National Environmental Policy Act von 1969 in der geltenden Fassung. Pub. L. 91-90,42 U.S.C. §§ 4321-4347 vom 1.1.1970, geändert durch Pub. L. 94-52 vom 5.7.1975 und Pub. L. 94-83 vom 9.8.1975. Artikel 101(e).

Damit schrieb der Kongress fest, dass das Leben in einer gesunden Umwelt kein Recht, sondern lediglich ein frommer Wunsch ist. Die Gerichte legen das NEPA so aus, dass Bundesbehörden lediglich auf die ordnungsgemäße Durchführung von Verfahren verklagt werden können. Das heißt, die unsinnige Entscheidung einer Behörde kann, sofern verfahrenstechnisch korrekt, von der Öffentlichkeit nicht erfolgreich angefochten werden.[4] Die Bürgerinnen und Bürger besitzen keinerlei Rechtsmittel, die Behörden auf Durchsetzung des FIFRA zu verklagen.[5]

Nicht nur das Recht der Öffentlichkeit, vor Gericht zu klagen, wurde eingeschränkt bzw. war gar nicht vorgesehen, sondern auch das Recht auf Information. Wieder und wieder hat die EPA die öffentliche Überprüfung von Gesundheits- und Sicherheitsdaten über Pestizide verhindert – unter Missachtung des Obersten US-Gerichtshofs, der in seinen Entscheidungen das Auskunftsrecht der Öffentlichkeit bestätigt hatte.[6]

Gehüllt in einen praktisch undurchdringlichen Mantel des Schweigens haben nicht nur die Pestizidhersteller, sondern auch die Bundesbehörden, die deren Erzeugnisse einsetzen, die Gesetze und Institutionen wirksam unterwandert, die ursprünglich verhindern sollten, dass das von Rachel Carson beschworene Schreckgespenst Realität werden würde. Dem Kongress und der US-Bevölkerung war es so unmöglich, ihre gesetzlich verbrieften Rechte auf um-

---

4 Siehe bspw. Lathan v. Brinegar, 506 F.2d 677,693 (9. Bezirksgericht 1974).

5 Der Wirtschaftsausschuss des US-Senats brachte einen Änderungsantrag zum FIFRA ein, der es Bürgerinnen und Bürgern ermöglicht hätte, bestimmte natürliche oder juristische Personen wegen grober Gesetzesverstöße sowie die EPA wegen der Nichterfüllung gesetzlich vorgeschriebener Aufgaben zu verklagen. S. Rep. 92-70, 92. Kong., 2. Sitzungsperiode, 3 U.S. Code Cong. & Ad. News, S. 4093, 4106-4107, 4123-4126 (1972). Der Änderungsantrag wurde später vom Vermittlungsausschuss der beiden US-Parlamentskammern als Gesetzesvorlage gestrichen. Conf. Rep. 92-1540, 92. Kong., 2. Sitzungsperiode, 3 U.S. Code Cong. & Ad. News, S. 4134 (1972).

6 Rechtssachen Union Carbide, Chevron u. a. gegen Costle. 23.3.1981 und Juni 1981.

fassende Auskunft und aktive Beteiligung an Entscheidungen über Pestizide auszuüben. Ohne den Druck der Öffentlichkeit stehen Behörden in der Gefahr, den übermächtigen Interessen der Konzerne nachzugeben. Die Rechte auf Information und auf Mitwirkung sind der einzige Schutz der Öffentlichkeit vor behördlichem Fehlverhalten.

Allerdings wird die Öffentlichkeit beständig daran gehindert, das staatliche Handeln zu hinterfragen oder daran zu partizipieren. Keine Behörde hat in dieser Hinsicht größeren Eifer an den Tag gelegt als die EPA. Ursprünglich mit der ehrenhaften Aufgabe betraut, die Umwelt und die Gesundheit der Menschen zu schützen, nutzte die US-Umweltschutzbehörde den Verwaltungsapparat zur Verschleierung. Sie wurde zu einem Kartenhaus, auf dem Grundsatz errichtet: »Was der Mensch nicht weiß, macht ihn nicht heiß«. Möglicherweise gibt es eine gnädigere Erklärung für die Aktivitäten der EPA, aber keine davon würde das Verhalten der Behörde nach Aufdeckung der weit verbreiteten Betrügereien bei Zulassungsprüfungen rechtfertigen. Geheimhaltung wurde zu einem unverzichtbaren Bestandteil der Regulierungsverfahren, um Betrug und fahrlässiges Verhalten bei der Genehmigung von Pestiziden zu vertuschen.

Der Watergate-Skandal sollte uns vor Augen geführt haben, wie gefährlich Geheimhaltungstaktiken von Regierungsstellen sind. James Madison, einer der Gründerväter und vierter Präsident der Vereinigten Staaten, bezeichnete 1822 das öffentliche Bewusstsein als »*liveblood of democracy*«, als Lebenselixier der Demokratie:

> Die Herrschaft des Volkes ohne Informationen oder die Mittel, an Informationen zu gelangen, ist bloß ein Prolog zu einer Schmierenkomödie oder Tragödie – oder vielleicht zu beidem. Wissen wird auf immer Unwissenheit beherrschen: Und ein Volk, das sich selbst zu regieren beabsichtigt, muss sich mit der Macht ausstatten, die durch Erkenntnis entsteht.[7]

7 Madison, James. Brief an WT. Barry vom 4. August 1822. Zitiert im Minderheitenvotum von Richter William O. Douglas, EPA v. Mink, 410 U.S. 73, 110-111 (1973).

Die Bevölkerung in den Waldgebieten und die US-Veteranen, die Agent Orange ausgesetzt wurden, sind nicht die einzigen Opfer von Korruption und Geheimhaltung in Aufsichtsbehörden. Beide Gruppen waren jedoch kaum anderen Schadstoffen ausgesetzt, so dass ihre Leiden offensichtlicher sind und die Ursache leichter zu identifizieren ist.

Andere Opfer werden möglicherweise nie erahnen, wodurch ihre Gesundheitsprobleme verursacht wurden. Ohne Zustimmung der Bevölkerung und weitgehend ohne Kenntnis der Gesellschaft werden mit behördlicher Genehmigung in den USA pro Jahr deutlich über 500.000 Tonnen an giftigen Substanzen ausgebracht.[8] Man kann an keinem Ort in Nordamerika leben, ohne zahlreichen dieser Substanzen ausgesetzt zu sein.[9]

Dieselben Herbizide, die über unseren Wäldern versprüht werden, kommen auf Schulhöfen, Golfplätzen, in Parks, auf den Rasenflächen um öffentliche Gebäude, an Straßenrändern und in Produkten zur Rasen- und Gartenpflege für den Privatgebrauch zum Einsatz. Obst und Gemüse, Fleisch, Milch und andere in Supermärkten erhältliche Produkte enthalten u. U. in »zulässigen« Mengen (die im Geheimen festgelegt wurden) eine ganze Bandbreite an Insektiziden, Begasungsmitteln, Herbiziden, Fungiziden und anderen Giften, von denen viele unsachgemäß überprüft und deren Testergebnisse gefälscht wurden. Viele Gebäude, gewerblich genutzte Flugzeuge[10] und Lebensmittel werden regelmäßig begast, und eine

---

8 Unveröffentlichter Bericht a. a. O. (28) S. 3.

9 Doutt, Richard, a. a. O. (280).

10 Graham, Frank, Jr. Since Silent Spring. Boston: Houghton-Mifflin, 1970, Fawcett Edition, S. 135. In demselben Werk siehe Erörterung auf S. 132-35 der Untersuchungen der US-Bundesluftfahrtbehörde FAA zur hohen Zahl von Unfällen bei Sprühflugzeugen und zu den Wirkungen der Gifte auf die Leistungsfähigkeit der Piloten. Die Geschäftsstelle der Friends of the Earth (FOE) in Washington, D. C. hat eine Dokumentation zu FAA-finanzierten Studien über die Wirkungen von Pestiziden auf Pilotinnen und Piloten zusammengestellt, die Mitarbeitende der FOE in Akten der FAA gefunden hatten.

Vielzahl an Baumaterialien wird mit hochgiftigen Konservierungsmitteln behandelt, die in unserem privaten Umfeld und am Arbeitsplatz durch Verdunstung in die Umgebungsluft freigesetzt werden. Behandelte Textilien, Kosmetika, Deodorants, Desinfektionsmittel, Nahrungsmittelzusatzstoffe, Lebensmittelbehältnisse, Flohhalsbänder und andere herkömmliche Haushaltsartikel tragen allesamt zur Belastung mit Giften bei, die jede/r Einzelne bereits vor der Geburt im Körper anreichert.

Produktionsrückstände dieser toxischen Verbindungen reichern sich in geheimen Giftdeponien an, wo einige von ihnen zu sogar noch tödlicheren Substanzen zerfallen. Industrielle, landwirtschaftliche und radioaktive Abfälle gelangen ins Wasser, in den Boden und in die Luft und verbreiten sich großflächig über Wind, Flüsse und Meeresströmungen. Die politische Beurteilung der Gefahren, die von diesen Giften ausgehen, mag sich ändern, nicht jedoch ihre Toxizität. Der Staat hat darin versagt, die Bevölkerung durch Vorschriften vor einer Exposition zu schützen. Pestizidrückstände und ihre Abbauprodukte finden sich US-weit regelmäßig in Blut- und Urinproben von Menschen aus urbanen und ländlichen Regionen. Jede einzelne analysierte Probe menschlichen Spermas weist Pestizidrückstände auf, die Mutationen und Krebserkrankungen verursachen können.[11] Dieselben Rückstände finden sich auch in der Muttermilch.[12]

11 Dougherty, R. C. / Pietrowska, K. »Screening for [sic.] negative chemical ionization mass spectrometry for environmental contamination with toxic residues: Application to human urines.« Bericht der National Academy of Sciences, USA. 73(6): 1777-81. Siehe auch Dougherty, R. C. et al. »Chemical environmental agents: Potential human hazards.« In McKinney, James D., Hg., Environmental Health Chemistry. Ann Arbor: Ann Arbor Scientific, 1981, S. 263-278. (Spermiendichte als Funktion für das Vorliegen bestimmter toxischer Substanzen; Bericht über Ergebnisse bezüglich der kontinuierlichen Abnahme der Fruchtbarkeit US-amerikanischer Männer seit 1950. Siehe auch Jansson, Erik. »The impact of hazardous substances upon infertility among men in the United States.« Friends of the Earth, Washington, D. C., Weißbuch 1980.

12 Siehe bspw. Graham,a. a. O. (379) S. 119, 143, 239. Siehe auch Unveröffentlichter Bericht a. a. O. (28), S. 5 und Ergebnisse der landesweiten Studie.

Das Wenige, das über einige dieser Schadstoffe bekannt ist, würde eine vernunftbegabte Person wohl eher nicht dazu veranlassen, diese aus freien Stücken zu essen, zu trinken oder einzuatmen. Neben Fehlbildungen, Schädigungen des Erbguts, Krebserkrankungen und anderen verheerenden Wirkungen verursachen viele dieser Gifte auch Störungen auf Verhaltensebene, z. B. Angst, innere Unruhe, Depression, Lernstörungen, Hyperaktivität, Schlafstörungen, Reizbarkeit und andere Probleme, die zumeist auf »psychische« Ursachen zurückgeführt werden.[13] Während die physiologischen Gesamtwirkungen derartiger Gifte auf eine Gesellschaft als Ganzes unkalkulierbar sein mögen, mutet die Vorstellung, die Bevölkerung ganzer Länder könnte psychisch aus dem Gleichgewicht geraten, geradezu apokalyptisch an.

Ist es denkbar, dass chemisch induzierte Ungleichgewichte in der Hirnchemie den menschlichen Verstand soweit stören, dass die Menschen nicht in der Lage sind, sich selbst gegen die Gifte zu verteidigen, die derartige Wirkungen verursachen? Eines ist sicher: Eine Gesellschaft, die sich selbst im Namen der kommerziellen Schädlingsbekämpfung bewusstseinsverändernden, tödlichen Giften aussetzt, handelt nicht rational.

Die Ungeheuerlichkeit, dass unzählige Gifte in unser Leben eindringen und zukünftigen Generationen ein unkalkulierbares toxisches Erbe hinterlassen, entzieht sich in ihrem Schrecken jeglicher Vorstellung. Solange man Menschen unwissend hält, solange man sie davon überzeugen kann, dass nur die staatlichen Behörden und »Experten« den toxischen Albtraum bewältigen können, werden sich Gifte, die den Segen der Regulierungsstellen haben, weiter anreichern. Die amtlich verfügte Unwissenheit der Gesellschaft hat die

13 Siehe bspw. Dokumente der US Air Force in Anhang A. Siehe auch Graham, a. a. O. (379), S. 133. Graham verweist auf zwei Studien der FAA aus den frühen 1960er Jahren mit einer umfangreichen Auflistung der Wirkungen von Organophosphat-Pestiziden auf das menschliche Verhalten. Siehe auch unveröffentlichter Bericht a. a. O. (28), eine tabellarische Zusammenstellung der expositionsbedingten Symptome bei Menschen im Abschnitt über die Toxizität von TCDD und 2,4,5-T.

Menschen ohnmächtig und apathisch gemacht. Wenn die toxischen Wirkungen irgendwann so offensichtlich sind, dass sie sich nicht mehr ignorieren lassen, ist es möglicherweise zu spät.

Für einige von uns ist es bereits zu spät. Zumindest in den besprühten Wäldern der Region Pacific Northwest wurden die Menschen durch Fehlbildungen bei Neugeborenen, Krebserkrankungen, Unfruchtbarkeit und Fehlgeburten ihres unveräußerlichen Rechts auf gesunde Lebensbedingungen, Kinder und Hoffnung beraubt. Staat und Industrie weigern sich – wissend, dass ihre Laborprüfungen unzulänglich und ihre Zulassungsverfahren heuchlerisch sind –, die »Indizienbeweise« für toxische Wirkungen bei der Bevölkerung in den Waldgebieten, bei Agent-Orange-Veteranen, den Menschen in Vietnam, in Globe in Arizona, in Ashford im US-Bundesstaat Washington sowie überall dort, wo diese Chemikalien versprüht werden, anzuerkennen.

Früher oder später jedoch lässt sich die Vielzahl der Indizienbeweise nicht mehr ignorieren. In den Zeiten, in denen Landwirte ihre Milch noch direkt ab Hof vertrieben, hatten die Leute, die sie kauften, keine Möglichkeit festzustellen, ob die Milch mit Wasser »gestreckt« war, aber – wie es Thoreau ausdrückte – wenn man eine tote Forelle in der Milch fand, war dies Grund genug, die Milch woanders zu kaufen. Die Versuchspersonen des chemischen Waldexperiments sind, ebenso wie Thoreaus Forelle in der Milch, eine Botschaft an die gesamte Nation, dass die Behörden bei der Regulierung der Gifte versagt haben, dass es Zeit ist, die Lösung an anderer Stelle zu suchen.

Die Antwort liegt nicht in der Regulierung und Durchsetzung von Rechtsvorschriften, sondern darin, die Kontrolle über Gifte wieder dem demokratischen Souverän zurückzugeben: dem Volk. Rachel Carson hat die Lösung aufgezeigt: »Wenn die *Bill of Rights* den Bürgerinnen und Bürgern keinen Schutz vor tödlichen Giften garantiert …«[14], dann ist es an der Zeit, der Verfassung eine sol-

---

14 Carson, a. a. O. (27), S. 22.

che Garantieklausel hinzuzufügen. Neue Technologien, die sich der Vorstellungskraft der Gründergeneration unserer Nation entzogen, machen eine Ergänzung der *Bill of Rights* für jene erforderlich, die die Risiken tragen.

Ein entsprechender Zusatz, der eine Einverständniserklärung nach erfolgter Aufklärung[15] vorsähe, könnte sicherstellen, dass das Recht der Bevölkerung auf umfassende, zeitnahe Information über Angelegenheiten, die möglicherweise Auswirkungen auf sie haben, nicht durch Gesetze oder Gerichte beschnitten oder behindert werden kann. Ebenso könnte niemandem – ausgenommen, um eindeutig größeren Schaden abzuwenden – in Kriegs- oder Friedenszeiten ohne Not das Recht vorenthalten werden, vor einer Exposition gegenüber potenziell schädlichen Substanzen oder Energieformen eine informierte Einwilligung zu erteilen oder zu verweigern. Wirtschaftliche Notwendigkeit sollte kein maßgeblicher Faktor sein, wobei man die Vorschrift sicherlich so formulieren könnte, dass »notwendigen« Schadstoffen wie etwa Autoabgasen entsprechend Rechnung getragen würde. Beispielsweise könnte dem Kongress die Befugnis übertragen werden, Vorgaben für die Verringerung schädlicher Substanzen zu definieren und einzelne Schadstoffe für einen festgelegten Zeitraum als »unverzichtbar« einzustufen, wodurch eine tatsächliche Überprüfung der Schadstoffe gewährleistet würde. Die Zuständigkeit für die Ausarbeitung von Plänen zur Schadstoffverringerung mit definierten Ausnahmeregelungen sollte dabei nicht an eine Aufsichtsbehörde delegiert werden, sondern in der Zuständigkeit des Kongresses verbleiben, so dass derartige Fragen in demokratischen Prozessen geklärt werden.

Nach aktueller Gesetzeslage muss jede Person, die durch eine Exposition gegenüber toxischen Chemikalien gefährdet ist, nachweisen, dass diese zu irreparablen Schädigungen führen wird – während die Daten, die für einen solchen Nachweis unabdingbar

15 entsprechend der Einverständniserklärung zur Teilnahme an medizinischen Studien nach ausführlicher Aufklärung (»Informed consent«) [A. d. Ü.].

sind, der Geheimhaltung unterliegen oder schlicht nicht verfügbar sind, weil hierzu bislang nicht geforscht wurde.

Eine Ärztin bzw. ein Arzt mit Verantwortungsbewusstsein käme nie auf die Idee, ein Arzneimittel zu verschreiben, ohne zuvor die potenziellen Nebenwirkungen des Medikaments in verständlichen Worten zu erklären und vor toxischen Wirkungen im Zusammenhang mit Alkohol oder anderen Wirkstoffen zu warnen. Medizinische Fachkräfte, die ihre Patientinnen und Patienten nicht ausführlich aufklären, oder Pharmaunternehmen, die keine entsprechenden Hinweise für medizinische Fachkreise und für Patientinnen und Patienten zur Verfügung stellen, können für daraus resultierende Krankheiten oder Schädigungen zur Verantwortung gezogen werden. Nach umfassender Aufklärung über die Wirkungen eines Arzneimittels können Patientinnen und Patienten darüber entscheiden, ob sie das Risiko eingehen wollen oder nicht.

Arzneimittel und Pestizide sind biologisch wirksame Substanzen, die sich lediglich durch ihre Bezeichnung und die Frage der Einwilligung in Bezug auf eine Exposition unterscheiden. Die Einwilligung nach erfolgter Aufklärung ist bereits ein etabliertes Rechtsprinzip bei der Behandlung von Patientinnen und Patienten, bzw. Probandinnen und Probanden im Rahmen von Arzneimittelstudien, im Haftungsrecht (Rechtslehre der Gefährdungshaftung) sowie bei der Kennzeichnung freiwillig verwendeter Erzeugnisse wie Arzneimittel oder Zigaretten. Allerdings haben Raucherinnen und Raucher derzeit nicht das Recht, die Identität oder möglichen Wirkungen der rund 300 Zusatzstoffe in amerikanischen Zigaretten zu erfahren oder aber der unbekannten Pestizide, die in der Tabakproduktion verwendet werden. Auch bei Schulprojekten ist eine elterliche Einverständniserklärung erforderlich. Die Ausweitung dieses Prinzips der Einwilligung nach erfolgter Aufklärung auf Situationen, die aktuell zu einer unfreiwilligen Exposition führen (z. B. Pestizidrückstände in Nahrungsmitteln, die Verunreinigung von Boden Luft oder Wasser, Gefährdung durch radioaktive Strahlung) ist besonders angebracht und zeitgemäß. Diejenigen, die die Risiken einer solchen Exposition tragen, haben keinen verhältnismäßigen Anteil an ihrem Nutzen.

Eine Kampagne für dieses begründete verfassungsmäßige Recht könnte die Anstrengungen der vielfältigen Aktionsgruppen bündeln, die sich derzeit in Einzelkämpfen für dieselbe Sache zermürben. Die Ressourcen von Veteranengruppen, Umweltschutzgruppierungen, des Klerus und religiöser Organisationen, einzelner Ärzte und Ärztinnen und medizinischer Fachgesellschaften, der Anwaltschaft, der Gesundheitsverbände, Gewerkschaften, der Anti-Atomkraft-Bewegung sowie anderer diverser Gruppen, denen es um die gemeinsame Sache geht, könnten in breit angelegte Aufklärungsprogramme über ein zentrales Thema – die informierte Einwilligung – fließen.

Die gesetzlichen Regelungen im Bereich Umweltverschmutzung haben die Probleme infolge der Umweltbelastungen durch eine Fragmentierung der Thematik noch verschärft. Durch unzählige Einzelgesetze und -vorschriften für jeden einzelnen Schadstoff ist das beeindruckende gesellschaftliche Bewusstsein, das Rachel Carson zum Leben erweckt hat, zersplittert und bezwungen worden. Die Öffentlichkeit muss zahllose Gefechte Stück für Stück, Fall für Fall kämpfen. Im Verlauf der Auseinandersetzungen um eine einzige chemische Verbindung wie 2,4,5-T tauchen jede Menge neuer Gifte auf dem Markt auf. Weitreichende, lebenswichtige Entscheidungen über die Sicherheit von Giften und ihre Auswirkungen auf die Umwelt unterliegen politischer Willkür und ökonomischen Trends, und jeglicher Fortschritt in Richtung einer vernünftigen Pestizidstrategie kann durch einen Regierungswechsel um Jahre zurückgeworfen werden. Das Prinzip der Einwilligung nach erfolgter Aufklärung bleibt von all diesen Unwägbarkeiten unberührt.

Sowohl für Bürgervereinigungen als auch für Einzelpersonen entmystifiziert eine solche Einverständniserklärung die Kluft zwischen Gesellschaft und denjenigen, die Entscheidungen treffen und sich anmaßen, im öffentlichen Interesse zu handeln. Durch eben seine Einfachheit ermöglicht dieses Instrument der Öffentlichkeit Zugang zu komplexen Themen, die mittlerweile in die alleinige Domäne juristischer, wissenschaftlicher und verwaltungstechnischer Fachleute fallen. Diese Expertinnen und Experten wissen nicht mehr über das Instrument der informierten Einwilligung als wir. Schweißerinnen und Schweißer, Dichterinnen und Dichter, Hausfrauen und -männer oder Anglerinnen und Angler können selbstbewusst jede Fachperson mit der grundsätzlichen Frage konfrontieren: »Habe ich das Recht, über die Wirkungen der Stoffe, denen Sie mich aussetzen wollen, Bescheid zu wissen oder nicht? Müssen Sie vor einer Exposition mein Einverständnis einholen oder nicht?« Diese Fragen könnten zum zentralen Anliegen von Bürgerinitiativen im schulischen Bereich, auf kommunaler, regionaler und nationaler Ebene werden.

Mit einer Änderung der Verfassung wären die Probleme im Zusammenhang mit Pestiziden und anderen kommerziellen Giften natürlich nicht auf einen Schlag gelöst. Das Verfahren der Ratifizierung ist langwierig und mühsam. Aber die geplante Aufnahme des Grundsatzes der Gleichbehandlung in die Verfassung zeigt, wie wirksam der Prozess ist. Entgegengesetzte politische Lager haben die Frauenrechte in den Mittelpunkt gestellt. Die Verfassungsänderung ist noch lange nicht verabschiedet, aber die Kampagne für dieses Ziel hat so erfolgreich zur Aufklärung der Öffentlichkeit beigetragen, dass mittlerweile viele Frauen unabhängig davon, ob die Verfassungsänderung kommt oder nicht, auf ihre Rechte pochen und die Gesellschaft diesen Rechten zunehmend Rechnung trägt.

Ebenso wird es möglicherweise Jahre dauern, bis der Grundsatz der Einwilligung nach Aufklärung in Gesetze gegossen würde, aber im Verlauf der Kampagne würden die Menschen ihr Recht auf Information und Einwilligung immer häufiger einfordern, und die Gesellschaft würde die Forderung schon lange vor der Unterzeichnung eines Gesetzes als berechtigt anerkennen. Wenn Verbraucherinnen und Verbraucher auf ihrem Recht auf Informationen über giftige Rückstände in ihren Lebensmitteln bestünden, würden sich Kaufgewohnheiten und in der Folge Vermarktungsstrategien verändern. Solche Veränderungen gibt es bereits bei der Vermarktung von Markenlebensmitteln ohne Konservierungsstoffe. Infolge des veränderten Bewusstseins der Verbraucherinnen und Verbraucher sowie ihrer Kaufgewohnheiten bewerben große Lebensmittelhersteller ihre Produkte nun auf dieser Grundlage. Veränderte Kaufgewohnheiten könnten ebenso ohne Weiteres Pestizidrückstände in Nahrungsmitteln betreffen. Eine höhere Nachfrage wäre ein Anreiz für Landwirte, pestizidfreie Lebensmittel zu produzieren, was sich wiederum darauf auswirken würde, in welche Richtung sich die Agrarforschung entwickelt.

Das Instrument der Einwilligung nach erfolgter Aufklärung gäbe der Öffentlichkeit das Recht, die Risiken und den Nutzen von Giften gegeneinander abzuwägen. Die enormen Ressourcen, die heute in sinnlosen Regulierungsverfahren verpuffen, werden niemals die Wirksamkeit einer individualisierten, persönlichen Kontrolle über Gifte erreichen. Anstelle von Aufsichtsbehörden, die politischen Strömungen unterliegen und Entscheidungen im Verborgenen auf der Grundlage geheimer Informationen treffen, würde die Öffentlichkeit ermächtigt, selbst darüber zu entscheiden, ob sie das Risiko von Krebs, Fehlbildungen, Schädigungen des Erbguts, Fehlgeburten, neurologischen und anderweitigen Erkrankungen für tiefrote Äpfel, einen Löwenzahn-freien Rasen, billigere Zitronen oder eine höhere zulässige Holzernte in Kauf nehmen möchte.

Für all jene, die das Risiko tragen, geht es beim Kontakt mit Giften um Leben und Tod. Entscheidungen über Toxine, die die grundlegenden biologischen Steuerungsmechanismen und die Gesundheit künftiger Generationen zerstören, werfen grundsätzliche moralische Fragen auf. Die Gesellschaft kann es sich nicht leisten, diese Entscheidungen Konzernen oder politischen Instanzen zu überlassen, die sich selbst nicht an moralische und ethische Grundsätze gebunden fühlen.

Die Einwilligung nach erfolgter Aufklärung ist ein positives und effektives Mittel gegen das katastrophale Versagen der Regulierungsbehörden dabei, die Öffentlichkeit vor tödlichen Giften zu schützen. In dem Bestreben, dieses gemeinsame Ziel durchzusetzen, könnten unterschiedlichste politische, soziale, religiöse und gemeinnützige Interessengruppen nicht nur die Gesellschaft über eine fürchterliche Gefahr aufklären, sondern sie würden die Menschen – und das ist das Wichtigste – zu konstruktivem Handeln ermächtigen. Dem Problem mit einem Weltuntergangsszenario zu begegnen, gibt den Menschen genauso wenig Hoffnung wie das Wissen darüber, dass die Erde in Kürze von einem Meteoriten getroffen wird. Die Einwilligung nach Aufklärung verleiht Menschen nicht nur das Recht auf Information, sondern überträgt ihnen auch die Verantwortung sowie vor allem die Mittel zu handeln.

Der Regulierungsprozess würde dann zu dem werden, was er von Anfang an hätte sein sollen: eine Dienstleistung zur Information der Öffentlichkeit, in deren Rahmen die zuständigen Stellen für die Nichterfüllung ihrer Aufgaben zur Rechenschaft gezogen werden können. Wissenschaftlerinnen und Wissenschaftler, die – aus Inkompetenz, Nachlässigkeit oder Habgier – Forschungsarbeiten über giftige Stoffe vorgelegt haben, die vor Mängeln nur so strotzen, würden ebenfalls zur Rechenschaft gezogen. Das Recht der Öffentlichkeit auf eindeutige, umfassende Informationen würde zur Selbstverständlichkeit. Sämtliche Daten zur Sicherheit und Wirksamkeit würden ohne Ausnahme allgemein offengelegt, bevor eine chemische Verbindung zur Verwendung zugelassen werden könnte. Die Produktkennzeichnung enthielte klare Warnhinweise bezüglich *aller* potenziellen Wirkungen sowie einen Hinweis für die Anwenderinnen und Anwender, dass diese grundsätzlich dafür haften, wenn sie Menschen ohne deren Kenntnis und Einverständnis diesen Produkten aussetzen.

Industrie und staatliche Institutionen wären diesem Prinzip gegenüber aus verständlichen Gründen wohl eher abgeneigt. Sie würden das Verfahren als nicht praktikabel und kostspielig abtun sowie als abträglich für das Gemeinwohl – Behauptungen, die kaum glaubwürdiger sind als die haltlosen Behauptungen über die Unbedenklichkeit von Pestiziden. Durch eine ablehnende Haltung gegenüber dem Prinzip der Einwilligung nach erfolgter Aufklärung wären Industrie und Staat gezwungen, die gegenwärtige Lage anzuerkennen, nämlich dass es sehr wohl zu Expositionen gegenüber Toxinen kommt und dass die Bevölkerung weder das Recht auf entsprechende Informationen hat, noch das Recht, die Exposition zu stoppen. Sie müssten die Öffentlichkeit davon überzeugen, dass Unwissenheit und Hilflosigkeit wünschenswerter sind als Wissen und Kontrolle.

Eine Gesellschaft, die auf ihrem Recht auf Information und Einwilligung besteht, würde der Forschung im Bereich Schädlingsbekämpfung kurzfristig sinnvollere Wege eröffnen. All der Erfindungsgeist und die Ressourcen, die heute auf die Entwicklung von Chemikalien zur Schädlingsbekämpfung verwendet werden, könnten in einen ganzheitlichen Pflanzenschutz mit Hilfe ungiftiger Methoden fließen. Die Schädlingskontrolle würde auf natürliche Kontrollmechanismen setzen, anstatt die Natur zu zerstören. Herstellung und Einsatz von Giften würden dem gesellschaftlichen System gegenseitiger Kontrollen unterliegen, das für eine echte Demokratie unverzichtbar ist.

Die Vorstellung einer nachhaltigen Land- und Forstwirtschaft ohne Pestizide ist mehr als ein Wunschtraum. Die kanadische Regierung, die erkannt hat, dass es ein Fehler gewesen war, dem US-amerikanischen Prüf- und Regulierungsverfahren für Pestizide zu vertrauen, unternimmt bereits erste Schritte, die Land- und Forstwirtschaft des eigenen Landes aus ihrer Abhängigkeit von giftigen Substanzen zu befreien. Das kanadische Beratungsgremium für Umweltfragen hat eine politische Strategie formuliert, um die Abhängigkeit des Landes von der chemischen Schädlingsbekämpfung zu verringern und letztlich ganz zu überwinden. Das kanadische Gremium hat in seinem exzellenten Bericht das Versagen der Pestizidregulierung ausführlich untersucht und »die Eignung giftiger Chemikalien für die Schädlingsbekämpfung grundsätzlich« in Frage gestellt.[16]

---

16 Hall, Ross H. Bericht des kanadischen Beratungsgremiums für Umweltfragen. Bericht Nr. 10. Juli 1981. New Approach to Pest Control in Canada, Kanadisches Umweltministerium, S. iii.

Im Jahr 1981 stellte das Gremium einen umfassenden Plan vor, in dem der Fokus weg von der ausschließlichen Abhängigkeit von Chemikalien auf ein »differenzierteres Multimethodenkonzept« des ganzheitlichen Pflanzenschutzes verlegt wurde. Der Bericht beschreibt die politischen und wirtschaftlichen Maßnahmen, die es »Kanada mit seinem großen Aufgebot an Expertinnen und Experten erlauben würden, den Einsatz von Chemikalien zugunsten von Methoden der Schädlingsbekämpfung zu minimieren, die in Kanada speziell für die Bedingungen vor Ort entwickelt wurden.«

Auch wenn chemische Pestizide zahlreiche Schädlinge wirksam bekämpfen, stellen sie eine Belastung für die Umwelt und die menschliche Gesundheit dar. Da sich diese Belastung jedoch nicht adäquat abschätzen lässt, ist die derzeitige Beurteilung des Nutzen/Risiko-Verhältnisses für die Anmeldung und Zulassung jeglicher Pestizide völlig unzulänglich. Die zwangsweise Exposition gegenüber unbekannten Risiken ließe sich durch Einführung alternativer Strategien der Schädlingsbekämpfung vermeiden oder zumindest minimieren. Ein aufsichtsbehördliches System, in dessen Zentrum die Regulierung chemischer Pestizide steht, ist für einen solchen Paradigmenwandel nicht ausgelegt. Es ist an der Zeit, den Schwerpunkt auf die Einführung eines ganzheitlichen Pflanzenschutzes zu verlagern.[17]

Dennoch bietet dieser großartige kanadische Vorstoß Personen, die mit einer Sprühdüse bedroht werden, keine Hilfe, und er basiert auf der Annahme, dass staatliche Behörden der überwältigenden Einflussnahme der Chemieindustrie erfolgreich widerstehen können. Nur eine wachsame Öffentlichkeit, ausgestattet mit dem Instrument der Einwilligung nach erfolgter Aufklärung, ist in der Lage, die staatlichen Einrichtungen vor demselben Druck zu schützen, der die Pestizidaufsicht korrumpiert hat. Solange sich Einzelne anmaßen, Entscheidungen für andere zu treffen, wird die Pestizidfrage ungelöst bleiben.

17 Ebd., S. 42.

Wie Rachel Carson angemerkt hat, konnten die Gründerväter der Vereinigten Staaten die problematischen Konsequenzen »kommerzieller Gifte« – die einigen Wenigen nützen und Viele gefährden – nicht vorausahnen[18]. In ihrer Weisheit haben sie jedoch Abhilfe vorausgesehen. »Ich kenne keinen Ort, an dem die höchste Macht des Volkes besser bewahrt werden könnte, als durch die Menschen selbst«, schrieb Thomas Jefferson. »Und wenn wir die Menschen nicht für ausreichend aufgeklärt halten, Kontrolle mit Umsicht und Besonnenheit auszuüben, besteht die Abhilfe nicht darin, ihnen die Kontrolle zu entziehen, sondern darin, sie durch Schulung in die Lage zu versetzen, die Kontrolle selbst auszuüben.«[19]

Eine Regierung, die ihre rechtmäßigen Befugnisse wahrhaftig aus der Zustimmung der Regierten ableitet, kann ihrem Volk nicht verweigern, sich auf diese Weise zu ermächtigen, aufgrund erworbenen Wissens zu entscheiden und seine Kontrollfunktion bei potenziell tödlichen Giften auszuüben. Die Bevölkerung hat ebenso die Pflicht, ihre Rechte auszuüben. Es steht mehr auf dem Spiel als die unumkehrbare Aushöhlung der Demokratie. Gegen die todbringende Verbreitung kommerzieller Gifte kann nur eine informierte, engagierte Öffentlichkeit das größte aller Geschenke verteidigen: das Leben selbst.

18 Siehe Carson, Rachel. Aussage vor dem Unterausschuss des Kongresses. In Graham a.a.O. (379), S. 91: »Ich hoffe, dieser Ausschuss wird sich ernsthaft mit einem weitgehend unbeachteten Problem befassen – nämlich dem Recht der Bürgerinnen und Bürger, in ihrem eigenen Haus vor eindringenden Giften, die von anderen Personen ausgebracht werden, sicher zu sein.«

19 Jefferson, Thomas. Brief an Wm. Charles Jarvis vom 28.9.1820.

ANHANG

Anhang A

Die fotografische Aufnahme in Anhang A wurde für die Reproduktion verkleinert. Es handelt sich um ein Dokument der US Air Force, das bei einer Sitzung des Medizinischen Beirates zu Agent Orange der US-Veteranenbehörde in Saint Louis, Missouri, am 5. Februar 1980 vorgelegt wurde.

COMPONENTS OF SELECTED HUMAN SYMPTOM/SIGNS FOLLOWING EXPOSURE TO PHENOXY HERBICIDES AND/OR TCDD

NEURO-PSYCHIATRIC ABNORMALITIES

ASTHENIA
- ANXIETY
- DEPRESSION
- FATIGUE
- APATHY
- LOSS OF DRIVE
- LIBIDO
- IMPOTENCY
- SLEEPLESSNESS
- EMOTIONAL INSTABILITY
- ANOREXIA
- DIZZINESS
- ↓ LEARNING ABILITY

PERIPHERAL NEUROPATHY
- HYPOREFLEXIA
- WEAKNESS
- PARESTHESIAS
- EXTREMITY NUMBNESS
- MYALGIA
- GAIT DISTURBANCE
- "MILD" PARESIS

DERMATOLOGIC DISEASE

- CHLORACNE
- PORPHYRIA CUTANEA TARDA
- HYPERPIGMENTATION
- HIRSUTISM [BODY]
- ALOPECIA OF THE SCALP

COMPONENTS OF SELECTED HUMAN SYMPTOM/SIGNS FOLLOWING EXPOSURE TO PHENOXY HERBICIDES AND/OR TCDD [CONT'D]

OTHER DISORDERS

HEPATIC DYSFUNCTION
- ↑ CHOLESTEROL
- ↑ SGOT, SGP T. LDH

RENAL DYSFUNCTION
- PROTEINURIA
- ↓ OUTPUT
- TUBULAR DEGENERATION
- GLOMERULAR DEGENERATION
- RENAL GLUCOSURIA

GI DISTURBANCE
- NAUSEA
- VOMITING
- DIARRHEA
- GASTRITIS
- ABD PAIN
- FLATULENCE

CARDIAC DISTURBANCE
- BRADYCARDIA
- TACHYCARDIA
- ATRIAL FIBRILLATION

Anhang B

Presseerklärung

Erklärung von Dr. Samuel S. Epstein für das *Interfaith Center on Corporate Responsibility* (deutsch etwa: Überkonfessionelles Zentrum für Unternehmensverantwortung): »2,4,5-T und Dow Chemical: eine Bilanz«[1]

Mein Name ist Samuel S. Epstein. Ich bin Professor für Arbeits- und Umweltmedizin an der Fakultät für Öffentliche Gesundheit der Universität Illinois in Chicago. Ich bin Doktor der Medizin, Humanpathologe und Toxikologe mit dem Schwerpunkt Toxische Wirkungen von Chemikalien und Umweltschadstoffen (insbesondere Pestiziden). Auf diesen Fachgebieten habe ich neben fünf Büchern rund 220 wissenschaftliche Artikel veröffentlicht. Ich war als Berater des Senatsausschusses für öffentliche Bauvorhaben, anderer Kongressausschüsse und verschiedener Bundesbehörden tätig und habe ca. 9 Jahre lang mehreren beratenden Ausschüssen der US-Umweltschutzbehörde EPA angehört. Darüber war ich Gerichtssachverständiger für verschiedene Bundesbehörden.

Im Jahr 1969 wurde ich vom Minister für Gesundheit, Bildung und Soziales (HEW) Finch in verschiedene Ausschüsse seiner Kommission »Pestizide und Umwelthygiene« berufen und hatte den Vorsitz in den Ausschüssen zu Geburtsfehlern (Teratogenität) und den Auswirkungen von Pestiziden auf das Erbgut (Mutagenität) inne.

A. Risiken im Zusammenhang mit 2,4,5-T und Silvex

Der HEW-Ausschuss zu Teratogenität kam 1969 aufgrund der damals vorliegenden Daten einstimmig zu dem Ergebnis, dass 2,4,5-T und seine Derivate (Ester) bei Versuchstieren Geburtsdefekte verursachen (teratogen sind) und ihre Anwendung »unverzüglich beschränkt werden sollte, um der Gefahr einer Humanexposition vorzubeugen.«

In den 1970er Jahren hat sich die wissenschaftliche Datenbasis für diese Empfehlung mehr als deutlich bestätigt und wurde durch weitere Erkenntnisse wie die im Folgenden aufgeführten ausgebaut:

In über einem Dutzend Studien wurde die Teratogenität von 2,4,5-T und Silvex bei Versuchstieren bestätigt. (Bei den meisten Studien zeigten sich Geburtsdefekte bereits bei der niedrigsten untersuchten Dosis.)

Dioxin, ein stabiler und persistenter Kontaminationsstoff, findet sich in handelsüblichen Zubereitungen von 2,4,5-T und Silvex in einer Konzent-

1 Originaltitel: 2,4,5-T and the Dow Track Record. [A. d. Ü.].

ration von ca. 100 Teilen je 1 Billion Teilen (ppt). Zudem entsteht bei der Verbrennung von 2,4,5-T und Agrarerzeugnissen oder anderen Materialien, die mit diesen Herbiziden kontaminiert sind, Dioxin in relativ hoher Konzentration.

Dioxin führt in Konzentrationen auf der Ebene von x Teilen je 1 Billion Teilen (ppt) zu Fehlbildungen bei Neugeborenen und Funktionsstörungen der Fortpflanzungsorgane. Dioxin ist die potenteste uns bekannte fruchtschädigende Substanz (Teratogen) und mehr als eine Million Mal wirkstärker als Thalidomid.

Dioxin ist der stärkste uns bekannte krebserregende Stoff (Karzinogen) und wirkt in der Konzentration von einem je 1 Billion Teilen (ppt).

Nach vorläufigen Daten über eine Gruppe von Beschäftigten von Monsanto, die 1949 an einem Dioxinunfall beteiligt war, traten bei denjenigen, die seit 1969 verstarben, ungewöhnlich viele Fälle von Lymphkrebs (Lymphomen) auf.

In mehreren Studien, die vor kurzem in Schweden durchgeführt wurden, wird ein deutlich überhöhtes Auftreten von Krebserkrankungen (Weichteilsarkomen) bei Eisenbahn- und anderen Arbeitern, die mit Phenoxyherbiziden (v.a. 2,4,5-T) in Kontakt gekommen waren, berichtet (Hardell & Sandstrom, 1979).

Es gibt zunehmend Belege für eine großflächige Exposition der Bevölkerung gegenüber 2,4,5-T, u.a. Nachweise über Dioxinrückstände in Rinderfettgewebe.

Auf der Grundlage dieser Evidenzdaten und unterstützt von einem großen Teil der expertenunabhängigen wissenschaftlichen Community hat die EPA vor kurzem die Verwendung von 2,4,5-T in der Landwirtschaft weitgehend ausgesetzt.

B. Die Position von Dow zu 2,4,5,-T und Silvex

In Anbetracht der überwältigenden Anzahl wissenschaftlicher Belege für die Gefahren durch 2,4,5-T und Dioxin, die in den letzten zehn Jahren zusammengetragen wurden, hat Dow auf jede erdenkliche Art und Weise versucht, die Nachweise anzuzweifeln und zu diskreditieren und auf einem unerreichbaren Grad wissenschaftlicher Präzision beharrt.

Das völlig überzogene Maß an Belegen, das Dow für einen solchen Gefährdungsnachweis fordert, steht kaum im Verhältnis zur Anzahl der Nachweise über den Nutzen seiner Produkte, die Dow bereitwillig akzeptiert, wie etwa über die angeblichen wirtschaftlichen Vorteile bei einer Verwendung von 2,4,5-T (siehe J. M. Newton, 1979). Dow hat wiederholt die Relevanz tierexperimenteller Daten für den Menschen angezweifelt, wohingegen das Unternehmen weiterhin auf die Anerkennung unauffälliger toxikologischer Daten zu seinen eigenen Produkten als Nachweis für deren Unbedenklichkeit pocht. Dabei hat Dow nicht nur die Beweispflicht auf Öffentlichkeit und staatliche Stellen abgewälzt, sondern darin versagt, fachlich geeignete epidemiologische Studien mit exponierten Bevölkerungsgruppen durchzuführen. Während Dow auf der einen Seite epidemiologische Studien der staatlichen Institutionen scharf kritisiert, hat der Konzern noch immer nicht die Ergebnisse seiner eigenen Studien zur Reproduktionstoxizität veröffentlicht, bei denen die Ehefrauen von ca. 300 Arbeitern, die in Kontakt mit Dioxin gekommen waren, im Zeitraum von Juli 1976 bis Juli 1978 untersucht wurden.

C. Die generelle Position von Dow in Bezug auf die gesetzlichen Vorgaben über die Sicherheit chemischer Verbindungen

Dow vertritt durchweg kompromisslose Positionen in Bezug auf gesetzliche Sicherheitsvorgaben, etwa die Rechtsvorschriften über toxische Substanzen, deren Zielsetzung hauptsächlich darin besteht, die Anmeldung und Überprüfung toxischer Chemikalien vor ihrer Kommerzialisierung zur Auflage zu machen. Darüber hinaus stützt Dow die Position der *Manufacturing Chemists Association*[2], die Beschäftigten hätten nicht das Recht auf Informationen über die Art und Identität der chemischen Verbindungen, denen sie am Arbeitsplatz ausgesetzt sind. Ferner hat sich Dow entschieden gegen jüngste Vorschläge des Arbeitsministeriums zur Verbesserung der aktuellen Mindestauflagen in Bezug auf krebserregende Stoffe am Arbeitsplatz ausgesprochen.

In diesem Zusammenhang möchte man die Aktionäre und Aktionärinnen von Dow Chemical anregen zu hinterfragen, welcher Anteil ihrer Investitionen für defensive Industriepropaganda und Öffentlichkeitsarbeit sowie zur Unterstützung von Wirtschaftsverbänden wie dem *American Industrial Health Council* aufgewendet wird. Dessen Aktivitäten sind vorwiegend darauf ausgerichtet, die Regulierungsvorschriften für toxische und krebserregende Produkte auf US-Bundesebene abzumildern.

D. Dow und wissenschaftliche Daten: eine Bilanz

Die Positionen von Dow zu 2,4,5-T und zu den Rechtsvorschriften im Bereich Sicherheit entsprechen dem Gebaren des Unternehmens beim Umgang mit wissenschaftlichen Daten über die Risiken seiner Produkte.

2 US-Vereinigung der produzierenden Chemikerinnen und Chemiker [A. d. Ü.].

Ungeachtet der umfassenden toxikologischen Studien zu seinen unterschiedlichen Produkten hat sich Dow auf diese Daten nur selten zum Schutze von Verbraucherinnen und Verbrauchern und Beschäftigten berufen, sondern eher dazu, seine eigenen kommerziellen Interessen zu schützen. Die Bilanz in Bezug auf Produkte über Phenoxyherbizide hinaus, wie etwa Benzol, Epichlorhydrin, Ethylenimin und DBCP (ein Bodenbegasungsmittel), belegt, dass Fragen bezüglich der mit diesen Substanzen verbundenen Risiken zunächst von externen Wissenschaftskreisen sowie exponierten Beschäftigten – und nicht durch das Unternehmen selbst – aufgeworfen und gestellt wurden. So wird in einem Quartalsbericht der Dow-Aktionärsgemeinschaft von 1977 eingeräumt, dass »Dow DBCP nach einer sechsjährigen Test- und Forschungsphase 1957 auf den Markt gebracht hat.« Die ersten Hinweise auf eine Gefährdung von Beschäftigten, die mit dem Stoff in Kontakt gekommen waren, wurden jedoch bis 1977 zurückgehalten. Damals gelangten die Beschäftigten selbst zu der Erkenntnis, dass sie nach einer Exposition unfruchtbar geworden waren. Des Weiteren ist anzumerken, dass DBCP damals von Dow vom Markt genommen, aber in der Folge durch die sogar noch stärker krebserregende Substanz EDB (Ethylendibromid) ersetzt wurde.

Angesichts dieser Bilanz lässt sich außerdem Folgendes festhalten: Dow hat seine eigenen Daten über das Risiko für eine Erbgutschädigung durch Benzol und Epichlorhydrin sowie über das Risiko für negative Auswirkungen auf die Fortpflanzungsfähigkeit durch Dioxin zurückgehalten bzw. unterdrückt; Dow hat seine eigenen Daten über krebserregende Stoffe am Arbeitsplatz wie etwa Ethylenimin gelöscht; Dow hat es versäumt, Beschäftigte vor dem Risiko der Unfruchtbarkeit durch Produkte wie DBCP zu warnen.

Interessanterweise hat es kürzlich eine Welle von Kündigungen, Entlassungen oder Versetzungen in den vorzeitigen Ruhestand bei wissenschaftlichen Führungskräften von Dow, die in Studien über die geno- und reproduktionstoxischen Risiken für exponierte Beschäftigte involviert waren, gegeben. Diese Studien begannen ca. 1968 und wurden vom Management 1977 eingestellt. Die besonderen Begleitumstände dieses Exodus legen den Schluss nahe, dass der Wunsch der Wissenschaftlerinnen und Wissenschaftler, ihre Ergebnisse über die Risiken der Produkte von Dow Chemical für Beschäftigte zu veröffentlichen, im Konflikt mit der Verweigerung der Genehmigung zur Veröffentlichung seitens der Unternehmensleitung steht.

E. Empfehlungen

Die Initiative der institutionellen religiösen Investorinnen und Investoren, Dow die Einsetzung eines Prüfungsausschusses aufzuerlegen, steht im Einklang mit einem überwältigenden Korpus wissenschaftlicher Daten, die reproduktionstoxische und karzinogene Risiken durch 2,4,5-T bestätigen oder noch unbeantwortete Fragen aufwerfen. Die Einsetzung eines solchen Prüfungsausschusses ist nicht nur im besten Interesse unserer Beschäftigten und der Verbraucherinnen und Verbraucher, die Produkten von Dow ausgesetzt sind oder diese handhaben, sondern langfristig auch im besten wirtschaftlichen Interesse des Unternehmens selbst sowie seiner Anteilseignerinnen und Anteilseigner.

SAMUEL S. EPSTEIN, M. D.

Anhang C

Ansprache von Dr. M. S. Legator bei der Dow-Jahreshauptversammlung 1981

Mein Name ist Marvin S. Legator, und ich vertrete die Katholische Diözese von Albany im Bundesstaat New York, die 600 Unternehmensanteile an Dow Chemical hält.

Ich freue mich, heute hier zu Ihnen als Privatperson und Unterstützer der Entschließung für die Einsetzung eines Prüfungsausschusses sprechen zu können. Dieser Ausschuss soll die potenziellen Auswirkungen von 2,4,5-T, Silvex und ihren Derivaten auf die Gesundheit untersuchen und beurteilen sowie ein Moratorium für deren Produktion bis zur Berichterstattung beschließen.

Über meine berufliche Laufbahn hinweg stand ich Dow Chemical sieben Jahre als Berater zur Seite. Viele meiner engen Vertrauten sind oder waren als Fachkräfte bei der Dow Chemical Company beschäftigt. Ferner hatte ich mit einer ganzen Reihe von Unternehmen der Branche zu tun, und ich bin mir der Bedeutung von chemischen Stoffen für den hohen Lebensstandard in unserem Land wohl bewusst.

In Anbetracht meiner früheren Verbindungen mit Dow Chemical fand ich es betrüblich zu erfahren, dass eine nationale Umweltschutzorganisation die Dow Chemical Company am 22. April dieses Jahres als einen der *Filthy Five*, der »schmutzigen Fünf«, bezeichnet hat. Diese zweifelhafte Ehre wurde Dow für seine andauernden, offensichtlichen und schwerwiegenden Verstöße gegen Umweltschutzgesetze und hohe Spenden über sein *Political Action*

Committee an Kandidierende bei den Kongresswahlen mit einer negativen Abstimmungsbilanz bei ökologischen Themen zuteil. *Environmental Action*, eine öffentliche Interessengemeinschaft mit Sitz in Washington, beschrieb die *Filthy Five* als Konzerne, die versuchen, sich durch ihre Spenden an Politikerinnen und Politiker politische Macht zu erkaufen. Die Kampagnenkoordinatorin der Organisation erklärte weiterhin, die *Filthy Five* hätten die Anstrengungen des ganzen Landes im Bereich Schadstoffkontrolle durch ihre Bestrebungen, die finanziellen Mittel für Kampagnen einzusetzen, anstatt damit Sanierungen zu finanzieren, zum Gespött gemacht.

Dow steht vor einem Gerichtsverfahren gegen die EPA, die das Unternehmen wegen anhaltender Verstöße gegen Luftreinhaltungsvorschriften in seinem Werk in Midland, Michigan, auf Strafzahlungen in Höhe von 20 Mio. US-Dollar verklagt hat. Allein im Jahr 1979 wurden gegen Dow insgesamt 358 Prozesse wegen Wasserverunreinigung angestrengt. Seit 1973 erhielt das Unternehmen 96 gerichtliche Vorladungen wegen Verstößen gegen das Arbeitnehmerschutzgesetz (OSHA). Aktuell sieht sich Dow mit hunderten Klagen von Personen konfrontiert, die durch dessen Phenoxyherbizid-Produkte wie 2,4,5-T und Agent Orange geschädigt wurden.

Vor nicht allzu langer Zeit war Dow Chemical unter den Chemiekonzernen noch Vorreiter bei der Einführung eines medizinischen Screening-Programms zum Schutz der Beschäftigten vor potenziellen karzinogenen bzw. mutagenen Wirkungen chemischer Stoffe. Das Unternehmen lancierte ein beispielhaftes Programm zum Nachweis chemisch induzierter Chromosomenanomalien bei Beschäftigten, das über 13 Jahre weiterentwickelt wurde. Bis 1974 wurden insgesamt 43.044 Untersuchungen bei 1.689 Arbeiterinnen und Arbeitern durchgeführt, die in der Produktion verschiedener Chemikalien tätig waren. In demselben Zeitraum wurden 25.000 Untersuchungen bei 1.302 Personen vor Antritt ihrer Beschäftigung durchgeführt. Ich freue mich, sagen zu können, dass Dow ein Modellprogramm für die Untersuchung von Beschäftigten auf potenzielle karzinogene und mutagene Substanzen eingeführt hat. Dow Chemical war – mit Recht – stolz auf diese Errungenschaft in dem bedeutsamen Bereich des Arbeitsschutzes. Im Jahr 1977 stellten wissenschaftliche Fachkräfte der Dow Chemical Company vermehrt zytogenetische Anomalien im Zusammenhang mit der Exposition gegenüber Benzol und Epichlorhydrin fest. Diese Untersuchungen belegten, wie wertvoll die Vorgehensweise war. Kurze Zeit, nachdem man herausgefunden hatte, dass Benzol und Epichlorhydrin bei exponierten Arbeiterinnen und Arbeitern vermehrt zu Chromosomenaberrationen führen, ließ man das umfangreiche Screening-Programm bei Dow Chemical in Texas auslaufen. Beschäftigte, die in Kontakt mit verschiedenen Substanzen kommen, werden nicht mehr medizinisch überwacht, und das Programm, das 1964 mit der lobenswerten Zielsetzung lanciert wurde, karzinogene und mutagene Stoffe am Arbeitsplatz zu identifizieren, ist mittlerweile Geschichte.

Nun möchte ich auf den Bereich zu sprechen kommen, der für die Aktionärsgemeinschaft des Konzerns direkt von Belang ist, nämlich die Tagesordnungspunkte zu 2,4,5-T und Silvex, die aktuell zur Diskussion stehen. Ich werde nicht auf die zahlreichen wissenschaftlichen Publikationen eingehen, in denen die Risiken dieser Substanzen detailliert erörtert werden. Bei der letzten Jahreshauptversammlung wurden die mit diesen Verbindungen verbundenen Risiken, die im Rahmen von Tierversuchen sowie von einigen wenigen Untersuchungen am Menschen beobachtet worden waren, ausführlich beschrieben. Ich möchte hier vielmehr über zwei aktuelle Studien berichten. Die Ergebnisse dieser aktuellen Studien sollten – nach meiner Überzeugung – zu einem überwältigenden Abstimmungsergebnis zugunsten des vorgelegten Beschlusses führen. Wir haben jetzt die Chance, das schlechte Image von Dow, das sich exemplarisch in der Nennung als eines der »schmutzigen Fünf« niederschlägt, zu verändern und die Initiative als entscheidendes Umweltschutzanliegen zu begreifen.

In der ersten Studie, die ich vorstellen möchte, geht es um ein erhöhtes Krebsrisiko, in der zweiten Studie um Anomalien bei Neugeborenen.

In einer schwedischen Publikation von 1979 wurde über ein eindeutig erhöhtes Auftreten von Weichteilsarkomen bei Arbeiterinnen und Arbeitern berichtet, die in Kontakt mit Chlorphenoxyherbiziden und Chlorphenolen gekommen waren.

Um zu ermitteln, ob das in der schwedischen Studie beschriebene erhöhte Risiko auch bei Arbeiterinnen und Arbeitern in den USA nachweisbar sein würde, überprüften Honchar und Halperin vier frühere Studien, darunter eine von Dow, daraufhin, ob hier ebenfalls ein vermehrtes Auftreten von Weichteilsarkomen festzustellen war. Ihr Bericht wurde in der Januar-Ausgabe dieses Jahres der medizinischen US-Fachzeitschrift *The Lancet* veröffentlicht. Die Beschäftigten in den US-Studien waren entweder mit 2,4,5-T oder mit 2,4,5-Trichlorphenol in Kontakt gekommen. Durch eine kombinierte Auswertung der Ergebnisse der einzelnen Studien konnten die Autoren eine deutliche Zunahme von Weichteilsarkomen feststellen und damit die Ergebnisse der schwedischen Arbeit mit US-Arbeiterinnen und -Arbeitern bestätigen.

Die Zahl der chemischen Verbindungen, für die im Rahmen epidemiologischer Studien ein positiver Zusammenhang mit embryonalen Fehlbildungen nachweisbar ist, ist in der Tat gering. So ist belegt, dass der Arzneistoff Thalidomid[1] Phokomelie, eine seltene Fehlbildung der Extremitäten, verursacht. Was Industriechemikalien betrifft, lassen sich die häufigen Geburtsfehler nur selten mit einer konkreten Substanz in Verbindung bringen. Vor diesem Hintergrund, also unserem Unvermögen, Substanzen zu identifizieren, die häufige Geburtsfehler verursachen, muss man es besonders ernst nehmen, wenn in einer Studie ein positiver Zusammenhang berichtet wird. Am 17. April dieses Jahres wurde in der Fachzeitschrift *Science* für 2,4,5-T über eine derartige Wirkung berichtet. Bei der Studie wurde die Fehlbildungsrate bei Neugeborenen auf der Nordinsel Neuseelands untersucht. Die Autoren fanden einen statistisch signifikanten Zusammenhang zwischen der Ausbringung von 2,4,5-T und dem Auftreten von Fehlbildungen, konkret dem Klumpfuß. Darüber hinaus wurde ein signifikanter Anstieg von Geburtsfehlern generell festgestellt, vor allem von kardialen Fehlbildungen, Hypospadie und Epispadie[2]. Bei der Analyse der Gebiete mit hoher, mittlerer und niedriger Sprühdichte auf sämtliche Fehlbildungen hin zeigte sich eine offensichtliche positive Korrelation zwischen Häufigkeit und Exposition, und das über verschiedene Gebiete und Altersstufen hinweg.

Die Evidenzdaten aus tierexperimentellen Studien und Untersuchungen mit Menschen, die bei der letztjährigen Aktionärsversammlung vorgestellt wurden, waren auf jeden Fall überzeugend und sollten für ein positives Votum bei dem Beschlussantrag mehr als ausreichen. Die zusätzlichen Informationen aus diesem Jahr sollten jeden Zweifel über die potenziellen Risiken dieser chemischen Verbindungen ausräumen.

Meines Wissens hat das Konzernmanagement nach der letzten Hauptversammlung auf die Entschließung mit folgenden Erklärungen reagiert: (1) Tausend Studien des Unternehmens belegen, dass 2,4,5-T unbedenklich sei, (2) es gebe nicht die Spur eines wissenschaftlichen Nachweises, durch den die Sicherheit von 2,4,5-T in Zweifel gezogen wird, (3) jede Kritik an Herbiziden sei ausschließlich emotional begründet. Angesichts der verfügbaren und bei der Aktionärsversammlung im letzten Jahr dokumentierten Flut von Informationen lässt sich die Reaktion der Konzernführung nur als abstrus bezeichnen. In Anbetracht der Daten, die buchstäblich in den letzten Monaten vorgelegt worden sind, wäre es schier unbegreiflich, wenn Dow weiterhin bei dieser Position bliebe.

---

1 der Wirkstoff im deutschen Arzneimittel Contergan® [A. d. Ü.].

2 Fehlbildungsanomalien im Genitalbereich mit Spaltbildung, im ersten Falle ventral, im zweiten Falle dorsal [A. d. Ü.].

Als Wissenschaftler, der in zahlreichen Fällen eng mit der Branche, und insbesondere mit Dow Chemical, zusammengearbeitet hat, bin ich zutiefst erschüttert. Beginnen wir damit, das Image des Unternehmens zu verändern. In Anbetracht der umfangreichen Daten über die potenziellen und tatsächlichen Gesundheitsschäden durch 2,4,5-T und Silvex ist eine Zustimmung zur Entschließung und damit die Einsetzung eines Prüfungsausschusses zur Untersuchung und Bewertung der existierenden und potenziellen Auswirkungen von 2,4,5-T, Silvex und ihren Derivaten alternativlos. Wie kann irgendein vernunftbegabtes Mitglied der Dow-Community nicht für diesen Beschlussentwurf stimmen?

Quellen:
Environmental Action, Pressemitteilung vom 22.4.1981.
Honchar, P. A. und Halperin, W. E. Lancet, 3.1.1981, S. 268-269.
Hanify, J. A. et al., Science 212, 19.4.1981, S. 349-351.

Anhang D

NORTHWEST COALITION for ALTERNATIVES to PESTICIDES (NCAP)[1]

WARNHINWEIS
Die folgende Auflistung von Pestiziden und der jeweiligen Hersteller (teilweise mit den US-Handelsbezeichnungen in Klammern dahinter) erhielt die Organisation NCAP von der US-Umweltschutzbehörde EPA auf Antrag gemäß US-Informationsfreiheitsgesetz (FOIA). Die Gesundheits- und Sicherheitsangaben für die Marktzulassung dieser Pestizide (sowie weiterer, die bislang nicht offengelegt wurden) stammen von dem größten unabhängigen kommerziellen Labor in den USA, Industrial Bio-Test Laboratories, Inc.

Gegen IBT wird mittlerweile wegen Datenfälschung ermittelt. Insgesamt 99 Prozent der Krebsstudien des Anbieters werden als nicht ordnungsgemäß eingestuft. Weitere ungültige Studien betreffen Untersuchungen im Zusammenhang mit Fehlbildungen bei Neugeborenen, Chromosomenmutationen, toxischen Wirkungen auf das Nervensystem sowie zur Ermittlung der Toxizität der chemischen Stoffe, falls diese geschluckt, eingeatmet oder über die

1 Nachfolgeorganisation: Northwest Center for Alternatives to Pesticides info@pesticide.org, PO Box 1393, Eugene, OR 97440, USA [A. d. Ü.].

Haut aufgenommen werden. Die EPA hat sich nicht dazu geäußert, welche Studien über welche chemischen Verbindungen ungültig sind. Bitte kopieren Sie diesen Warnhinweis und geben Sie ihn weiter. Nähere Einzelheiten erhalten Sie über NCAP.

*Vorangestellte Sternchen * kennzeichnen chemische Verbindungen, die in der Forstbewirtschaftung im Nordwesten der USA verbreitet eingesetzt werden.*

4-Amino Pyridine – Philips Petroleum
Acarol – Ciba Geigy
Accel – Shell
Adocide – Nalco
Alachlor – Monsanto (Lasso)
Alar – Uniroyal
Alnap – Uniroyal
Altosid-Methoprene – Zoecon
Ametryn – Ciba Geigy
Antor – Hercules
* Asulam – Rhodia
* Atrazine – Shell
Avadex – Monsanto
Avenge – American Cyanamid (difenzoquat)
Azodrin – Shell
* Bacillus Thuringiensis – Sandoz (Wander)
Barban – Gulf (Carbyne)
Bardike – International Pain Company
Baygon – Chemagro (Proxpur)
Benzadox – Gulf (Topside)
Bicep – Ciba Geigy
Bifenox – Mobil (Modown)
Binapacryl – FMC (Ensodan)
Bis (Tri-M-Butylin) Oxide – M&T
Bladex – Shell (Cyandizine)
Bolero – Chevron (Thiobencarb)
Botran – Upjohn
Brodifacoom – ICI
Bromfenoxim – Ciba Geigy
Bromopropylate – Ciba Geigy
Busan 74 – Buckman (TCMTB)
Butam – Gulf
Bux – Chevron
* Cacodylic Acid – Ansul
CA $(OCL)_2$ – FMC (Cyanurate)
Captan – American Seed Company/Chevron
* Carbaryl – Monsanto
Carbofuran – FMC (Furadan)
Cela – Triforine – Chevron
Chipco – Rhodia (lprodione)
Chlorobromuron – Ciba Geigy (Maloren)
Chloropropham – PPG (Furloe)
P-Chlorophenyl-N,N1-dimethyl Allphanate – PPG
Chloropropylate – Ciba Geigy
Chloropyrifos – Velsicol (Dursban)
Chlorothalonil – Diamond Shamrock (Daconil)

Cidial – Montedison (Elsan, Phenthoate)
Ciodrin – Shell (Crotoxyphos)
Cobex – U.S. Borax
Curacon – Ciba Geigy (Profanofas)
Cycle – Ciba Geigy (Procyanazine)
Cycocel – American Cyanamid
Cyprazine – Gulf (Outfox)
Cypromid – Gulf
* 2,4-D – Hercules/Dow (NACA)
Daconil – Diamond Shamrock
Dacthal – Diamond Shamrock (DCPA)
Dasanit – Chemagro (Fensolfothion)
D. C. 5700 – Dow Corning
DDVP – Zoecon
Delachlor
Delnav – Hercules (Dioxathion)
Desmedipham – Nor Am
* Dicamba – Velsicol
Dichlobenil – Casoran
Diethanol Amine 2,4-Di-Chlorophenoxy Acetate – Chevron
Dietbanol Amine 2-(2-Methyl-4-Chlorophenoxy)
Propionate – Chevron
Difolatin – Chevron (Captafol)
* Dinoseb – Dow
Diquat – Chevron
Di-Syston – Chemagro (Disulfoton)
DMDMH-55 – Glyco (Dantoin)
Drepaman – Montedison
DSMA – Diamond Shamrock
Dual – Ciba Geigy (Metolachlor)
Dynap – Uniroyal
Embark – 3M (Mefluidide)
Endothall – 3M/Pennwalt
EPN – E. I. Dupont/Velsicol/Nissan
Ethalfuralin
Ethiolate – Gulf
Fenitrothion – Sumitomo (Sumithion)
Fenvalerate – Shell
Flo Mo – Sellers
Fluoridam – 3M
Fluorodifen – Ciba Geigy (Preforan)
Folpet – Chevron/Stauffer (Phaltan)
Formetanate
Formetanate Hydrochloride – Nor Am (Carzol)
Gossyplure – Conrel (Nomate)
Glutaraldehyde – 3M (Arbrook)
* Glyphosate – Monsanto (Roundup)
Glyphosine – Monsanto (Polaris)
Harvade – Uniroyal
Hexakis
Hinosan – Chemagro (Edifenphos)
Iodin – PPG/AJAY
Iodrin – Shell
Iprodione – Rhodia (Chipco)
Irgasan – Ciba Geigy (Trichlosan)
* Krenite – E. I. Dupont
Lanstan – FMC
Machete – Monsanto (Butachlor)
Maleic Hydrazide – Uniroyal
Malonoben – Gulf
* MCPA – Diamond Shamrock
MCPP – Rhodia

Merphos – Mobil
Mesurol – Chemagro (Methiocarb)
Metabromuron – Ciba Geigy
Metasistox – Chemagro
Methazole – Velsicol
Methomyl – E.I. Dupont (Lannate)/Shell (Nudrin)
Meteran – FMC (Polyram)
Methoprene – Zoecon
Metolachlor – Ciba Geigy (Dual)
Metribuzin – Chemagro (Sencor)
Mocap – Mobil (Ethoprop)
Monitor – Chevron (Methamidiphos)
Monochlorotoluene
* MSMA – Diamond Shamrock
Nalco 247 – Nalco
Nalco 341 – Nalco
Nalco 2210 – Nalco
Nalco 7325 – Nalco
Nalco 7340 – Nalco
Nalco 7623 – Nalco
Naleo 7644 – Nalco
Nalco 8844 – Nalco
Nalco 4WC 317 – Nalco
Naled – Chevron (Dibrom)
NaO CI – Jones Chemical/ P&G
Nemacur – Chemagro (Fenamiphos)
Nemagon – Shell (DBCP)
Nemaphene – Shell
Nicotine/Nicotine Sulfate – Black Leaf
Norea – Hercules (Herban)
ODAA – Arbrook (Glutaraldehyde)
Omadine – Olin
Omitt (Comite) – Uniroyal
* Orthene – Chevron
Oxadiazon – Rhodia
Oxycarboxin – Uniroyal
Paraquat – Chevron
Pencap E – Pennwalt
Pencap M – Pennwalt
Perfluidone – 3M
Permethryn – FMC
Phenmedipham – Nor Am (Bentanal)
Phorate – American Cyanamid
Phosalone – Rhodia
Phosphamidon – Chevron (Dimecron)
* Picloram – Dow (Tordon)
Pik-Off – Ciba Geigy
Piperonyl Butoxide – MGK
Plictram – Shell
Polyram – FMC (Metiram)
Potassium Hexafluorarsenate – Pennwalt
Potassium and Sodium Azide – PPG
PPG 124 – PPG
PPG 135 – PPG
PPG 148 – PPG
PPG 171 – PPG
PPG 172 – PPG
Profluralin – Ciba Geigy
Promecarb
Prometon – Ciba Geigy (Promitol)
Propanil

Propham – PPG
Prowl – American Cyanamid
Pydrin – Shell
Pyrethrin – MGK
R-69 – S. C. Johnson
Rabon – Shell (Gardona)
Ramrod – Monsanto
Randox – Monsanto (Allidichlor)
Rydex – U. S. Borax
Santophen – Monsanto
Sectrol – 3M
Sencor – Chemagro (Metribuzin)
* Silvex – Rhodia
* Simazine – Ciba Geigy
Sodium Azide – PPG
Sodium Bromide und Tri-chloro-s-Triazine-Trione – Jones
Sodium Chlorate – Pennwalt
Sumitol – Ciba Geigy
Sumethryn
Supracide – Ciba Geigy (Methidathion)
System E – 3M
System M – 3M
5-2,3,3-Trichloroallyl diisopropyl Thiocaneanate
Terbufos – American Cyanamid
Terbutbylazine – Ciba Geigy
Terbutryn – Ciba Geigy
Terrazole – Olin Corporation
Thidiazuron – Nor Am
Thiodan – FMC (Endosulfan)
Thiofanoz – Diamond Shamrock
* Thiram
TL 1076 – MGK
Topsin M – Pennwalt (Thiophinate)
Torak – Hercules (Dialifor)
Toxaphene – Hercules
Triadine – Olin
Triforine – Chevron
Triphenyltin Hydroxide – Thompson-Hayward
Trivax – Brandington
Vapona – Shell (DDVP)
Vegadex – Monsanto (Sulfallate)
Vel – Sandoz (Propetamphos)
Vendex – Shell
Valpar – Dupont
Vinyzene – Ventron
Visco Adomall – Nalco
Visco P-25-F – Nalco
Visco 1151 – Nalco
Visco 1152 – Nalco
Visco 1153 – Nalco
Visco 3990 – Nalco
Vitavax – Uniroyal
Vydate – E. I. Dupont (Oxamyl)
Zinophos – Nor Am

Anhang E

Im Frühjahr 1980, als sich zahlreiche der im vorliegenden Buch beschriebenen Ereignisse in Oregon abspielten, recherchierte über 1300 Meilen entfernt in Kanada ein investigativer Journalist akribisch eine Geschichte, die unmittelbare Auswirkungen auf diese Ereignisse haben würde. Peter von Stackelberg, ein Reporter der Tageszeitung *The Leader-Post* in Regina, Saskatchewan, erhielt einen Hinweis, der im darauffolgenden Jahr mehr als 50 Artikel über Probleme im Zusammenhang mit der Sicherheit von hunderten Arzneistoffen, Pestiziden und Industriechemikalien nach sich zog.

Die Bedeutung der umfangreichen Serie investigativer Berichte von Stackelbergs über die Fehler, die Nachlässigkeit und den eindeutigen Betrug bei Untersuchungen der Sicherheit von Chemikalien und Arzneistoffen wurde durch mehrere Auszeichnungen gewürdigt.

Im Jahr 1981 verlieh der Generalgouverneur von Kanada Peter von Stackelberg den Verdienstorden sowie den *Roland Michener Award* für herausragende Leistungen des kanadischen Journalismus im Dienste der Öffentlichkeit, insbesondere für seine investigative Berichterstattung über Themen aus den Bereichen Wissenschaft, Technologie und Umwelt während seiner Tätigkeit für *The Regina Leader-Post*. Der *Michener Award* ist eine der höchsten Auszeichnungen im kanadischen Journalismus und wird einer kanadischen Nachrichtenorganisation verliehen, »deren Arbeit maßgeblichen Einfluss auf die öffentliche Politik bzw. das Leben der Kanadierinnen und Kanadier beigemessen werden«.

Ebenfalls 1981 veröffentlichte das kanadische Centre for Investigative Journalism (CIJ) einen der Artikel über Probleme bei Untersuchungen von Chemikalien und Arzneistoffen in seinem jährlichen Sammelband, in dem einige der besten Arbeiten im investigativen Journalismus veröffentlicht werden.

Die Sonoma State University setzte seine Arbeit über Umweltfragen 1988 im Rahmen ihres *Project Censored* auf Platz zwei der 25 wichtigsten »zensierten« Berichte des Jahres. Jedes Jahr werden für dieses Projekt die Top 25 am stärksten zensierten und am wenigsten öffentlich aufgegriffenen Nachrichtenbeiträge in den USA gesichtet, eingehend geprüft und zusammengestellt. Diese werden wissenschaftlich analysiert und besprochen und dann veröffentlicht.

In diesem Anhang findet sich eine Auswahl dieser Nachrichtenbeiträge.

Original-Vorwort zu *The Toxic Mist*[1]

Die Anwendung und Sicherheit chemischer Pestizide verspricht eine der großen Umweltfragen der 1980er Jahre zu werden.

Die steigende Nahrungsmittelproduktion zur Ernährung von immer mehr Menschen auf diesem Planeten wird den Druck auf Landwirtinnen und Landwirte erhöhen, zunehmend mehr Chemikalien einzusetzen. Gleichzeitig könnte der Druck aus der Wissenschaft, von Umweltschützerinnen und -schützern sowie Verbraucherinnen und Verbrauchern zu staatlichen Maßnahmen führen, um den Einsatz zahlreicher chemischer Verbindungen, die heute auf dem Markt sind, zu beschränken.

Der erste Artikel dieser Reihe erschien im Juni 1980, als Gerüchte, die Regierung der kanadischen Provinz plane ein Verbot verschiedener Chemikalien, die Tageszeitung *The Leader-Post* erreichten. Auch wenn sich die Gerüchte als falsch erwiesen, veranlassten sie die Redaktion, den Journalisten Peter von Stackelberg zu beauftragen, Nachforschungen zur Überprüfung von Pestiziden und zu den Problemen, vor denen die Regierung aufgrund der Affäre um das Unternehmen Industrial Biotest Laboratories (IBT) stand, anzustellen.

Seit Juni hat *The Leader-Post* mehr als 50 Artikel über die Anwendung und Sicherheit chemischer Pestizide veröffentlicht. Ein Großteil der wichtigsten Artikel ist in *The Toxic Mist* nachgedruckt.

Peter von Stackelberg stieß als Journalist im Oktober 1979 zu *The Leader-Post*. Bevor er zu aktuellen landwirtschaftlichen Themen und chemischen Pestiziden arbeitete, befasste er sich mit der Gesetzgebung in Saskatchewan.

Vor seiner Tätigkeit für *The Leader-Post* arbeitete er als Reporter für die kanadische Tageszeitung *The Daily Herald Tribune* in Grande Prairie, Alta. In den vier Jahren, in denen er für diese Zeitung tätig war, schrieb von Stackelberg über landwirtschaftliche Themen, Umweltfragen in der Forstwirtschaft, Aktuelles aus der Stadtverwaltung und eine Reihe anderer Themenfelder.

Er hat das Journalismus-Studium am Ryerson Polytechnical Institute in Toronto abgeschlossen.

Geboren wurde Peter von Stackelberg am 28. Oktober 1953 in Elk Point in der kanadischen Provinz Alta (dessen Krankenhaus der elterlichen Farm

---

1 Von Stackelbergs Artikel von Juni bis November 1980 wurden von The Leader-Post als Buch herausgegeben: The Toxic Mist: the Use & Abuse of Pesticides. Collected articles. Regina (Saskatchewan) Leader-Post, 1980. Daraus stammen die folgenden Texte. S. a. Kapitel 12.

in der Nähe von Maidstone am nächsten lag). Ende der 1950er Jahre ließ sich seine Familie in Peace River, Alta, nieder.

Er wuchs in Peace River auf und half in den späten 1970er Jahren, Landflächen, die nördlich an den Ort grenzten, für Gehöfte zu roden und zu bewirtschaften.

Einleitung zu *The Toxic Mist*

Vieles ist in den letzten Jahren über die Grenzen der wirtschaftlichen und politischen Unabhängigkeit dieses Landes gesagt worden.

Aber welchen Preis sind wir bereit für die leichtfertige Zulassung chemischer Stoffe zu zahlen?

Um es ganz direkt zu sagen, »schnorrt« Kanada einfach die Daten anderer, auf deren Grundlage die Regierung über die Vertretbarkeit und Sicherheit chemischer und pharmazeutischer Substanzen, die wir in der Industrie, in Haus und Hof einsetzen, entscheidet.

Außerdem haben wir uns weitgehend auf andere Länder, und hier v. a. die USA, verlassen, was die Entsorgung toxischer Materialien, insbesondere polychlorinierter Biphenyle (PCBs), betrifft.

Möglicherweise ist es an der Zeit, innezuhalten und die Rolle, die Chemikalien in unserem Leben – und womöglich bei unserem Sterben – spielen, genau zu beleuchten. Welchen Preis zahlen wir für den fortgesetzten oder verstärkten Einsatz von Chemikalien? Welchen Preis zahlen wir für eine Eindämmung ihrer Anwendung?

Am besten wäre es vermutlich, wenn sich eine föderale königliche Kommission (*Federal Royal Commission*) mit diesen Fragen befassen würde.

Die Risiken, die damit einhergehen, wenn man sich auf Erkenntnisse anderer Länder verlässt, wurden uns im Fall Industrial Biotest Laboratories deutlich vor Augen geführt. Das privat geführte Prüflabor in Illinois hat die Testergebnisse von knapp 100 Pestiziden gefälscht.

Nehmen wir beispielsweise TOK, das Herbizid, das vor kurzem in Saskatchewan verboten wurde. Die Studien zu TOK, die sich später als mangelhaft erwiesen haben, wurden ursprünglich in den USA und Europa durchgeführt. Auf der Grundlage dieser Angaben, die vom Produkthersteller vorgelegt wurden, hatte das kanadische Ministerium für Gesundheit, Soziales und Landwirtschaft zuvor TOR gemäß dem Gesetz über Schädlingsbekämpfungsprodukte zugelassen. (Es waren ebenfalls neue Evidenzdaten aus dem Ausland, die zum Verbot von TOK führten.)

Darüber hinaus illustriert der Fall TOR, dass die Zuständigkeiten nicht nur auf unterschiedliche Verwaltungsebenen, sondern auch innerhalb derselben Rechtsprechung über die Prüfung, Zulassung, Regulierung, Kennzeichnung, Vermarktung, den Transport, die Anwendung und die Entsorgung von Chemikalien auf mehrere Akteure verteilt sind. Dies gilt nicht nur für Pestizide, sondern auch für Arzneistoffe, Nahrungsmittelzusätze und so genannte Industriechemikalien.

Health and Welfare Canada empfahl im letzten Oktober, TOK vom Markt zu nehmen, da es im Verdacht stand, Geburtsdefekte zu verursachen. Allerdings erlaubte die Bundesregierung in Ottawa dem Hersteller, verbliebene Lagerbestände noch abzuverkaufen.

Einheitliche Rechtsprechungslinien innerhalb einer und zwischen verschiedenen Regierungsebenen gestalten sich gelegentlich ebenso schwierig wie nachzuverfolgen, was mit den Chemikalien selbst geschieht.

Während die Zulassung von Pestiziden etwa dem Landwirtschaftsministerium (*Agriculture Canada*) obliegt, erfolgt diese erst, nachdem das Ministerium für Gesundheit und Soziales (*Health and Welfare*) die Daten des Herstellers über negative Wirkungen chemischer Rückstände in Nutzpflanzen sowie deren gesundheitliche Auswirkungen auf Personen, die in Kontakt mit dem Pestizid kommen, überprüft hat.

Health and Welfare, die Behörde, die ebenfalls für die Genehmigung von neuen Arzneimitteln und deren Anwendungsgebieten sowie von Lebensmittelzusatzstoffen zuständig ist, räumt ein, dass die Überprüfung so gut wie aller Arzneimittel, für die ein Zulassungsantrag gestellt wird, durch Laboratorien im Ausland erfolgt. Kanada besitze nur begrenzte Prüflaboreinrichtungen, so die Ministerin für Gesundheit und Soziales, Monique Begin, und die Kosten für inländische Testkapazitäten seien für ein »kleines« Land wie Kanada untragbar.

Agriculture Canada führt zwar Prüfungen mit Pestiziden unter kanadischen Bedingungen durch, verlässt sich aber bei Entscheidungen im Hinblick auf die Sicherheit der rund 430 Pestizide im Verzeichnis der in Kanada zugelassenen Produkte weitgehend auf ausländische Daten.

Während es für landwirtschaftlich genutzte Chemikalien und Pharmazeutika zumindest ein offizielles Zulassungsverfahren gibt, gilt dies nicht für so genannte Industriechemikalien. Das entsprechende US-Verzeichnis dieser letztgenannten Stoffe umfasst ca. 30.000 Verbindungen, und jedes Jahr kommen rund 800 neue Produkte hinzu.

Das kanadische Umweltministerium kann gemäß dem Gesetz über Umweltschadstoffe chemische Verbindungen in das vorgeschriebene Verzeichnis aufnehmen, tut dies in der Regel aber erst nach der Markteinführung des jeweiligen Produkts.

Andere Bundesministerien kommen in Bezug auf den Transport und die Kennzeichnung von Chemikalien und Nahrungsmittelzusatzstoffen ins Spiel.

Auch wenn dem kanadischen Umweltministerium auf Provinzebene eine übergeordnete protektive Rolle zukommt, war es doch das Gesetz über Schädlingsbekämpfungsprodukte der Provinz Saskatchewan, welches im Fall TOK zur Anwendung kam. Es obliegt den Arbeitsministerien auf Bundes- und Provinzebene, über ihre Abteilungen für Gesundheit und Sicherheit am Arbeitsplatz sicherzustellen, dass chemische Stoffe am Arbeitsplatz ordnungsgemäß eingesetzt und gelagert werden.

Wir wollen keinesfalls behaupten, eine *Royal Commission* könne all diese ineinandergreifenden und sich überlappenden Zuständigkeiten auflösen. Allerdings haben sie sich als hilfreiche Instrumente erwiesen, um Angelegenheiten von grundlegendem und nachhaltigem nationalen Interesse zu prüfen. Die Frage, welche Rolle menschengemachte Chemikalien in unserem Leben spielen, fällt mit Sicherheit in diese Kategorie. Dabei muss eine solche Untersuchung nicht zwangsläufig zu einer Hexenjagd werden, bei der Tausende von chemischen Verbindungen als Übeltäter entlarvt werden.

Unbedenklichkeit nicht nachgewiesen

Gefälschte oder falsche Testergebnisse für über 100 Pestizide, von denen zahlreiche in Saskatchewan eingesetzt werden, haben Bedenken bezüglich ihrer Langzeitrisiken geschürt.

Laut einem Schreiben, das *The Leader-Post* vorliegt, werden die Ergebnisse der Langzeituntersuchungen zu den chemischen Verbindungen durch das kanadische Ministerium für Gesundheit und Soziales »als unzulänglich eingestuft«.

Das heißt, dass für eine Reihe von Chemikalien, die in Saskatchewan im Einsatz sind, die Unbedenklichkeit nicht nachgewiesen wurde.

In dem Schreiben von R. O. Read, dem Vorsitzenden eines Bundesausschusses zu Pestiziden vom 25.1.1980 heißt es, die Gültigkeit sämtlicher Studien, die von IBT aus Northbrook, Illinois, durchgeführt wurden, »bleibt zweifelhaft«.

»Alle von IBT durchgeführten Langzeitstudien mit Nagern und Mehrgenerationenstudien zur Reproduktionstoxizität werden als mangelhaft beurteilt«, so Read. Es seien weitere Studien erforderlich, um die Langzeitsicherheit der chemischen Verbindungen zu belegen.

In seinem Brief hält Read fest, dass Behörden gezwungen gewesen seien, einige Chemiekonzerne anzuschreiben und führt weiter aus, dass viele von ihnen »es versäumt haben, die von der Umweltschutzbehörde und der kanadischen Gesundheitsschutzbehörde geforderten Daten vorzulegen.«

Weiterhin, so Read, hätten Stichproben von Regierungsstellen »ernsthafte Probleme zutage gefördert«, die von den Chemiekonzernen im Rahmen der Überprüfung der IBT-Testdaten »nicht ermittelt oder berichtet worden waren«.

»Die maßgeblichen Studien, die überprüft wurden, waren in der Mehrzahl nicht zufriedenstellend.«

Laut Read sieht die Position der Regierung in der Angelegenheit so aus, dass »weiterhin Zweifel an der Gültigkeit sämtlicher IBT-Studien bestehen, bis das Unternehmen, das die Studien finanziert, erfolgreich das Gegenteil nachgewiesen hat.«

Vor etwa 3 Jahren wurden Fragen über eine ganze Bandbreite chemischer Verbindungen laut, als eine Untersuchung in den USA ergab, dass IBT die Ergebnisse einiger Studien gefälscht hatte.

Laut der Untersuchung von US-Bundesbehörden, u. a. des Justizministeriums und der Umweltschutzbehörde EPA, war bei anderen Tests eine schlampige bzw. unzureichende Dokumentation der Grund dafür, dass die Ergebnisse ungültig waren.

In manchen Fällen wurden erkrankte Versuchstiere offensichtlich durch gesunde ersetzt.

Auf Grundlage der Testergebnisse von IBT haben die Aufsichtsbehörden verschiedener Länder die Anwendungssicherheit für bestimmte Pestizide, Nahrungsmittelzusatzstoffe, Verpackungsmaterialien und Arzneimittel festgestellt.

Vor mehr als zwei Jahren setzte die kanadische Regierung einen interministeriellen Ausschuss bestehend aus Vertreterinnen und Vertretern des Umwelt-, Gesundheits- und Landwirtschaftsministeriums ein, um die Angelegenheit zu untersuchen. Allerdings hat die Regierung nie eine Liste der fraglichen Substanzen veröffentlicht.

Aus Regierungskreisen hört man, dass 96 chemische Verbindungen auf dem Prüfstand stehen, während ein Sprecher der US-Umweltschutzbehörde angibt, die eigene Liste umfasse 123 chemische Verbindungen.

Die Regierung der Provinz Saskatchewan hat in den vergangenen Monaten – ohne Erfolg – versucht, bei den Bundesbehörden in Erfahrung zu bringen, welche Chemikalien genau auf der Liste stehen.

Umweltminister Ted Bowerman gab an, er habe von der Bundesregierung Informationen über die Chemikalien erbeten, jedoch keine Antwort erhalten.

»Das ist uns ein wichtiges Anliegen. Wir machen uns Sorgen angesichts der offenbaren Mängel bei der Überprüfung im Zusammenhang mit der IBT-Affäre,« so Bowerman.

Dr. David Penman, gesundheitspolitischer Berater des Umweltministeriums von Saskatchewan meinte, da unklar sei, welche chemischen Verbindungen möglicherweise langfristige Gesundheitsrisiken verursachen, sei die Provinz in einer schwierigen Position.

»Es gibt Bedenken in Bezug auf eine ganze Reihe dieser chemischen Verbindungen. Daran besteht kein Zweifel,« meinte Penman. »Falls Chemikalie X auf der Liste aufgrund bestimmter Eigenschaften fragwürdig ist, wäre es für die Regierungen in Kanada von erheblichem Interesse, die Gründe für die Unzulänglichkeiten der zugrunde liegenden Daten zu erfahren.

»Falls es maßgebliche Zweifel an der Rechtfertigung der Anwendung der Chemikalie X gibt, warum genehmigt die Zulassungsbehörde (die kanadische Regierung) dann die Anwendung?!«

Es sei wichtig, so Penman, die chemischen Verbindungen genau zu bestimmen.

»Falls diese Substanzen in Saskatchewan eingesetzt werden, wollen wir sicher sein, dass sie für die Beschäftigten, die sie verpacken, und für die Landwirte, die sie anwenden, unbedenklich sind und dass ihre Verwendung und Aufbewahrung generell mit keinen Risiken verbunden sind. Öffentlichkeit und Umwelt dürfen bei der Anwendung und Ausbringung keiner Gefahr ausgesetzt werden.«

Laut Bowerman ist sein Ministerium auf die Erkenntnisse der Bundesregierung angewiesen.

»Auch wenn es aktuell im Hinblick auf eine Reihe chemischer Verbindungen fraglich zu sein scheint, inwieweit die Tests in ausreichendem Umfang und ordnungsgemäß durchgeführt worden sind, bin ich nicht sicher, ob die Beweislage wir aktuell ausreichend ist, um zweifelsfrei ein vernichtendes Urteil über diese Stoffe zu fällen«, so Bowerman. »Wir müssen also abwarten, wie die Position der Zentralregierung ausfällt. Sollte sich tatsächlich herausstellen, dass (die chemischen Verbindungen) nicht ordnungsgemäß überprüft wurden, müssen wir vielleicht einen Schritt zurück machen und sie erneut testen.«

Es sei noch zu früh, so äußerte sich Bowerman, über ein Anwendungsverbot der betreffenden Chemikalien zu spekulieren, wobei er jedoch andeutete, eine Aussetzung der kanadischen Genehmigungen bis nach Abschluss der erneuten Prüfungen könne angebracht sein.

»Wenn wir (von der Bundesregierung) eine klare Aussage bekämen, dass die Laborprüfungen mangelhaft waren, die Ergebnisse unzulänglich, irgendwie fehlerhaft oder falsch dargestellt sind, müsste man ein zeitweiliges Verbot definitiv in Betracht ziehen.«

Aus Regierungskreisen verlautete, dass Informationen über die Chemikalien bereits früher in diesem Jahr an die Provinzbehörden hätten weitergeleitet werden sollen, dass aber leitende Regierungsbeamte eingeschritten seien und dies verhindert hätten. Laut diesen Quellen wurde bereits vor einiger Zeit ein Schreiben mit einem Überblick über die Situation erstellt und an die Bundesministerin für Gesundheit und Soziales, Monique Begin, zur Unterzeichnung weitergeleitet. Dieses Schreiben ist jedoch im Umweltministerium von Saskatchewan bis dato nicht eingegangen.

The Leader-Post liegt eine unvollständige Liste der betreffenden chemischen Verbindungen vor, die u. a. folgende Verbindungen umfasst:

- Captan – ein Fungizid zur Behandlung von Saatgut und von Nutzpflanzen in Gärten und Gewächshäusern,
- Carbonfuran – ein Insektizid, insbesondere zur Bekämpfung von Flohkäfern und Heuschrecken, das in Saskatchewan in diesem Jahr eingesetzt wurde,
- Diazanon – ein Insektizid, das häufig im Garten angewendet wird und praktisch in jedem Gartencenter erhältlich ist.

US-Studien geben im Hinblick auf die potenziell krebserregende Wirkung von Captan Anlass zur Besorgnis. In einer Untersuchung von 1974 vertraten Dr. Marvin Anderson vom Henry Ford Hospital in Detroit und Dr. Herbert Rosenkranz von der Columbia University die Ansicht, dass es sich bei Captan »mit hoher Wahrscheinlichkeit um ein Karzinogen« handelt.

Die Zweifel, die in Bezug auf die Validität der IBT-Langzeitstudien laut geworden sind, bedeuten nicht notwendigerweise, dass von den Chemikalien Gefahren ausgehen. Es bedeutet jedoch sehr wohl, dass chemische Verbindungen, die als unbedenklich galten, dies nicht unbedingt auch tatsächlich sind.

Schädlingsbekämpfungsmittel – bei der Prüfung durchgefallen?

Jahrelang sind wir davon ausgegangen, dass die Pestizide, die wir in unseren Häusern, Gärten und landwirtschaftlichen Betrieben einsetzen, unbedenklich sind.

Aber ist das wirklich so?

Betrug und Inkompetenz in Laboratorien, die eine Vielzahl chemischer Verbindungen prüfen, wecken Zweifel an deren Sicherheit.

Die Regulierungsverfahren für Pestizide scheinen zu versagen. Der beratende Ausschuss für Umweltangelegenheiten der Provinzregierung von Saskatchewan hat diesen »erhebliche Mängel« bescheinigt.

Landwirte, Betreiber von Getreidesilos und andere leiden infolge des Kontakts mit Chemikalien an gesundheitlichen Problemen. Und dennoch finden chemische Verbindungen, deren Unbedenklichkeit in Zweifel gezogen wird, nach wie vor breite Anwendung.

Die Rückstände dieser Chemikalien kontaminieren Nahrungsmittel und verschmutzen Seen, Flüsse, Brunnen und andere Wasserressourcen.

Eine scharfe Verurteilung des Regulierungssystems für Pestizide findet sich in den Jahresberichten 1977-78 und 1978-79 des beratenden Ausschusses für Umweltangelegenheiten von Saskatchewan. »Der derzeitige Forschungs- und Regulierungsprozess weist erhebliche Mängel auf«, so das Urteil des Ausschusses 1978.

Die kanadische Bundesregierung führe keine ausreichenden unabhängigen Untersuchungen über die chemischen Verbindungen durch, deren Anwendung sie genehmige. »Beide Ministerien (das Landwirtschaftsministerium und das Ministerium für Gesundheit und Soziales) sind gezwungen, sich teilweise auf Laborprüfungen der Hersteller der Chemikalien zu verlassen.«

Laut beratendem Ausschuss mangelt es bei herstellerfinanzierten Prüfungen in manchen Fällen an Objektivität und Vertrauenswürdigkeit. Der Skandal im Zusammenhang mit Industrial Biotest Laboratories aus Northbrook, Illinois, sei hierfür nur ein Beispiel von vielen.

Zweifel an der Sicherheit von rund 100 Pestiziden kamen 1977 auf, als eine US-Untersuchung ergab, dass IBT die Ergebnisse einiger Tests gefälscht hatte.

In manchen Fällen wurden offenbar erkrankte Versuchstiere durch gesunde ersetzt. Bei anderen Tests – so die US-Bundesbehörden, die die Betrugsfälle untersuchten – waren die Ergebnisse aufgrund einer schlampigen bzw. unzureichenden Dokumentation ungültig. Kritischen Stimmen zufolge können diese Betrugsfälle, Schlampigkeit oder Inkompetenz das Resultat von – unbewusst oder vorsätzlich ausgeübtem – Druck auf die wissenschaftlichen Mitarbeiterinnen und Mitarbeiter des Unternehmens seitens der Abteilung für Forschung und Entwicklung oder Marketing sein, die es eilig haben, den chemischen Stoff auf den Markt zu bringen und damit Geld zu verdienen.

Kritische Stimmen weisen darauf hin, dass unabhängige Labore, die auf lukrative Verträge in der Zukunft erpicht sind, auch beeinflusst werden könnten, solche Daten zu generieren bzw. diese im vermeintlichen Interesse des Unternehmens zu interpretieren, dessen Produkte sie testen sollen.

»Der Einsatz zahlreicher allgemein gebräuchlicher Chemikalien ist extrem ausgeufert, ohne dass die potenziellen Folgen zuvor ausreichend untersucht wurden. Stattdessen sind die Folgen auf kostspielige und – in manchen Fällen – tragische Art und Weise zutage getreten«, konstatierte der beratende Ausschuss.

Laut dem Ausschuss hat die Überprüfung potenzieller negativer Wirkungen tausender breit eingesetzter chemischer Verbindungen nicht mit dem Tempo Schritt gehalten, in dem neue Stoffe auf den Markt kommen.

»Fakt ist, dass die Mehrheit der gebräuchlichen Chemikalien noch überhaupt keine Prüfungen durchlaufen hat.«

Ebenfalls kritisch betrachtete der beratende Ausschuss die fehlenden Angaben darüber, wie viele toxische Chemikalien in Saskatchewan in welchen Mengen zum Einsatz kommen und wo sie versprüht werden.

»Allein auf dieser Grundlage müssen die Steuerungsinstrumente der Provinzregierung zur Überwachung und Regulierung toxischer Chemikalien als unzureichend eingestuft werden.«

Auch wenn der IBT-Skandal den eklatantesten Fall von Betrug und Inkompetenz darstellt, ist er mitnichten der einzige.

Samuel Epstein, Professor für Arbeitssicherheit und Umweltmedizin an der University of Illinois, gab in der Ausgabe der Fachzeitschrift *The Ecologist* vom Dezember 1979 an, es gebe eine Reihe anderer Fälle, in denen wissenschaftliche Tests vorsätzlich manipuliert oder relevante Informationen bewusst zurückgehalten wurden.

In einem Artikel mit dem Titel *Polluted Data*[2] gab Epstein an, dass für folgende chemische Verbindungen Daten nachweislich in betrügerischer Absicht manipuliert worden seien:

- Der Arzneistoff MER/29. In der Folge wurden mehrere Beschäftigte der Richardson-Merrill Company strafrechtlich verurteilt.
- Die chemische Substanz Dornwall, produziert von der Wallace and Tiernan Company.
- Das Unternehmen McNiel Laboratories verweigerte angesichts der Anklage, Informationen über den chemischen Stoff Flexin verschleiert zu haben, die Aussage.
- Das Unternehmen Hazelton Laboratories wurde angeklagt, Daten über den künstlichen Süßstoff Aspartam und das Arzneimittel Aldacton gefälscht zu haben.
- Das Arzneimittel Panalba wurde 1968 vom Markt genommen, nachdem

2 Deutsch etwa: »Verseuchte Daten« [A. d. Ü.].

ein Inspektor der US-Aufsichtsbehörde für Lebens- und Arzneimittel FDA in den Akten des Herstellers zufällig auf Auffälligkeiten gestoßen war.

- Die Velsicol Chemical Company wurde 1977 in den USA vor einem Großen Geschworenengericht wegen Zurückhaltung von Daten verurteilt, die belegten, dass Chlordane/Heptachlor krebserregend ist.

Allerdings hatte die IBT-Affäre die schwerwiegendsten Auswirkungen.

Nach Angaben der kanadischen Regierung war über die Hälfte der insgesamt 405 IBT-Studien, die bis 28. März 1980 überprüft worden waren, in keinster Weise geeignet, die Sicherheit einer ganzen Bandbreite chemischer Verbindungen, die in Kanada zugelassen sind, zu untersuchen.

Weitere 410 IBT-Tests müssen noch daraufhin überprüft werden, inwieweit sie zuverlässige Ergebnisse liefern. Obwohl die Unbedenklichkeit von 97 Chemikalien auf der kanadischen Liste nicht gewährleistet werden konnte, hat die Bundesregierung deren Anwendung über die vergangenen drei Jahre genehmigt.

Es wird mindestens noch ein weiteres Jahr dauern, bis die Überprüfung sämtlicher IBT-Studien abgeschlossen sein wird und feststeht, ob die Ergebnisse manipuliert wurden. Die kanadische Bundesregierung sieht sich nun mit der Forderung des Umweltministeriums der Provinz Saskatchewan und von Parlamentsabgeordneten konfrontiert, zu erklären, warum 233 Tests, die bei einer Reihe chemischer Verbindungen auf der Liste von 97 Substanzen durchgeführt wurden, unzulänglich sind.

Laut Dr. David Penman, einem gesundheitspolitischen Berater des Umweltministeriums von Saskatchewan, ist es ein großer Unterschied, ob die Tests ungültig waren, weil nicht ganz so relevante Daten über den Schmelzpunkt eines chemischen Stoffes unsachgemäß generiert wurden oder ob die maßgeblichen Tests zur Beurteilung der krebserregenden Eigenschaften des Stoffes falsch waren.

Die Provinzregierung wird weiter auf eine Veröffentlichung aller Informationen über die IBT-Studien drängen, so Umweltminister Ted Bowerman.

»Wenn ich zeitnah keine weiteren Informationen erhalte, oder wenn ich nicht davon überzeugt bin, dass die Verantwortlichen auf Bundesebene entsprechende Maßnahmen ergreifen, um die Einhaltung der Zulassungsvoraussetzungen für die fraglichen Chemikalien zu gewährleisten, werde ich mich mit meinen Kolleginnen und Kollegen im Gesundheits- und Landwirtschaftsressort der Provinz beraten, welche Maßnahmen Saskatchewan selbst ergreifen sollte«, erläuterte Bowerman Anfang dieser Woche.

Chaos bei kanadischen Zulassungen durch Vorfälle in den USA
Das kanadische Zulassungsverfahren für chemische Verbindungen könnte durch Ereignisse in den USA in seiner Existenz gefährdet werden.

Laut Dr. Alex Morrison, dem stellvertretenden kanadischen Gesundheitsminister, könnte die chemische Industrie gezwungenermaßen vor weitreichenden Veränderungen stehen, falls die US-Untersuchungen bei der Prüfung von Pestiziden, Arzneimitteln, Lebensmittelzusatzstoffen und Industriechemikalien Betrug oder Inkompetenz in großem Maßstab nachweisen.

Gefälschte und mangelhafte Tests von IBT aus Northbrook, Illinois, schüren Zweifel an der Sicherheit von mehr als 125 Verbindungen – darunter Pestizide, Lebensmittelzusatzstoffe und Arzneimittel zur kommerziellen und landwirtschaftlichen Anwendung und für den Hausgebrauch in Kanada. US-Behörden hatten 1977 schwerwiegende Probleme bei den Labortätigkeiten von IBT festgestellt.

»Falls es sich bei IBT um einen Einzelfall handelt, bekommen wir das in den Griff«, so Morrison. »Aber wenn es einen generellen Verlust an Vertrauen in sie (die Prüflaboratorien und Chemieunternehmen) gibt, könnte die Regierung gezwungen sein einzuschreiten.«

Laut Morrison hätten die Beschäftigten in seinem Ministerium »von Gerüchten gehört, seien aber bislang nicht in der Lage gewesen, Berichte der US-Umweltschutzbehörde EPA zu verifizieren.« Diese führe bei einer Reihe von Unternehmen Ermittlungen wegen mangelhafter oder vorgetäuschter Prüfungen chemischer Verbindungen durch.

Anfang der Woche hatte *The Leader-Post* berichtet, die EPA ermittele nach Aussage eines EPA-Beamten in Washington »in neun oder zehn Laboratorien aufgrund möglicher nachlässig oder grob fahrlässig durchgeführter Arbeiten.«

Morrison meinte, er selbst würde es vorziehen, wenn die primäre Verantwortung für die Prüfung chemischer Erzeugnisse bei den Herstellern verbliebe. Die Aufgabe der Aufsichtsbehörden bestehe hauptsächlich darin, die von den Herstellern vorgelegten Daten zu überprüfen.

Seiner Auffassung nach wäre dabei der Umfang der Labortätigkeiten seitens der Behörden begrenzt, aber dennoch ausreichend, um die Bundesbeamten mit dem erforderlichen Know-how in die Lage zu versetzen, die Angaben der Industrie eingehend zu überprüfen.

Morrison zufolge ist es für die kanadischen Regierungsbehörden nicht umsetzbar, die Chemikalien selbst zu testen.

Die Kosten – rund 1 Million US-Dollar für jede chemische Verbindung – wären laut Morrison zu hoch, wenn die kanadische Regierung jede einzelne der mehreren hundert chemischen Verbindungen, die jedes Jahr auf den Markt kommen, selbst prüfen müsste.

Die mögliche Beteiligung der Regierungsbehörden, die ja für die Überwachung der Anwendung von Chemikalien zuständig sind, an den Prüfungen selbst könnte darüber hinaus, so Morrison, zu Interessenskonflikten führen. Wissenschaftlerinnen und Wissenschaftler im Staatsdienst unterlägen denselben Versuchungen wie das wissenschaftliche Personal bei IBT.

»Man will der Regierung alleine ebenso wenig die ganze Sache anvertrauen wie der Industrie«, so Morrison.

Im Optimalfall wären an dem System von Prüfungen und Kontrollen Regierungsbehörden, Privatunternehmen und internationale Organisationen wie die Welternährungsorganisation FAO und die Weltgesundheitsorganisation WHO der Vereinten Nationen beteiligt.

Kritikerinnen und Kritiker wenden ein, dass dies im Wesentlichen dem gegenwärtigen System entspreche. Laut Simon de Jong, kanadischer Abgeordneter für den Wahlbezirk Regina East, ist es offensichtlich, dass Kanada eigene Prüfeinrichtungen benötige. Es habe sich bei einer Reihe privat geführter Laboratorien wie etwa IBT gezeigt, dass diese einfach nicht die moralischen Voraussetzungen mitbrächten, um die erforderlichen Prüfungen zur Gewährleistung der Langzeitsicherheit chemischer Stoffe durchzuführen.

De Jong äußerte sich kritisch zu Erklärungen der kanadischen Gesundheitsministerin Monique Begin im letzten Monat. Sie hatte angeführt, dass es für Kanada als kleines Land schwierig sei, sämtliche im Land eingesetzten Pestizide selbst zu überprüfen. Kanada solle daher auf Informationen zurückgreifen, die von anderen Ländern, insbesondere den USA, zur Verfügung gestellt werden.

Die Angaben, die wir aus anderen Ländern erhalten, haben sich allesamt als falsch erwiesen.

»Das Argument für eigene unabhängige, vertrauenswürdige Laboratorien ist so einleuchtend, dass ich hellhörig werde, wenn jemand dagegen ist.«

Laut Dr. David Penman, einem leitenden gesundheitspolitischen Berater des Umweltministeriums von Saskatchewan, offenbart die IBT-Affäre erhebliche Mängel des kanadischen Regulierungssystems.

Er hält es für unlogisch, dass Kanada als große Industrienation und eines der größten Nahrungsmittel produzierenden Länder über keine unabhängigen Kapazitäten zur Testung von Pestiziden verfügt, die auf Nutzpflanzen angewendet werden. »Wenn jemand meint, dass wir uns diese Testkapazitäten nicht leisten können, hinterfrage ich das.«

Seiner Ansicht nach ist Kanada bereits jetzt in der Lage, breit angelegte Studien mit verschreibungspflichtigen Arzneimitteln durchzuführen.

»Eine Vielzahl der maßgeblichen chemischen Verbindungen, die in der kanadischen Landwirtschaft zum Einsatz kommen, ist bei der IBT-Affäre betroffen.«

»Es ist wichtig, dass wir hier in Kanada unsere eigenen Kapazitäten haben, die von kanadischen Bürgerinnen und Bürgern geleitet werden und auf die Bedarfe der kanadischen Landwirtschaft abgestimmt sind.«

Die Provinzregierung von Saskatchewan drängt weiterhin auf Klärung, um welche Mängel es sich bei den Prüfungen der unter Verdacht geratenen Chemikalien handelt.

Penman zufolge ist es für die Provinz unabdingbar zu wissen, welche Daten gefälscht bzw. unsachgemäß erhoben wurden, so dass diejenigen, die den betreffenden Chemikalien ausgesetzt waren, effektive Maßnahmen ergreifen können, um die gesundheitlichen Risiken zu minimieren.

Morrison sagte am Freitag gegenüber *The Leader-Post*, bei den fraglichen IBT-Prüfungen gehe es in erster Linie um die gesundheitlichen Langzeitrisiken der chemischen Verbindungen.

Während die Provinzregierung weiterhin auf nähere Informationen der Bundesregierung drängt, scheinen Beamte in der kanadischen Hauptstadt Ontario weniger beunruhigt.

Dr. George Cooper, Vorsitzender des beratenden Ausschusses zu Pestiziden der Regierung in Ontario, spielte die Auswirkungen des IBT-Skandals herunter. »Wir sind über all das seit drei Jahren voll umfassend informiert«, meinte er.

Allerdings hat der Ausschuss hierzu keinerlei Empfehlungen gegenüber der kanadischen Bundesregierung abgegeben, so Cooper. »Unserer Meinung nach ist es eigentlich nicht unsere Aufgabe, den Minister (für Umwelt in Ontario) dahingehend zu beraten, was in der IBT-Affäre zu tun ist. Wir sprechen Empfehlungen zu vielerlei Fragen aus, nicht aber in dieser Angelegenheit. Unseres Erachtens geht es hier um eine nationale Angelegenheit, nicht eine auf Provinzebene.«

Auch wenn die Provinzregierungen unterschiedliche Ansichten in Bezug auf ihre Zuständigkeiten haben, würden die Kosten der IBT-Affäre alle gleichermaßen treffen.

Und die Kosten sind gigantisch.

Die kanadische Regierung hat laut Morrison bereits über 600.000 Doller alleine für die Überprüfung der von IBT veröffentlichten Informationen ausgegeben.

Allerdings sind diese Kosten im Vergleich zu denen, die den Chemiekonzernen für das erneute Testen der betreffenden Chemikalien entstehen, ein Klacks.

Diese Aufgabe verursache Kosten in Höhe von rund 100 Million Dollar, so Morrison. Und sie könnten noch sehr viel höher liegen.

Ein kurzfristiges Verbot der betreffenden chemischen Verbindungen hätte massive Probleme für die Agrarproduzierenden und die Nahrungsmittel verarbeitende Industrie zur Folge.

Sollte der Skandal um betrügerische und mangelhafte Tests noch größere Kreise ziehen und eine Vielzahl weiterer Unternehmen involvieren, könnten die wirtschaftlichen Auswirkungen schwindelerregend sein.

Gefährliche Agrarchemikalie noch immer landesweit erhältlich

Ein gefährliches, in der Landwirtschaft eingesetztes Herbizid ist auch fast ein Jahr, nachdem sich Beamte des US-Gesundheitsministeriums für dessen Verbot ausgesprochen haben, noch immer erhältlich, weil sich der Verkauf effektiv nicht früher stoppen ließ.

Wayne Ormrod, stellvertretender Leiter der Abteilung für Pestizide im US-Landwirtschaftsministerium, erklärte am Freitag, die freiwillige Rücknahme des Herbizids TOK durch den Hersteller sei der sinnvollste Weg, die Angelegenheit zu lösen. »Hätte man formellere regulatorische Maßnahmen gegen die Zulassung ergriffen – und ein entsprechender Antrag habe vorgelegen -, hätte es u. U. sehr viel länger gedauert, das Produkt vom Markt zu nehmen. In Fällen wie diesem stellt die freiwillige Rücknahme durch das Unternehmen meist das probateste Mittel dar,« so Ormrod.

Die chemische Verbindung TOK – unter den Bezeichnungen *TOK G-25* und *TOKIRM Selective Herbicide* im Handel erhältlich – verursacht bekanntermaßen Geburtsfehler. Das Herbizid wird auf Rapsfeldern in den Prärien sowie in anderen Regionen des Landes bei bestimmten für den Verkauf vorgesehenen Gemüsepflanzen, vorwiegend Zwiebeln, eingesetzt.

USA planen Verbot

Die US-Umweltschutzbehörde EPA plant, die Herstellung und den Verkauf der Chemikalie in den USA innerhalb der nächsten zwei Wochen zu verbieten. Dies erfuhr *The Leader-Post* letzten Freitag von einem Washingtoner Beamten, der anonym bleiben wollte.

Belege für die ausgeprägte Eigenschaft von TOK, Geburtsfehler zu verursachen, hätten in Kalifornien zu strengen Anwendungsauflagen geführt, so der Beamte.

»Bereits der einmalige Kontakt mit dem Stoff kann zu Geburtsfehlern führen«, erläuterte er. »Schwangeren ist die Arbeit auf Feldern (in Kalifornien) untersagt, auf denen TOK versprüht wurde. Außerdem beträgt die Wartezeit, bis die behandelten Felder wieder von Arbeiterinnen und Arbeitern betreten werden dürfen, 14 Tage.«

Und selbst dann, so der Beamte weiter, müssten die Arbeitenden Gummihandschuhe, Gummistiefel, Schutzkleidung und Atemschutzmasken tragen.

Laut Carol Peacock, Pressereferentin im kanadischen Gesundheitsministerium in Ottawa, habe der Hersteller die Chemikalie vor knapp einem Jahr nach einer entsprechenden Empfehlung des Ministeriums freiwillig vom Markt genommen.

Trotzdem können Landwirte TOK landesweit immer noch käuflich erwerben.

Jack Elliott, Marketing-Manager des Herstellers Rohm und Haas, sagte bei einem Interview in Toronto, die kanadische Regierung habe dem Unternehmen gestattet, die Lagerbestände der Chemikalie noch abzuverkaufen.

Weder Eliott, noch Regierungsbeamte können Angaben darüber machen, welche Mengen der Chemikalie in diesem Jahr verkauft worden bzw. wie groß die Bestände noch sind.

Das Herbizid wurde erstmals 1967 zur Anwendung bei Gemüsepflanzen und 1970 zur Anwendung bei Raps zugelassen.

Damals von dem Unternehmen erhobene wissenschaftliche Daten hätten darauf hingewiesen, dass eine Anwendung der chemischen Verbindung zulässig sei, so Elliott.

»Allerdings lassen Studien jüngeren Datums darauf schließen, dass die Substanz schneller über die Haut aufgenommen wird als ursprünglich angenommen, was sich negativ auf die Sicherheitsbilanz der chemischen Verbindung auswirkt.«

Laut Frau Peacock stütze sich die Empfehlung des Gesundheitsministeriums, TOK zu verbieten, auf Daten, die Rohm und Haas im vergangenen Herbst vorgelegt hatte.

»Die neuen Daten legen nahe, dass die Substanz Geburtsfehler verursacht. Bei der zweiten Studie (in der die Geburtsdefekte zutage traten) ging man nach einer anderen Methode vor als bei der ersten Untersuchung«, erläuterte sie.

Krebserregend

Darüber hinaus wiesen Studien des US-Krebsforschungsinstituts, so Peacock, auf ein krebserregendes Potenzial der chemischen Verbindung hin. Das US-Gesundheitsministerium habe jedoch keine eingehende Untersuchung zur Karzinogenität veranlasst, da die Nachweise für die Verursachung von Geburtsfehlern bereits ausreichten, ein Anwendungsverbot der Chemikalie auszusprechen.

Auch wenn das Gesundheitsministerium ein Marktverbot chemischer Gefahrenstoffe anmahnen kann, ist ausschließlich das Landwirtschaftsministerium befugt, die Maßnahme umzusetzen.

Nach Auffassung von Peacock hat ihr Ministerium seinen Handlungsspielraum komplett ausgeschöpft. Für die Entscheidung zugunsten von Rohm und Haas bezüglich des Abverkaufs der Lagerbestände sei das Landwirtschaftsministerium verantwortlich.

TOK vor Verbot

Die Provinzregierung von Saskatchewan hat am Freitag ein Verbot für den Verkauf und die Anwendung des Herbizids TOK bekannt gegeben.

»TOK stellt ein erhebliches Gesundheitsrisiko dar, und man kann unter keinen Umständen empfehlen, das Herbizid weiter anzuwenden«, erklärte Umweltminister Ted Bowerman.

»Die Regierung von Saskatchewan warnt die Öffentlichkeit und insbesondere Landwirte, dass das Herbizid eine schwerwiegende Gefahr darstellt. Wir arbeiten darauf hin, die Anwendung und den Verkauf des Stoffes komplett zu verbieten«, so Bowerman.

The Leader-Post hatte letzte Woche darüber berichtet, dass der chemische Stoff wissenschaftlichen Daten zufolge, die der kanadischen Regierung im vergangenen Oktober vorgelegt wurden, hoch gefährlich ist. Bereits extrem niedrige Dosen, die Mäusen in Laborversuchen verabreicht wurden, verursachten eine Fehlbildung des Zwerchfellmuskels, der bei der Atmung eine entscheidende Rolle spielt. Die Fehlbildungen waren so schwer, dass eine Vielzahl der Versuchstiere kurz nach der Geburt erstickte und einging. Ein weiteres Problem bei den Versuchstieren war die fehlende Entwicklung bestimmter Drüsen, die mit den menschlichen Tränendrüsen vergleichbar sind.

Die chemische Verbindung wird über die Haut sowie über den Verdauungstrakt und die Atemwege vom Organismus aufgenommen.

Laut Bowerman sollten Einwohnerinnen und Einwohner von Saskatchewan noch ungeöffnete Behältnisse mit der Chemikalie – im Handel unter den Bezeichnungen *TOK E-25* und *TOK RM Selective Herbicide* erhältlich – an den Händler zurückgeben.

»Den Händlern wird wiederum empfohlen, das Produkt an den Hersteller zu retournieren«, erklärte Bowerman.

Das Herbizid sollte weder in den Boden gelangen noch ins Wasser geschüttet werden, warnte er.

»Behältnisse mit Restbeständen sollten sicher verschlossen und zweifach in Plastiktüten verpackt werden. Die örtlichen Landwirtschaftsverbände sind in der Lage, Farmer bezüglich der Entsorgung der angebrochenen Behältnisse mit TOK zu beraten«, so Bowerman.

Verbreitet eingesetztes Insektizid in der Kritik der US-EPA

Ein Insektizid, das in Saskatchewan verbreitet zur Saatgutbehandlung und in Haushaltsprodukten zum Einsatz kommt, steht in der Kritik der US-Umweltschutzbehörde EPA.

Die chemische Verbindung Lindan ist darüber hinaus in mehr als 80 unterschiedlichen Produkten enthalten. Zu den Erzeugnissen, die auf der Liste von Schädlingsbekämpfungsmitteln der kanadischen Bundesregierung von 1979 zu finden sind, gehören Halsbänder und Sprays gegen Flöhe und Zecken für Haustiere, Insektizidpräparate zur Behandlung von Nutztieren sowie Präparate gegen Läuse und Flöhe zur Anwendung beim Menschen.

Die Verwendung des Insektizids wird innerhalb des kommenden Jahres laut Jim Sibbison, einem Sprecher der EPA in Washington, in den USA vermutlich stark eingeschränkt werden.

In einem EPA-Dokument vom Juni dieses Jahres, das *The Leader-Post* vorliegt, wird ein Verbot von Lindan für praktisch alle Anwendungsgebiete, u.a. die Saatbehandlung, den Hausgebrauch sowie die Behandlung von Nutz- und Bauholz, empfohlen. Die wenigen Anwendungszwecke, die weiterhin erlaubt sind, werden stark eingeschränkt. Lediglich entsprechend zertifizierten Personen sei das Arbeiten mit der Chemikalie noch gestattet, und das ausschließlich mit kompletter Schutzkleidung, Neoprenschürzen, Stiefeln und Schutzhandschuhen, die bis zum Ellenbogen reichen. Ferner empfahl die EPA die Aufnahme spezieller Warnhinweise mit der Empfehlung für Frauen, bei vorliegender Schwangerschaft den Kontakt mit der chemischen Substanz zu vermeiden.

Es ist bekannt, dass Lindan bei Versuchstieren zu Krebserkrankungen und anderweitigen Tumoren, Geburtsfehlern sowie Fortpflanzungsstörungen führt. Es liegen zahlreiche Berichte darüber vor, dass die chemische Verbindung Anämie verursacht, und in mehreren wissenschaftlichen Arbeiten wird Lindan verdächtigt, Leukämie zu verursachen. Die US-Umweltschutzbehörde EPA äußert sich außerdem besorgt über die toxischen Wirkungen von Lindan auf Kleinkinder.

»Eine Reihe von Vergiftungsfällen mit Lindan bei Kindern verstärkt die

Sorge der Behörde hinsichtlich der erhöhten Empfindlichkeit von Kindern gegenüber den Wirkungen von Lindan.«

Das Umweltministerium von Saskatchewan hat erst kürzlich eigene Untersuchungen zu dem chemischen Stoff eingeleitet.

Die Behörde versuche, Dokumente des kanadischen Landwirtschaftsministeriums einzusehen, die wissenschaftliche Daten über die gesundheitlichen und biologischen Wirkungen der Chemikalie enthalten, äußerte sich Dr. David Penman, leitender gesundheitspolitischer Berater des Landwirtschaftsministeriums.

Die chemische Verbindung ist für die Landwirtschaft in Saskatchewan von großer Bedeutung. Lindan ist Bestandteil sämtlicher Doppelfunktionspräparate zur Behandlung von Saatgut, die in der aktuellen Broschüre des Landwirtschaftsministeriums der Provinz über verfügbare Produkte zur Saatgutbehandlung aufgeführt sind.

Die Chemikalie ist allerdings mit einer Reihe von Problemen behaftet.

Derzeit versucht die Provinzregierung von Saskatchewan zu klären, wie man rund 250.000 Kilogramm Rapssaatgut loswird, das mit Vitavax behandelt ist – einem Präparat von Uniroyal, das Lindan enthält. Durch die Behandlung des Saatguts wurde die Rapskeimung erheblich behindert, und die Jungpflanzen, die dennoch sprießen, wären geschwächt und nicht in der Lage, widrigen Wetterbedingungen zu trotzen.

Die chemische Verbindung stand zudem im Zusammenhang mit dem Tod eines Farmers aus Manitoba Anfang dieses Jahres. Der Landwirt verstarb nach Aussage des zuständigen Gerichtsmediziners an Nierenversagen, nachdem er mit Vitavax in Kontakt gekommen war.

Die meisten Einwohnerinnen und Einwohner von Saskatchewan sind – unabhängig davon, ob sie Lindan selbst anwenden oder nicht – der Chemikalie ausgesetzt. Laut dem Jahresbericht 1978-79 des beratenden Ausschusses für Umweltangelegenheiten von Saskatchewan war Lindan in Flüssen, Seen und anderen Oberflächengewässern der Provinz allgemein verbreitet. Die höchsten Lindan-Konzentrationen in Oberflächengewässern wurden dem Gremium zufolge im Bezirk Qu'Appelle River festgestellt.

Die Mehrzahl der im Agrarbereich eingesetzten chemischen Verbindungen lagere sich meist in den Sedimenten am Grund von Seen und Bächen ab und reichere sich dort an.

»Bodensedimente fungieren somit für die Giftstoffe als eine Art ›Senkgrube‹, und über den biologischen Prozess (der Anreicherung) sind sie nicht nur kurzfristig, sondern auch langfristig eine potenzielle Bedrohung für die Umwelt,« so der Ausschuss.

Vitavax zählt zu den über 100 chemischen Verbindungen, die mit betrügerischen und mangelhaften Sicherheitsprüfungen durch das US-Unternehmen IBT in Zusammenhang stehen.

Ungeachtet der Zusage der kanadischen Gesundheitsministerin Monique Begin, bei Zweifeln an der Sicherheit werde die Regierung unverzüglich Maßnahmen ergreifen, ist die Chemikalie noch immer auf dem Markt.

»Meine Mitarbeitenden haben die Anweisung, die Labordaten vor allem auf Nachweise für etwaige früher berichtete unerwünschte Wirkungen zu sichten«, erläuterte Begin am 31. Juli dieses Jahres. »Sollten solche Wirkungen festgestellt werden, die eine potenzielle Gesundheitsgefährdung für die kanadische Öffentlichkeit nahelegten, werden wir unverzüglich angemessene Maßnahmen, u. a. eine Empfehlung für die Aufhebung der Zulassung (der Chemikalie), in die Wege leiten.«

Knapp zwei Wochen zuvor hatte Begin versichert, es gäbe keinerlei Hinweise auf potenzielle Gesundheitsrisiken durch die von IBT überprüften chemischen Substanzen.

Gesetze über die Kennzeichnung chemischer Stoffe angeblich unzureichend
Industriechemikalien können tödlich sein.

Einige der Opfer versterben bereits nach kurzer Zeit, andere über einen längeren Zeitraum qualvoll an einer der vielen schwerwiegenden Erkrankungen. Manche Opfer überleben, verbringen den Rest ihres Lebens aber als Invalide.

Dennoch schützt das kanadische Arbeitsrecht die Beschäftigten, die am Arbeitsplatz mit tausenden chemischen Verbindungen in Berührung kommen, nur unzureichend, erklärt Bob Sass, Leiter des Fachdezernats Gesundheit und Sicherheit am Arbeitsplatz im Arbeitsministeriums von Saskatchewan.

Aufgrund der unzureichenden Rechtsvorschriften zur Kennzeichnung chemischer Verbindungen verfügen die meisten Beschäftigten jedoch nicht über die erforderlichen Informationen, um sich selbst zu schützen. Von zahlreichen chemischen Verbindungen, die in der Industrie Anwendung finden, weiß man laut Sass, dass sie eine Gefahr darstellen, aber durch die Verwendung von Handelsbezeichnungen blieben die wahren Eigenschaften der Produkte, die diese chemischen Verbindungen enthalten, den Arbeiterinnen und Arbeitern, Angestellten und Regierungsbeamten häufig verborgen.

»Die Kennzeichnung chemischer Stoffe in Kanada weist eine ganze Reihe von Mängeln auf,« so Sass. »Viele Chemikalien, die am Arbeitsplatz verwendet werden, können nicht harmlos sein. Sie werden ja ins Spiel gebracht, weil sie etwas tun sollen. Sie sind reaktionsfähig, Wirkstoffe, die zu Veränderungen führen und etwas bewirken. Genau darum werden sie eingesetzt.

Ich behaupte nicht, dass sie alle gleichermaßen Schaden anrichten. Aber betrachtet man die Entwicklung der Arbeitssicherheit rückblickend, ist im Laufe der Zeit immer mehr über die Toxizität und ihre Langzeitrisiken der Stoffe bekannt geworden.«

Zu den drastischsten Beispielen der jüngsten Vergangenheit, bei denen chemische Verbindungen zu Gesundheitsschädigungen oder gar zum Tode von Arbeiterinnen und Arbeitern geführt haben, zählen Kepon, das bei Beschäftigten, die damit in Kontakt gekommen sind, zu Schädigungen des Zentralnervensystems führte, sowie Vinylchlorid, eine chemische Verbindung mit stark krebserregender Wirkung. Die Wirkungen von Kepon waren derart dramatisch, dass seine Anwendung in Kanada und in den USA verboten wurde. Nach Bekanntwerden der Risiken von Vinylchlorid wurde die zulässige Luftkonzentration der Chemikalie in Werken, in denen mit dem Stoff gearbeitet wird, drastisch reduziert.

Weitere häufig angewendete Chemikalien, so prognostizierte Sass, werden sich noch als gefährlich erweisen. Die USA unternehmen Schritte in Richtung strengerer Kennzeichnungsvorgaben. Wenn die kanadische Regierung diesbezüglich schon keine Führungsrolle übernehme, so solle sie hier zumindest den Anschluss nicht verpassen, da Kanada ansonsten zur Müllhalde für gefährliche Chemikalien werde, die in den USA nicht mehr eingesetzt werden dürfen.

Die multinationalen Großkonzerne haben keinerlei Skrupel, die Probleme in Regionen mit weniger strikten Vorschriften zu verfrachten. Sass zufolge haben bereits mehrere Unternehmen ihre Anlagen zur Asbestproduktion in Länder mit weniger strengen Gesetzen als Nordamerika verlagert und exportieren damit gleichzeitig die Berufskrankheiten.

»Meines Erachtens ist das gar nicht so abwegig. Im Verbraucherschutz gibt es viele dieser Maßnahmen bereits. Nach meiner Auffassung sollten wir zum Schutz der Beschäftigten mindestens ebenso weit gehen, und dann noch ein klein wenig weiter, weil wir wissen, mit welchem Zeug sie da in Kontakt kommen.«

Er erläuterte, Saskatchewan strebe die Einführung gesetzlicher Vorschriften an, nach denen alle Arbeitgeber verpflichtet sind, Angaben über sämtliche von ihnen verwendeten Chemikalien und deren bekannte gesundheitlichen Risiken zu machen sowie anzugeben, welche Risiken noch nicht erforscht sind. All diese Informationen müssten dann ebenfalls den Beschäftigten zugänglich gemacht werden.

Allerdings sei es praktisch unmöglich, Maßnahmen zur Kennzeichnung auf Chemikalienbehältnissen auf Provinzebene zu ergreifen, so Sass.

Laut Jim McLellan, Leiter des Ressorts für Gesundheit und Sicherheit am Arbeitsplatz im kanadischen Arbeitsministerium, beinhalten die kanadischen Vorschriften für Gefahrenstoffe sehr wohl die Schutzbestimmungen für Beschäftigte, die Sass befürwortet.

Diese Vorschriften gelten jedoch nur für Beschäftigte an Arbeitsplätzen, die der Zuständigkeit der kanadischen Bundesregierung unterliegen – das sind etwa 8 Prozent der kanadischen Arbeitskräfte. Die Bundesregierung strebe in Zusammenarbeit mit den Provinzen, so McLellan, gesetzliche Regelungen an, die den verbleibenden 92 Prozent der arbeitenden Bevölkerung einen besseren Schutz bieten. Er wisse jedoch nicht, wann diese Schutzvorschriften in Kraft träten.

Sass weist darauf hin, dass die Kennzeichnung für Pestizide mittlerweile sehr viel strenger ist als für Industriechemikalien.

Aber auch dieser Bereich weise noch immer schwerwiegende Mängel auf, erläuterte Dr. David Penman, leitender gesundheitspolitischer Berater für das Umweltministerium in Saskatchewan. Seiner Ansicht nach sind Warnhinweise, dass man die Pestizide nicht einatmen und einen Hautkontakt damit vermeiden solle, unzureichend. »Die Bevölkerung sollte durch die Produktinformation umfassend über die potenziellen gesundheitlichen Auswirkungen bei einem Kontakt mit diesen Chemikalien aufgeklärt werden.«

Viele der derzeit gebräuchlichen Pestizide können über die Haut aufgenommen werden, worauf in der Produktinformation gewöhnlich nicht hingewiesen wird.

Die Produktinformation ein- und desselben Pestizids in Kanada und in den USA unterscheidet sich erheblich. Ein Beispiel ist das Herbizid TOK, das in Saskatchewan verboten ist, weil es Krebs, Geburtsfehler und andere gesundheitliche Schädigungen verursacht.

Auf den Fässern, die in Kanada erhältlich sind, lautet der Warnhinweis: »Sprühnebel nicht einatmen. Nicht schlucken sowie Haut- und Augenkontakt vermeiden.« Es finden sich weder spezielle Warnhinweise für Frauen, noch Hinweise auf mögliche Gesundheitsrisiken.

Die Kennzeichnung auf den Ölfässern, in denen die Chemikalie in den USA vertrieben wird, lautet: »Pestizid zur eingeschränkten Nutzung. Ausschließlich für den Einzelverkauf an und Anwendung durch zertifizierte Anwenderinnen und Anwender bzw. Personen unter deren direkter Aufsicht. – WARNHINWEIS FÜR WEIBLICHE BESCHÄFTIGTE. Frauen im gebärfähigen Alter dürfen nicht am Mischen/Beladen oder an der Anwendung des Produkts beteiligt sein. Ein Kontakt mit dem Produkt während der Schwangerschaft ist unbedingt zu vermeiden. Die Exposition gegenüber TOK verursacht bei Versuchstieren schwere, zeitlich verzögerte unerwünschte Wirkungen. – Stark augen- und hautreizend. Wird rasch über die Haut aufgenommen. Das Schlucken, Einatmen oder Aufbringen auf die Haut verursacht Gesundheitsschäden.«

Weiterhin heißt es in dem Warnhinweis, dass beim Umgang mit der Chemikalie spezielle Schutzkleidung zu tragen ist und dass Personen, die nicht sämtliche Warnhinweise in der Produktinformation befolgen können oder wollen, die Handhabung der Chemikalie untersagt ist.

Sämtliche Produktinformationen für Pestizide, die in Kanada eingesetzt werden, müssen vom kanadischen Landwirtschaftsministerium genehmigt werden.

Allerdings lassen Bemerkungen eines Ministerialbeamten bei der Jahrestagung des Kanadischen Verbands der Verantwortlichen für Schädlingsbekämpfung (*Canadian Association of Pest Control Officers*), einer Vereinigung von Beamten der Bundes- und Provinzregierungen, im vergangenen November ernste Zweifel an der Position der Bundesregierung aufkommen.

In einem Dokument, das *The Leader-Post* vorliegt, äußerte sich Wayne Ormrod, Leiter der Abteilung Pestizide des kanadischen Landwirtschaftsministeriums, die Produktinformation »sollte in Anbetracht der Notwendigkeit, größere und kleinere Waldflächen behandeln zu müssen, nicht zu detailliert sein«. Zu ausführliche Informationen auf der Kennzeichnung könnten vermehrt zu Gesetzesverstößen oder häufigeren Klagen von Umweltschutzgruppen führen, so Ormrod. Bei der Gestaltung der Kennzeichnung versuche man, derartige Probleme zu vermeiden.

Bei derselben Tagung wurde vermerkt, dass Kennzeichnungsprobleme bei Fässern mit dem Pestizid Picloram (Handelsname *Tordon 22K*) dazu geführt haben, dass die chemische Verbindung per Sprühflug nahe Penticton in der kanadischen Provinz British Columbia ausgebracht wurde. Aufgrund der Winddrift seien 80 bis 100 Liegenschaften geschädigt worden.

Beamte von British Columbia äußerten sich während der Konferenz, die chemische Verbindung könne möglicherweise unbedenklich auf weiten offenen Flächen per Sprühflug ausgebracht werden, während die Anwendung in der Nähe besiedelter Gebiete nicht unbedenklich sei. Dennoch fand sich auf den Behältnissen mit der Chemikalie in der Kennzeichnung kein Hinweis darauf, dass diese nicht aus der Luft ausgebracht werden sollte.

Quelle: The Regina Leader-Post, *Juni – November 1980*

Die Sicherheit kommt zuletzt: Tests, die die Prüfung nicht bestehen

Es war die Art Geschichte, bei der man vollkommen sprachlos ist: Eine Frau aus Oakville, Ontario, erledigte an einem Tag Mitte August ihre Einkäufe, als sie einen Angestellten dabei beobachtete, wie er seelenruhig die Obstauslage mit einem Insektizid besprühte. Vollkommen entsetzt reichte sie eine formelle Beschwerde ein. Der Vorfall wurde kurz danach als harmlos und »einfach nur dumm« abgetan, ist jedoch im Lichte aktueller Berichte wiederum von besonderer Bedeutung. Diesen Berichten zufolge gehört Pyrethrin, einer der chemischen Bestandteile des Sprays, zu den über 100 Pestiziden, die noch immer auf dem kanadischen Markt erhältlich sind, obwohl die Tests zur Überprüfung ihrer Sicherheit als unzulässig beurteilt wurden. Tatsächlich ist die Bevölkerung in Kanada allen möglichen chemischen Verbindungen in unterschiedlicher Dosierung ausgesetzt, ohne dass ihre Sicherheit gewährleistet ist. Dazu kommt noch, dass die Verantwortlichen in den kanadischen Behörden seit Jahren von den Gefahren wissen, jedoch beschlossen haben, nur wenig zu tun und noch weniger zu sagen.

Pestizide werden in Kanada für den Markt sozusagen »auf Vertrauensbasis« zugelassen. Das Chemieunternehmen, das ein Produkt entwickelt, beauftragt und bezahlt ein unabhängiges Labor für die Prüfung der chemischen Verbindung auf kurz- und langfristige Gesundheitsrisiken. Anschließend werden die Ergebnisse bei den kanadischen Regierungsbehörden für die Zulassung in Kanada eingereicht. Um die beträchtlichen Kosten für eine wiederholte Testung zu vermeiden, bleibt der Regierung nur, darauf zu vertrauen, dass die Testverfahren ordnungsgemäß durchgeführt wurden und die Ergebnisse zuverlässig sind. Aber genau hier funktioniert das auf Vertrauen basierende System nicht mehr. Allein in den letzten zehn Jahren wurden in den USA mehrere Betrugsfälle unter Beteiligung von mehr als einem Dutzend Laboratorien bzw. Chemiekonzernen aufgedeckt.

Im schwerwiegendsten Fall der jüngsten Zeit geht es um über 100 Pestizide, die von dem US-Prüflabor IBT getestet wurden. Die US-Umweltschutzbehörde EPA in Washington verdächtigt das Unternehmen bezüglich der Prüfung der Chemikalien auf mögliche Langzeitrisiken für die Gesundheit des Betruges und der Inkompetenz. Darüber hinaus, so der Sprecher der EPA Jim Sibbison, überprüfe die Behörde die Testergebnisse von »neun oder zehn Laboratorien auf eine mögliche fahrlässige oder grob fahrlässige Durchführung der Tätigkeit.«

Obwohl Probleme bei den IBT-Testverfahren erstmals 1977 festgestellt wurden, veröffentlichten die kanadischen Behörden die Liste der unter Verdacht stehenden Chemikalien erst Mitte Juni (1980), nachdem das Umweltministerium von Saskatchewan, Nachrichtenmedien und Parlamentsabgeordnete drei Monate lang wiederholt angefragt hatten. Die Liste (die ständig ergänzt wird) umfasst u. a.: Dichlorvos, das in Teststreifen zur Untersuchung auf Schädlingsbefall und einigen Flohhalsbändern enthalten ist, Diazinon, ein häufig in Haus und Garten verwendetes Insektizid, Atrazin, das verbreitet auf Maispflanzen in Ontario eingesetzt wird, sowie Fenitrothion, das umstrittene Spray, das im Programm zur Bekämpfung des Fichtentriebwicklers in der kanadischen Provinz New Brunswick zur Anwendung kommt. Laut Dr. David Penman, einem Gesundheitsbeamten des Umweltministeriums von Saskatchewan, liegen dem Ministerium Mitte August noch immer keine zufriedenstellenden Informationen darüber vor, welche Mängel die IBT-Tests aufweisen. »Wenn wir gefragt werden, was mit diesen Chemikalien nicht stimmt, lautet unsere Antwort, so lächerlich das auch ist: ›Wir wissen es nicht.‹« Die Provinzregierung von Ontario vertritt eine andere Position. »Das alles ist uns seit drei Jahren bekannt,« so George Cooper, Vorsitzender des beratenden Ausschusses der Provinzregierung zu Pestiziden. »Unserer Ansicht nach geht es hier aber um eine Angelegenheit von nationaler Tragweite.«

Dr. Alex Morrison, Leiter der Abteilung Gesundheitsschutz der kanadischen Regierung, ist nicht übermäßig beunruhigt. »Falls es sich bei IBT um einen Einzelfall handelt, bekommen wir das in den Griff«, äußert er sich. »Aber wenn es einen generellen Verlust an Vertrauen in sie (die Prüflaboratorien und Chemieunternehmen) gibt, könnte die Regierung gezwungen sein einzuschreiten«. Er geht nicht weiter darauf ein, was er mit »einschreiten« meint, obwohl der Regierung allein durch IBT bereits Kosten in Höhe von 600.000 Dollar entstanden sind. Dieser Betrag ist jedoch nur ein Klacks im Vergleich zu den 100 Mio. Dollar, die es – so schätzt Morrison – die chemische Industrie kosten würde, die bislang ermittelten fraglichen Pestizide erneut zu testen. All diese chemischen Verbindungen vom Markt zu nehmen, bis die erneuten Prüfungen in rund vier Jahren abgeschlossen sein würden, hätte laut Morrison auch auf die kanadische Landwirtschaft erhebliche ökonomische Auswirkungen.

Das Problem hat neue Forderungen an die kanadische Zentralregierung befeuert, eigene Prüfeinrichtungen aufzubauen. Nach Meinung von Simon de Jong, Abgeordneter des kanadischen Parlaments für den Wahlbezirk Regina East und Wissenschaftskritiker der NDP[3], hat es sich gezeigt, dass

3 Neue Demokratische Partei: Linksgerichtete, sozialdemokratische Partei in Kanada [A. d. Ü.].

privat geführte Laboratorien der Aufgabe moralisch schlicht nicht gewachsen seien. De Jong äußert sich kritisch zu den jüngsten Erklärungen der kanadischen Gesundheitsministerin Monique Begin. Diese hatte die Meinung vertreten, es sei für Kanada als kleines Land problematisch, sämtliche hier eingesetzten Chemikalien selbst zu überprüfen, und daher solle man alle Informationen, die man anderswo erhalten könne, nutzen.

»Die Angaben, die wir aus anderen Ländern erhalten haben, haben sich allesamt als falsch erwiesen«, äußert sich De Jong. »Das Argument für eigene unabhängige, vertrauenswürdige Laboratorien ist schlicht und ergreifend einleuchtend.«

Quelle: Macleans, 25.8.1980

Sicherheitsprüfungen bei Chemikalien: Die Zweifel bleiben

Industrie und EPA bagatellisieren die Belege für eine Dioxinkontamination durch Cellulosewerke und Papierfabriken.

Wie Befürworterinnen und Befürworter von Pestiziden nicht müde werden zu betonen, wurden die Chemikalien umfassend getestet und für unbedenklich befunden. Dabei wurden die Sicherheitsprüfungen der meisten Pestizide, die in Kanada versprüht werden, im Rahmen eines Systems durchgeführt, das an einer ganzen Reihe von Problemen krankt. Wie mittlerweile bekannt ist, sind die in den USA gängigen Methoden zur Untersuchung der Sicherheit von Pestiziden bestenfalls fragwürdig und nachlässig, schlimmstenfalls betrügerisch.

Unterlagen der US-Umweltschutzbehörde EPA und der US-Aufsichtsbehörde für Nahrungs- und Arzneimittel (*Food and Drug Administration*, FDA) belegen schwerwiegende Mängel bei fast 30 Laboren. Folgende Probleme wurden u. a. festgestellt:

- Gefälschte Forschungsberichte,
- nicht erfolgte Meldung von Tumoren und anderen unerwünschten Wirkungen,
- fehlerhafte Dokumentation, die wissenschaftliche Studien unbrauchbar machte,
- unsachgemäße Anwendung der untersuchten chemischen Verbindungen sowie
- Studien, die bewusst so konzipiert wurden, dass unerwünschte Wirkungen auf die Gesundheit der Versuchstiere minimiert wurden.

Laut EPA weist die Arbeit weiterer 22 Laboratorien Qualitätsmängel auf.

Einzelheiten wurden von der kanadischen und der US-Regierung bis dato lediglich zum Testskandal bei dem Unternehmen IBT veröffentlicht.

Über mehr als ein Jahr haben Angehörige des Konzernmanagements und Beamte der kanadischen Regierung, die ihrerseits weitgehend von den US-Prüfungen abhängig ist, beharrlich behauptet, der IBT-Skandal sei ein Einzelfall.

Allerdings wurden durch den Fall IBT Zweifel an Untersuchungen zur Sicherheit von über 100 Pestiziden geweckt. Die exakten Angaben über die Anzahl der betroffenen Chemikalien schwanken weiterhin, während sich Ermittlungsbeamte der Regierung durch mehrere Hunderttausend Seiten an Unterlagen wühlen. Die kanadische Regierung hat zwar bei einer Reihe von chemischen Verbindungen »Zweifel ausgeräumt«, aber die Frage, inwieweit die Untersuchungen von einer großen Zahl der wichtigsten Pestizide, die in Kanada eingesetzt werden – u.a. Roundup, Picloram, Diazinon und Toxaphen-Disulfaton – tatsächlich belastbar sind, bleibt weiter unbeantwortet.

US-Beamten zufolge haben Änderungen bei den Prüfverfahren 1977 zu weitreichenden Verbesserungen der Arbeitsweise geführt. Ernest Brisson, Leiter der Gruppe für Biomonitoring bei der FDA, räumt jedoch ein, dass die Mehrzahl der derzeit auf dem Markt befindlichen Chemikalien in einem System getestet wurde, das mit zahlreichen Problemen behaftet ist.

Auch durch das neue US-Prozedere ließe sich nicht verhindern, dass Unternehmen wissenschaftliche Studien fingieren und damit durchkommen, meint ein leitender EPA-Beamter, der ungenannt bleiben möchte, weil laut einer Anordnung der Reagan-Administration Beschäftigte im öffentlichen Dienst sich gegenüber Nachrichtenmedien nicht äußern dürfen.

Kritikerinnen und Kritiker des Systems bleiben dabei, dass das Prüfgeschäft nicht in den Händen der chemischen Industrie liegen sollte. Nach Ansicht des NDP-Abgeordneten Simon de Jong sollte die kanadische Regierung eigene Prüfeinrichtungen aufbauen und mit der UNO zusammenarbeiten. Dem Vorschlag zufolge würden die Chemiekonzerne wie bislang die kompletten Kosten für die Prüfungen tragen, gleichzeitig gäbe es keine Gelegenheit mehr zu betrügen und Ergebnisse zu manipulieren.

Quelle: Harrowsmith, August – September 1982

Schönfärberei in Sachen Dioxin

Im Spätsommer 1987 wurde ein baufälliges Haus in einem abgelegenen Küstengebirgstal in Oregon zum Brennpunkt internationaler Medien. Auf diesen Tag hatten viele Menschen lange hingearbeitet. Seit Mitte der 1970er Jahre hatte Carol Van Strum praktisch im Alleingang einen entschlossenen Feldzug zur Beendigung des Einsatzes dioxinkontaminierter Herbizide in ihrem Bundesstaat geführt. Ihr jahrzehntelanger Kampf, von dem sie in ihrem Buch *A Bitter Fog* ausführlich berichtet, hätte sehr wohl auch mit der Fertigstellung des Buches beendet sein können. Allerdings erkannten Van Strum und der Anwalt Paul Merrell, der seit acht Jahren auch ihr Ehemann ist, sehr bald, dass der Fall um die Herbizide lediglich Teil von etwas viel Größerem war.

Ihren Recherchen zufolge gab es lediglich vereinzelte und unvollständige Informationen über Dioxin, eine chemische Verbindung, die ebenso gefährlich sein kann wie Plutonium. Noch schlimmer ist allerdings, dass EPA-Bedienstete eigene Untersuchungen, von denen einige auf einen Zusammenhang zwischen Dioxin und Papierproduktion hinwiesen, nur widerwillig offenlegten. Unter Berufung auf Informationsfreiheitsgesetze gelangten Van Strum und Merrell 1986 an Dioxinstudien der EPA. Sie machten sich daran, aus den Puzzlestücken einen Bericht zusammenzutragen, der den Zusammenhang von Dioxin und Papierproduktion beleuchtete – laut Autorin und Autor »eine undurchdringliche Nebelwand aus Vertuschung und Verschleierung seitens der Regierung.«

Der im August 1987 von Greenpeace veröffentlichte Bericht mit dem Titel *No Margin of Safety*[4] schlug in der Cellulose- und Papierindustrie und bei der zuständigen US-Umweltschutzbehörde EPA wie eine Bombe ein. Nachweise auf Tausenden von Seiten EPA-eigener Dokumente belegten, dass aus Cellulosefabriken Dioxine in Luft und Wasser freigesetzt wurden, was laut Van Strum und Merrell das öffentliche Gesundheitswesen in eine Krise stürzte.

Aber das war nur der Anfang. Ein Insider aus dem *American Paper Institute (API)*, dem US-Verband der Papierhersteller, sah den Bericht und ließ Greenpeace eine Reihe von Unterlagen zukommen. Diese belegten die von Merrell und Van Strum geäußerten Vorwürfe, leitende EPA-Bedienstete und die Branchen, für die die Behörde eigentlich als Aufsichtsbehörde fungierte, steckten gemeinsam unter einer Decke in ihrem Bestreben, die Öffentlichkeit über die Gefahren, die von Dioxin und einer Vielzahl anderer gefährlicher chemischer Verbindungen ausgehen, weitgehend in Unkenntnis zu lassen. Laut dem US-Bezirksrichter Owen M. Panner offenbarten die Dokumente eine Übereinkunft »zwischen EPA und Industrie, die Ergebnisse der gemeinsam durchgeführten (Dioxin-)Studie zu unterdrücken bzw. die Art und Weise ihrer öffentlichen Darstellung zu beeinflussen oder hinauszuzögern.«

* * *

4 Deutsch etwa »Keine Abstriche bei der Sicherheit« [A. d. Ü.].

Spätestens seit 1980 äußern sich wissenschaftliche Mitarbeiterinnen und Mitarbeiter der EPA sowie Forscherinnen und Forscher der kanadischen Umwelt- und Gesundheitsressorts beunruhigt über die zunehmende Vergiftung der Umwelt durch Dioxin. Gründe für die Besorgnis sind die starke Toxizität von Dioxin sowie seine extrem hohe Tendenz zur Bioakkumulation. Der allgemeinsprachliche Begriff Dioxin bezeichnet eine ganze Gruppe bestehend aus rund 75 Verbindungen mit derselben chemischen Grundstruktur.

2,3,7,8-Tetrachlordibenzo-p-dioxin (TCDD) ist der am besten untersuchte Stoff dieser Gruppe. Darüber hinaus ist TCDD die tödlichste Substanz, die jemals künstlich hergestellt worden ist. Seine Toxizität wird mit der von Plutonium verglichen; die Verfahrensweisen der EPA für die Handhabung der beiden Substanzen sind identisch.

Vertreter der Industrie behaupten, dass Dioxin in niedrigen Dosierungen unschädlich sei, aber diese Behauptung wird bislang durch keinerlei wissenschaftliche Untersuchungen gestützt. Bei Kongressanhörungen im Jahr 1980 sagten EPA-Wissenschaftler aus, TCDD sei so stark karzinogen (krebserregend) und teratogen (fruchtschädigend), dass die Substanz in Labortests selbst in der niedrigsten messbaren Dosis Krebs und Geburtsdefekte verursache. »Die EPA stuft Dioxin als Karzinogen ein und vertritt wie bei allen Karzinogenen die Ansicht, dass jede Dosis mit einem begrenzten Risiko verbunden ist,« so Alec McBride von der EPA. »Nach Auffassung der EPA ist die Substanz in jedweder Dosierung mit einem gewissen Risiko verbunden.«

Krebserkrankungen sind nicht die einzige Gefahr, die von Dioxin ausgehen. Die Wirkungen von TCDD, die bei allen Arten von Versuchstieren unter Laborbedingungen beobachtet wurden, umfassen u.a. Gewichtsverlust, Leberschädigung, Haarausfall, eine ungewöhnlich starke Ansammlung von Körperflüssigkeiten und Immunsuppression. Zu den weiteren Auswirkungen einer TCDD-Exposition gehören Geburtsfehler und Unfruchtbarkeit. Der EPA-Mitarbeiter Don Barnes hob insbesondere die Gefährdung für das ungeborene Leben hervor. In einem Memo vom 16. März 1987 schreibt er:

»Schwangere, stillende Mütter, Föten im Mutterleib und Säuglinge sind eine besonders gefährdete Untergruppe. Die Belastung des menschlichen Körpers (durch Dioxine und Furane, eine mit Dioxinen eng verwandte Gruppe hoch giftiger chemischer Verbindungen, die häufig zusammen mit Dioxinen nachweisbar sind) führt mit hoher Wahrscheinlichkeit zu einer zusätzlichen Belastung von Föten und Säuglingen, die sich nicht im Tierversuch darstellen lassen. Die gesteigerte Belastung des mütterlichen Organismus durch den Verzehr von Nahrungsmitteln, die (mit Dioxin/Furan) kontaminiert sind, führt vermutlich zu einer zusätzlichen Exposition.«

Ende der 1970er und Anfang der '80er Jahre konzentrierte sich die Besorgnis der Öffentlichkeit auf den Giftmüllskandal in Love Canal, einem Stadtviertel von Niagara Falls im US-Bundesstaat New York sowie die Dioxinkontamination in Times Beach im US-Bundesstaat Missouri.[5] Rasch offenbarte sich jedoch, dass Dioxine nicht nur an diesen beiden Orten in New York und Missouri nachweisbar, sondern in der Umwelt sehr viel häufiger zu finden sind.

* * *

Dioxine entstehen immer beim Verbrennen chlorierter Verbindungen. In kommunalen Müllverbrennungsanlagen etwa entstehen Dioxine bei der Verbrennung von Abfällen, die chlorierte Kunststoffe wie Polyvinylchlorid (PVC) enthalten. Darüber hinaus sind Dioxine unerwünschte Nebenprodukte bei der Herstellung chlorierter chemischer Verbindungen, z. B. Agent Orange und Pentachlorphenol (PCP), einem Holzschutzmittel.

Wissenschaftlerinnen und Wissenschaftler der EPA vermuteten 1980 einen Zusammenhang zwischen der Celluloseproduktion und der Entstehung von Dioxin. Der Verdacht erhärtete sich 1983, als man bei Fischen, die flussabwärts von einigen Cellulosefabriken am Wisconsin River gefangen worden waren, hohe Dioxinkonzentrationen (50 Teile je einer Billion Teile) feststellte. Die von Van Strum und Merrell 1986 sichergestellten Dioxinuntersuchungen bestätigten den ursächlichen Zusammenhang. Stichproben anderer Standorte, die als »Kontrollen« vorgesehen waren und laut Prognosen nur so genannte Hintergrundkonzentrationen von Dioxin aufweisen sollten, ergaben durchgängig eine hohe Dioxinkontamination, wenn diese flussabwärts oder in der Nähe von Cellulosefabriken genommen wurden.

Das bei der Zellstoffbleiche eingesetzte Chlor reagiert und bildet toxische chlorhaltige chemische Verbindungen, u. a. Dioxin. Zellstofffabriken mit Kraft-Aufschlussverfahren, bei dem in der ersten Phase des Bleichprozesses Chlorgas verwendet wird, sind die größten Übeltäter. Chlorgas reagiert mit Bestandteilen des Holzlignins zu Dioxinvorläufern und zahlreichen anderen chlorierten Verbindungen. Diese giftigen chlorierten Kohlenwasserstoffe gelangen bei unsachgemäßer Müllentsorgung in Luft und Wasser. In Nordamerika gelangen solche chlorierten Kohlenwasserstoffe – und mit hoher Wahrscheinlichkeit auch Dioxine – aus über 150 Zellstofffabriken in nahe

5 Der Stadtbezirk wurde wegen eines Dioxin-Skandals in den 1980er Jahren evakuiert und abgerissen [A. d. Ü.].

gelegene Flüssen und Seen. Bei einem Cellulosewerk durchschnittlicher Größe werden täglich zwischen 35 und 50 Tonnen chlorierter Verbindungen freigesetzt.

»Was die Ableitungen von Zellstofffabriken betrifft, stellt Dioxin in der Tat nur die Spitze des Eisbergs dar«, meint Renate Kroesa, Leiterin der internationalen Zellstoff- und Papierkampagne von Greenpeace. »Bis zu 1.000 unterschiedliche chlorierte Verbindungen, von denen bislang lediglich 300 bekannt sind, entstehen beim Bleichprozess und werden über die Abwässer abgeleitet. Unter den bekannten Verbindungen finden sich zahlreiche hinreichend bekannte Karzinogene, für die es aufsichtsbehördliche Obergrenzen gibt, sofern sie in der chemischen Produktion anfallen. Entstehen sie aber in der Cellulose- und Papierindustrie, gibt es solche Obergrenzen nicht.«

***

Die verstreuten Inseln in der Georgia Strait, der Meerenge zwischen dem Festland von British Columbia im Westen Kanadas und Vancouver Island, sind so etwas wie das Paradies auf Erden. Das tiefblaue, glitzernde Meerwasser, das dunkle Grün der Tannen und Fichten sowie die felsigen Küsten mit ihren Stränden machen die Schönheit der Region aus. Das Meer hier wimmelt nur so von Leben. Schulen von Orcas sind kein seltener Anblick. Es gibt Krebse, Austern und Schalentiere in Hülle und Fülle. Getrübt wird die Schönheit der Landschaft jedoch in Crofton auf Vancouver Island, wo eine Zellstofffabrik Abfallstoffe in Luft und Wasser einleitet.

Wie die Kanarienvögel, die früher die Kumpel in Kohlebergwerken vor tödlichen Gasen in den Bergstollen warnten, dient die Kanadareiherkolonie bei Crofton als Warnsignal für neue Gefahren. In den letzten zwei Jahren sind in der Kanadareiherkolonie nahe Crofton keine Jungvögel mehr geschlüpft. Im Rahmen von Studien wurden 1983 und 1986 in den Gelegen der Vögel Dioxine aus zweierlei Quellen nachgewiesen: Hexa-, Hepta- und Octa-dibenzo-p-Dioxine aus der Holzindustrie in British Columbia, die mit Pentachlorphenol (PCP) arbeitete, einem mit Dioxin belasteten Holzschutzmittel, sowie TCDD, das aus der Zellstofffabrik freigesetzt wurde. Da die Verwendung von PCP seit 1987 zurückgegangen ist, sind auch die dadurch verursachten Dioxinwerte gesunken. Da die Zellstofffabrik jedoch über ihre Kapazitätsgrenzen hinaus arbeitet, haben sich die TCDD-Dioxinwerte in den letzten beiden Jahren verdreifacht.

Das Papierwerk von Crofton steht für ein branchenweites Problem. Dioxine gelangen nicht nur ins Wasser, sondern kontaminieren darüber hinaus den gebleichten Zellstoff, der in diesen Anlagen produziert wird. Das bedeutet, dass alle gebleichten Papiererzeugnisse – Kaffeefiltertüten, Einmalwindeln, Toilettenpapier, einfach alles – potenziell mit Dioxin kontaminiert sind. Die Führungsriege in der Papierindustrie würde dies lieber totschweigen. Und das hätte sie auch fast geschafft, wäre da nicht ein Verbündeter gewesen, der interne Dokumente des *American Paper Institute* an Greenpeace übermittelte.

Die API-Dokumente belegen konzertierte Bemühungen seitens der EPA und der Industrie, das Problem zu vertuschen. Zunächst verfolgte man die Strategie, die Einführung gesetzlicher Regelungen zur Bekämpfung der Dioxinkontaminationen hinauszuzögern. In einer internen Kurzmitteilung an die Leitung des *American Paper Institute* vom 30. Dezember 1986 behauptete ein Mitarbeiter, »es sei der Branche gelungen, größere Probleme durch aufsichtsbehördliche Maßnahmen und PR-Aktionen abzuwenden, u.a. dadurch, dass man sich bereit erklärt habe, in Kooperation mit der EPA eine Studie durchzuführen.«

Die Papierindustrie kam so nicht nur aufsichtsbehördlichen Maßnahmen zuvor, sondern setzte außerdem ein »Dioxin-Reaktionsteam« ein. Dieses empfahl »eine PR-Strategie, die gezielte Aktivitäten im Vorfeld einer Veröffentlichung der gemeinsamen Dioxin-Studie von EPA und Industrie propagierte.«

In einem umfassenden Plan des API vom 2. März 1987 wird die Bedrohung der öffentlichen Gesundheit durch Dioxin als PR-Problem dargestellt. Die Strategie der Branche bestand darin, »1) alle Behauptungen über Gesundheitsrisiken aus dem öffentlichen Diskurs (möglichst) zu verbannen; 2) Konfrontationen mit Regierungsbehörden, die Bedenken im Hinblick auf Gesundheitsgefahren auslösen oder die Sichtbarkeit des Themas insgesamt erhöhen könnten, zu vermeiden, 3) das Kundenvertrauen in die Seriosität des Produkts aufrecht zu erhalten sowie 4) zweckdienliche regulatorische Rahmenbedingungen zu erreichen.«

In demselben Dokument behauptete die Industrie, es sei ein Treffen mit dem EPA-Verwaltungsleiter Lee Thomas geplant, um diesem zu versichern, dass Dioxine kein echtes Gesundheitsrisiko darstellten und das Problem eher die »öffentliche Wahrnehmung« sei. Ein Ziel der Branche war, die EPA dazu zu bringen, ihre Risikobewertung von Dioxin »zu überdenken« und eine Erklärung dahingehend abzugeben, dass Dioxin »keine Gefahr für die Umwelt oder die Gesundheit darstellt.«

In ihren Bemühungen, die EPA zu beeinflussen, versuchte das *American Paper Institute*, die Aufmerksamkeit der EPA von den mit Dioxin kontaminierten Papiererzeugnissen weg zu lenken. Gleichzeitig arbeitete die

Organisation daran, »die Informationsgewinnung innerhalb der EPA zu verbessern«, u. a. durch die Identifizierung EPA-interner »Verbündeter« und »Gegner«.

Laut einem API-Bericht, der am 10. August 1987 an die Mitglieder verteilt wurde, erreichte die Branche zumindest einen Teil ihrer PR-Ziele: »Der (EPA-)Verwaltungsleiter (Lee) Thomas hat seine Bereitschaft angedeutet, mit der Industrie zusammen zu arbeiten um sicherzustellen, dass die Öffentlichkeit bezüglich dieser (Dioxin-)Angelegenheit nicht über Gebühren beunruhigt wird.«

In ihrem Bemühen, eine öffentliche Diskussion über die von ihren Anlagen ausgehende Gefährdung durch Dioxin im Keim zu ersticken, versuchte die Zellstoff- und Papierbranche sogar, die EPA zu einem Verstoß gegen die Informationsfreiheitsgesetze zu bewegen. Der EPA-Mitarbeiter McBride sagte am 2. Mai 1988 unter Eid aus, die Behörde sei von der Papierindustrie ausdrücklich darum gebeten worden, entgegen ihrer gesetzlichen Verpflichtung keine Informationen an Van Strum weiterzugeben.

Aus einem Schreiben vom 18. März 1987 von Carol Raulston, der stellvertretenden API-Ressortleiterin für Regierungsangelegenheiten, an eine von dem Institut beauftragte PR-Agentur, geht hervor, dass diese Bemühungen, die Informationsfreiheitsgesetze zu unterhöhlen, Erfolg hatten: »Die EPA hat Folgendem zugestimmt: die Angaben (über Dioxinkontaminationen) als bedeutungslos zu einzuordnen, die lediglich zur Entwicklung von Prüfverfahren genutzt würden; mit einem auf den heutigen Tag datierten Schreiben an Van Strum zu reagieren, die Unterlagen jedoch (erst) am 1. April zu versenden; bei einem Meeting mit uns die PR-Strategie sowie den Umgang mit nachfolgenden Informationsanfragen zu erörtern.«

Bei einer Befragung hierzu beeilte sich McBride von der EPA, seine Behörde mit den Worten zu verteidigen: »Es handelte sich nicht um Vereinbarungen. Wenn gesagt wird, die EPA habe Folgendem zugestimmt, waren dies Entscheidungen der EPA unabhängig von irgendetwas, das die Papierindustrie geäußert hat. Wir haben hier ganz klar ein Lobbyunternehmen vor uns, das sein primäres Ziel – uns dazu zu bewegen, die Daten nicht zu veröffentlichen – nicht erreicht hat. Sie versuchen den Anschein zu erwecken, als hätten sie etwas erreicht.«

Auch wenn die Zellstoff- und Papierindustrie versuchte, die Veröffentlichung von Informationen durch eine staatliche Behörde zu unterbinden, gab es einige verstörende Enthüllungen über die Gefahren durch die Kontamination von Papiererzeugnissen mit Dioxin. TCDD, das tödlichste der Dioxine, wurde bei der überwiegenden Zahl der Proben von gebleichtem Zellstoff in

Konzentrationen von 1 ppt (einem Teil pro 1 Billion Teilen) bis 51 ppt nachgewiesen. Die Konzentration verwandter chemischer Verbindungen betrug zwischen 1,2 ppt und 330 ppt.

Die PR-Strategie der Branche bestand u. a. darin, diese Konzentrationen als so genannte »Spurenmengen« abzutun, also als Mengen weit unterhalb jeglicher Konzentrationen, die eine Gefahr für die Öffentlichkeit darstellen. In einer Ansprache an das API-Branchenforum am 8. März 1988 sagte Thomas C. Norris von der P. H. Glatfelter Company, einem Mitglied des API, seinen Kolleginnen und Kollegen, die Ergebnisse der Untersuchungen der Industrie zum Dioxinproblem seien »extrem ermutigend«.

»Erstens sind die nachgewiesenen Dioxinkonzentrationen eher gering«, so Thomas C. Norris. »Sie reichten von keinem Nachweis bei der Einwegwindelprobe über 3,8 ppt bei Papierhandtüchern bis zu 14 ppt bei Lebensmittelverpackungen ohne Barriere.« Weiterhin erläuterte er, dass die Tests der Branchenerzeugnisse nur eine minimale Abwanderung von Dioxinen und damit verwandten chemischen Verbindungen aus den Papiererzeugnissen in den menschlichen Körper ergeben hätten. »Diese Ergebnisse sind für uns sehr ermutigend. Letztlich bestätigen alle bisherigen Untersuchungen, dass unsere Papiererzeugnisse sicher sind«, so Norris.

Andere Tests, die direkt durch das API finanziert wurden, ergaben, dass hochabsorbierende Einwegwindeln Dioxinwerte von bis zu 11 ppt aufwiesen, Papierhandtücher bis zu 7 ppt und verschiedene Sorten Pappteller bis zu 10 ppt. Laut einem Berichtsentwurf für die Industrie vom Juni 1987, der durch das Forschungsunternehmen A. D. Little erarbeitet wurde, können zwischen 50 und 90 Prozent der Dioxine in Papiererzeugnissen, die »in Kontakt mit Lebensmittelölen oder Wasser kommen, beim Verzehr aufgenommen werden.«

Ein noch vernichtenderes Urteil bezüglich der Risiken durch Dioxin in Papiererzeugnissen fällten anschließend leitende EPA-Bedienstete. »Sofern die geschätzten Expositionen im Rahmen der Risikoabschätzung hinreichend zuverlässig sind – und ich habe keinen Grund, daran zu zweifeln – «, schrieb Dr. Fran Gostomski, EPA-Wissenschaftlerin am 10. Juli 1987, »haben wir hier eine Risikoabschätzung für mindestens ein Expositionsszenario – die orale Aufnahme von Dioxin aus Kaffeefiltertüten –, bei dem das Lebenszeitrisikoniveau überschritten wird und man in der Regel von der EPA erwarten würde, dass sie aufsichtsbehördliche Maßnahmen ergreift. Darüber hinaus bleibt bei dieser Risikoabschätzung die äußerst hohe Wahrscheinlichkeit einer gleichzeitigen Exposition aus mehreren Dioxinquellen durch gebleichte Packpapiererzeugnisse unberücksichtigt.«

Tränke man diesen Kaffee mit Milch oder Sahne, würde dies die aufgenommene Dioxinmenge nochmals erhöhen. Bei dem Internationalen Dioxin-Symposium im Sommer 1988 legte das Ressort für Gesundheitsschutz des kanadischen Gesundheitsministeriums Belege vor, denen zufolge Dioxin in Milchkartons aus Pappe in die Milch gelangt waren. Und das trotz der Versicherungen der Papierindustrie, ein Austreten der Dioxine aus dem Karton sei nicht möglich.

Obwohl der EPA der Zusammenhang zwischen Cellulosefabriken und Dioxinen bekannt ist, hat die Behörde bislang keine Vorschriften erlassen, um die Vergiftung von Luft, Wasser und Papiererzeugnissen durch Dioxin zu verhindern. Stattdessen beschloss die EPA im April 1988 eine weitere, größere Untersuchung aller 104 Zellstoff- und Papierwerke, die Chlor verwenden.

»Das ist völlig überflüssig,« meint Van Strum.

»Wie üblich führt man ›eine weitere Studie‹ durch, anstatt staatliche Maßnahmen zu ergreifen. Sie wissen über die gefährlichen Konzentrationen von Dioxinen und Furanen in Zellstoff- und Papiererzeugnissen Bescheid. Eine weitere Studie ist schlicht und ergreifend nicht notwendig«.

Nachdem die erste Untersuchung von fünf Fabriken eine Dioxinkontamination ergeben hatte, so Van Strum, erarbeitete die EPA eine Reihe von behördlichen Anordnungen. Die Entwürfe wurden jedoch nie in praktische Maßnahmen umgesetzt. «Die Handlanger der Industrie innerhalb der EPA behielten die Oberhand und schoben Maßnahmen auf die lange Bank, bis weitere Studien durchgeführt würden«, so Van Strum.

Die US-Umweltschutzorganisationen *Environmental Defense Fund* und *National Wildlife Federation* verklagten die EPA wegen ihrer Untätigkeit. In einem außergerichtlichen Vergleich erklärte sich die EPA bereit, bis 30. April 1990 eine Risikobewertung der 104 Fabriken durchzuführen. Doch selbst danach kann die EPA: 1) das Problem an eine andere nationale Behörde verweisen, 2) befinden, dass Dioxin aus gebleichtem Zellstoff kein untragbares Risiko darstellt und 3) sich ein weiteres Jahr (bis 30. April 1991) Zeit nehmen, um Verordnungen vorzuschlagen.

***

Während sich Nordamerika mit Dioxin-Studien beschäftigt, haben mehrere europäische Regierungen beschlossen, das Problem direkt anzugehen. In ganz Europa wird der Bedarf an hochgebleichten Papiererzeugnissen neu bewertet. Schweden beispielsweise hat den Verkauf chlorgebleichter Einwegwindeln verboten. In Österreich verwenden die Verbraucherinnen und Verbraucher nun ungebleichte Kaffeefiltertüten und Milchkartons.

»Haushaltsprodukte sind einer der stärksten Hebel im Kampf gegen umweltschädliche Konsumartikel«, meinte Brigitta Dahl, die schwedische Umweltministerin. »Daher konzentrieren wir unsere Anstrengungen nun darauf, Chlor und Dioxine aus den gängigsten Haushaltsartikeln zu verbannen. Dies ist ein strategisch bedeutsamer Beitrag. Wenn wir bei Konsumartikeln auf chlorgebleichtes Papier verzichten, vermindert sich auch der Chlorbedarf in der industriellen Produktion erheblich. Plus, die Verbraucherinnen und Verbraucher müssen am Frühstückstisch, im Badezimmer und in weiten Bereichen ihres Lebens nicht mehr mit einer Umweltbedrohung leben.«

Schweden macht große Fortschritte dabei, Dioxine und alle anderen toxischen organischen Chlorverbindungen aus seinen Zellstoff- und Papierfabriken zu verbannen. Heute setzt die schwedische Zellstoffindustrie ca. 3,5 kg organisch gebundenes Chlor je Tonne Zellstoff frei. Neue Gesetze sehen jedoch vor, dass die Fabriken ihre Emissionen bis 1992 auf 1,5 kg/Tonne und bis zum Jahr 2000 auf null reduzieren. Um dieses Ziel zu erreichen, verwenden die schwedischen Werke zum Bleichen u. a. Sauerstoff.

Die Zellstoff- und Papierindustrie in Nordamerika wolle der gesetzlichen Haftung für mögliche medizinische Probleme, unter denen Menschen infolge einer Dioxinexposition leiden, mit Verzögerungstaktiken entgehen, so Van Strum. Ihren Worten zufolge scheue sich die EPA aus demselben Grund, regulatorisch gegen Dioxine vorzugehen.

»Es gibt keinen Zweifel daran, dass versucht wird, eine Regulierung der giftigsten bekannten Substanz zu vermeiden, und zwar aus zwei Gründen«, so Van Strum. »Erstens: Würde die EPA die Gefährlichkeit von Dioxinen einräumen, (würde) sie damit Haftungsansprüche wie im Rechtsstreit um Agent Orange begründen. Zweitens: In mehreren Rechtsvorschriften, die die EPA umsetzt, heißt es ausdrücklich, dass Schadstoffe lediglich in unbedenklichen Mengen in die Umwelt freigesetzt werden dürfen. Wenn man jedoch sagt, dass Dioxine in jedweder Dosis eine Gefahr darstellen, hätte dies weitreichende Auswirkungen auf zahlreiche Branchen und Tätigkeiten.«

Die Industrie erkennt mit Dioxin kontaminiertes Papier als Problem an. Unglücklicherweise sind einige der vorgeschlagenen Lösungen ungeeignet, weil sie zwar die Dioxinmenge im Endprodukt reduzieren oder gar vollständig beseitigen, dabei jedoch weiterhin Dioxine in die Umwelt freigesetzt werden. Beispielsweise entwickelt die Dow Chemical Corporation Ionenaustauscher, mit deren Hilfe sich chlorierte Kohlenwasserstoffe aus der Cellulose entfernen lassen. Würde man dieses Verfahren einführen, bräuchte man dennoch irgendeine Methode, um die dioxingesättigten Harze zu entsorgen.

Möglicherweise ist ein politischer Kampf mit breiter Unterstützung erforderlich, um die Verbreitung tödlicher Dioxine und anderer organischer

Chlorverbindungen zu stoppen. Regelungen, die einen Zeitplan bis zum Erreichen von null Emissionen dieser Toxine beinhalten, scheinen in weiter Ferne. Die Entscheidungsträgerinnen und -träger bei der EPA spielen weiterhin auf Zeit. In dem Versuch, ihre Verpflichtung zur Dekontaminierung dioxinverseuchter Flächen zu minimieren, haben sie im vergangenen Jahr angekündigt, die als vertretbar beurteilten Expositionswerte um das 16-Fache erhöhen zu wollen. Glücklicherweise kam der wissenschaftliche Beirat der EPA bei seiner Sitzung im Dezember 1988 überein, dass es für den Vorschlag »keine solide wissenschaftliche Basis« gäbe.

Greenpeace dringt auf Standards, die ein komplettes Verbot organischer Chlorverbindungen bis 1993 vorsehen. Dies lässt sich durch den Verzicht auf Chlor im Bleichprozess erreichen. »Erforderlich ist eine breite Partizipation der Menschen vor Ort«, meint Paul Merrell und fügt hinzu: »Das ist die einzige Möglichkeit, die Ausleitung von Dioxinen in die Umwelt aus Zellstofffabriken kurzfristig zu stoppen.«

Neben politischem Druck sei darüber hinaus womöglich auch wirtschaftlicher Druck durch eine veränderte Nachfrage der Verbraucherinnen und Verbraucher nach gebleichten Papiererzeugnissen vonnöten, um staatliche und industrielle Akteure in Nordamerika zu zwingen, das Problem anzugehen. Greenpeace fordert die sofortige Einführung chlorfrei gebleichter und/oder ungebleichter Papiererzeugnisse sowie eine höhere Recyclingrate für Papierprodukte. In der nordamerikanischen Industrie gibt es Widerstand gegen diese Forderungen. So führen etwa Kaffeefilterhersteller an, sie verfügten nicht über ausreichend ungebleichten Zellstoff für die Produktion ungebleichter Filtertüten. Gleichzeitig jedoch setzt die Zellstoffindustrie ein enormes Expansionsprogramm um, das in Gänze auf die Produktion noch größerer Mengen chlorgebleichter Cellulose ausgerichtet ist. Ungebleichte Cellulose ist kostengünstiger und leichter herzustellen.

Jahrelang galten weißer-als-weiße Papiererzeugnisse bei Verbraucherinnen und Verbrauchern als hygienisch. Heute sollten sie als Gefahr für Gesundheit und Umwelt wahrgenommen werden.

»Papier ist ein natürliches Produkt, das aus potenziell erneuerbaren Ressourcen hergestellt wird«, so Renate Kroesa. »Wie können wir jemals guten Gewissens auf diesem Planeten leben, wenn es uns noch nicht einmal gelingt, Papier auf umweltfreundliche Art und Weise herzustellen?«

Veröffentlicht: Greenpeace, März – April 1989

Abkürzungsverzeichnis

BLM	Bureau of Land Management *US-Behörde für die Verwaltung staatseigener Landflächen*
CATH	Citizens Against Toxic Herbicides *Bürger und Bürgerinnen gegen giftige Herbizide*
CATS	Citizens Against Toxic Sprays *Bürger und Bürgerinnen gegen giftige Spritzmittel*
CBW	Chemical and Biological Warfare Command *US-Militärkommando für chemische und biologische Kriegsführung*
DoD	Department of Defense *US-Verteidigungsministerium*
EIS	Environmental Impact Assessment *Umweltverträglichkeitsgutachten*
EPA	Environmental Protection Agency *Umweltschutzbehörde*
FDA	Food and Drug Administration *US-Aufsichtsbehörde für Nahrungs- und Arzneimittel*
FIFRA	Federal Insecticide, Fungicide and Rodenticide Act *US-Bundesgesetz über Insektizide, Fungizide und Rodentizide (Nagergifte)*
FOE	Friends of the Earth *Freunde der Erde – Internationaler Zusammenschluss von Umweltschutzorganisationen*
FOIA	Freedom of Information Act *US-Informationsfreiheitsgesetz*
FROG	Five Rivers Organizing Group *Bürgerinitiative in Five Rivers*

HEW	(Department of) Health, Education and Welfare *US-Ministerium für Gesundheit, Bildung und Soziales*
HHS	Health and Human Services *US-Ressort für Gesundheit und Gesundheitsleistungen*
IAA	Indoleacetic Acid *Indolessigsäure (IES)*
IFA	Industrial Forestry Association *US-Verband der industriellen Forstwirtschaft*
NCAP	Northwest Coalition for Alternatives to Pesticides *Zusammenschluss von Initiativen für Alternativen zu Pestiziden im Nordwesten der USA*
NCC	National Council of Churches *Nationaler Kirchenrat in den USA*
NEPA	National Environmental Policy Act *US-Umweltschutzgesetz*
NVA	Nordvietnamesische Volksarmee
OSHA	Occupational Health and Safety Act *US-Bundesgesetz über Gesundheit und Sicherheit am Arbeitsplatz*
OSU	Oregon State University *Universität des US-Bundesstaats Oregon*
ppb	parts per billion *Teile je Milliarde Teile (chem.)*
ppm	parts per million *Teile je Million Teile (chem.)*
ppt	parts per trillion *Teile je Billion Teile (chem.)*
Rs.	Rechtssache
USDA	US Department of Agriculture *US-Landwirtschaftsministerium*
VA	Veterans' Administration *US-Veteranenbehörde*

Tabelle nach Hinweisen von Gisele Green

Zur Autorin

Carol Van Strum ist Schriftstellerin, Buchhändlerin, schonungslose Herausgeberin, in die Jahre gekommene Mutter und gestandene Unruhestifterin. Sie ist die Autorin von *The Oreo File*, *No Margin of Safety* und *The Politics of Penta*.

Sie ist die Hauptfigur des preisgekrönten Dokumentarfilms *The People vs. Agent Orange*, der sich zu einem Großteil auf das Material in *A Bitter Fog* stützt. Für ihr herausragendes Engagement im Kampf für Umwelt- und soziale Gerechtigkeit wurde sie 2018 mit dem internationalen *David Brower Lifetime Achievement Award* ausgezeichnet.

Sie lebt im US-Bundesstaat Oregon auf dem Land auf einer kleinen Farm mit einer Vielzahl von Tieren, u. a. Rudy, Gus und Sadie.